测 量 学

（第三版）

主　编　罗志清
副主编　龚振文　董　燕　龚欣繁
　　　　韩　丽　曾洪云

云南大学出版社
YUNNAN UNIVERSITY PRESS

图书在版编目（CIP）数据

测量学 / 罗志清主编．--3 版．-- 昆明：云南大学出版社，2015（2021 重印）

ISBN 978-7-5482-2505-8

Ⅰ．①测… Ⅱ．①罗… Ⅲ．①测量学—高等学校—教材 Ⅳ．①P2

中国版本图书馆 CIP 数据核字（2015）第 292421 号

测 量 学

主　　编： 罗志清
策划编辑： 徐　曼
责任编辑： 石　可
封面设计： 刘文娟
出版发行： 云南大学出版社
开　　本： 787×1092　1/16
印　　张： 17.5
字　　数： 426 千字
印　　装： 昆明淙纶印刷有限公司
版　　次： 2015 年 12 月第 3 版
印　　次： 2021 年 12 月第 6 次印刷
书　　号： ISBN 978-7-5482-2505-8
定　　价： 49.00 元

云南大学出版社地址：云南大学英华园内
电话：0871-65033244　　网址：http://www.ynup.com
邮编：650091　　E-mail：market@ynup.com

本书若有印装问题，请与印厂联系调换　电话 0871-65623363

第三版前言

在广泛征求任课教师的意见之后编写的第三版《测量学》，对部分章节的内容进行了删改、完善。除测绘工程专业外，凡是土建类专业（诸如：土地资源管理、地理信息工程、勘查技术与工程、采矿工程、土木工程、工程管理、工程造价、园林工程、园林景观等）的学生都要学习“测量学”或相近课程，只是对学习深度、广度的要求不同，因而学时数的安排也不一样。针对这一实际情况，第七篇扩充了相应内容以便相关专业选用。

为了让学生通过自学掌握测量仪器测量的原理、使用方法等，对第二篇内容编者采用了顺序渐进、由浅入深的叙述方式。

根据坐标反算方位角，编者选用了更为简易的计算方法（判断的次数最少）——用反余弦函数来求。

全站仪的广泛使用改变了以往大比例尺地形图测量的方法，也改变了以往控制测量的方法，但在高精度高差测量（相当于三、四等水准测量）方面稍显落后（国家测绘主管部门至今未出台相应的测量规范），编者根据在长期实践中积累的测量经验，将“全站仪中站法测高差”列入本教材。

第三版《测量学》的出版，得到了昆明理工大学教务处的大力支持，是昆明理工大学2014年度规划教材建设项目。

目　录

第一篇　坐标系统及测量工作原则

1.1　地球形状及大小

本章基本概念：水准面；大地水准面；水平面；大地体；旋转椭球；椭球定位；大地原点；等等。

本章难点内容：地球形状和大小确定的意义；大地水准面和铅垂线；旋转椭球面和法线之间的关系以及它们的应用范畴；等等。

测量工作的主要研究对象是地球的自然表面，而地球表面又是高低起伏极不规则的，有高山、丘陵、平原、荒漠、河流、湖泊和海洋等。因此，为了使地面点相对定位、合理处理测量数据和测绘地形图，就必须选择适当的基准面（参考体）作为测量的依据。为此，认识地球的形状与大小是非常必要的。

1.1.1　地球的形状

地球的自然表面上有陆地和海洋。位于我国西藏与尼泊尔交界处的喜马拉雅山的主峰——珠穆朗玛峰，海拔达8844.43m（2005年10月9日经国务院批准并授权，由国家测绘局公布），而位于太平洋西部的马里亚纳海沟，则低于海平面11022m，两者之间的高度差近20000m。这说明地球表面是一个有相当起伏的，极其复杂的不规则曲面。它不可能用一个数学公式概括和表达。这样，在地球表面上进行测量工作所获得的长度、角度等成果，就无法在这样不规则的曲面上进行数据处理和准确绘制地形图。因此，人们就需要寻求一个与地球形状相近而又能用数学模型表达的曲面来概括地球的自然表面，作为进行测量数据处理与制图的基准面。

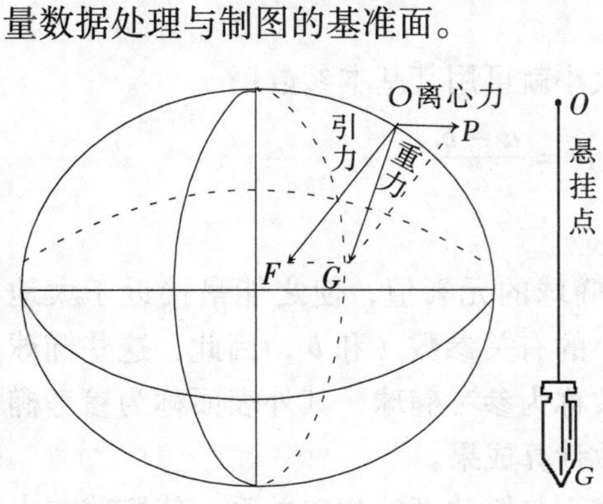

图1－1－1　铅垂线

通过测绘工作者的长期实践和科学调查，发现地球表面的总面积为510083042 km^2，其中海洋占70.8%，而陆地仅占29.2%。因此人们设想把地球总的形状看成是被海水面所包围的球体，即设想将静止的海水面向陆地延伸，形成一个封闭的曲面，这样，地球的表面就成了一个较地球自然表面规则且光滑的曲面，这个曲面被称为水准面。

地球上的任一质点，因受地球的引力作用而不能脱离地球。同时，地球又在不停地自转，使质点受到离心力的作用，因此，一个质点 O 所受到的力实际上是地球引力 F 与离心力 P 的合力 G，这个合力就是大家所熟悉的重力，如图 1-1-1。重力的作用线 OG 又称铅垂线。

水准面是受地球重力影响而形成的，是一个处处与重力方向垂直的连续曲面，并且是一个重力场的等位面。与水准面相切的平面称为水平面。

海水面可高可低，因此符合上述特征的水准面有无穷多个，其中与静止的平均海水面相吻合的一个，称为大地水准面。由大地水准面所包围的地球实体，称为大地体，它代表了地球的自然形状和大小。

大地水准面虽然比地球的自然表面要规则得多，但由于地球内部物质分布的不均匀性，导致地球上各点的铅垂线方向产生不规则的变化，这就使得大地水准面实际上是一个有微小起伏变化的不规则曲面。它的精确形态目前还无法用数学模型来描述。如果将地面各点投影到这样复杂的曲面上，根本无法进行测量计算工作。为了使测量计算和制图工作能够进行，可以采用一个和大地水准面非常接近而又能以数学公式表达的曲面来代替大地水准面。

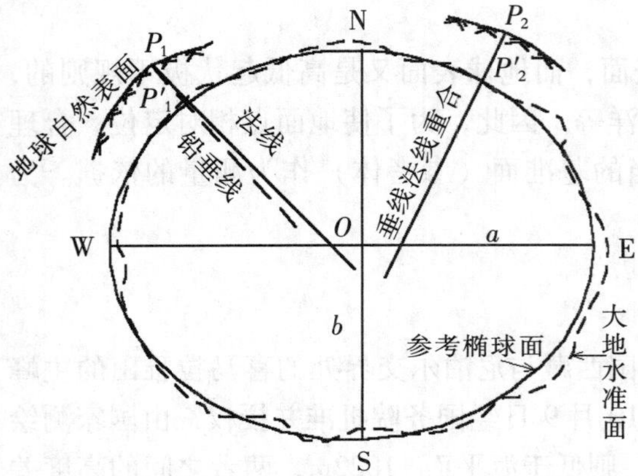

图 1-1-2　大地水准面及参考椭球面

经过大量的测量实践研究证明，大地体与一个以椭圆的短轴为旋转轴的旋转椭球的形状十分近似，其横切面接近一个圆，纵切面接近一个椭圆；而旋转椭球是可以用数学公式严格表示的，因此，测量上就是用这个旋转椭球体的表面来近似代替大地水准面，并以此作为测量计算和制图的基准面。如图 1-1-2 所示。

根据近年来不同轨道卫星长期观测结果发现，地球实际上是一个南北两极略扁、北极稍凸、南极稍凹的类似于梨形的形体，称为梨形地球。它的北极较平均地球椭球凸出 18.9m，南极凹进 25.8m。

1.1.2　地球的大小

地球椭球既然可以概括地球形状，那么，它的大小就可用其基本参数：

$$长半轴 a、短半轴 b、扁率 \alpha = \frac{a-b}{a}$$

来表示。

几个世纪以来，各国学者都在致力于研究这个椭球的元素值，使之能最接近于大地体。由于他们都利用局部资料推算出了表达椭球大小的有关参数 a 和 b，因此，这些椭球都有局限性，只能作为地球的形状和大小的参考，故称为参考椭球，其外表面称为参考椭球面。表 1-1-1 列出的是几个有代表性的椭球参数计算成果。

椭球的形状和大小确定之后，还应确定大地水准面与椭球面的相对关系，使椭球与大地体间达到最好的密合，这一工作称为椭球定位。当两者相对位置关系确定好之后，就可以将地面测量成果投影到椭球面上进行计算。如图 1-1-2 所示，椭球定位就是在本国范围内选择一个合适的地点 P_2，先将 P_2 点沿铅垂线投影到大地水准面上得 P_2'，使旋转椭球面与大地水准面在该点相切，这时椭球面上 P_2' 点的法线（过 P_2' 点与椭球面正交的直线）与过该点的大地水准面的铅垂线重合，而且使旋转椭球体的短半轴与地球的自转轴平行，这样，椭球体与大地体之间的关系就确定好了。切点 P_2' 称为大地原点，该点的大地坐标就是全国其他点大地坐标的起算数据。

表 1－1－1　各国推算的椭球参数

椭球名称	长半轴 a（m）	短半轴 b（m）	扁率 α	年代和国家
德兰布尔	6375653	6356564	1:334	1800 年　法国
白塞尔	6377397	6356079	1:299.2	1841 年　德国
克拉克	6378249	6356515	1:293.5	1880 年　英国
海福特	6378388	6356912	1:297.0	1909 年　美国
克拉索夫斯基	6378245	6356863	1:298.3	1940 年　苏联
我国 1980 年国家大地测量坐标系	6378140	6356755.3	1:298.257	1975 年　国际大地测量与地球物理联合会推荐
WGS－84 椭球	6378137	6356752.3	1:298.26	1984 年　美国
我国 2000 国家大地坐标系	6378137	6356752.3	1:298.26	2008 年　中国

各国为处理其大地测量成果，往往根据本国及其他国家所进行的天文、大地、重力测量资料，采用适合本国领土范围的椭球参数并将其定位。我国在解放前采用海福特椭球。解放后，因经济建设、国防建设特别是地形测图的急需，采用了前苏联克拉索夫斯基椭球参数。但从以后在我国广大地区进行的大地测量结果来看，这一参考椭球及其定位与我国大地水准面的符合很不理想。参考椭球面普遍低于大地水准面，平均低 30m，最多低 65m。此外，自 20 世纪 60 年代末以来，国际上利用卫星大地测量技术，得到了当时最佳拟合于全球大地水准面的椭球。因此，我国目前采用的是 1975 年“国际大地测量与地球物理联合会”推荐的椭球，称为“1980 年国家大地测量坐标系”，其大地原点位于陕西省泾阳县永乐镇境内。

由于参考椭球的扁率很小，所以在地形测量的研究范围内，可以近似地将地球作为圆球看待，其半径采用椭球曲率半径的平均值，即：

$$R = \frac{1}{3}(a + a + b) = 6371014 \text{ m}$$

若以 km 计，其近似值为 6371km。

1.1　习　题

1. 地球形状是什么？
2. 为什么要引进大地水准面和旋转椭球面？
3. “1980 年国家大地测量坐标系”意味着什么？

1.2　测量常用坐标系统

本章基本概念：大地坐标系；地理坐标系；独立平面直角坐标系；高斯－克吕格平面直角坐标系；长度比。

本章基本公式：高斯投影带中各带带号与中央子午线经度的公式转换。

本章难点内容：测量的基准面和基准线；独立平面直角坐标系的坐标轴；正形投影；横坐标的自然值和通用值。

研究地球的形状，最终的目的是为了确定地面点的空间位置。研究空间物体的位置，测量上常采用投影的方法加以处理。由几何学可知，一个地面点的空间位置需要三个量来确定，其中两个量表示地面点沿基准线投影到基准面后，在基准面上的位置，所以又将这两个量称为坐标；第三个量表示地面点沿基准线到基准面的距离，在测量上称为高程。在这里，基准线可以是点的铅垂线，也可以是法线；基准面可以是椭球面，也可以是大地水准面或平面。实际测绘工作中，一般采用大地水准面和铅垂线作为基准面和基准线。

在较大区域内进行测量工作时，必须顾及地球的曲率，故地面点的投影位置可采用球面坐标系。而在较小区域范围内，可把地球表面当做平面看待，此时可建立相应的平面直角坐标系。

表示地面点位置的平面坐标和高程，都是针对某一特定坐标系和高程系而言的。测量工作中常用的球面坐标系是大地坐标系，平面坐标系是高斯一克吕格平面直角坐标系，常用的高程系是正高系，下面分别予以介绍。

1.2.1　球面坐标系

（一）大地坐标系

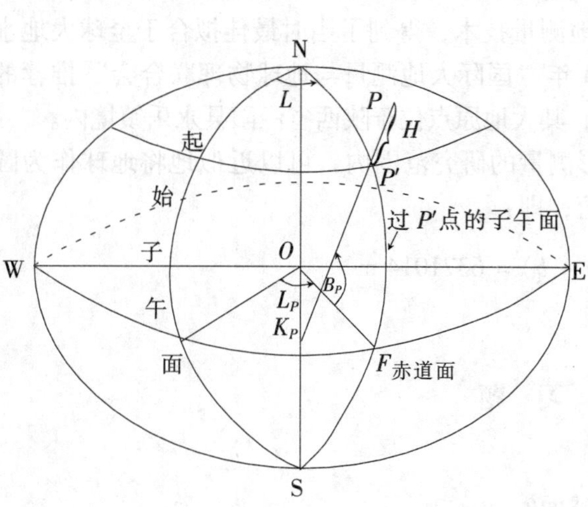

图 1－2－1　大地坐标

如图 1－2－1 所示，NS 表示椭球的旋转轴，N 表示北极、S 表示南极，包括椭球旋转轴 NS 的平面称为子午面，其中通过英国原格林尼治天文台的子午面称为起始子午面。子午面与椭球面的交线是一个椭圆，称为子午圈或子午线。子午圈也称经圈，它有无数个，图中 $NP'SN$ 为经过 P' 点的子午圈。垂直于旋转轴 NS 的平面与椭球面的交线称为平行圈，平行圈也称纬圈。平行圈也有无数个，其中通过椭球中心 O 且与旋转轴 NS 正交的平面称为赤道面。赤道面与椭球面的交线 $EFWE$ 称为赤道。

以参考椭球面和法线为依据，确定

地面上任一点在参考椭球面上的位置而建立的坐标系，称为大地坐标系。大地坐标系是以大地经度 L、大地纬度 B 和大地高 H 三个量来表示地面点空间位置的，称为点的大地坐标。图 1-2-1 中，P 为地面上一点，将 P 沿法线 PKp 方向投影到椭球面上，得 P' 点，P 点的大地经度 L 是指过 P' 点的子午面与起始子午面间的夹角，由起始子午面起算，向东为正，称为东经，向西为负，称为西经，其值域为 0° ~ ±180°，实地上东经 180°与西经 180°是同一个子午面；P 点的大地纬度 B 是指过 P 点的法线 PKp 与赤道面的夹角，由赤道面起算，向北为正，称为北纬，向南为负，称为南纬，其值域为 0° ~ ±90°；P 点的大地高 H 是 P 点沿法线到椭球面的距离 PP'，由椭球面起算，向外大地高为正，向内为负。我国的疆域位于赤道以北的东半球，所以各地的大地经度 L 和大地纬度 B 都是正值。

大地坐标系是大地测量的基本坐标系，它对于大地测量计算、地球形状大小的研究和地图编制等都非常有用。

（二）地理坐标系

以大地水准面和铅垂线为依据，用地理经度、地理纬度确定地面任一点在大地水准面上的位置而建立的坐标系，称为地理坐标系。

确定地面某点的位置，通常是在该点上安置仪器，用天文测量的方法来测定的。这时仪器的竖轴与铅垂线重合，即仪器的竖轴与该处的大地水准面相垂直。因此，用天文观测所得到的数据是以铅垂线为准，也就是说以大地水准面为依据。地面点 P 的位置以地理经度 λ_P 和地理纬度 φ_P 表示，如图 1-2-2 所示。我国首都北京某地的地理坐标为东经 116°23′，北纬 39°54′。

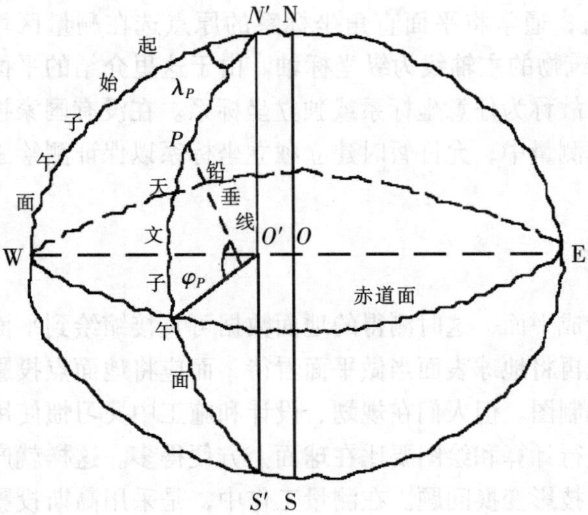

图 1-2-2　地理坐标

各地面点的铅垂线与其在椭球面上对应的法线一般是不重合的，其交角称为垂线偏差。因此，同一地面点的地理坐标与大地坐标是有差异的。一般说来，在不大的区域内各点垂线偏差的相对变化值是很微小的，因此在地形测量中可以忽略不计。

上一节所述的参考椭球的定位，实际上就是在适当的地区选择一个地面点，用较高精度测定该点的天文经纬度，该点到大地水准面的垂直距离（高程）及该点到附近另一点的天文方位角，而后把该点的天文经纬度、该点到另一点的天文方位角及该点到大地水准面的距离，视为该点在参考椭球面上的大地经纬度、大地方位角和大地高（即地面点沿法线到参考椭球面的距离）。在大地测量的计算工作中，把该点作为全部大地坐标计算的起点，也就是该大地坐标系的“坐标原点”。

1.2.2 独立平面直角坐标系

在小区域内进行测量工作，若采用大地坐标来表示地面点的位置是不方便的，通常采用平面直角坐标。由于地球的半径很大，所以在较小区域内将椭球面看做平面而不失其应有的严密性。既然把投影面当做平面，就可以采用平面直角坐标来表示地面点在投影面上的位置（图1－2－3）。测量工作中所采用的平面直角坐标系与数学中所介绍的相似，只是坐标轴位置互易。如图1－2－3所示，以 X 轴为纵轴，一般用它表示南北方向，以 Y 轴为横轴，表示东西方向。纵横坐标轴的交点称为坐标原点。在象限的编号顺序上，测量坐标系按顺时针编号，而数学坐标系则按逆时针编号。这是因为测量上规定所有直线的方向都是从纵坐标轴北端起按顺时针方向量度的，而数学中的角度则是从横轴正方向起按逆时针方向量取的。把 X 轴与 Y 轴互换后，全部三角公式都可在测量计算中直接应用。

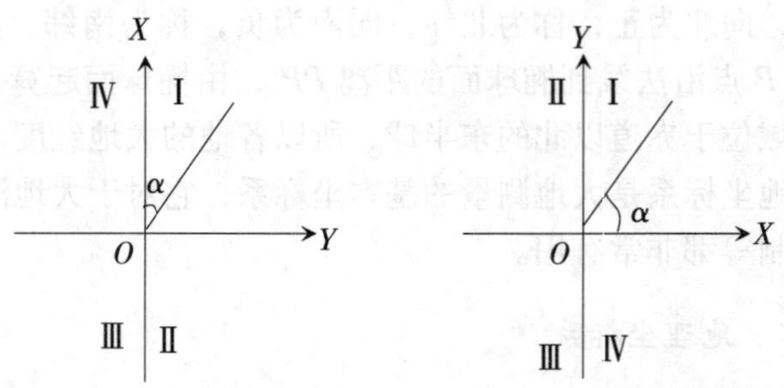

(a)测量采用的平面直角坐标系　(b)数学上采用的平面直角坐标系

图1－2－3　平面直角坐标系

实际工作中，为了避免坐标出现负值，通常将平面直角坐标系的原点选在测量区域（测区）的西南角某点上，以北方向或建筑物的主轴线为纵坐标轴。由于这里介绍的平面直角坐标系未与国家统一坐标系相联系，故称为任意坐标系或独立坐标系。在没有国家控制点或不便于与国家控制点联测的小地区测量中，允许暂时建立独立坐标系以保证测绘工作的顺利开展。

1.2.3 高斯—克吕格平面直角坐标系

当测区范围较小时，可将地球表面看成平面，这时测得的地面数据可直接缩绘到平面图上。但是，如果测区范围较大，就不能再将地球表面当做平面看待，而应将地面点投影到参考椭球面上，按有关理论进行计算和制图。但人们在规划、设计和施工中又习惯使用平面图来反映地面形态，而且在平面上进行计算和绘图要比在球面上方便得多。这样就产生了如何将球面上的物体转换到平面上的技影变换问题。在测量工作中，是采用高斯投影的方法来解决的。

（一）高斯投影的概念

椭球面是一个不可展曲面，将椭球面上的图形转换到平面上，就必然要产生一定的变形。此种变形一般分为角度变形、长度变形和面积变形。尽管投影变形不可避免，但是变形的大小却是可以控制的。根据变形的性质，地图投影可以分为等角投影、等距离投影和等面积投影三种。从地形测图和用图的角度出发，最适宜的投影是等角投影。

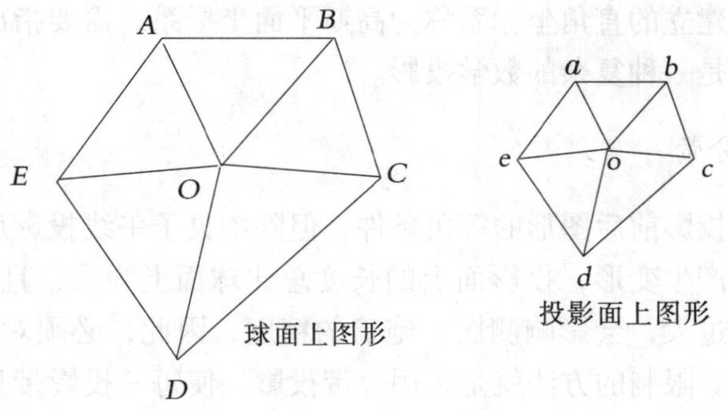

图 1－2－4　高斯投影

等角投影，又叫正形投影，它能保证椭球面的微小图形与其在平面上的投影保持相似，这样测图时可以直接缩绘，用图时可以直接量取。正形投影有两个基本条件，一是保角性，即角度投影前后大小不变，这就保证了微分图形投影后的相似性；二是伸长的固定性，即长度投影后产生变形，但同一点上不同方向的微分线段，投影后长度比为一常数，如图 1－2－4 所示。

球面上无穷小的多边形 $ABCDE$ 和它的正形投影 $abcde$，由于角度不变形，故其任意方向的长度比为：

$$m = \frac{ao}{AO} = \frac{bo}{BO} = \frac{co}{CO} = \frac{do}{DO} = \frac{eo}{EO} = \text{常数}$$

即：

$$m = \frac{\text{投影面上长度}}{\text{球面上长度}} = \frac{ds}{dS} = k(\text{常数}) \qquad (1-2-1)$$

高斯投影是正形投影的一种，最早由德国数学家高斯提出，后经克吕格加以改进和完善，并应用到参考椭球面上，所以常称这种投影为"高斯—克吕格投影"，简称"高斯投影"。高斯投影是一种横椭圆柱投影。如图 1－2－5 所示，设想将椭球装进一个椭圆柱内，使横椭圆柱内面恰好与椭球面上某个子午线相切，这条切线称为中央子午线或轴子午线。这样，中央子午线就毫无改变地转移到椭圆柱面，即投影面上。然后将中央子午线附近的一定经差（通常为中央子午线左右各 3°或 1°30′）范围内椭球面上的点线按正形投影的条件向横椭圆柱上投影，并从两极将椭圆柱面剪开展为平面，此即高斯投影平面（图 1－2－5）。投影后，中央子午线为一直线，且长度不变，其他子午线投影后均为曲线，且对称地凹向中央子午线。赤道投影后为一直线，且与中央子午线正交，各平行圈投影为曲线，以赤道为对称轴凸向赤道，并与子午线正交。

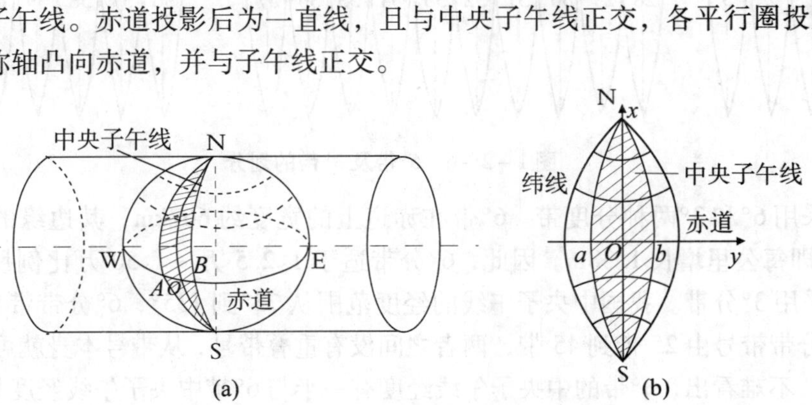

图 1－2－5　横椭圆柱投影及高斯平面坐标系

在这个投影面上建立的直角坐标系称为高斯平面坐标系。需要指出的是，高斯投影不是几何透视投影，而是一种复杂的数学投影。

（二）高斯投影分带

高斯投影保持了投影前后图形的等角条件，但除中央子午线投影后为一直线，且长度不变外，其他长度都产生变形，投影面上的长度总比球面上为大，且离中央子午线越远，变形越大。长度变形过大，会影响测图、施工的精度，因此，必须对这种变形加以限制，使其不超过某一限度。限制的方法就是采用分带投影，使每一投影带只包括位于中央子午线两侧的邻近部分。

投影带宽度是以相邻子午面间的经度差来划分的，有6°带和3°带两种。这样，就将椭球面沿子午线划分成若干个经差为6°或3°的投影带，每个投影带按高斯投影的规律分别进行投影，位于各带中央的子午线就是该带的中央子午线，而各带边缘的子午线则称为分带子午线或界子午线。

6°带是自起始子午面（东经0°）起，自西向东每隔经差6°划分一带，全球共分60个带，编号为1～60，以 N_6 表示，称为带号。各带的中央子午线经度 L_0 依次为3°，9°，15°，…，357°。3°带是自东经1°30′开始每隔经差3°划分，全球分120个带，编号依次为1～120，各带的中央子午线经度 L_0 依次为3°，6°，9°，…，360°。6°带和3°带关系如图1－2－6所示。

各带带号 N 与中央子午线经度的关系为：

$$\left.\begin{aligned} L_0^6 &= 6°N_6 - 3° \\ L_0^3 &= 3°N_3 \end{aligned}\right\} \qquad (1-2-2)$$

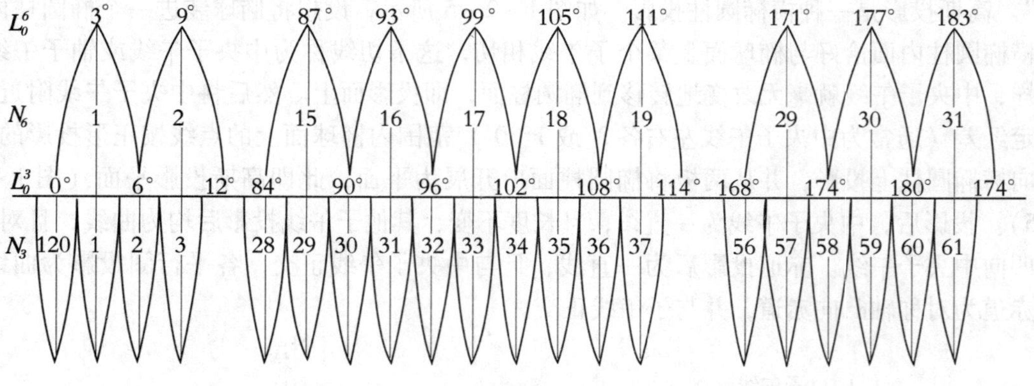

图1－2－6　6°带及3°带的划分

我国采用6°和3°两种分度带。6°带在赤道上的宽度约667km，其边缘的长度变形达0.00138，即每公里增长1.38m。因此，6°分带适于1:2.5万～1:50万比例尺测图；而大比例尺图采用3°分带。我国中央子午线的经度范围从75°到135°，6°分带带号由13到23带，而3°分带带号由25带到45带，两者之间没有重叠带号，从带号本身就可看出是3°带还是6°带。不难看出，3°带的中央子午线经度有一半与6°带中央子午线经度是相同的。

根据我国某地的经度 L 可按下式计算得相应的6°带和3°带带号 N：

$N_6 = INT(L/6°)+1; N_3 = INT[(L-1.5°)/3°]+1$（适合我国经度）;

式中：$INT(x)$ 是一取整函数，其结果是不超过 x 的最大整数（或：将数值向下取整为最接近的整数），如：$INT(2.568)=2$；$INT(7.99)=7$；$INT(-2.345)=-3$；$INT(-6.999)=-7$。

例如，首都北京某地位于东经116°23′，所在6°带和3°带的带号为 $N_6=20$，$N_3=39$，相应中央子午线经度可按（1-2-2）计算，结果为 $L_0^6=L_0^3=117°$。

（三）高斯—克吕格平面直角坐标系

采用分带投影后，各带的中央子午线与赤道垂直相交于 O 点，称为坐标原点（图1-2-7）。以每一带的中央子午线投影为纵坐标轴，用 X 表示，赤道以北为正，赤道以南为负；以赤道投影为横坐标轴，用 Y 表示，中央子午线以东为正，以西为负。

这样，各带就构成了独立的平面直角坐标系，称为高斯—克吕格平面直角坐标系。对6°带而言，有60个这样的坐标系，对3°带而言，有120个这样的坐标系。地面点在高斯平面直角坐标系的坐标，用点到两个坐标轴的垂直距离量度。我国位于北半球，纵坐标均为正值，而横坐标则有正有负。为了避免横坐标出现负值，把纵轴自中央子午线向西移动500km（图1-2-7（b）），即在Y坐标上统一加上500km。由于赤道上经差为3°的平行圈长约为330km，当纵轴西移后，凡位于中央子午线以东的点，它的横坐标值都大于500km，而位于中央子午线以西的点，其横坐标值都小于500km，但均为正值。此外，为了区分某点位于哪一带，还规定在横坐标值前冠以带号。通常把未加500km和带号的横坐标值称为自然值，加上的则称为通用值。图1-2-7中，设 A、B 两点位于6°带的第20带内，横坐标的自然值分别为：

$$y'_A = +153460.650\text{m}; y'_B = -112890.340\ \text{m}$$

将 A、B 两点横坐标的自然值加上500km，并在前面冠以带号，则通用坐标值为：

$$y_A = 20653460.650\ \text{m}; y_B = 20387109.660\text{m}$$

测绘管理部门提供的坐标成果一般为通用值。

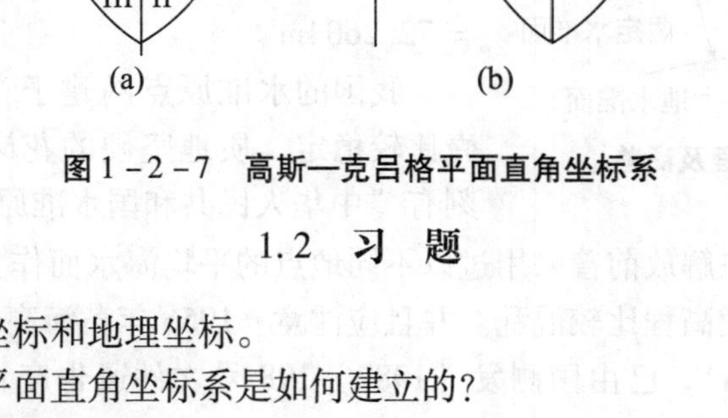

图1-2-7　高斯—克吕格平面直角坐标系

1.2　习　题

1. 作图说明大地坐标和地理坐标。
2. 高斯—克吕格平面直角坐标系是如何建立的？
3. 为什么要进行分带投影？

4. 横坐标的自然值与通用值有何不同？如何换算？

5. 测量中的平面直角坐标系和数学中的平面直角坐标系有什么不同？为什么要这样规定？

6. 表示地面点的位置有哪几种坐标系统？各起什么作用？

7. 某点的经度为119°40′，试计算它所在6°带和3°带的带号，以及其中央子午线的经度。

1.3 高程系统

本章基本概念：绝对高程；相对高程；高差。

本章基本公式：高差的计算公式。

本章难点内容：两点之间高差所代表的含义。

为了确定地面点的空间位置，除了要确定其在基准面上的投影位置外，还应确定其沿投影方向到基准面的距离，即确定地面点的高程。

高程有绝对高程与相对高程之分，定义如下：

绝对高程：地球表面某点沿铅垂线到大地水准面的距离叫该点的绝对高程（简称高程或标高，也叫海拔），一般用 H 表示。

相对高程：地球表面某点沿铅垂线到任一假定水准面的距离叫该点的相对高程。一般建筑图纸上标注的高程就是相对高程。用 H' 表示。

由上述定义可看出，建立高程系的核心问题是如何建立高程起算面。大地水准面是高程的基准面（起算面）。我国各地的地面点的高程，都是以青岛国家水准原点的黄海高程为起算数据，因而高程系统是全国统一的。这一高程基准面的确切位置是由青岛验潮站1952—1979年间的验潮资料计算得到的，以这个高程基准面作为全国高程的统一起算面，称为“1985年国家高程基准”。

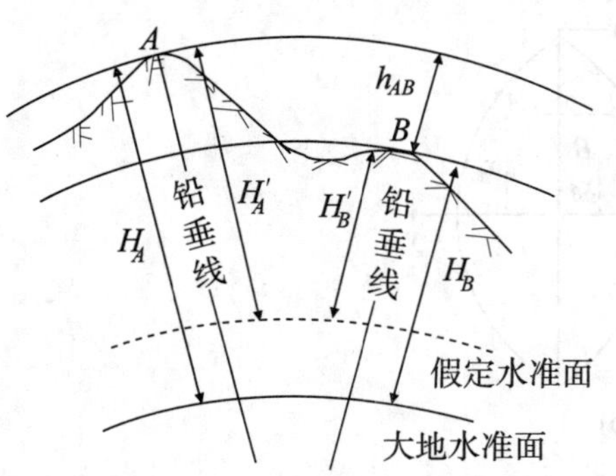

图1-3-1　高程及高差

为了长期、牢固地表示出高程基准面的位置，作为传递高程的起算点，必须建立稳固的水准原点，用精密水准测量方法将它与验潮站的水准标尺进行联测，以高程基准面为零推求水准原点的高程，以此高程作为全国各地推算高程的依据。在“1985年国家高程基准”系统中，我国水准原点的高程为 $H_0 = 72.2604\text{m}$ 。

我国的水准原点网建于青岛，其网点设置在地壳比较稳定，质地坚硬的花岗岩基岩上。围绕原点刻有“中华人民共和国水准原点”。

必须指出，我国在解放前曾采用过以不同地点的平均海水面作为高程基准面。由于高程基准面的不统一，使高程比较混乱。并且应注意：1956年黄海高程系及其对应的水准原点高程（$H_0 = 72.289\text{m}$），已由国测发〔1987〕198号文件通告废止。因此，在使用过去旧有的高程资料时，应弄清楚当时采用的是以什么地点的平均海水面作为高程基准面。

在局部地区，如果远离已知高程的国家水准点，也可建立假定高程系统，即假定某个固定点的高程作为起算点，测算出其他各点的假定高程（也称相对高程）。

高程值有正有负，在基准面以上的点，其高程值为正，反之为负。

两个地面点的高程差称为高差，用 h 表示。图1－3－1中 A 点到 B 点的高差为：

$$h_{AB} = H_B - H_A = H'_B - H'_A$$

由此可见，两点间的高差与高程起算面无关。

高差有正负之分，它反映相邻两点间的地面是上坡还是下坡，因此，高差值前应冠以正负号。如果 h_{AB} 为正，表示地面上 B 点高于 A 点，是上坡；h_{AB} 为负，表示 B 点低于 A 点，是下坡；h_{AB} 为零，表示地面上 A、B 两点同高。

1.3　习　题

1. 什么是绝对高程？
2. 什么是相对高程？
3. 什么是高差？$h_{AB} < 0$ 和 $h_{AB} > 0$ 其代表的含义有什么区别？
4. 我国的高程起算面是如何确定的？中华人民共和国水准原点高程是多少？

1.4　用水平面代替水准面的限度

本章基本概念：水准面；水平面；距离误差；球面角超值；高差误差。

本章基本公式：水平面代替水准面的距离误差和相对误差；高差误差计算公式。

本章难点内容：各误差计算公式推导过程。

地形测量的任务是绘制各种比例尺的地形图，而地形图是绘制在平面图纸上的。由以上的章节可知，水准面是一个曲面，曲面上的图形不破裂、不起皱是不能展为平面的。在普通测量中，虽然可将地球作为圆球看待，但如果将地面点先投影到圆球面上，然后再投影描绘到平面图纸上，将是很麻烦的。

从理论上来说，将极小部分的水准面当做平面也是要产生变形的。但在实际测量工作中，在满足一定的测量精度要求和测区面积不大的情况下，往往用水平面来直接代替水准面，即直接把地面点沿铅垂线投影到水平面上来决定其位置。这样既可简化一些复杂的计算，又不会影响工程质量。因此，本节将要讨论的内容就是，在多大面积范围内允许以平面投影代替水准面投影的问题。为了讨论方便起见，我们把地球当做圆球看待。

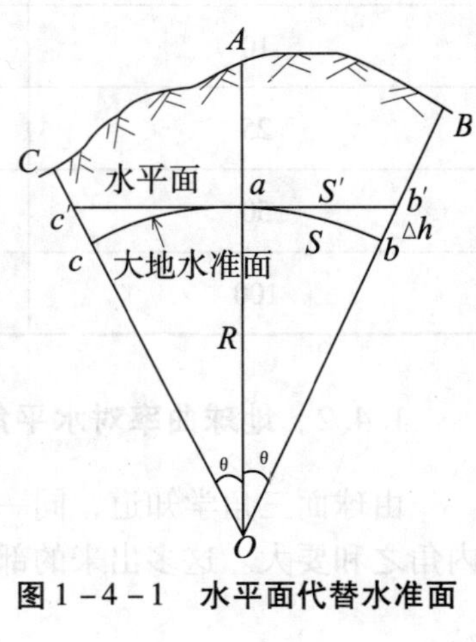

图1－4－1　水平面代替水准面

用水平面代替水准面，通常会对距离、角度和高程产生影响，下面分别加以讨论。

1.4.1 地球曲率对水平距离的影响

如图 1－4－1 所示为地表的一个小区域，A、B、C 为地面点，它们在大地水准面上的投影为 a、b、c，如果用切于 a 点的水平面代替水准面，且地面点在其上的投影为 a、b'、c'。设 S 为 A、B 两点在大地水准面上的距离，S' 为 A、B 两点在水平面上的距离，θ 为 S 所对的圆心角，R 为地球平均曲率半径。若以平面上的直线距离 S' 代替圆弧长 $\widehat{ab}$，则在距离方面将产生距离误差 ΔS，即：

$$\Delta S = ab' - \widehat{ab} = S' - S \tag{1-4-1}$$

其中

$$ab' = S' = R\tan\theta$$

$$\widehat{ab} = S = R \cdot \theta$$

代入式（1－4－1），并按级数展开得：

$$\tan\theta - \theta = \frac{1}{3}\theta^3 + \frac{2}{15}\theta^5 + \cdots$$

因 θ 角值一般很小，故略去五次方以上各项，并以 $\theta = \dfrac{S}{R}$ 代入，则得：

$$\Delta S = \frac{1}{3}\frac{S^3}{R^2} \tag{1-4-2}$$

两端同除以 S，得相对误差为：

$$\frac{\Delta S}{S} = \frac{1}{3}\left(\frac{S}{R}\right)^2 \tag{1-4-3}$$

取地球半径 R =6371 km 以及不同的距离 S 代入式（1－4－2）和式（1－4－3），便得表 1－4－1 所列的结果。

计算结果表明，当两点间的距离为 10km 时，以水平面代替水准面所产生的距离误差为距离的 1/120 万，而当代精密测距仪的测距精度也只有 1/100 万。可见，在半径为 10km 的范围内进行测量时，可以用水平面代替水准面，由此带来的距离误差可以忽略不计。

表 1－4－1 水平面代替水准面的距离误差和相对误差

距离 S（km）	距离误差 ΔS（cm）	相对误差 $\Delta S/S$
10	0.8	1:1250000
25	12.8	1:200000
50	102.6	1:49000
100	821.2	1:12000

1.4.2 地球曲率对水平角的影响

由球面三角学知道，同一个空间多边形在球面上投影的各内角之和比在平面上投影的内角之和要大。这多出来的部分称为球面角超值，其值可用多边形的面积求得，即：

$$\varepsilon'' = \rho\frac{P}{R^2} \tag{1-4-4}$$

式中：P 为球面多边形面积；R 为地球曲率半径；ρ 为一弧度对应的秒值。($\rho = 57°17'45'' = 3438' = 206265''$)。

在测量工程中，实测的是球面面积，绘制成地形图时则是平面图形的面积。以球面上不同面积代入式（1－4－4），便得表 1－4－2 所列的结果。

表 1－4－2　不同面积多边形的球面角超值

P (km^2)	ε''
10	0.05
100	0.51
500	2.54
2500	12.71

计算结果表明，当测区面积为 100 km^2 时，以水平面代替水准面，地球曲率对水平角的影响很小，球面角超值才 0.51″，可以忽略不计。

1.4.3　地球曲率对高差的影响

由于高程的起算面为大地水准面，如果用水平面代替水准面进行高程测量，地球曲率必然要对高差产生影响。由图 1－4－1 可知，用水平面代替水准面时，产生的高差误差为 Δh，其值可由三角形 oab' 求得。

由三角形 oab' 知：

$$(R + \Delta h)^2 = R^2 + S'^2$$

$$2R \cdot \Delta h + (\Delta h)^2 = S'^2$$

$$\Delta h = \frac{S'^2}{2R + \Delta h} \tag{1-4-5}$$

前已证明，两点间投影的水平距离与在大地水准面上的弧长相差很小，故可用 S 代替 S'，同时因 Δh 与地球半径 R 相比要小得多，故可略去，则上式可写成：

$$\Delta h = \frac{S^2}{2R} \tag{1-4-6}$$

仍设 $R = 6371$km，则以不同距离代入上式，便得表 1－4－3 所列的结果。

表 1－4－3　水平面代替水准面的高差误差

距离 S (km)	0.1	0.5	1	2	3	4	5	10
Δh (cm)	0.08	1.96	7.85	31	71	125	196	785

计算结果表明，用水平面代替水准面，对高差的影响是很大的，距离为 500m 就有 2cm 的高差误差，这是不能允许的。因此，在高差测量中，即使距离很短，也应顾及地球曲率对高差的影响。

1.4.4　地球形状的近似

从以上章节的叙述可以看出：地球的自然表面是一个高低起伏极不规则的曲面，当人们引入了大地水准面的概念之后，地球的表面就成了一个较地球自然表面规则且光滑的封闭的曲面，但它的精确形态目前还无法用数学模型来描述。如果将地面各点投影到这样复杂的曲面上，根本无法进行测量计算工作。旋转椭球是可以用数学公式严格表示的，因此，测量上就是用这个旋转椭球体的表面来近似代替大地水准面，并以此作为测量计算和制图的基准面。地球的表面尽管有这样大的高低起伏，但从宏观上看，这些高低差异与巨大的地球半径（平均为6371km）相比，仍可忽略不计。因此，在一般的公式推导和工程应用中直接把地球当做圆球看待。然而，要把球面上测量的数据展绘为平面图形，其中的计算是很复杂的，所以，当测区面积不大（半径为10km范围内）时地球形状可看成水平面。

综上所述，根据考虑问题深度的不同，地球的转化过程如下：

自然地球体$\xrightarrow{\text{大地水准面}}$大地体$\xrightarrow{\text{忽略表面的微小起伏}}$参考椭球体⊗

⊗$\xrightarrow{\text{椭球体的局部范围}}$圆球体$\xrightarrow{\text{方圆 10 千米范围内}}$⊕

⊕水平面（用水平面代替水准面而不影响平距和水平角）

1.4 习 题

1. 用水平面代替水准面，对距离、水平角和高差有什么影响？
2. 如何推导地球曲率对高差的影响公式？

1.5 我国统一使用的坐标系统

1.5.1 1954年北京坐标系

中华人民共和国成立后，大地测量进入了全面发展时期，测量人员在全国范围内开展了正规的、全面的大地测量和测图工作，这迫切需要建立一个坐标系。鉴于当时的历史条件，暂时采用克拉索夫斯基椭球，并与前苏联1942年坐标系进行联测，通过计算建立了我国大地坐标系，定名为1954年北京坐标系（BJ54）。因此，1954年北京坐标系可以认为是前苏联1942年坐标系的延伸，它的大地原点不在北京，而在前苏联的普尔科沃(Pulkovo)。

大地原点，亦称大地基准点，是国家水平控制网中推算大地坐标的起算点。大地原点是人为界定的一个点，利用它我们可以精确地知道自己的地理位置所在，也因此所谓的GPS全球定位系统才有意义，是科学家们勘察计算了很久才确定了这个原点。自此中国任何一寸土地都可以用精确的大地坐标标示。大地原点是建立国家坐标系最关键的点，即确定国家坐标系椭球位置的点，但并不是指中国的几何中心或坐标的零点。大地原点确定后，从原点再延伸出去推算国家的其他测量点坐标，成为国家和城市建立坐标系的依据。

1954年北京坐标系建立以来，我国依据这个坐标系建成了全国天文大地网，完成了大量的测绘任务。但是随着测绘新理论、新技术的不断发展，人们发现该坐标系存在不少缺点，需建立适合我国国情的新坐标系。BJ54采用的是克拉索夫斯基椭球。该椭球在计算和定位的过程中，没有采用中国的数据，该系统在中国范围内符合得不好，不能满足高精度定位以及地球科学、空间科学和战略武器发展的需要。

1.5.2　1980 年国家大地坐标系（1980 西安坐标系）

19 世纪 70 年代，中国大地测量工作者经过二十多年的艰巨努力，终于完成了全国一、二等天文大地网的布测。经过整体平差，采用 1975 年国际大地测量与地球物理联合会（IUGG，International Union of Geodesy and Geophysics）推荐的椭球（简称 1975 国际椭球），中国建立了 1980 西安坐标系（GDZ80），GDZ80 在中国经济建设、国防建设和科学研究中发挥了巨大作用。

GDZ80 的大地原点位于我国中部——陕西省泾阳县永乐镇，大地原点标志见图 1–5–1。

图 1–5–1　大地原点

1.5.3　2000 国家大地坐标系

根据《中华人民共和国测绘法》，经国务院批准，国家测绘局 2008 年发布第 2 号公告，主要内容为：

1. 我国自 2008 年 7 月 1 日起，启用 2000 国家大地坐标系

2000 国家大地坐标系与现行国家大地坐标系转换、衔接的过渡期为 8 ~ 10 年。

2. 要求各类测绘成果

（1）过渡期内，可沿用现行国家大地坐标系；

（2）2008 年 7 月 1 日后，新生产的应采用 2000 国家大地坐标系。

3. 要求地理信息系统

（1）过渡期内，逐步转换到 2000 国家大地坐标系；

（2）2008 年 7 月 1 日后，新建设的应采用 2000 国家大地坐标系。

由于卫星全球定位系统，特别是美国 GPS 系统在全球测量定位的广泛应用，常规大地测量技术正在被卫星大地测量技术所取代。现在利用卫星全球定位系统进行的测量定位，如航天、航空、航海地面导航，客观上都需要以地心坐标系为参照系。应用于诸多领域的地理信息系统（GIS，Geographic Information System），由于实时应用的需要，自然也需采用地心坐标系。各自为政的建立在各自的参考椭球上的坐标系已不适应现代测量、定位、导航、GIS 应用的需要。世界各国纷纷采用适合于卫星全球定位技术的地心坐标系。

2000 国家大地坐标系简称 CGCS2000——China Geodetic Coordinate System。CGCS2000 为地心空间直角坐标系，是右手地固直角坐标系，原点在地心；Z 轴为国际地球旋转局（IERS）参考极（IRP）方向，X 轴为 IERS 的参考子午面（IRM）与垂直于 Z 轴的赤道面的交线；Y 轴与 Z 轴、X 轴构成右手正交坐标系。

一、采用 CGCS2000 的必要性

现行的大地坐标系历经 50 年，对国民经济建设作出了重大的贡献，效益显著。但其成果受技术条件制约，精度偏低、无法满足新技术的要求。空间技术的发展成熟与广泛应用迫切要求国家提供高精度、地心、动态、实用、统一的大地坐标系作为各项社会经济活动的基础性保障。

但从目前技术和应用方面来看，现行坐标系具有一定的局限性，已不适应发展的需要。主要表现在以下几点：

（1）二维坐标系统。1980 西安坐标系是经典大地测量成果的归算及其应用，它的表现形式为平面的二维坐标。用现行坐标系只能提供点位平面坐标，而且表示两点之间的距离精确度也比用现代手段测得的低 10 倍左右。高精度、三维与低精度、二维之间的矛盾是无法协调的。比如将卫星导航技术获得的高精度的点的三维坐标表示在现有地图上，不仅会造成点位信息的损失（三维空间信息只表示为二维平面位置），同时也将造成精度上的损失。

（2）参考椭球参数。随着科学技术的发展，国际上对参考椭球的参数已进行了多次更新和改善。1980 西安坐标系所采用的 IAG1975 椭球，其长半轴要比现在国际公认的 WGS84 椭球长半轴的值大 3 米左右，而这可能引起地表长度误差达 10 倍左右。

（3）随着经济建设的发展和科技的进步，维持非地心坐标系下的实际点位坐标不变的难度加大，维持非地心坐标系的技术也逐步被新技术所取代。

（4）椭球短半轴指向。1980 西安坐标系采用指向 JYD1968.0 极原点，与国际上通用的地面坐标系如 ITRS，或与 GPS 定位中采用的 WGS84 等椭球短轴的指向（BIH1984.0）不同。

天文大地控制网是现行坐标系的具体实现，也是国家大地基准服务于用户最根本最实际的途径。

面对空间技术、信息技术及其应用技术的迅猛发展和广泛普及，在创建数字地球、数字中国的过程中，需要一个以全球参考基准框架为背景的、全国统一的、协调一致的坐标系统来处理国家、区域、海洋与全球化的资源、环境、社会和信息等问题。单纯采用目前参心、二维、低精度、静态的大地坐标系统和相应的基础设施作为中国现行应用的测绘基准，必然会带来愈来愈多不协调问题，产生众多矛盾，制约高新技术的应用。

若现在仍采用现行的二维、非地心的坐标系，不仅制约了地理空间信息的精确表达和各种先进的空间技术的广泛应用，无法全面满足当今气象、地震、水利、交通等部门对高精度测绘地理信息服务的要求，而且也不利于与国际上民航与海图的有效衔接，因此采用地心坐标系已势在必行。

二、采用 CGCS2000 的意义

2000 国家大地坐标系的科学性、先进性和实用性是显而易见的。中国采用 2000 国家大地坐标系，对满足国民经济建设、社会发展、国防建设和科学研究的需求，有着十分重要的意义。

（1）采用2000国家大地坐标系具有科学意义，随着经济发展和社会的进步，中国航天、海洋、地震、气象、水利、建设、规划、地质调查、国土资源管理等领域的科学研究需要一个以全球参考基准为背景的、全国统一的、协调一致的坐标系统，来处理国家、区域、海洋与全球化的资源、环境、社会和信息等问题，需要采用定义更加科学、原点位于地球质量中心的三维国家大地坐标系。

（2）采用2000国家大地坐标系可对国民经济建设、社会发展产生巨大的社会效益。采用2000国家大地坐标系，有利于应用于防灾减灾、公共应急与预警系统的建设和维护。

（3）采用2000国家大地坐标系将进一步促进遥感技术在中国的广泛应用，发挥其在资源和生态环境动态监测方面的作用。比如汶川大地震发生后，以国内外遥感卫星等科学手段为抗震救灾分析及救援提供了大量的基础信息，显示出科技抗震救灾的威力，而这些遥感卫星资料都是基于地心坐标系。

（4）采用2000国家大地坐标系也是保障交通运输、航海等安全的需要。车载、船载实时定位获取的精确的三维坐标，能够准确地反映其精确地理位置，配以导航地图，可以实时确定位置、选择最佳路径、避让障碍，保障交通安全。随着中国航空运营能力的不断提高和港口吞吐量的迅速增加，采用2000国家大地坐标系可保障航空和航海的安全。

（5）卫星导航技术与通信、遥感和电子消费产品不断融合，将会创造出更多新产品和新服务，市场前景更为看好。现已有相当一批企业介入到相关制造及运营服务业，并可望在近期形成较大规模的新兴高技术产业。卫星导航系统与GIS的结合使得计算机信息为基础的智能导航技术，如车载GPS导航系统和移动目标定位系统应运而生。移动手持设备如移动电话和PDA已经有了非常广泛的使用。

三、CGCS2000的参考框架

大地测量参考框架是通过大地测量手段确定的固定在地面上的控制网（点）所构建的，CGCS2000的参考框架是“2000国家GPS控制网”，它是由国家测绘局布设的高精度GPSA、B级网，总参测绘局布设的GPS一、二级网，中国地震局、总参测绘局、中国科学院、国家测绘局共建的中国地壳运动观测网组成。遵循“从高级到低级、从整体到局部”的原则，各省、自治区、直辖市测绘局又在本辖区布设C级GPS控制点。

以云南省为例说明C级GPS控制点情况：

（1）2005年3月至2006年1月完成踏勘。

（2）2006年3月至2007年8月完成选埋。

（3）2007年3月至2008年6完成观测。

（4）2008年8月至2009年3月完成数据处理、平差计算、坐标转换及数据库工作，全省共GPS C级网点1311个。

（5）2009年8月~过渡期结束：成果推广应用与技术服务阶段。

C级GPS控制点的指示碑见图1-5-2。

图 1－5－2　GPS 控制点指示碑

1. 5. 4　地方坐标系

根据前面介绍的内容我们知道：我国统一使用的高斯平面直角坐标系是有讲究的：该坐标系的 X 轴是相应投影带中央子午线的投影，而中央子午线又有严格规定。然而，一段时间内，各地为了减少边长投影变形，纷纷建立自己的平面直角坐标系，这种坐标系也与椭球对应（称为地方坐标系），但 X 轴是用当地中央子午线的投影，并且投影面适当抬高（有一定高程）。如：

1987 年昆明坐标系。

1997 年丽江城建坐标系。

1994 年保山城建坐标系。

2000 楚雄市城建坐标系。

如前所述，目前及今后应逐步放弃地方坐标系。

1. 5　习　题

1. 大地原点与坐标系原点（0，0，0）有何区别？

2. BJ54、GDZ80、CGCS2000 有何区别（可从椭球、大地原点、优缺点等方面加以说明）？

3. 采用 CGCS2000 有何意义？

1.6　测量工作原则

测量工作是一项严谨的工作，测量工作者必须保证提供的数据（包括野外观测的数据及现场或室内计算的数据）真实、准确，这就要求测量人员在从事任何一项测量工作时需遵循一定的原则，这些原则如下：

一、从高级到低级

以高程测量为例加以说明。

通过前面内容的学习我们知道“中华人民共和国水准原点”（下称水准原点）的高程为 72.2604 米，该点位于青岛。那么全国其他地方的高程又是如何确定的呢？当然都是由这个水准原点通过观测高差计算得到的，而从青岛到我国的四面八方跨度是很大的，距离是很长的。为了保证计算高程有足够的精度（这一内容将在第三篇铺开介绍），就要在全国范围内布设若干层次（从高级→低级）的高程控制网——水准网，这些层次逐一为：一等水准测量、二等水准测量、三等水准测量、四等水准测量。示意图见图 1－6－1。

图 1－6－1　国家一二等水准路线

相应的，我们就可以得到一等水准点、二等水准点、三等水准点、四等水准点，在这些水准点中，高程精度逐一降低。

实际进行高程测量时，为了确定某些点的高程，需要高一级的点作为起算点，

$$\text{如：一等水准}\Rightarrow\begin{cases}\text{二等水准点}\\ \text{三等水准点三等水准点}\Rightarrow\text{四等水准点等。}\\ \text{四等水准点}\end{cases}$$

二、从整体到局部

还是以高程测量为例加以说明。

至 1991 年底，我国一等水准点约有 2 万个（相应线路见图 1－6－1），它们分布在我国广大的地区，从整体控制了全国的高程，以这些水准点为基础，再逐一加密局部的高程点。这里的“局部”可以是一个州、一个县或是一个乡等。

三、先控制后碎部

日常生活中这方面的例子是很多的，如：一个画家要画一个人的头部时，他一般是先画头的轮廓，再逐一添加眼睛、鼻子、嘴、头发等；移动公司要在一面墙上请书法家写广告词——神州行我看行——时，书法家不是直接就写这几个字，而是先在墙上画六个方框，然后在每个框中再写字。显然，控制了头的轮廓后，也就控制了对应人物脸面的大小，控制了五官的分布位置等。同样，有了方框就能控制字的大小（高度、宽度），能控制字与字之间的间隔等。

在测量界，所谓“先控制”就是先用较高的精度确定出控制点的坐标、高程，再以这些控制点为基础，将其周围的其他特征点（碎部点）测定出来或者将设计图上的点放样到实地。控制点是在地面上作了标记的点，根据对其测量方法的不同可有不同的名称，诸如：三角点、导线点、卫星定位点；水准点等。示意图见图 1－6－2；图 1－6－3。

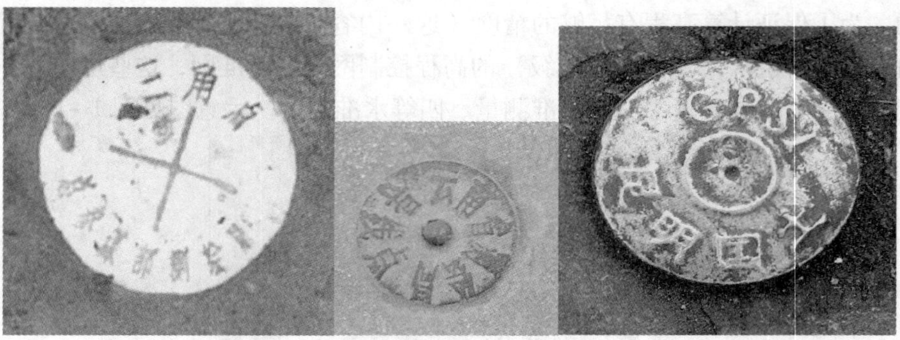

图 1－6－2　控制点类型

图 1－6－3　水准点

碎部点就是地形特征点，诸如：房角点、围墙转弯点、道路转弯点、电杆所在位置点、消火栓所在位置点、山顶、山地变坡点等。这些点在实地都有一定的范围，但考虑到比例尺，对这些点的测量可以有一定的误差。

“先控制后碎部”的配合见图 1－6－4。

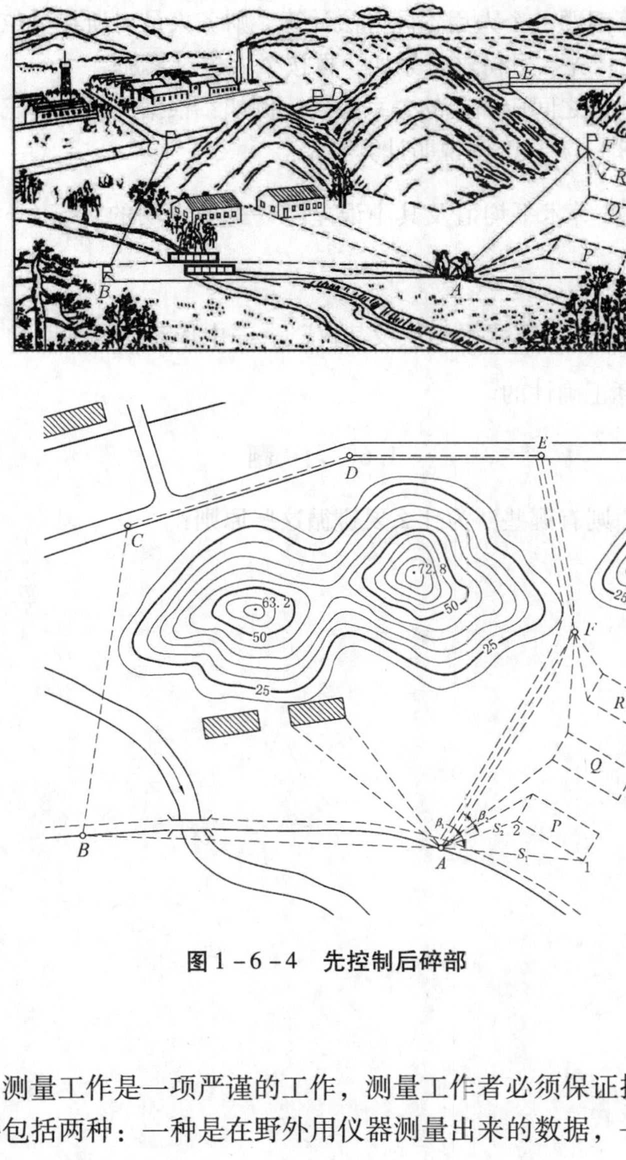

图 1－6－4　先控制后碎部

四、有检核

前面已指出：测量工作是一项严谨的工作，测量工作者必须保证提供的数据真实、准确，测量数据主要包括两种：一种是在野外用仪器测量出来的数据，一种是通过计算得出的数据。

1. 如何保证测量数据的准确性

显然，最为有效的方法之一就是同一个量测两次。在后续课程中我们将会看到：

（1）水准测量中有“黑面红面测量法”，有“基本分划辅助分划测量法”，有“两次仪器高测量法”，“往测返测法”等，这些方法正是为了保证野外测量的高差不出错。

（2）水平角、竖直角测量中有“盘左盘右法”等，这些方法是为了保证野外测量的角度不出错。

（3）距离测量中有“盘左盘右法”，“往测返测法”等，这些方法是为了保证野外测量的距离不出错。

2. 如何保证计算数据的准确性

可采取如下措施：

（1）同一个计算问题两人独立计算。

（2）同一个计算问题一个人用不同方法计算。财务人员对所在单位全年的工资作统计时一般就是这样做的：先按月份进行累加，再按个人进行累加。

（3）充分利用数据之间应满足的关系检核。例如：根据三角形的三条边计算三个内角α、β、γ，如果$\alpha+\beta+\gamma\neq 180°$则说明计算有错。

后续——“3.2.2 算术平均值及其中误差”——中证明的 $\sum_{i=1}^{n}\nu_i=0$ 就可以用来检核改正数计算的正确性。

后续——“3.2.3 广义算术平均值及其权”——中作业要求证明的 $\sum_{i=1}^{n}p_i\nu_i=0$ 也是用来检核改正数 ν_i 计算正确性的。

1.6 习题

1. 测量工作的原则有哪些？为什么要遵循这些原则？

第二篇　仪器操作

2.1　水准仪

本章基本概念：高差；水准仪；测站；转点；水准路线；水准管轴；视准轴；纵轴；圆水准器轴等。

本章基本公式：高差计算式；闭合差计算式；改正数计算式；i 角对高差的影响等。

本章难点内容：地球曲率对高差的影响；闭合差的调整；水准仪的检验和校正等。

2.1.1　水准测量原理

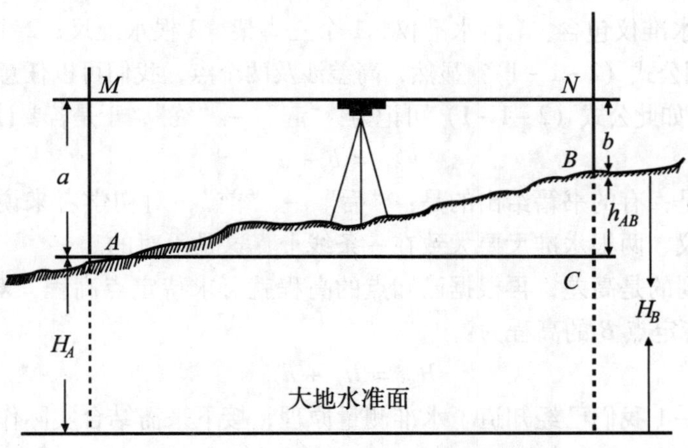

图 2－1－1　水准测量原理

在图 2－1－1 中，A、B 是地面上的两个点，为了测量该两点之间的高差 h_{AB}，可分别在 A、B 竖立两根水准尺（需铅直），利用水平视线 MN 在这两根水准尺上读数可得 a、b。按高程的定义作出辅助面——大地水准面（暂时理想化为水平面），则根据几何关系可容易求得高差：

$$h_{AB} = a - b \tag{2-1-1}$$

对应实际测量图见图 2－1－2。

图 2-1-2 实际水准测量

从图 2-1-1、图 2-1-2 可知：

（1）水准测量一般需由 4 个人共同完成：1 人观测；1 人记录、计算；2 人扶尺。

（2）一整套水准仪包含：1 台水准仪；1 个三脚架、2 根水准尺；2 个尺垫。

如何准确使用公式（2-1-1）？显然，高差涉及两个点，我们可以任意指定一个为起点，则另一个为终点，如此公式（2-1-1）可记为："起" - "终"，于是若要计算 h_{BA}，则有：

$$h_{BA} = b - a$$

需要说明的是：有的书籍给出的是："后" - "前"，对初学者来说这容易产生一种错觉：以为水准仪、两根水准尺要大致在一条线上，这是不对的。

水准测量得到的是高差，再根据已知点的高程就可求待定点高程，对图 2-1-1，若 A 为已知点，则待定点 B 的高程为：

$$H_B = H_A + h_{AB}$$

通过图 2-1-1 我们已经知道了水准测量原理，接下来需结合实际作扩充：

1. 大地水准面并不是水平面，而是一个很复杂的曲面，当视其为圆球面时，一个测站上的水准测量应如图 2-1-3 所示，图中用圆弧表示过 A 点的大地水准面。因 θ 角很小（AB 相距 200m 时，$\theta \approx 6''$），故 A、B 两点竖立的水准尺接近于平行，此时高差 h_{AB} 应为：$h_{AB} = a - b - \Delta h_{AB}$，式中 Δh_{AB} 就是地球曲率对高差的影响。

从过 A 点的水准面与测站垂线的交点处作切线，由图 2-1-3 可见：

$$\Delta h_{AB} = \delta a - \delta b$$

又因为（见公式（1-4-6））$\delta_a = \dfrac{1}{2R}S_a^2$，$\delta_b = \dfrac{1}{2R}S_b^2$

故 $$\Delta h_{AB} = \frac{1}{2R}(S_a^2 - S_b^2) \text{ 或 } \Delta h_{AB} = \frac{1}{2R}(S_a - S_b)(S_a + S_b) \quad (2-1-2)$$

式（2-1-2）为地球曲率对一个测站高差的影响。若 $S_a = S_b$，则 $\Delta h_{AB} = 0$，这说明当后、前视距相等时，地球曲率对一个测站的高差没有影响。

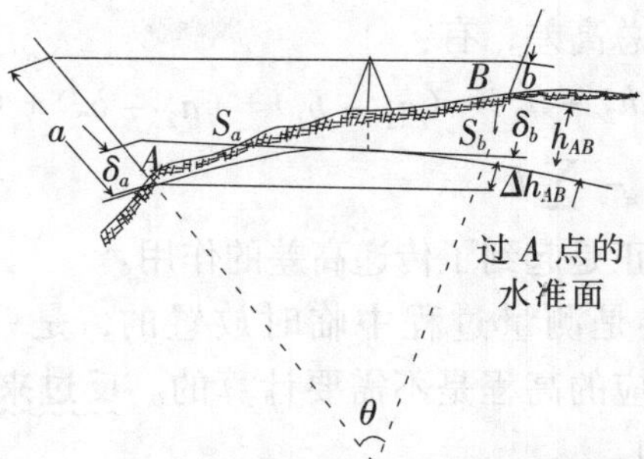

图 2－1－3　地球曲率对一个测站高差的影响

对于一条水准路线而言，将会有很多个测站，此时有：

$$\Delta h_{AB} = \sum \left\{ \frac{1}{2R}(S_a - S_b)(S_a + S_b) \right\}$$

设每测站的（$S_a + S_b$）相等，则有：

$$\Delta h_{AB} = \frac{1}{2R}(S_a + S_b) \sum (S_a - S_b) \qquad (2-1-3)$$

它和式（2－1－2）的不同之处是用后、前视距之差的总和替换每站的后前视距之差。实际工作中还对 $\sum(S_a - S_b)$ 加以限制，以使 Δh_{AB} 不致过大。由于（$S_a - S_b$）表示每一测站的后视距离减去前视距离，它可正可负，只要作业中随时注意它的积累，将 $\sum(S_a - S_b)$ 限制在某一范围内并不十分困难。例如当（$S_a + S_b$）平均为 200m，$\sum(S_a - S_b) \leqslant 10$m 时，$\Delta h_{AB} \leqslant 0.16$mm，以普通水准测量对成果的精度要求而言，这样的误差可忽略不计。

实际上，要使 $S_a - S_b = 0$ 并不是一件容易的事情，而且也没有这个必要，相关《测量规范》允许“$S_a - S_b$”有一个差值，正是这个差值的大小从一个方面决定了水准测量等级的情况，具体可见第四篇的表 4－2－1。

2. 图 2－1－1 说明的是一个测站的测量（需测量高差的 A、B 两点相距不远）情况，若需测量高差的两点相距较远，则要借助尺垫设置若干个测站来测量，如图 2－1－4 所示就是设置了 3 个测站测量高差的情况。

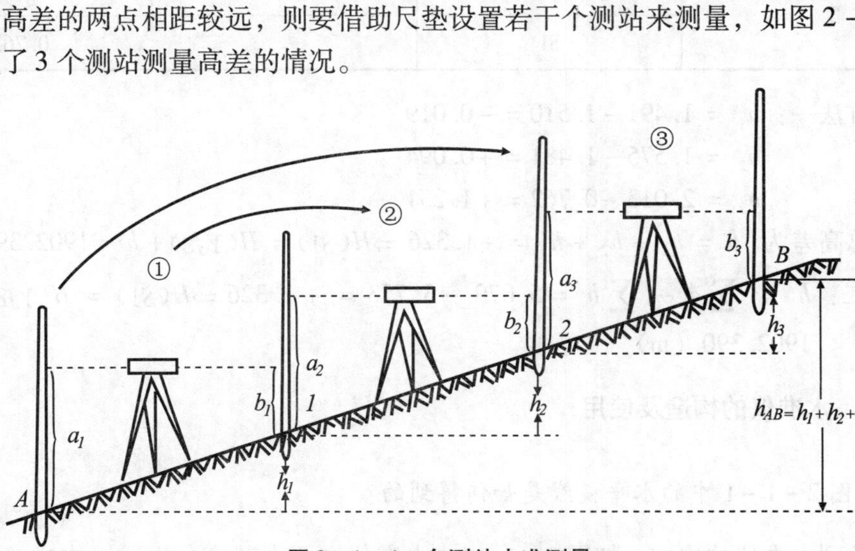

图 2－1－4　多测站水准测量

对上述3个测站对应的总高差，有：

$$h = h_1 + h_2 + h_3 = (a_1 - b_1) + (a_2 - b_2) + (a_3 - b_3)$$
$$= \sum a - \sum b \qquad (2-1-4)$$

在这种情况之下，尺垫正是起到了传递高差的作用。

关于尺垫需注意：尺垫是测量过程中临时放置的，是一个过渡点——转点（Turn Point，简写为TP），该点对应的高程是不需要计算的。**反过来说，凡是地面上的控制点，作水准测量时绝不能放尺垫！**

公式（2－1－4）已体现第一篇讲过的测量工作原则——有检核（对计算的检核）：分别用两种方法来计算同一高差：

方法一：$h = h_1 + h_2 + \cdots + h_n$（利用各测站的高差来计算）

方法二：$h = \sum a - \sum b$（利用各测站累计的“起点”读数之和、“终点”读数之和来计算）

例［2－1－1］从已知点*YJ*8（其高程为1901.064m）向待定点*S*1作水准测量，观测数据见表2－1－1，求*S*1的高程。

表2－1－1　普通水准测量

测站编号	点名	水准尺读数（m）	
		后尺	前尺
1	*YJ*8	1.491	
	*TP*1		1.510
2	*TP*1	1.575	
	*TP*2		1.481
3	*TP*2	2.013	
	*S*1		0.762

解：方法一：$h_1 = 1.491 - 1.510 = -0.019$

$h_2 = 1.575 - 1.481 = +0.094$

$h_3 = 2.013 - 0.762 = +1.251$

于是总高差为：$h = h_1 + h_2 + h_3 = +1.326 \Rightarrow H(S1) = H(YJ8) + h = 1902.390$（m）

方法二：$h = \sum a - \sum b = 5.079 - 3.753 = +1.326 \Rightarrow H(S1) = H(YJ8) + h = 1902.390$（m）

2.1.2　水准仪的构造及使用

（一）图2－1－1中的水平视线是如何得到的？

这涉及到水准仪的构成。如图2－1－5，水准仪主要由基座、望远镜构成，配套的部件还有水准尺、尺垫。对于望远镜我们已经知道它是由物镜、目镜组成的，将物镜、目镜光心的连线称为视准轴。测量界使用的望远镜所成的像是倒立的实像，因之可对这个实像进行测量——用十字丝分划板来测量。具体来说，读数正是读中丝在水准尺上对准的数（有些等级的水准测量还需读上丝、下丝对准的数，见后面的三、四等水准测量）。

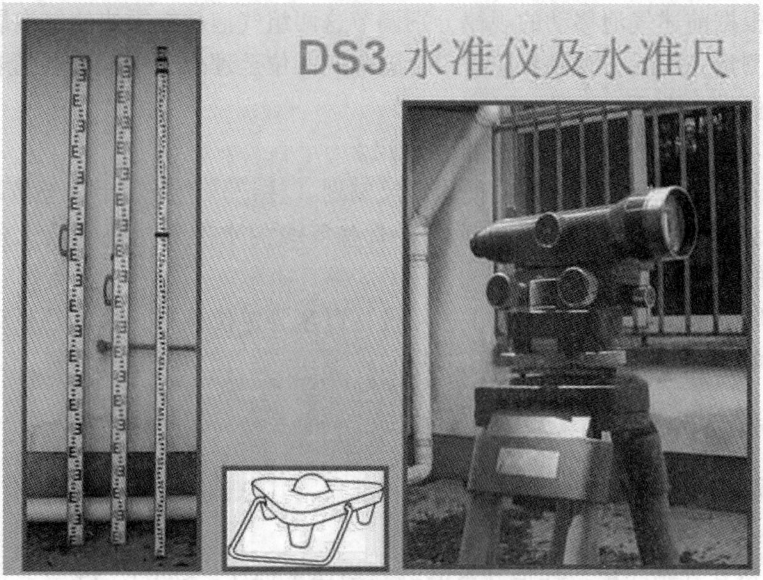

图 2-1-5　DS3 水准仪及水准尺

由于望远镜成的是倒像，因之水准尺上的注记是倒立的。现今的测量仪器生产商对望远镜的构成做了一些改进，可成正像。这使得测量单位拥有的水准尺，有些是正立的注记，有些是倒立的注记，但不论如何注记总是从小到大来读数。

实际测量时图 2-1-1 中的水平线是看不见的，它正是望远镜视准轴水平时的情况。图中的读数是利用十字丝的中丝读取的。

为了保证水准测量时视准轴水平，在水准仪上一般均有两种气泡：圆水准器、管水准器（简称水准管）。

圆水准器判断水平的精度低（一般为 6′~8′），靠 3 个脚螺旋来调节，用于粗平；水准管判断水平的精度高（一般为 20″），靠微倾螺旋来调节，用于精平。只有水准仪精平后才能读数。

对于初次使用水准仪的人来说，要养成一种好的调节气泡习惯：必须有针对性、有目的性地调节气泡，不能试探性调、不能盲目调，更不能乱调。这就需掌握：气泡是如何移动的？气泡移动的方向正是左手大拇指旋转脚螺旋时转动的方向，掌握了这个规律就容易调节气泡了。往后使用其他测量仪器（如经纬仪、全站仪、GPS 接收机等）也是如此 。

在野外测量过程中，调节水准管往往要花较多的时间。现今的测量仪器生产商在生产水准仪时，采用了光学补偿器来实现精平——对应自动安平水准仪。实践证明，较之常规的光学水准仪，自动安平水准仪能大大提高野外的作业效率。目前工程上广泛使用的是自动安平水准仪。这种类型水准仪的使用步骤如下：

1. 安置：将水准仪连接至三脚架上。

2. 粗平：调节 3 个脚螺旋使圆气泡居中。

特别注意：水准仪的安置有较大的灵活性（不需要类似于经纬仪那样对中），水准仪连接至三脚架上以后就应观看气泡的形状——应适当调节脚架使气泡成为圆形，如果看到的气泡有“压扁”的现象说明三脚架上方表面倾斜太严重了，这不利于脚螺旋的调节。

粗平的要领：将3个脚螺旋分成两组，与望远镜视准轴大致平行的两个为一组，第3个为另一组，根据前述气泡移动的规律分别调节这两组气泡就能很快使气泡居中。

当站水准测量完成后，观测者应将3个脚螺旋回位至理想（中间）位置再装箱，这会给下一站的测量带来方便。

3. 瞄准：将望远镜中的十字丝对准水准尺。

应适当调节物镜、目镜调焦螺旋使水准尺刻划（注记）清晰、十字丝清晰。

4. 读数：读取中丝在水准尺上的读数（有些等级的水准测量还需读上丝、下丝对准的数，见后面的三、四等水准测量）。

为避免往后因单位造成的计算错误，可统一以米为单位读数，因为往后计算高程时也是要求以米为单位。

（二）如何在水准尺上读数？

前面已述及：一整套水准仪还包含两根水准尺，其总长为3m，两面均有注记，见图2－1－6。

1. 黑面是从0开始注记，凡是分米的刻划均作了标注，如08、14等。需注意：标注的数据对应的是字母“E”最长的那一刻划，如：注记分别为08、14时，读数应分别为0.8m、1.4m。

2. 红面是从4.687m（或4.787m）开始注记，凡是dm的刻划均作了标注，如56、57等，注记分别为56、57时，读数应分别为5.6m、5.7m。

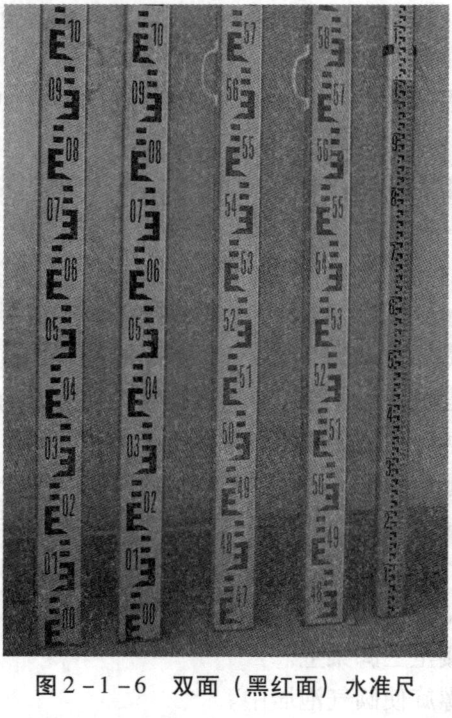

图2－1－6　双面（黑红面）水准尺

一整套水准仪包含的两根水准尺红面分别从4.687m、4.787m开始注记，显见这两个起始注记本身就相差了0.1m，这就决定了：直接按红面读数计算得到的高差是“名义”高差，应将其±0.1m才能得到实际高差，才能与黑面读数计算得到的高差相比较或取平均值。至于是“+0.1m”还是“-0.1m”则要以黑面读数计算得到的高差为准。

例如：某测站黑面读数求得高差为：$h_{黑} = -0.138$，红面读数求得高差为：$h_{红} = -0.040$，

于是平均高差应为：$h = \dfrac{h_{黑} + (h_{红} - 0.1)}{2} = -0.139$。

又如：某测站黑面读数求得高差为：$h_{黑} = -0.319$，红面读数求得高差为：$h_{红} = -0.422$，

则平均高差应为：$h = \dfrac{h_{黑} + (h_{红} + 0.1)}{2} = -0.320$。

对测量计算数据的说明：测量中的每一个数据均有实际意义，没有用的数据就不应保留。例如：-0.319与-0.322取平均应为-0.3205，仔细分析不难看到：水准测量中，读数中的mm这一位是估读的，取平均后的第4位——5显然没有用处，应处理掉这一位。

测量计算中取位的原则：4舍6入，对5则为“单进双不进”（若要舍去的这一位为5，则前面为单数时就进位，为双数时不进位）。

例如：13.7894≈13.789；70.1326≈70.133；-0.3215≈-0.322；-0.3205≈-0.320。

为什么水准尺上要设置红面？正是为了遵循测量工作“有检核”的原则：设置红面后，在同一个测站就可分别用黑面、红面测量同一段高差，理论上这两个高差（$h_{黑}$、$h_{红}$）应相等（$h_{红}$需±0.1米），考虑到误差原因可允许相差一定数值，正是这个差值的大小从一个方面决定了水准测量等级的情况，见第四篇的表4-2-1。

3米长的水准尺携带不太方便，比如一般轿车就放不了。某些工程对高程的要求不高，可采用塔尺来代替水准尺，塔尺可逐段拉出或收取，便于携带。但需注意：相邻两段接头处使用时间长了以后，由于有磨损会产生误差；塔尺没有红面，为了遵循测量工作“有检核”的原则，可采用“两次仪器高法”获取两个高差。

（三）双面尺法水准测量

从公式（2-1-1）可看出：水准测量原理是很简单的，只需读两个数就可按“$h_{AB} = a - b$”求得高差了。然而，这样的测量若有错误（观测错误或是计算错误）是不能及时发现的，因而应遵循测量工作“有检核”的原则——同一段高差测两次。

双面尺法水准测量就是在同一个测站分别用黑面、红面对同一段高差进行观测。

为了消除测量过程中的某些误差，应采用“后-前-前-后”（或“黑-黑-红-红”）的观测顺序来读数，具体为：瞄准后尺黑面读取中丝读数→瞄准前尺黑面读取中丝读数→将前尺红面转过来读中丝读数→瞄准后尺红面读取中丝读数。

例［2-1-2］从已知点$DS1$（其高程为1900.768m）向待定点$T1$作双面尺法水准测量，观测数据见表2-1-2，求$T1$的高程。

解：按公式（2-1-1）可分别求得每个测站的两个高差：$h_{黑}$、$h_{红}$，在$|h_{黑} - (h_{红} \pm 0.1)| \leq 5$（高差较差≤5 mm）的情况下（否则该站需重新测量）取平均值可

得该站的高差——平均高差，即：

$h_1 = +0.676, h_2 = +0.098, h_3 = +0.120,$

于是 $H(T1) = H(DS1) + h_1 + h_2 + h_3 = 1901.662$（m）

表 2-1-2 双面尺法水准测量

自 DS1 测至 T1 天气 晴 成像 清晰 观测日期 2013 年 4 月 19 日

水准仪型号 S3 水准仪编号 20054420 观测者 孔壁 记录者 陈明晶

测站编号	起点-终点	尺面	中丝读数		高差	平均高差	备注
			起点	终点			
1	DS1-TP1	黑面	1.575	0.899	+0.676	+0.676	
		红面	6.362	5.586	+0.776		
		高差较差（mm）			0		
2	TP1-TP2	黑面	1.481	1.385	+0.096	+0.098	
		红面	6.170	6.171	-0.001		
		高差较差（mm）			-3		
3	TP2-T1	黑面	1.489	1.369	+0.120	+0.120	
		红面	6.274	6.055	+0.219		
		高差较差（mm）			+1		

2.1.3 水准测量计算

水准测量的计算包括两方面的计算：一个测站的计算；一条路线的计算。一个测站的计算是根据中丝（或上、下丝）读数计算高差（或水平距离）——视为观测值；路线的计算是在观测值的基础上根据已知点的高程计算待定点的高程。

（一）一个测站的计算

可见前述例［2-1-1］、例［2-1-2］。

（二）一条路线的计算

当若干条水准路线构成水准网时，高程计算已超出本教材范围，对这些内容不作介绍。单一水准路线是工程上经常采用的形式。

单一水准路线包含 3 种类型：支水准路线、闭合水准路线、附合水准路线，见图 2-1-7。在该图中，⊗代表已知点；○代表待定点；（a）为支水准路线、（b）为闭合水准路线、（c）为附合水准路线。

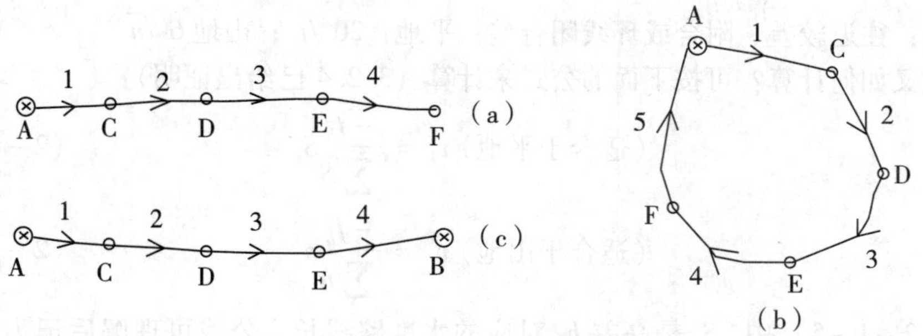

图2-1-7 单一水准路线

实际工程中，单一水准路线的选择应结合工程实际情况（如：线型工程、面状工程）、已知点的分别情况等。

单一水准路线在野外的观测是相同的，所不同的是待定点高程的计算方法。

1. 支水准路线的计算

这种路线的计算是最简单的，对图（a）显然有：

$$H_C = H_A + h_1\text{；}H_D = H_C + h_2\text{；}H_E = H_D + h_3\text{；}H_F = H_E + h_4$$

可见前述例［2-1-1］、例［2-1-2］。

需要说明的是，支水准路线因不能有效检核观测值、计算值，因之要尽量少选择这种路线（除非对高程的精度要求低，如：山区土路的修建）。

2. 闭合水准路线的计算

对闭合水准路线（图2-1-7（b）），若按支水准路线的方法来计算会出现什么问题（矛盾）?

问题（矛盾）1：$h_1 + h_2 + h_3 + h_4 + h_5 \neq 0$

问题（矛盾）2：对任意一个待定点，沿两条不同的路线计算得到的高程不相等，以待定点D为例：$H_A + h_1 + h_2 \neq H_A - h_5 - h_4 - h_3$

易知：这两个问题（矛盾）可归结为一个，换言之，当其中一个矛盾解决后另一个矛盾随之解决。

为什么会产生矛盾？这是因为观测值有误差。如何消除这一矛盾？应给观测值加改正数。为便于区别，将加了改正数的观测值称为平差值，即：平差值 = 观测值 + 改正数，或：$\hat{h}_i = h_i + v_i$。

对于这类的矛盾，测量界有专门术语：闭合差。闭合差就是某量的推算值与该量的理论值（或已知值）之差，对于闭合水准路线（图2-1-7（b）），高差闭合差为：

$$f_h = h_1 + h_2 + h_3 + h_4 + h_5 - 0 = \sum h$$

以后我们还会用到其他闭合差，如：方位角闭合差；纵坐标闭合差；横坐标闭合差等。

闭合差的出现说明什么问题？说明观测值有误差。不难看出：闭合差越小，观测值精度越高。那闭合差在多大范围内是容许的呢？这要由《规范》指定的公式来求，每从事一项测量工作都要遵循相应的《规范》。如前述《工程测量规范（GB 50026-2007）》有如下规定：

对三等：往返较差、附合或环线闭合差：平地：$12\sqrt{L}$；山地$4\sqrt{n}$。

对四等：往返较差、附合或环线闭合差：平地：$20\sqrt{L}$；山地 $6\sqrt{n}$。

改正数又如何计算？可按下面的公式来计算（3.2.4 已给出证明）：

$$（适合于平地）v_i = \frac{-f_h}{\sum S} S_i \tag{2-1-5}$$

$$（适合于山地）v_i = \frac{-f_h}{\sum n} n_i \tag{2-1-6}$$

公式（2-1-5）中，S_i 是高差 h_i 对应的水准路线长，公式可理解后记为：在平地，反号按路线长分配闭合差求改正数；

公式（2-1-6）中，n_i 是高差 h_i 对应的测站数，公式可理解后记为：在山地，反号按测站数分配闭合差求改正数。

实际测量时，如果计算得到的闭合差 f_h 超过了容许值则要经过分析后作必要返工，直至符合《规范》要求。

例［2-1-3］图 2-1-8 为某山地测得的闭合水准路线，$KG29$ 为已知点，其高程为 $H(KG29)=1837.111$m。$K13$、$K10$、$K7$、$K4$、$K16$、$K17$、1003 为待定点。观测值及测站数见下表，闭合差容许值按 $6\sqrt{n}$ 确定。求全部待定点的高程。

高差编号	1	2	3	4	5	6	7	8
高差观测值	-40.485	-36.611	+5.920	+63.422	+2.400	+22.168	-32.470	+15.590
测站数	21	21	5	36	8	22	26	37

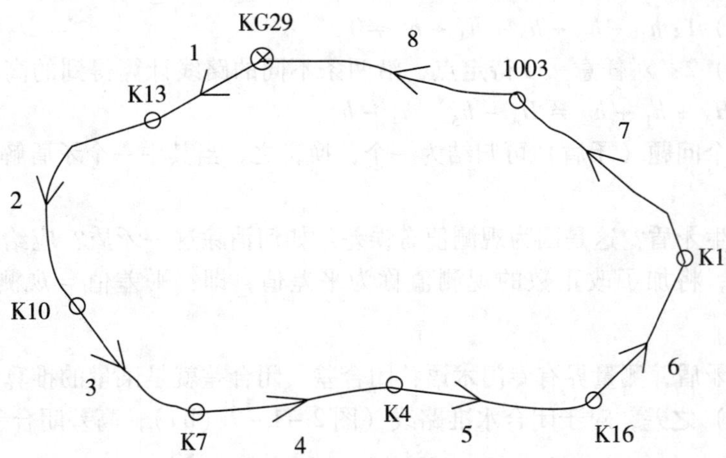

图 2-1-8 闭合水准路线

解：高差闭合差为：$f_h = \sum h = -0.066$（m）$= -66$mm，

因总测站数 $\sum n = 176$，故 $f_h^{容} = 6\sqrt{n} = 79$（mm），显见 $|f_h| < f_h^{容}$，说明观测高差附合《规范》要求（观测值合格）。

由公式（2-1-6）可求得高差改正数为（单位为 mm）：

$$v_1 = \frac{-f_h}{\sum n} n_1 = \frac{66}{176} \times 21 = +8,$$

同理：$v_2 = +8, v_3 = +2, v_4 = +13, v_5 = +3, v_6 = +8, v_7 = +10, v_8 = +14$，

检核：$v_1 + v_2 + \cdots + v_8 = +66 = -f_h$，说明计算正确。

注意：具体计算时仅需保留至 mm，若因计算的舍入误差导致 $v_1 + v_2 + \cdots + v_8 \neq -f_h$（相差 1～3mm），则要人为调整。本例中，$v_4$ 应为 +14，但这将使 $v_1 + v_2 + \cdots + v_8 \neq -f_h$（相差 1mm），于是将 v_4 调整为 +13。

进而可求得高差平差值为（单位为 m）：

$\hat{h}_1 = h_1 + v_1 = -40.477, \hat{h}_2 = h_2 + v_2 = -36.603, \hat{h}_3 = h_3 + v_3 = +5.922, \hat{h}_4 = h_4 + v_4 = +63.435, \hat{h}_5 = h_5 + v_5 = +2.403, \hat{h}_6 = h_6 + v_6 = +22.176, \hat{h}_7 = h_7 + v_7 = -32.460, \hat{h}_8 = h_8 + v_8 = +15.604$，各待定点高程如下（单位为 m）：

$H(K13) = H(KG29) + \hat{h}_1 = 1796.634, H(K10) = H(K13) + \hat{h}_2 = 1760.031$，

$H(K7) = H(K10) + \hat{h}_3 = 1765.953, H(K4) = H(K7) + \hat{h}_4 = 1829.388$，

$H(K16) = H(K4) + \hat{h}_5 = 1831.791, H(K17) = H(K16) + \hat{h}_6 = 1853.967$，

$H(1003) = H(K17) + \hat{h}_7 = 1821.507$，

检核：$H(1003) + \hat{h}_8 = 1837.111 = H(KG29)$，说明计算正确。

3. 附合水准路线的计算

附合水准路线的计算基本同“闭合水准路线”，只是闭合差的计算公式有一些变化，对附合水准路线（图 2－1－7（c）），有：

$$f_h = H_A + h_1 + h_2 + h_3 + h_4 - H_B$$

2.1.4　水准仪的检验和校正

（一）水准仪主要轴线及其应满足的条件

根据水准测量原理，在进行水准测量时，水准仪所提供的视线必须水平才能正确地测定两点间的高差。但视线是否水平是按水准管气泡是否居中来判断，也就是说读数时水准气泡居中就认为望远镜的视线水平。因此水准仪必须满足水准管轴平行于视准轴这个主要条件，即 $LL//CC$（图 2－1－9）。

对水准仪要先利用圆水准器使其粗平，再进行精平。当圆水准气泡居中，圆水准轴 $L'L'$ 位于铅垂方向，从而水准仪旋转轴 VV 轴也基本上整置到铅垂方向。因此水准仪还必须满足圆水准轴平行于竖轴这一条件，即 $L'L'//VV$。

总上，水准仪的主要轴线有 4 根，它们应满足两对平行关系。

另外，为了便于用水平横丝读取尺上读数，水准仪整平后，十字丝横丝应水平。

（二）水准仪的检验和校正

1. 圆水准器的检验和校正

目的：使圆水准器轴平行于竖轴，即 $L'L'//VV$

检验：旋转脚螺旋使圆水准器气泡居中（图 2－1－10（a）），然后将仪器绕竖轴旋转 180°，如果气泡偏于一边（图 2－1－10（b）），说明 $L'L'$ 不平行 VV，需要校正。

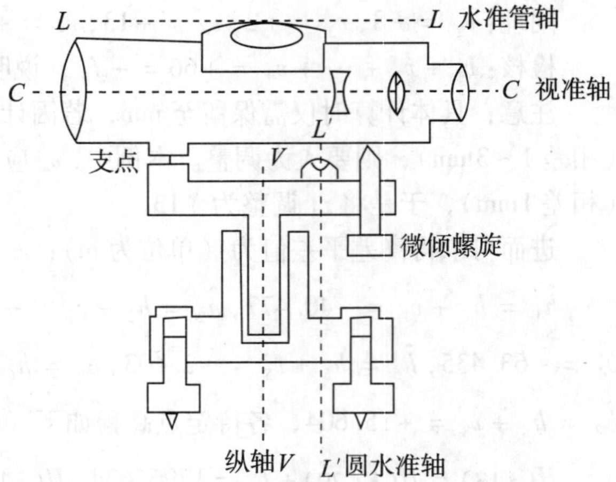

图 2－1－9 水准仪轴线图

校正：旋转脚螺旋使气泡向中心移动偏距的一半（图 2－1－10（c）），然后用校正针拨圆水器底下的三个校正螺丝使气泡居中（图 2－1－10（d））。在圆水准器底部除了有三个校正螺丝以外，中间还有一个松紧螺丝（图 2－1－11）。在拨动各个校正螺丝以前，应先稍微松一下松紧螺丝。这样，拨校正螺丝时气泡才能移动，校正完毕后勿忘把松紧螺丝再旋紧。

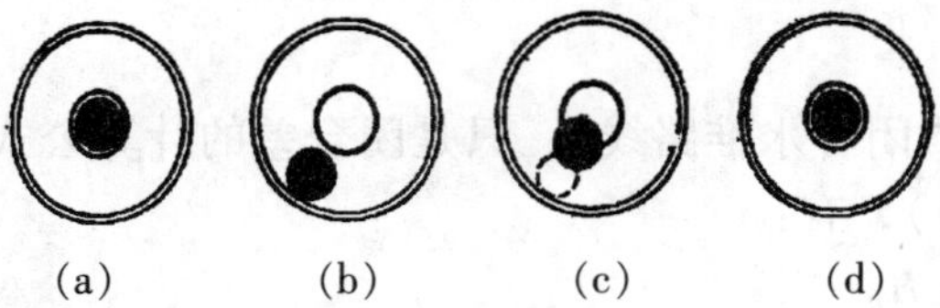

图 2－1－10 圆水准器的检校

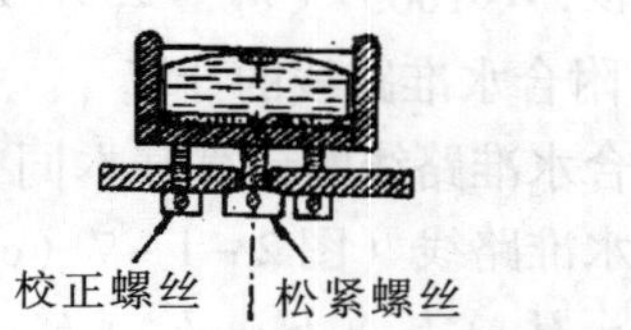

图 2－1－11 圆水准器校正螺丝

检验和校正应反复进行，直到仪器转到任何方向气泡仍然居中为止。

2. 十字丝横丝垂直于竖轴的检验和校正

目的：当仪器整平后，十字丝的横丝应该水平。

检验：整平仪器后，用十字丝交点瞄准远处一个明显点 P，制紧制动螺旋，转动微动螺旋，如果 P 点离开横丝（图 2－1－12（a）），表示横丝不水平，需要校正。

校正：松开十字丝环的四个固定螺丝（图 2－1－12（b）），按十字丝横丝倾斜方向的反方向微微转动十字丝环，直到满足要求，最后旋紧固定螺丝。

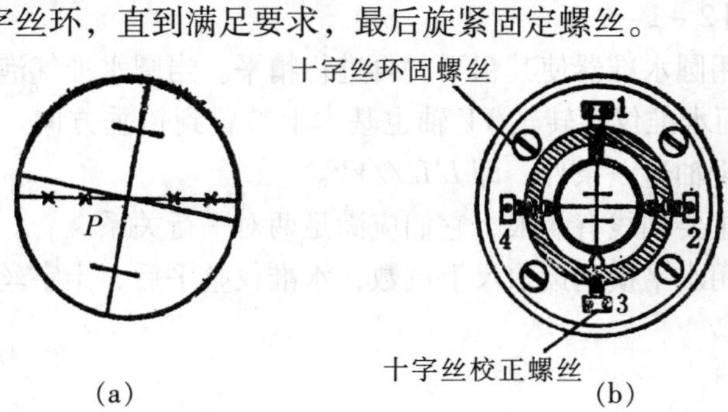

图 2－1－12 横丝的检验

3. 水准管的检验和校正

目的：使水准管轴平行于望远镜视准轴，即 $LL//CC$。

(1) i 角误差对读数及高差的影响

如图 2－1－13 所示：

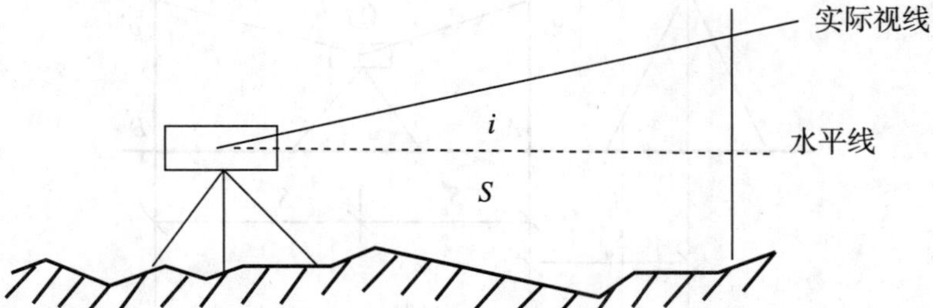

图 2－1－13 i 角误差对读数的影响

S 是水准仪到水准尺的平距，Δ 是 i 角误差对读数的影响。

由于存在 i 角误差，使得瞄准水准尺的视线不水平，而是有一个倾角 i。

易知：$\tan i = \dfrac{\Delta}{S} \Rightarrow \Delta = S\tan i$，考虑到 i 很小有 $\tan i \approx \dfrac{i}{\rho}$，于是：

$\Delta = S\dfrac{i}{\rho}$（该式也可按弧长公式得到）——这就是 i 角误差对读数的影响公式

$$高差为\ h = a - b = (a' - \Delta_a) - (B' - \Delta_a) = \left(a' - S_a\frac{i}{\rho}\right) - \left(B' - S_b\frac{i}{\rho}\right)$$

$$= (a' - B') - \frac{i}{\rho}(S_a - S_b)$$

$$\Rightarrow \Delta h = -\frac{i}{\rho}(S_a - S_b) \qquad (2-1-7)$$

公式（2－1－7）就是 i 角误差对高差的影响公式。

(2) 对于一台给定的水准仪如何确定它的 i 角误差?

我们可以将它作为一个数学问题来考虑：在地面上选定两个点 A、B（放尺垫的地方），将有两个未知量——这两个点之间的高差 h_{AB} 以及所用水准仪的 i 角误差，为了求出这两个量就需列两个方程。根据前述内容我们知道：水准仪安放在任意一个位置就可以建立一个方程。于是选择两个位置安放水准仪测量 h_{AB} 就可得到所需要的两个方程，从这两个方程就可解得 h_{AB}、i。

设水准仪在第一个位置的实际读数为 a'、b'，相应视线长为（可用皮尺量）S'_a、S'_b；水准仪在第二个位置的实际读数为 a''、b''，相应视线长为（可用皮尺量）S''_a、S''_b。则对应方程组如下：（式中 $\rho = 206265''$）

$$\begin{cases} h_{AB} = (a' - b') - \dfrac{i}{\rho}(S'_a - S'_b) \\ h_{AB} = (a'' - b'') - \dfrac{i}{\rho}(S''_a - S''_b) \end{cases} \Rightarrow \begin{cases} i = \dfrac{(a' - b') - (a'' - b'')}{(S'_a - S'_b) - (S''_a - S''_b)}\rho \\ h_{AB} = (a' - b') - \dfrac{i}{\rho}(S'_a - S'_b) \end{cases} \qquad (2-1-8)$$

实际检核时可以选择这样的两个位置：使 i 表达式的分母尽量简单。如：

方案一：中间、左端法（可以用皮尺量 A 、B 之间的平距 S），见图 2－1－14。

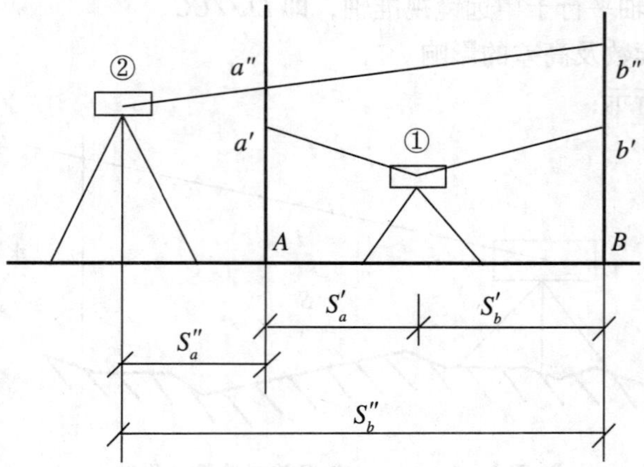

图 2－1－14　中间、左端法求 i 角误差

i 角误差的计算式简化为：

$$i = \frac{(a' - b') - (a'' - b'')}{S}\rho \qquad (2-1-9)$$

特殊做法：在平坦地面上用皮尺量取 S ＝20.6m 确定 A 、B ，以㎜为单位读 4 个数（ a' 、b' ；a'' 、b'' ），则此种情况下 i 角误差的计算式将进一步简化为：

$$i = 10''[(a' - b') - (a'' - b'')] \qquad (2-1-10)$$

方案二：中间、右端法（可以用皮尺量 A 、B 之间的平距 S），见图 2－1－15。

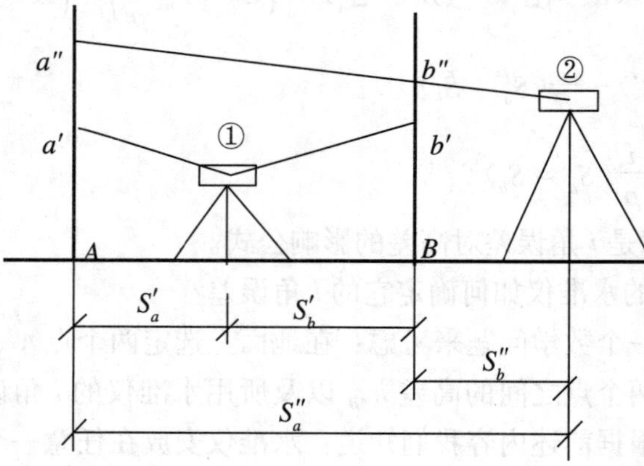

图 2－1－15　中间、右端法求 i 角误差

i 角误差的计算式简化为：

$$i = \frac{(a' - b') - (a'' - b'')}{-S}\rho \qquad (2-1-11)$$

特殊做法：在平坦地面上用皮尺量取 S ＝20.6m 确定 A 、B ，以㎜为单位读 4 个数（ a' 、b' ；a'' 、b'' ），则此种情况下 i 角误差的计算式将进一步简化为：

$$i = 10''[(a'' - b'') - (a' - b')] \qquad (2-1-12)$$

方案三：左端、右端法（可以用皮尺量 A 、B 之间的平距 S），见图 2－1－16。

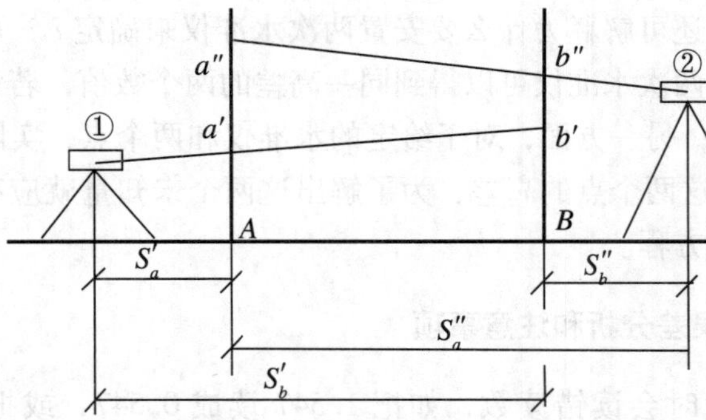

图 2-1-16　左端、右端法求 i 角误差

i 角误差的计算式简化为：

$$i = \frac{(a' - b') - (a'' - b'')}{-2S}\rho \tag{2-1-13}$$

特殊做法：在平坦地面上用皮尺量取 $S = 20.6\text{m}$ 确定 A、B，以mm为单位读 4 个数（a'、b'；a''、b''），则此种情况下 i 角误差的计算式将进一步简化为：

$$i = 5''[(a'' - b'') - (a' - b')] \tag{2-1-14}$$

不论采用上述哪种方案，当求出的 $i > 20''$时就需要校正。

（3）i 角误差的校正方法（以方案二为例）

校正：先计算视准轴水平时在 A 尺上的正确读数 a_2'，即 $a_2' = b_2 + h$，为了使 $LL//CC$，一般是校正水准管以改变水准管轴位置，但也可以校正十字丝以改变视准轴位置。

a. 校正水准管：转动微倾螺旋，使横丝在 A 尺上的读数从 a_2 移到 a_2'，这时视准轴已呈水平，但水准管气泡不居中，用校正针拨动水准管上、下校正螺丝（图 2-1-12（b）中的 3“十字丝校正螺丝”），如图 2-1-17 所示，使气泡回复居中。

校正水准管前，应先弄清楚需要抬高还是降低水准管带校正螺丝的一端，以决定螺丝的转动方向。如图 2-1-18（a）所示符合气泡的情况，表示目镜端需抬高，这时应先旋进上面的校正螺丝，让出一定空隙，然后旋出下面校正螺丝，则气泡的像相对移动，达到两端符合。图 2-1-18（b）校正时与上述情况相反。

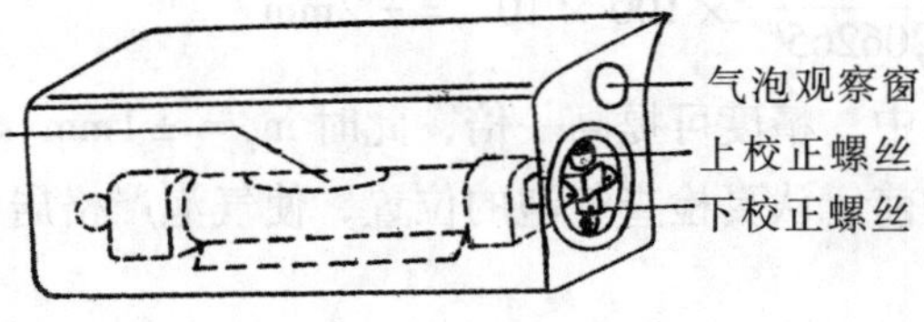

图 2-1-17　水准管的校正

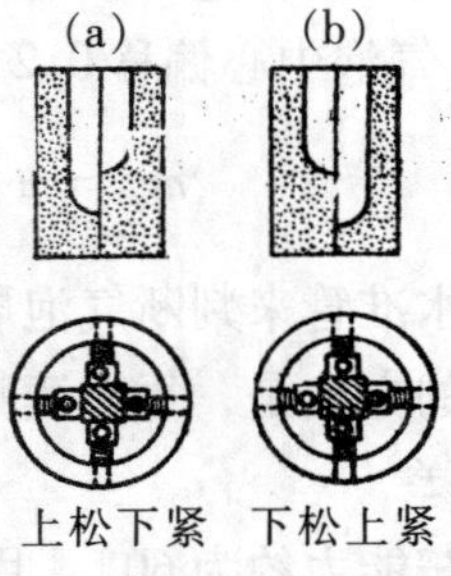

图 2-1-18　水准管校正螺丝

b. 校正十字丝：卸下目镜处外罩，用校正针拨动十字丝的上、下两校正螺丝，使横丝对准 A 尺上的正确读数 a_2'，这时要保持水准管气泡居中。

总之，拨动校正螺丝前，应遵守“先松后紧”的原则。

校正后的仪器必须再进行高差检测，将测得的高差值与正确高差值比较，其差值应在 5mm 之内，否则再进行校正。

通过上面分析，我们还可解释为什么要安置两次水准仪来确定 i？可以从两方面作出解释：一方面，通过安置两次水准仪可以得到同一高差的两个数值，若该两个数值相差较大则说明该水准仪存在 i；另一方面，对于给定的水准仪和两个点，实际上对应着两个未知量——水准仪的 i 角和这两个点的高差，为了解出这两个未知量就应有两个方程，而安置一次水准仪可得到一个方程。

2.1.5 水准测量的误差分析和注意事项

在进行水准测量时有时会读错读数，如把 1.547 读成 0.547，或把 cm 当作 dm，把 1.012 读成 1.120，记录时，把后视读数记入前视读数一栏中，迁站时转点变动，或碰动尺垫，上述错误主要是由于工作时的疏忽大意所造成，它导致水准测量的返工，以致给规划设计、施工带来损失。因此，工作时要仔细、认真，以避免上述错误。但由于观测者的感觉器官反映的差异，仪器的不够完善，外界自然条件的变化等，在测量成果中还是不可避免地要存在误差。现将水准测量的主要误差来源加以分析，并说明防止和减少这类误差的方法。

（一）仪器误差

仪器误差主要包括水准仪校正后的剩余误差和水准尺的分划误差，前者要求作业时保持前、后视线长度相等，以减弱或消除此项误差的影响。至于水准尺的分划误差，按照规范规定每米真长与名义长之差不得超过 ±0.5mm，否则应在水准测量中对所测高差进行改正；至于尺的零点差，可采取在两固定点间使测站为偶数的方法予以消除，并及时消除尺底泥土等。

（二）观测误差

1. 水准管气泡居中的误差

在对水准尺读数时，水准管轴应在理想的水平位置，如果气泡没有精确居中，则水准管轴有一微小的倾角，这种误差与气泡的灵敏度有关。设水准管分划值 $\tau = 20''/2\text{mm}$，视线长为 100m，气泡中心偏移 0.2 格，则对尺上读数的影响为：

$$m_\tau = \pm \frac{0.2 \times 20''}{206265''} \times 100 \times 10^3 = \pm 2\text{mm}$$

采用符合水准管来判断气泡居中，精度可提高一倍，此时 $m_\tau = \pm 1\text{mm}$。

减弱误差的方法是，每次读数前，认真检查气泡的位置，使气泡严格居中。

2. 照准误差

人眼的分辨能力约为 60"，用望远镜观察可提高 V 倍，即用望远镜瞄准可能产生的照准误差为 60" / V，由此引起的读数误差为：

$$m_{照} = \pm \frac{60''}{V} \times \frac{D}{\rho''}$$

设望远镜放大率 $V = 24$，$D = 100\text{m}$，则照准误差 $m_{照}$ 为

$$m_{照} = \pm \frac{60''}{24} \times \frac{100 \times 10^3}{206265''} = \pm 1.2\text{mm}$$

3. 在水准尺上读数的估读误差

估读误差与水准尺的基本分划值有关，通常水准尺都是以 cm 为基本分划的，并要求估读到 1mm。估读时，是以十字丝在尺面上的位置来判断的，如果从望远镜中观察到的十字丝宽度，已超过尺上基本分划的十分之一，即超过 1mm，那么估读到 mm 的准确度就会受到影响。因此，估读误差又与望远镜的放大率和视线长度有关。放大率高，读数误差可小些，视线长了，误差就大些，一般，在视线长 100m 以内，估读误差约为 1.4mm。

（三）水准尺倾斜的误差

水准尺扶得不竖直，总是使读数增大。设尺子立直的读数为 b_0，实际尺上读数为 b，尺子倾斜角为 ε，则由尺子倾斜引起的读数误差 $\delta = b - b_0 = b - b\cos\varepsilon = 2b\sin^2\dfrac{\varepsilon}{2}$。

当 $\varepsilon = 4°$，$b = 1\text{m}$ 时，$\delta = 2.4\text{mm}$；当 $b = 2\text{m}$ 时，$\delta = 4.9\text{mm}$。δ 与读数的大小成正比，与尺子倾斜角的平方成正比。因此当地面坡度较大时，特别要注意尺子扶直。为减小此项误差，有的标尺上装有圆水准器。

（四）外界因素影响

1. 地球曲率及大气折光影响

这种误差对一般水准测量影响不大，而且当前，后视线长度相等时，可以得到一定的消除，但作精密水准测量时，要求视线高出地面 50cm，这样可避免视线靠近地面发生不规划折射而引起的误差。

2. 强阳光直射仪器的影响

强阳光直射仪器会使仪器各部件因温度的急剧变化而发生变形，致使测量结果受到影响，尤其是水准气泡最怕阳光直晒，气泡向着温度高的一端移动，影响仪器整平，因此阳光强烈时，应撑伞保护仪器。

（五）水准测量精度分析

由上述分析（只考虑观测误差的影响）可知：用水准仪在一个测站观测时，一次（前尺或后尺）读数的中误差为：

$$m_{读} = \pm\sqrt{m_\tau^2 + m_{照}^2 + m_{估}^2} = \pm\sqrt{1^2 + (1.2)^2 + (1.4)^2} = \pm 2.1\text{mm}$$

再考虑其他误差的影响，使读数的误差增大一倍，则有：$m_{读} = \pm 4.2\text{mm}$

因一个测站高差的计算式为：$h = a - b$，故每站高差中误差为：

$$m_{站} = \pm\sqrt{m_{读}^2 + m_{读}^2} = \pm\sqrt{2}m_{读} = \pm 6.0\text{mm}$$

考虑 n 个测站的总高差：$h = h_1 + h_2 + \cdots\cdots + h_n$，有：$m_h = \pm m_{站}\sqrt{n}$

即：水准测量的高差中误差与测站数的平方根成正比。

如果已知两水准点间的水准路线长 L，前、后视距离各为 d，则水准测量的测站数 n 为：$n = \dfrac{L}{2d}$，于是有：则 $m_h = \pm m_{站}\sqrt{\dfrac{L}{2d}} = \pm m_{站}\sqrt{n}$

即：水准测量的高差中误差与水准路线长度的平方根成正比；也与测站数的平方根成

正比。

上述结论的严密证明可见 3.1.4。

2.1 习 题

1. 水准仪上有哪些主要轴线？它们之间应满足什么条件？

2. 水准仪的 i 角对水准尺上的读数有什么影响？对高差又有什么影响？

3. 将水准仪安置于前后水准尺中央进行高差测量，i 角对高差为什么没有影响？

4. 公式（2－1－9）～（2－1－14）使用的前提条件是什么？

5. 请各自再设计一种确定 i 角误差的方案。

6. 水准测量主要有哪些误差来源？应如何减弱其对高差的影响？

7. 用双面尺法在一个测站上进行水准测量时（假设仪器下沉或上升与时间成正比），下面两种观测顺序有何不同？

（1）后—后—前—前（即：读后尺黑面中丝→读后尺红面中丝→读前尺红面中丝→读前尺黑面中丝）；

（2）后—前—前—后（即：读后尺黑面中丝→读前尺黑面中丝→读前尺红面中丝→读后尺红面中丝）。

8. 将后面的数据保留 3 位小数：23.1064；98.3496；57.2345；8.0175。

9. 下图为某段水准测量的示意图，根据给出的已知数据求各测站的高差和 B 点的高程，已知 A 点的高程为：$H_A=63.360\text{m}$。

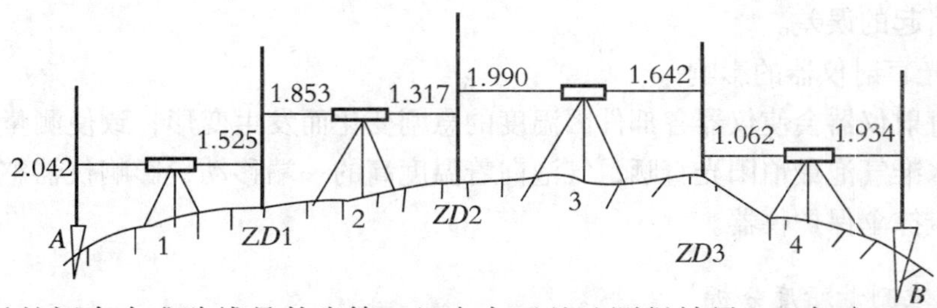

10. 下图所示的闭合水准路线是某班第 2 组在实习基地测得结果，已知点 15E 的高程为：$H(15E)=1717.983$ 米，其余点为待定点。观测高差及相应测站数如下：

$h_1=-2.375$, $h_2=+2.125$, $h_3=+10.594$, $h_4=+45.862$, $h_5=+4.718$, $h_6=-47.863$, $h_7=-13.025$

$n_1=6$, $n_2=3$, $n_3=6$, $n_4=25$, $n_5=15$, $n_6=26$, $n_7=18$

按 $f_h^{容}=\pm 4\sqrt{n}$（mm）计算闭合差容许值。求各待定点的高程。

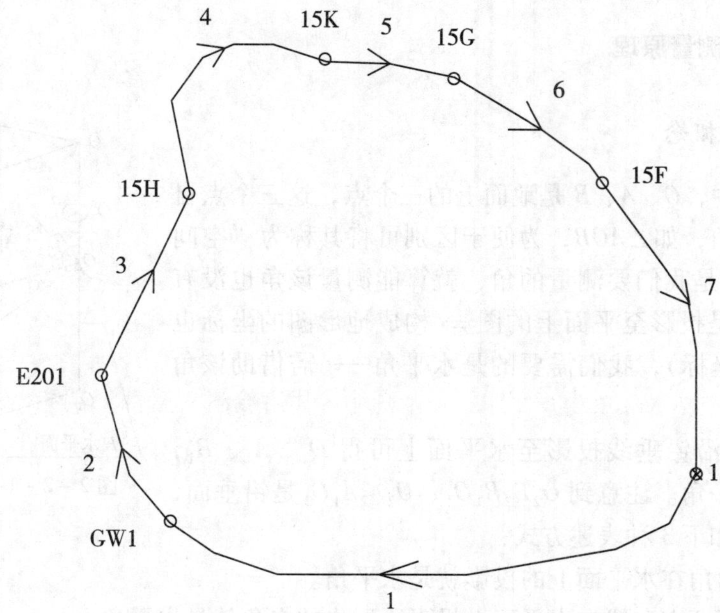

11. 下图为一附合水准路线，A、B 为已知点，其高程已标在图中。$C1\sim C4$ 为待定点，各段高差及相应路线长如下：

$h_1=+16.310\text{m}$，$h_2=+13.133\text{m}$，$h_3=+9.871\text{m}$，$h_4=-3.112\text{m}$，$h_5=+13.387\text{m}$；

$S_1=270\text{m}$，$S_2=300\text{m}$，$S_3=210\text{m}$，$S_4=390\text{m}$，$S_5=180\text{m}$。

按 $f_h^{容}=\pm 40\sqrt{L}$（mm）计算闭合差容许值求各待定点平差后的高程。

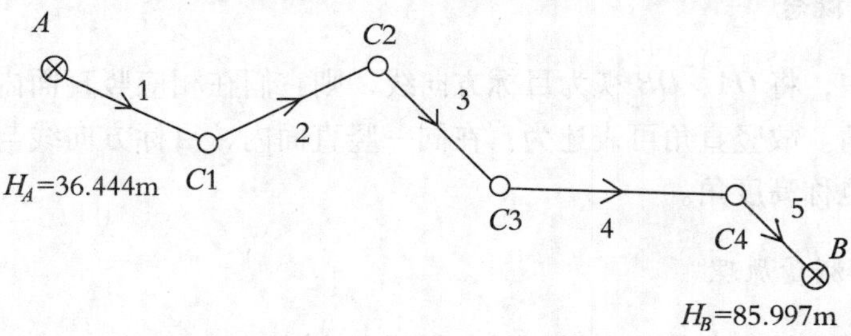

2.2　经纬仪

基本概念：水平角；测回法；方向观测法；归零差；归零方向值；竖直角；天顶距；指标差；视准轴；横轴；竖轴；视距测量等。

基本公式：水平角计算公式；竖直角及指标差计算公式；度盘偏心、视准轴误差、横轴误差对水平方向读数的影响；视距测量基本公式等。

难点内容：经纬仪误差对水平方向的影响及经纬仪的检验与校正等。

2.2.1　角度测量原理

（一）水平角概念

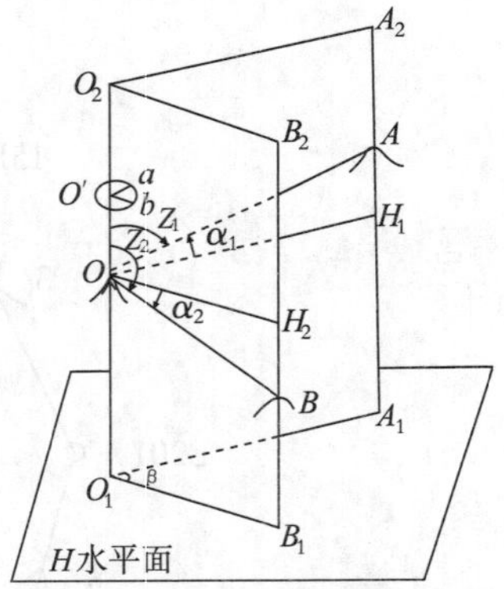

图 2－2－1　测角原理

图 2－2－1 中，O、A、B 是地面上的三个点，这三个点自身也能构成一个角，如$\angle AOB$，为便于区别可将其称为“空间角”。空间角并不是我们要测量的角，就算能测量该角也没有用（因为地形图是投影至平面上的图 $\Rightarrow$ 构成地形图的坐标也是平面上的直角坐标），我们需要的是水平角——需借助该角计算平面坐标。

将 O、A、B 沿铅垂线投影至水平面上可得 O_1、A_1、B_1，$\angle A_1O_1B_1$才是水平角。注意到 $O_2B_2B_1O_1$、$O_2A_2A_1O_1$是铅垂面，因之水平角可有如下 3 种表述方式：

表述 1：空间角在水平面上的投影就是水平角。

表述 2：地面两方向线在水平面上投影所形成的夹角就是水平角。

表述 3：通过地面两方向线的两个竖直面之间的二面角就是水平角。

需注意：野外测量时，构成水平角的边是看不见的（这与几何中所学的角是有区别的），我们只能看到三个点。水平角的顶点对应测量界的控制点，测量时就是安置仪器的测站点。

（二）竖直角概念

图 2－2－1 中，将 OA、OB 视为目标方向线，则它们在相应竖直面内与水平线可构成角，这就是竖直角。故竖直角可表述为：在同一竖直面内，目标方向线与水平线之间的夹角就是竖直角，也称高度角。

（三）水平角测量原理

在中学阶段学几何时我们都有过用量角器量角度的经历。

图 2－2－2 中，使用量角器量角时，这个角我们是能看见的——既可以看见角的顶点，也可以看见角的边。测量时，需将量角器的中心与角的顶点重合（步骤 1），又让量角器的 0 刻划线与角的一边重合（步骤 2），则角的另一边在量角器上的读数就是相应的角度值。

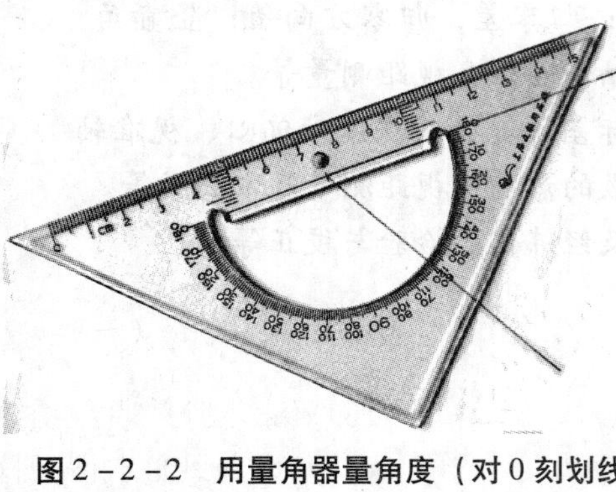

图 2－2－2　用量角器量角度（对 0 刻划线）

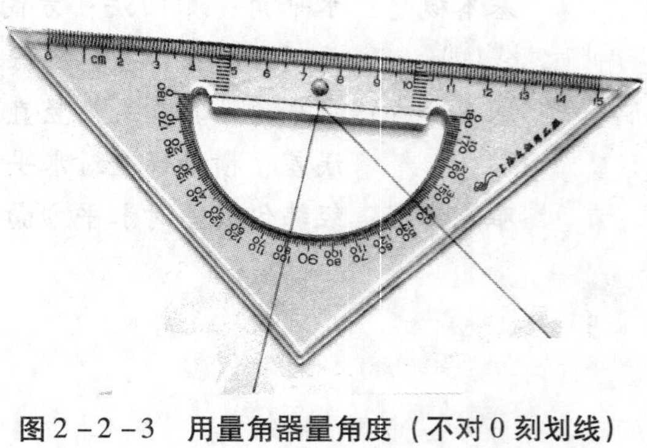

图 2－2－3　用量角器量角度（不对 0 刻划线）

上述两个步骤是否可以省去一个？仔细分析可知：步骤 2 可省去。如图 2-2-3，但此种情况下角的两边均需在量角器上读数，这两个读数的差才是相应的角度值。

野外用仪器测量水平角时也是遵循上面的原理。

量角器量角度的过程说明：量角度时，量角器必须满足"对中"才行（对应步骤 1）。设想将量角器离开角度所在平面一定距离，还是可以量该角的，但步骤 1 应满足：垂直于量角器中心的线应经过角的顶点；量角器应平行于角度所在平面。对应到测量仪器就有了"对中""整平"的要求。

在纸上用量角器量角度时，由于要量的这个角是看得见、摸得着的，因而量角器是半个圆，但在野外，我们只能看到地面上的点 ⇒ 我们不能判断所测的角是否在 180°以内，这就决定了测量仪器中测量角度的"量角器"应该是一个圆。确实如此，测量角度（不论是水平角还是竖直角）的经纬中有一个水平度盘、一个竖直度盘，分别用来测量水平角、竖直角。

通过上述分析可以看出：使用经纬仪时必须满足"对中""整平"才可测量相应的角度，分述如下：

1. 对中：使水平度盘中心（也就是仪器中心）与地面控制点（也就是角的顶点）在同一条铅垂线。这就决定了安置经纬仪时是有要求的，不再像水准仪那样可以随便安置。

2. 整平：使水平度盘水平（竖直度盘铅直）。这自然要通过气泡居中来保证。

图 2-2-1 中，当经纬仪对中、整平后，照准目标 A 在水平度盘上可得读数 a；照准目标 B 在水平度盘上可得读数 b。于是水平角计算公式为：$\beta = b - a$，这就是水平角测量原理。实际测量时，应确保不能将两个相减的数颠倒！可以这样来记住这个计算公式，即：

$$\beta = b - a = \text{“右”} - \text{“左”} \qquad (2-2-1)$$

有的初学者用"大"－"小"来记，这是不对的。如何区分"右""左"？当我们要计算某个水平角时，设想站在角的顶点面向该角，则构成该角的一个目标位于观测者的左边，另一个目标位于观测者的右边，如此就区分出了"右""左"。

例［2-2-1］图 2-2-4 是在测站 O 测量两目标 A、B 的读数情况，计算水平角。

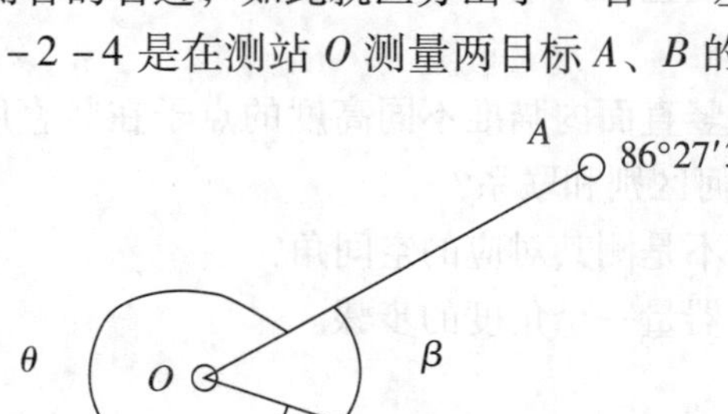

图 2-2-4　水平角计算

显然这两个目标可构成两个水平角：β、θ，它们的计算均按公式（2-2-1），即：

β = "右" － "左" $= 132°57'48'' - 86°27'36'' = 46°30'12''$；

θ = "右" － "左" $= 86°27'36'' - 132°57'48'' = -46°30'12''$，对于这个"－"值有的初学者可能会感觉不对，那是因为在他们学习角度的过程中似乎角度均为"＋"值。只要是按公式（2-2-1）计算水平角，结果不论"＋""－"均是正确的，对于"－"值为

习惯计可人为 +360°（若不加也可以），即 $\theta = 313°29'48''$。

实际工程中，在一个测站上对应的两个目标，到底应计算哪一个水平角，应该取决于：观测者是先测哪一个目标？

（四）角度单位

往后将会看到，测量水平角、竖直角并不是最终目的，而是要用这些角作后续计算，如计算平面坐标、高程等，针对角度的计算往往与三角函数有关，这要借助计算器完成。函数型计算器中涉及的角度总是有三种单位，若不注意会出现一些意外错误。例如，利用计算器可求得 sin30 的三个不同数值：

（1）$\sin 30 = 0.5$

（2）$\sin 30 = -0.988031624$

（3）$\sin 30 = 0.453990499$

之所以会出现这样的结果是因为单位不同，上述三个结果分别对应 30°；30（弧度，无单位的数）；30^g（G 度，也称“新度”）。这三种单位是有联系的：1 个圆周角 $= 360° = 2\pi = 400^g$，利用这些关系可实现三者之间的相互换算。

例如：$2\pi = 360° \Rightarrow 1 = \dfrac{360°}{2\pi} = \dfrac{360 \times 3600''}{2 \times 3.1415926} = 206265''$，

这说明：1（弧度）等价于 206265″，该值在测量界经常使用，特记为：$\rho = 206265''$。因测量仪器反映角度误差时均是以″为单位（如：测角中误差为 ±9″），若需将以″为单位的数值转换成弧度就应考虑这个常数 ρ。

计算器显示屏中会采用 DEG、RAD、GRAD 来区分上述三种单位，也可能是采用 D、R、G 来区分。

2.2.1 习 题

1. 何谓水平角？在同一竖直面内瞄准不同高度的点子在水平度盘上的读数是否一样？为什么？

2. 何谓竖直角？在同一竖直面内瞄准不同高度的点子在竖直度盘上的读数是否一样？为什么？天顶距与竖直角有何区别和联系？

3. 为什么要测水平角而不是测其对应的空间角？

4. 说明在平面上用量角器量一个角度的步骤。

2.2.2 经纬仪

（一）经纬仪的构成

经纬仪的外观由于测量仪器生产商不同而有一些差别，主要由基座、水平度盘、照准部组成，图 2-2-5、图 2-2-6 是某种型号的 J6 经纬仪。

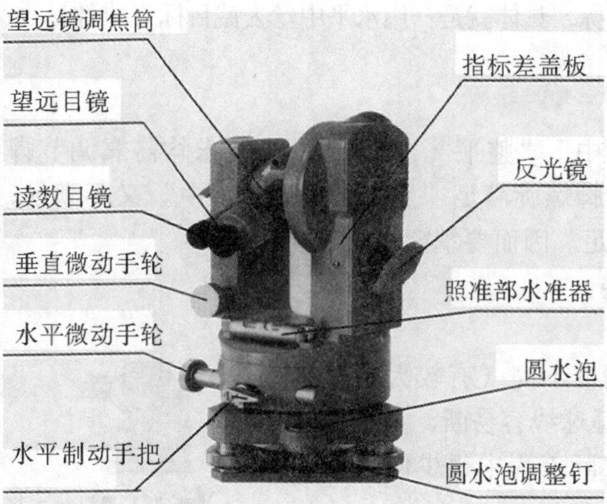

图 2-2-5　J6 经纬仪（之 1）

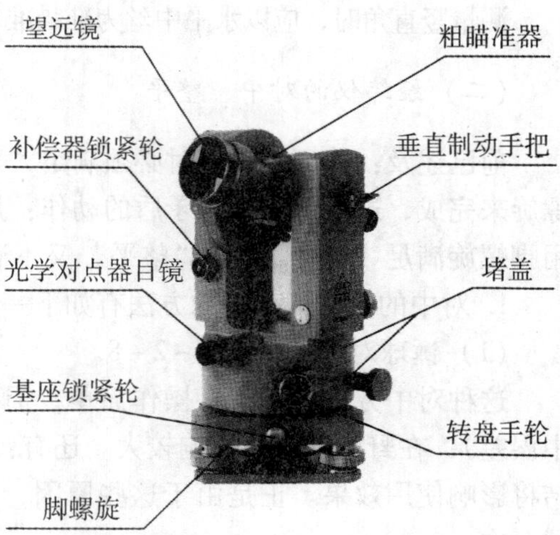

图 2-2-6　J6 经纬仪（之 2）

基座上有三个脚螺旋、圆水准器。脚螺旋是用来调节气泡的——不论是圆水准器还是水准管气泡均用脚螺旋来调节。

水平度盘是密封的，需借助反光镜来照亮之。转盘手轮可以人为改变水平度盘的读数。

水平度盘上方整个会转动的部分称为照准部。在照准部上有：望远镜、竖直度盘、光学对点器、水准管、水平制动手把、水平微动手轮、竖直制动手把、竖直微动手轮等。

竖直度盘也是密封的，需借助反光镜来照亮之。

水平制动手把、水平微动手轮是用来控制照准部转动的；竖直制动手把、竖直微动手轮是用来控制望远镜转动的。需注意：微动手轮只有制动手把制动后才能发挥作用，也即“先制动后微动”。通过这些部件最终能准确瞄准目标。

目前有一些测量仪器将制动手把、微动手轮合并为一个“无限量微动手轮”。

望远镜中看到的十字丝见图 2-2-7。

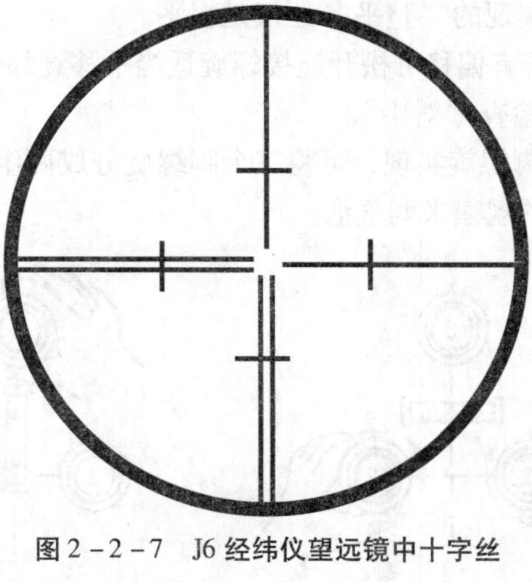

图 2-2-7　J6 经纬仪望远镜中十字丝

测量水平角时，应以竖丝为准瞄准目标，具体就是：用单竖丝去分目标（成像）或双竖丝去夹目标（成像）。

测量竖直角时，应以水平中丝为准瞄准目标，具体就是：用水平中丝去截目标（成像）。

（二）经纬仪的对中、整平

前已述及：使用经纬仪时必须满足“对中”“整平”。由于这两个要求均需靠调节脚螺旋来完成，这是两个相互矛盾的动作：用脚螺旋满足“整平”后，“对中”又不满足；用脚螺旋满足“对中”后，“整平”又不满足。因而要掌握相应的技巧。

1. 对中的方法：对中的方法有如下一些：

（1）锤球对中，见图2－2－8。

这种对中方法的特点：操作简单，但精度不高（有较大的对中误差），在野外受风的影响较大。还有：锤球线容易断，重新打结将影响使用效果。正是由于这些原因，实际工程中很少使用锤球对中。

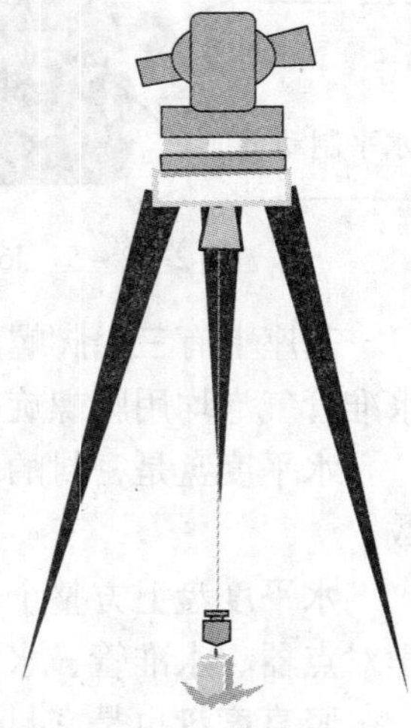

图2－2－8　锤球对中

（2）光学对中：目前的经纬仪（或部分全站仪）基本都有光学对点器（见图2－2－6），借助于这种光学对点器可实现对中（应注意调焦）。光学对点器有较高的对中精度。

（3）激光对中：某些型号的全站仪采用的是激光对中，这种对中方式精度高、直观性强（眼睛可直接看到激光点）。

2.“对中”“整平”要领

下面以“光学对中”为例说明“对中”、“整平”之要领。

（1）在某控制点（测站点）上将三脚架分开至合适角度→将经纬仪连接至三脚架→手捂两只脚架适当摆动（观测者可将自己的一只脚伸出引导）使从光学对点器的目镜中能看到控制点（此时仅是大致“对中”），之后放下脚架→调节三个脚螺旋实现精确“对中”，在这一过程中观测者并未关心气泡，接下来应使气泡居中。

（2）伸缩脚架使圆气泡居中。具体伸缩哪一只脚架应观看圆气泡的位置，一般反复伸缩两只脚架即可。这一步实现的“整平”还仅是粗平。

（3）检查“对中”，若有偏移可松开连接螺旋适当平移经纬仪（注意不要旋转）。

（4）再次粗平，再次检查“对中”。

（5）精平必须靠三个脚螺旋实现，可将三个脚螺旋分成两组来调，见图2－2－9。如前所述，应根据气泡移动的规律来调气泡。

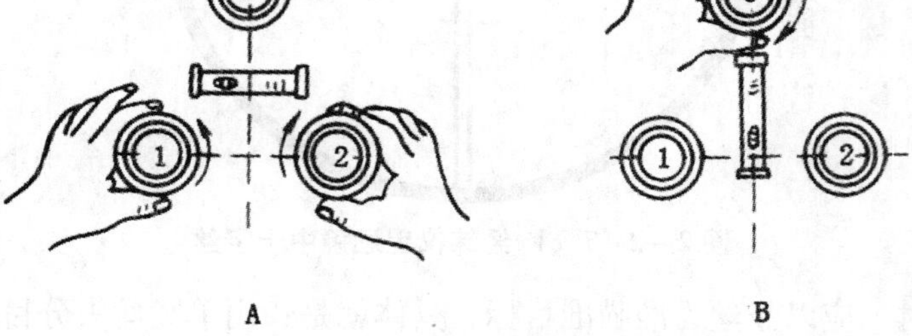

图2－2－9　用脚螺旋实现精平

（6）前述某些步骤需反复进行。

（三）度盘读数方法

经纬仪上有水平度盘、竖直度盘，它们的读数方法是一致的。

图2－2－10是某种型号的J6经纬仪从读数显微镜内看到的窗口，我们可以同时看到水平度盘（标有“水平”或“H”）、竖直度盘（标有“竖直”或“V”）的读数窗口。在该窗口中诸如129、130；86、87是度盘上“度”的注记，另外还看到一个分微尺，该分微尺从“0”至“6”这一段的总长度刚好与度盘上1°的宽度相等，由于从“0”至“6”这一段共分成60个小格（每10格作1次标注，如：0、1、…、6），因之每1小格表示1′，具体读数时还可以在1小格中估读0.1格，这相当于6″，这就决定了图示J6经纬仪不论是测水平角还是竖直角，读数时对应的“秒”必然是6的倍数。

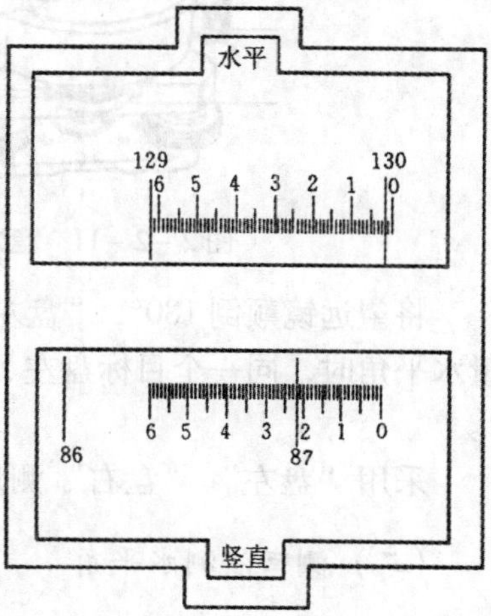

图2－2－10 J6经纬仪读数窗口

图2－2－10中水平度盘上应读129°还是130°？一般来说，只有一个度盘上的刻划会落入分微尺中，于是要读130°，将分、秒一并读出则为：130°01′24″（相当于130°01.4′），当然由于估读原因，读成130°01′18″（相当于130°01.3′）也可。类似地，图2－2－10中竖直度盘上的读数为：87°22′00″（相当于87°22.0′）。

某些特殊情况：度盘上的相邻两根刻划均落入分微尺，如水平度盘上，234、235分别落入分微尺的两端，此时读数应为234°60′00″或235°00′00″。

2.2.2 习 题

1. 光学经纬仪在构造上与水准仪有何不同?
2. 在经纬仪上如何正确读数?

2.2.3 水平角测量方法

（一）盘左、盘右

为了遵循测量工作“有检核”的原则，同一个水平角也应测量两次：称为上半测回或盘左、下半测回或盘右。这里的“盘左”“盘右”是什么意思？它是指经纬仪上的竖直度盘相对于观测者的位置。如图2－2－11所示，竖直度盘位于观测者（或望远镜）的左侧，以这样的状态来测量水平角就是“盘左”，图2－2－12显示的则为“盘右”。

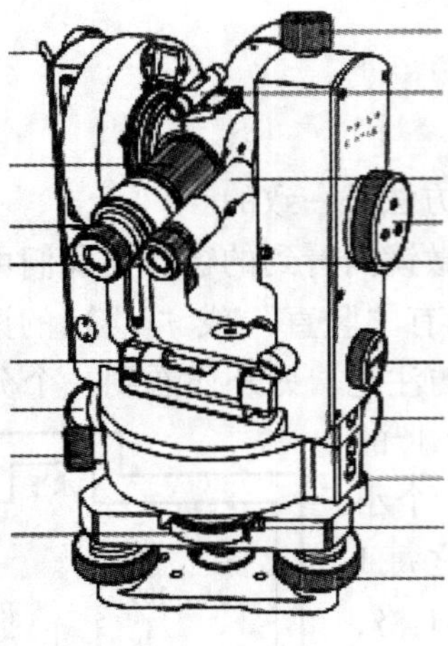

图 2－2－11　盘左

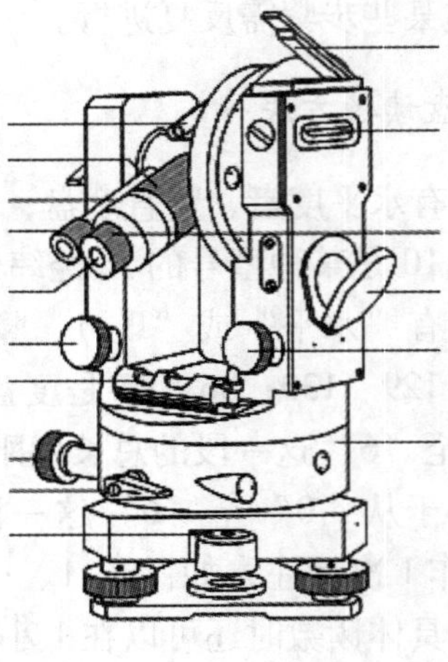

图 2－2－12　盘右

将望远镜颠倒 180°，“盘左”即可变成“盘右”，反之亦然。正是由于这个原因，测量水平角时，同一个目标盘左、盘右的读数总是相差 180°左右，见表 2－2－1、表 2－2－2。

采用“盘左”、“盘右”测量水平角称“测回法”。

（二）测回法测水平角

下面以图 2－2－13 所示 ∠AOB 为例说明测回法测水平角的过程：

图 2－2－13　测回法测水平角

1. 盘左（上半测回）

（1）经纬仪在测站点 O 对中、整平后，松开照准部和望远镜制动螺旋（或板手），转动照准部，由望远镜外通过准星观察，大致照准左目标 A，拧紧照准部和望远镜制动螺旋。然后从望远镜中观察，仔细对光。调节照准部和望远镜微动螺旋，精确瞄准目标 A，读取水平度盘读数，设为 $a_{左}$，记入相关记录表中，见表 2－2－1。

（2）松开照准部和望远镜制动螺旋，顺时针方向转动照准部，由望远镜外观察，大致照准右目标 B，拧紧照准部和望远镜制动螺旋。然后从望远镜中观察，仔细对光。调节照准部和望远镜微动螺旋，精确瞄准目标 B，读水平度盘读数，设为 $b_{左}$右，记入同一表中，见表 2－2－1。

至此，盘左观测完毕。

（3）盘左时测得水平角为

$$\beta_{左} = b_{左} - a_{左} \qquad (2-2-1)$$

$\beta_{左}$即为上半测回或盘左测得角值。

2. 盘右（下半测回）

（1）将盘左变成盘右后，仿上精确瞄准目标 B，读数 $b_{右}$，并记入同一表中，见表 2-2-1。

（2）松开照准部和望远镜制动螺旋，按逆时针方向转动照准部，精确瞄准目标 A，读数 $a_{右}$，记入同一表中，见表 2-2-1。

至此，盘右观测完毕。

（3）盘右时测得水平角为

$$\beta_{右} = b_{右} - a_{右} \qquad (2-2-2)$$

$\beta_{右}$即为下半测回或盘右测得角值。

3. 水平角计算

理论上，对同一个水平角按盘左、盘右测得的角值应该相等，但考虑到误差的原因，允许两者有一个差值，这个差值应符合相关《规范》要求，例如，使用 J6 级光学经纬仪测角，一般规定这个差值应小于或等于 ±40″。满足要求后，即可按下式计算所测水平角的值：

$$\beta = \frac{1}{2}(\beta_{左} + \beta_{右}) \qquad (2-2-3)$$

即：一个测回的角值就是盘左、盘右角值的算术平均值。

表 2-2-1　测回法测水平角记录（格式 1）

测站	盘位	目标	水平度盘读数	半测回角值	一测回平均角值	各测回平均角值
0	左	A B	$a_{左}$ $b_{左}$	$\beta_{左} = b_{左} - a_{左}$	$\beta = \frac{1}{2}(\beta_{左} + \beta_{右})$	
	右	A B	$a_{右}$ $b_{右}$	$\beta_{右} = b_{右} - a_{右}$		
0	左	A B	000°00′06″ 125°44′36″	125°44′30″	125°44′27″	
	右	A B	180°00′54″ 305°45′18″	125°44′24″		

当同一个水平角需测两个测回时，最终结果是这两个测回角值的平均值，可填入表 2-2-1“各测回平均角值”这一列。

可以对公式（2-2-3）作如下等价变形：

$$\beta = \frac{1}{2}(\beta_{左} + \beta_{右}) = \frac{1}{2}(b_{左} - a_{左} + b_{右} - a_{右})$$

$$= \frac{b_{左} + b_{右}}{2} - \frac{a_{左} + a_{右}}{2} = \bar{b} - \bar{a} \qquad (2-2-4)$$

该公式说明：水平角也可用盘左、盘右读数的平均值来计算。但需注意：由于盘右是盘左颠倒后得到的，因而取平均值时要将盘右的读数 ±180°，至于是“+180°”还是“-180°”则要以盘左计算得到的角值为准。

对应公式（2-2-4）的记录表见表2-2-2。

表2-2-2　测回法测水平角记录（格式2）

测站	目标	水平度盘读数		2c = 左 -（右 ± 180°）	平均读数	一测回平均角值
		盘左	盘右			
0	A	000°00′06″	180°00′54″	-48″	000°00′30″	125°44′27″
	B	125°44′36″	305°45′18″	-42″	125°44′57″	

表2-2-2中，“2c”计算是很简单的，该值有何含义？显然，测量水平角时必然会受到仪器误差的影响，仪器误差的类型有多种，其中之一为“视准轴误差”（c），见2.2.6。对“2c”我们有如下认知即可：（1）2c 是个仪器误差；（2）2c 越小越好；（3）对一台经纬仪而言，一定时期内 2c 应稳定；（4）如果两个目标的 2c 相差太大，说明读数有问题或者照准目标有偏差，应重新读取某些读数或重新瞄准目标。

表2-2-2这种格式更多用于专业性较强的测量。

（三）对水平度盘的配置

当水平角需要观测几个测回（如 n 个测回）时，为了减少水平度盘分划误差的影响，在每一测回观测完毕之后，应根据测回数 n，将水平度盘改变 $\frac{180°}{n}$ 再开始下一测回的观测，这可借助经纬仪上的转盘手轮完成，见图2-2-6。许多情况下，对水平角仅需观测1个测回，为了便于计算，观测者可将第1个目标水平度盘读数调为0°左右。

（四）方向观测法测水平角

方向观测法适用于一个测站有两个以上观测方向，需要测量多个角度的情况。如图2-2-14所示，测站 O 上有四个方向，即 OA、OB、OC、OD。

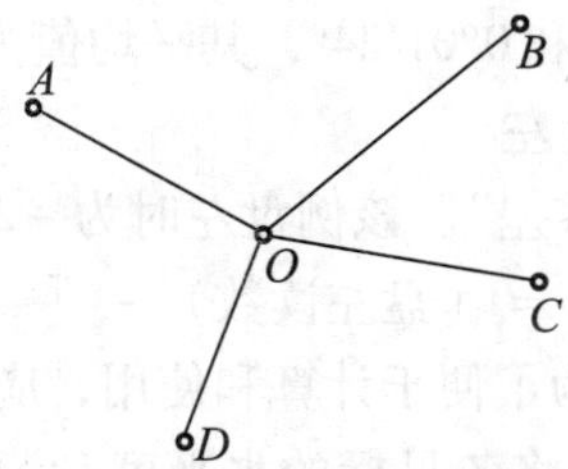

图 2－2－14　方向观测法测水平角

1. 盘左位置（上半测回）

将水平度盘安置在 0°或稍大些的读数位置。先选择一明显目标（距离适中，成像清晰）作为起始方向（又叫零方向），例如以 *A* 为起始方向。然后按顺时针方向依次观测 *B*、*C*、*D* 各目标，并将各方向的水平度盘读数依次记入观测手簿，见表 2－2－2。为了检核，照准部还应继续沿顺时方向转动，照准起始方向 *A*，再读一次 *A* 方向水平度盘读数并记入观测手簿。该次观测叫做“归零”。

以上观测叫做上半测回或前半测回。

2. 盘右位置（下半测回）

倒转望远镜变为盘右位置，首先瞄准起始方向 *A* 并读取水平度盘读数记入观测手簿。然后，按逆时针方向依次观测 *D*、*C*、*B* 各目标，最后再回到起始方向 *A*，将各方向的水平度盘读数依次记入手簿，这一观测过程叫做下半测回或后半测回。

上、下两个“半测回”合起来叫做一个测回。

野外作业时，常把这些计算纳如一个表格中，见表 2－2－3。

表 2－2－3　方向观测法测水平角记录

目标	水平度盘读数		两倍视准轴误差 2*c*	半测回方向	一测回平均方向	各测回平均方向
	盘 左	盘 右				
	12″	18″				
A	000°01′00″	180°01′18″	－18″	000°00′00″	0°00′00″	
B	91 54 06	271 54 20	－14″	91 52 54	91 52 58	
				53 02		
C	153 32 48	333 32 48	0	153 31 36	153 31 33	
				30		
D	214 06 12	34 06 06	+6″	214 05 00	214 04 54	
				04 48		
A	0 01 24	180 01 18	+6″			

其计算步骤如下：

（1）归零：将零方向前、后半测回两次读数各取其平均值。如表 2－2－3 中，盘左时

A 方向的两次读数分别为0°01′00″和0°01′24″，其平均值为0°01′12″，将其记录在第一次读数的上面。盘右时，计算方法同盘左。

前后两次读数之差叫做“归零差”。该例盘左时为 -24″；盘右为0″。

（2）两倍视准轴误差计算：$2c$ =（盘左读数）-［（盘右读数）±180°］

（3）半测回方向值的计算：为了便于计算和使用，应将前、后半测回零方向的数值均变为0°00′00″。为此，对盘左，应将各目标的水平度盘读数均减去0°01′12″；对盘右，应将各目标的水平度盘读数均减去180°01′18″。

（4）一测回平均方向的计算：取同一目标方向的盘左、盘右方向值的平均值，分别写入各相应栏内。如表2-2-3 中，B 目标方向的平均值为$\frac{1}{2}$(52′54″ + 53′02″) = 52′58″，在该栏内写入 91°52′58″（度数值一般是不会变的），这些数值也称对应方向的“归零方向值”。

（5）各测回平均方向的计算：取同方向的各测回方向值的平均值，写入各相应栏内。

2.2.3 习 题

1. “对中”“整平” 的目的是什么？
2. 试述水平角观测的两种方法。
3. 方向观测法测水平角时，为什么不具体计算角度值，而是计算“归零方向值”？
4. 进行测量实验时需将全班分成若干个小组。现在某测站作方向观测法观测，若你所在的小组有 5 人，每人需对零方向配置的水平度盘读数各是多少？
5. 整理下列水平角观测记录。

水平角观测记录（测回法）

测站	目标	竖盘位置	水平度盘读数	角值	平均角值	备注
			° ′ ″	° ′ ″	° ′ ″	
B	C	左	347 16 30			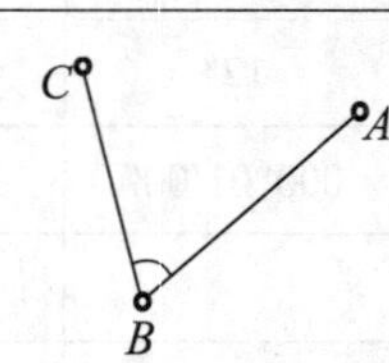
	A		48 34 24			
	C	右	167 15 42			
	A		228 33 54			

2.2.4 竖直角测量方法

（一）竖直度盘注记方式

早期的经纬仪，随着仪器型号（生产厂家）的不同，竖直度盘注记也各不相同，这使得竖直角计算公式有多种形式。现今的经纬仪（或全站仪），竖直度盘注记方式已趋于一致，如图2-2-15 所示。具有这种注记的经纬仪，其竖直度盘有如下特点：

1. 对盘左，当视线（对应望远镜的视准轴）水平时，竖直度盘读数为90°（见图中“指标线”）；转动望远镜瞄高处目标（如天空）过程中，竖直度盘读数逐渐变小（比90°小）。

2. 对盘右，当视线（对应望远镜的视准轴）水平时，竖直度盘读数为 270°（见图中“指标线”）；转动望远镜瞄高处目标（如天空）过程中，竖直度盘读数逐渐变大（比 270°大）。

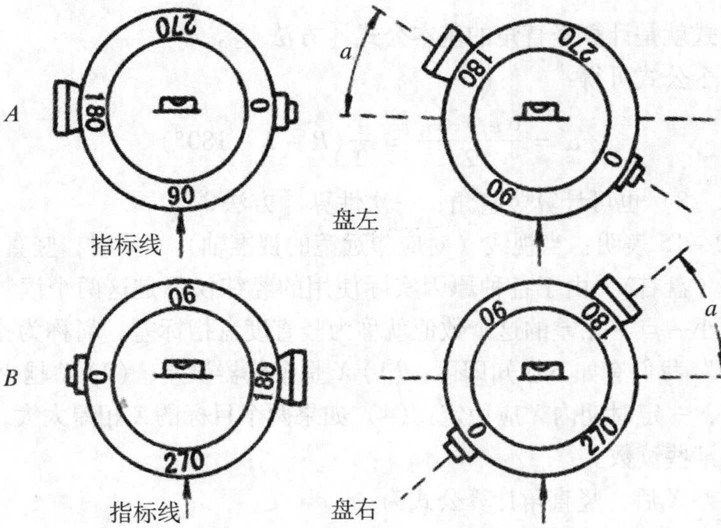

图 2-2-15　竖直度盘注记

（二）中丝法测竖直角

为了遵循测量工作“有检核”的原则，同一个竖直角也应测量两次，分别对应盘左、盘右。测量竖直角时，应以水平中丝为准瞄准目标，具体就是：用水平中丝去截目标（成像）。由于竖直角是竖直面内的角，测量它的竖直度盘自然要求竖直，如何保证竖直？现今的经纬仪，其上有一个“补偿器锁紧轮”（见图 2-2-6），这是专门为测量竖直角设计的，换言之测量竖直角时要将该手轮拨至“ON”位置，相应测站测量完成后应将该手轮拨至“OFF”位置（以免经纬仪中对应的单摆来回晃动导致损坏 ⇒ 测量得到的竖直角会有较大误差甚至错误）。

竖直角应如何计算？回顾前述水平角的计算，它是用两个目标的读数相减得到。显然竖直角与水平角均是角，计算公式也应有可比性。既如此，竖直角的两个目标是哪两个呢？依定义应该是实际要测量的目标、水平线对应的虚拟目标，进一步分析可知：水平线对应的虚拟目标可认为是一个固定目标 ⇒ 其竖直度盘读数应为常数，前述 90°或 270°正是这一常数的体现。

于是，比照水平角计算公式（2-2-1），竖直角 α 计算公式应为：

$$\alpha = 常数 - 目标读数$$

或：

$$\alpha = 目标读数 - 常数$$

具体为：

（1）利用竖直度盘盘左（Left）读数 L 来计算竖直角：

$$\alpha_{左} = 90° - L \tag{2-2-5}$$

（2）利用竖直度盘盘右（Right）读数 R 来计算竖直角：

$$\alpha_{右} = R - 270° \tag{2-2-6}$$

（3）所测目标竖直角：

$$\alpha = \frac{\alpha_{左} + \alpha_{右}}{2} \tag{2-2-7}$$

上述3个公式就是计算竖直角的基本公式［方法1］。

利用上述3个公式可得：

$$\alpha = \frac{\alpha_{左} + \alpha_{右}}{2} = \frac{1}{2}(R - L - 180°) \tag{2-2-8}$$

公式（2-2-8）也可计算竖直角：一次性算［方法2］。

前述图2-2-15表明：当视线（对应望远镜的视准轴）水平时，竖直度盘读数为90°（盘左）或270°（盘右），由于各种原因实际使用的经纬仪不是这两个读数，而是比这两个数要大一点或小一点，相差的这个数值就称为竖直度盘指标差，简称为指标差，一般用X表示。对“X”我们有如下认知即可：（1）X是个仪器误差；（2）X越小越好；（3）对一台经纬仪而言，一定时期内X应稳定；（4）如果两个目标的X相差太大，说明读数有问题，应重新读取某些读数。

考虑了指标差X后，竖直角计算公式为：

盘左位置：

$$\alpha = 90° - L + X \tag{2-2-9}$$

盘右位置：

$$\alpha = R - 270° - X \tag{2-2-10}$$

将（2-2-9）及（2-2-10）作为方程组可解得指标差，如下：

$$X = \frac{1}{2}(L + R - 360°) \tag{2-2-11}$$

公式（2-2-9）也可计算竖直角：利用盘左读数及指标差来计算［方法3］。

公式（2-2-10）也可计算竖直角：利用盘右读数及指标差来计算［方法4］。

例［2-2-2］在某测站CH6测得目标CH7竖直度盘盘左读数为$L = 103°05'50''$，盘右读数为$R = 256°54'38''$。求该目标的竖直角。

解：可按前述4种方法来计算。

方法1：$\alpha_{左} = 90° - L = -13°05'50''$，$\alpha_{右} = R - 270° = -13°05'22''$，

$$\alpha = \frac{\alpha_{左} + \alpha_{右}}{2} = -13°05'36''$$

方法2：$\alpha = \frac{1}{2}(R - L - 180°) = -13°05'36''$

方法3：指标差 $X = \frac{1}{2}(L + R - 360°) = +14''$，于是：$\alpha = 90° - L + X = -13°05'36''$

方法4：指标差 $X = \frac{1}{2}(L + R - 360°) = +14''$，于是：$\alpha = R - 270° - X = -13°05'36''$

比较上述4种方法，方法1比较直观，但需计算3个竖直角；方法2倒是“一气呵成”，适合计算器计算，手工计算要复杂一些；方法3、方法4均涉及指标差的计算。

至此我们看到竖直角的计算公式比水平角要复杂得多，这是因为盘左、盘右对应的常

数不同（90°、270°）。

2.2.4　习　题

1. 比较 $\begin{cases}\alpha_{左} = 90° - L \\ \alpha_{右} = R - 270°\end{cases}$ 与 $\begin{cases}\alpha = 90° - L + X \\ \alpha = R - 270° - X\end{cases}$，前者要加下标“左”“右”，后者却不加，为什么？

2. 对一台给定的经纬仪，如何确定其竖盘指标差？

3. 整理下列竖直角观测记录（要求用 4 种方法计算）。

竖直角观测记录

测站	目标	竖盘位置	竖盘读数	半测回竖角值	一测回竖角值	备　注
			° ′ ″	° ′ ″	° ′ ″	
A	B	左	72 18 18			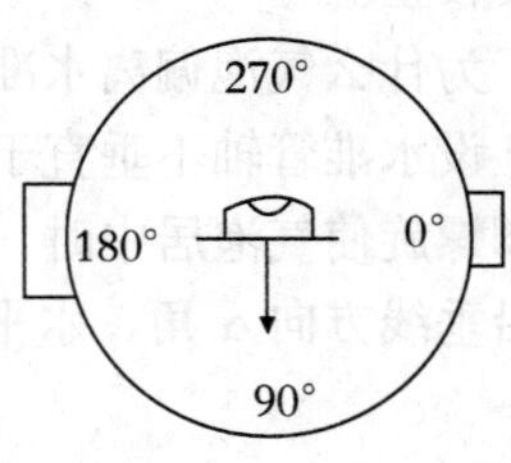
		右	287 42 00			
	C	左	96 32 48			
		右	263 27 30			

2.2.5　经纬仪的检验与校正

（一）经纬仪的主要轴线及其应满足的条件

如图 2-2-16 所示，经纬仪主要的轴线有：竖轴（仪器的旋转轴，又称纵轴）；横轴（望远镜的旋转轴）；视准轴和水准管轴。根据水平角观测的原理，测角的经纬仪必须处于以下工作状态：

（1）竖轴竖直，水平度盘水平。

（2）望远镜上下转动时，视准轴形成的视准面必须是一个竖直平面。

厂家应保证仪器的水平度盘垂直于竖轴，这样，当整平仪器时，竖轴竖直即水平度盘水平。而水平度盘水平是通过照准部水准管气泡居中，即水准管轴水平来实现的。为此必须保证经纬的水准管轴垂直于竖轴。

另外，测角时视准面必须是一个竖直的平面。因此仪器的视准轴应垂直于横轴，这样视准轴绕横轴旋转时，才能扫出一个竖直平面。

横轴还必须垂直于竖轴，这样，当仪器整平以后，

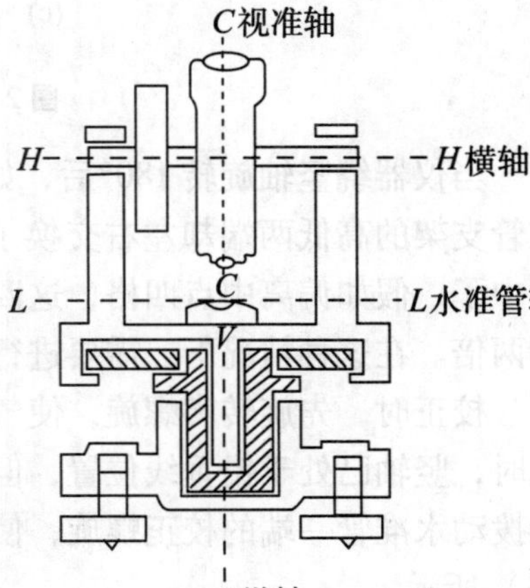

图 2-2-16　经纬仪轴线关系

横轴处于水平位置视准轴旋转时才能扫出一个竖直的平面。

综上所述，经纬仪必须满足下列条件：（轴线之间有三对垂直关系）

（1）水准管轴垂直于竖轴（$L \perp V$）；

（2）视准轴垂直于横轴（$C \perp H$）；

（3）横轴垂直于竖轴（$H \perp V$）；

（4）视线水平和竖盘水准管的气泡居中时，竖盘读数应为某一特定值（90°或270°）。

（二）经纬仪的检验和校正

1. 照准部水准管轴垂直于竖轴

先将仪器整平，然后松开照准部制动螺旋，使照准部水准管平行于一对脚螺旋，转动脚螺旋使气泡居中。然后，将照准部旋转180°，这时，若气泡居中，说明水准管轴垂直于竖轴。如果气泡不再居中，偏离水准管中点若干格，那么就说明水准管轴不垂直于竖轴，需要校正。

为什么气泡偏离水准管中点说明水准管轴不垂直于竖轴呢？

设水准管轴不垂直于竖轴偏了α角，也就是说水准管轴与水平度盘成一夹角α，当转动脚螺旋使气泡居中时，如图2-2-17（a）所示，即气泡居中，水准管轴水平，竖轴偏离铅垂线方向α角，水平度盘与水平面也有一个夹角α。

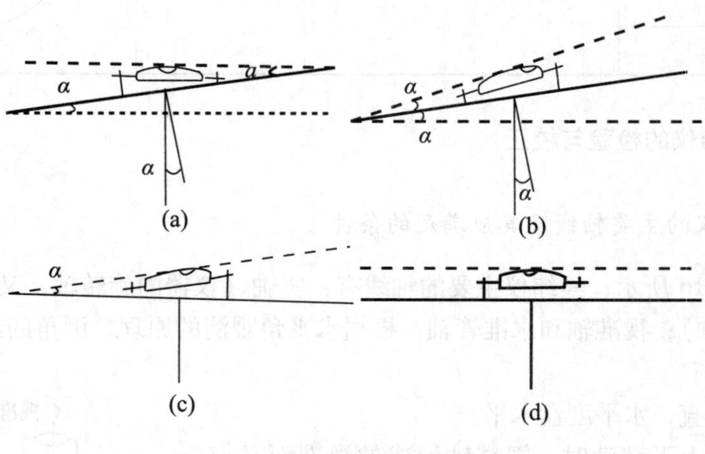

图2-2-17　水准管轴检验和校正

当仪器绕竖轴旋转180°后，如图2-2-17（b），竖轴仍偏离沿垂线方向α角，而水准管支架的高低两端却左右交换了位置，使水准管轴与水平面的夹角变成2α，气泡不再居中了，假如偏离中点四格，这四格的水准管分划值，即等于水准管轴不垂直于竖轴偏角的两倍。在这种情况下，需要进行校正。

校正时，先旋转脚螺旋，使气泡退回偏离格数的一半（两格），如图2-2-17（c），此时，竖轴已处于铅垂线位置，但水准管轴仍倾斜α角（即气泡偏离中心两格）。用校正针拨动水准管一端的校正螺旋，使气泡居中，这时水准管轴即与竖轴垂直，如图2-2-17（d）所示。

此项检验与校正必须反复进行几次，直至仪器整平时，在任何位置气泡偏离中点均不大于一格为止。

2. 十字丝的竖丝垂直于横轴

以十字丝交点瞄准一清晰的目标点 P，左旋或右旋望远镜微动螺旋，如 P 点移动的轨迹明显地偏离竖丝，如图2－2－18虚线所示，则需校正。

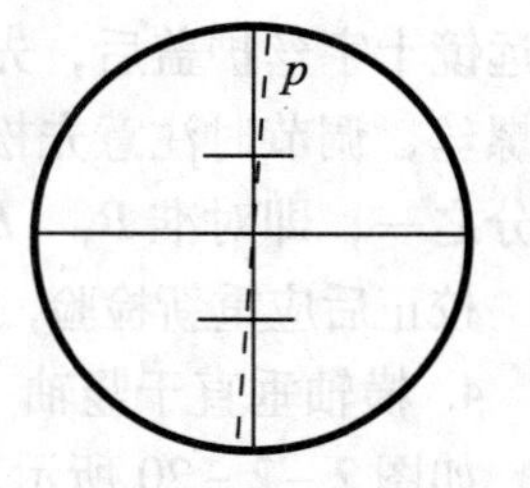

图2－2－18 十字丝检验

校正时，卸下目镜处的外罩，微微旋松十字丝环的四个固定螺丝，转动十字丝环，直到望远镜上下移动时，P 点始终沿竖丝移动为止。最后拧紧固定螺丝。有些经纬仪没有十字丝环固定螺丝，而是利用十字丝校正螺丝把十字丝环与望远镜筒相连接，这时可旋松相邻两个十字丝校正螺丝，即可转动十字丝环，直至 P 点始终沿竖丝移动为止。校正好以后，再拧紧松开的螺丝。

3. 视准轴垂直于横轴

（1）检验：选择一较为平坦的场地，如图2－2－19所示，A、B 两点相距80～100m，经纬仪安置于中点 O。在 A 与仪器同高处选择一明显目标，在 B 与仪器同高处放一根横尺，或贴一张白纸。

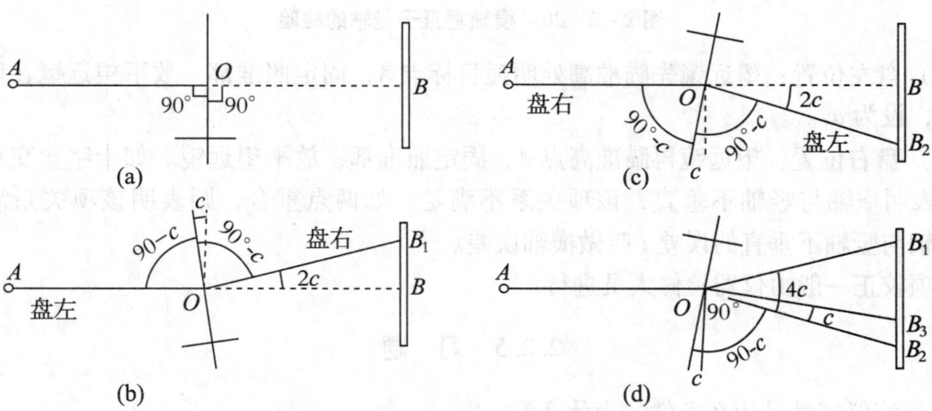

图2－2－19 视准轴垂直于横轴的检验与校正

盘左位置：由望远镜瞄准 A，固定照准部，倒镜呈盘右位置。在 B 处以十字丝交点为准，在横尺上读数，或在白纸上作一标志，设为 B_1，如图2－2－19（b）所示。

盘右位置：再瞄准 A 点，固定照准部，倒镜呈盘左位置。再以十字丝交点为准，在 B 处横尺上读数，或在白纸上作标志，设为 B_2，如图2－2－19（c）所示。若前后两次读数相同，或所标标志点重合，即如图2－2－19（a）所示，则说明视准轴与横轴垂直，无视准轴误差。

若前后两次读数或点位标志不同，即如图2－2－19（c）所示。将图（b）与图（c）合并，即如图2－2－19（d）所示。说明该仪器视准轴与横轴不垂直。应进行校正。

当视准轴与横轴不垂直时，设视准轴误差为 c。这时，视准轴与横轴之间的夹角为 $90°-c$（或 $90°+c$）。两次分别倒镜后，横轴位置不变，视准轴与横轴之间关系也未改变。因此倒镜后的视准轴方向（OB_1 或 OB_2）与倒镜前视准轴 OA 的延长方向 OB 之间的夹角为两倍的视准轴误差（$2c$），如图2－2－19（b）和图2－2－19（c）所示。这样，由图2－2－19（d）可看出，B_1B_2 是四倍视准轴误差在 B 处的反映，因此，校正时只改正其四分之一。

（2）校正：仪器仍处于图2－2－19（d）所示盘左位置，十字丝交点对准 B_2，旋出望远镜十字丝护盖后，先用校正针松上（或下）校正螺丝，然后用校正针调节左右两个校正螺丝，调节时注意先松一个，后紧另一个。使十字丝交点所对点位由 B_2 向 B_1 方向移动四分之一，即对准 B_3（B_3点应事先标志好）。

校正后应重新检验，如投点不符合要求，应按上述方法重新校正，直至满足要求为止。

4. 横轴垂直于竖轴

如图 2-2-20 所示，在距墙壁 10～20m 处安置经纬仪。

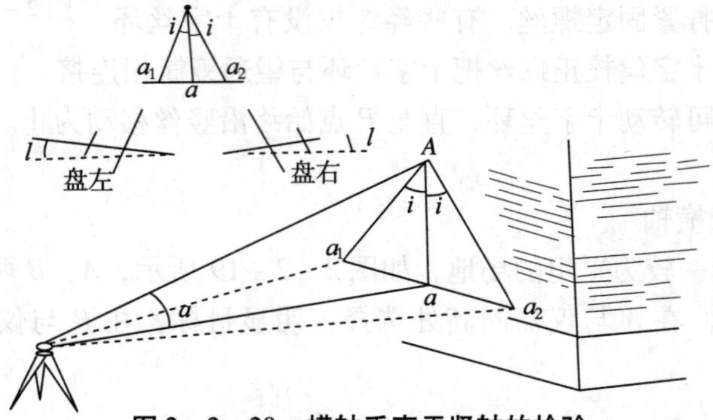

图 2-2-20 横轴垂直于竖轴的检验

（1）盘左位置：望远镜先瞄准高处明显目标点 A，固定照准部，放平望远镜在墙上标志一点，设为 a_1。

（2）盘右位置：望远镜再瞄准高点 A，固定照准部，放平望远镜。如十字丝交点对准 a_2，则表明横轴与竖轴不垂直，该项关系不满足。如两点重合，则表明该项关系满足要求，横轴与竖轴不垂直的误差 i 叫做横轴误差。

此项校正一般由仪器检修人员进行。

2.2.5 习 题

1. 经纬仪应满足什么条件？为什么？
2. 如何进行经纬仪的检验与校正？

2.2.6 水平角观测的误差来源

水平角观测的误差，主要来源于仪器误差；对中误差；瞄准误差和读数误差等。下面对这些误差加以分析，以便找出消除或减小这些误差的方法。

（一）仪器误差的影响

仪器误差主要包括水平度盘偏心误差；仪器的几何轴系校正不完善的误差等。

1. 水平度盘偏心

度盘偏心是度盘分划线的中心与照准部旋转中心不重合所致。如图 2-2-21 所示，设 O'为水平度盘的中心，O 为照准部旋转中心，如果不存在度盘偏心，O'与 O 重合，当照准目标时，正确的读数为 M。由于存在着度盘偏心，实际的度盘读数为 M'，比正确读数小了 δ。以下为方便，同时用 M 和 M'表示两个点。

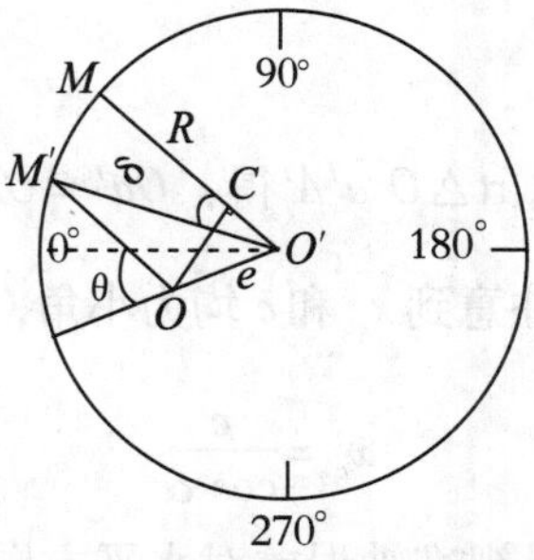

图 2－2－21　度盘偏心对水平方向的影响

作 $OC \perp O'M$，通常 MM' 较小，故 $MM' \approx OC$。由图 2－2－21 可见：

$OC = OO'\sin\angle OO'C$ 故 $\delta = \dfrac{OO'}{R}\rho\sin\angle OO'C$

令偏心距 OO' 为 e，两中心联线 OO' 至 0°分划的角度为 θ，又 $\angle OO'C$ 恰为正确读数 M 加 θ，故：

$$\delta = \frac{e}{R}\rho\sin\ (M+\theta) \qquad (2-2-12)$$

式中 R 为水平度盘分划的半径。

因 δ 很小，实际计算时可用实际读数 M' 代替 M。

式（2－2－12）所得 δ 之值为 M' 的改正数，而正确读数为：$M = M' + \delta$

从式（2－2－12）可看出：在度盘不同的位置，水平度盘偏心将有不同的影响。

因 $\sin(M+\theta) = -\sin\{(180° \pm M)+\theta\}$，故在度盘相差 180°的两处（称对径分划）读数中的 δ，其绝对值相同而符号相反，故取它们的平均值（顾及常数 180°）将消除度盘偏心的影响。**这说明：只要对同一目标进行盘左、盘右观测，取其平均值将消除度盘偏心对该目标读数的影响。**

2. 视准轴不垂直于横轴

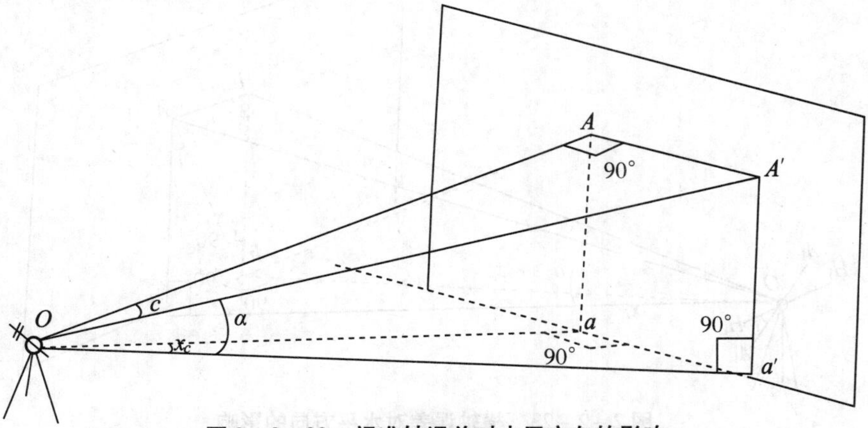

图 2－2－22　视准轴误差对水平方向的影响

视准轴不垂直于横轴对水平方向的影响见图 2－2－22。AO 为垂直于横轴的视准轴，由于存在视准轴误差 c，视准轴实际瞄准了 A'，此时 A、A' 两点同高，竖角为 α，α、α' 为 A、A' 点在水平位置上的投影。$\angle aOa' = x_c$ 即为 c 角引起的目标 A 的读数误差。

由 rt$\triangle Oaa'$得：$\sin x_c = \dfrac{aa'}{Oa'}$

而 $aa' = AA' = OA' \sin c$，又由 rt$\triangle O a'A'$得：$Oa' = OA' \cos \alpha$

故 $\sin x_c = \dfrac{OA' \sin c}{OA' \cos \alpha} = \dfrac{\sin c}{\cos \alpha}$，注意到 x_c 和 c 均为小角，即：$\sin x_c = \dfrac{x_c}{\rho}$，$\sin c = \dfrac{c}{\rho}$，于是：

$$x_c = \frac{c}{\cos \alpha} \tag{2-2-13}$$

（2－2－13）式求出的 x_c 就是视准轴误差对水平方向的影响。

若规定视准轴向左偏斜的 c 值为正，向右偏斜为负，则对于同一目标若盘左观测时 c 为正（负），盘右观测即为负（正），而 α 值不变，故盘左、盘右的 x_c 值的绝对值相等而符号相反。若取两者的平均值，将消除 c 角的影响。**这说明：只要对同一目标进行盘左、盘右观测，取其平均值将消除视准轴误差对该目标读数的影响。**

x_c 的大小与竖角 α 有关，α 越大 x_c 越大，且"$+\alpha$"与"$-\alpha$"的影响相同。$\alpha=0$ 时 $x_c=c$。

考虑两个目标构成的水平角 β，视准轴误差对该水平角的影响为：

$$\Delta\varepsilon = \frac{c}{\cos\alpha_1} - \frac{c}{\cos\alpha_2} = c\left(\frac{1}{\cos\alpha_1} - \frac{1}{\cos\alpha_2}\right)$$

可见：当水平角两方向的竖直角相等时，视准轴误差对该水平角的影响最小（$\Delta\varepsilon = 0$）。

3. 横轴不水平

横轴不水平对水平方向的影响见图 2－2－23。H 为横轴水平（H_1H_1 位置）时视准轴照准的目标，h 为 H 点的水平投影，此时平面 HOh 为一竖面。若横轴倾斜一个角至 A_1A_1 位置，竖面 HOh 将随之倾斜一个角而成为倾斜面 AOh，此时水平位置 Oh 不发生变动。A 点即为横轴倾斜时视准轴照准的目标，a 为 A 点的水平位置投影。$\angle hOa = x_i$ 即为因横轴倾斜 i 角而产生的对水平方向读数的影响。

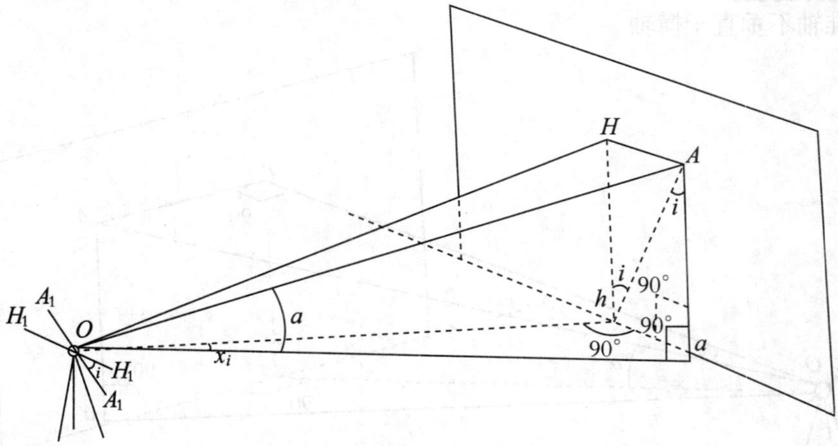

图 2－2－23　横轴误差对水平方向的影响

由 rt$\triangle ahO$ 得：$\sin x_i = \dfrac{ah}{ao}$

由 rt$\triangle Aah$ 得：$ah = Aa \tan i$；由 rt$\triangle AaO$ 得：$ao = \dfrac{Aa}{\tan \alpha}$

于是：$\sin x_i = \frac{Aa \tan i}{Aa/\tan \alpha} = \tan i \tan \alpha$，顾及 x_i 及 i 均为小角，得：

$$x_i = i \tan \alpha \qquad (2-2-14)$$

若规定横轴左端高于另一端时的 i 为正，低于另一端时为负，则对于同一目标，在竖轴是竖直的情况下，因横轴不垂直于竖轴所引起的横轴倾斜，盘左观测时 i 为正（负），盘右观测时 i 即为负（正）。故盘左、盘右的 x_i 为绝对值相等而符号相反的一对数，取两者的平均值即可消除 x_i。**这说明：只要对同一目标进行盘左、盘右观测，取其平均值将消除横轴误差对该目标读数的影响。**

x_i 的大小与竖角 α 有关，α 愈大，x_i 愈大；$\alpha = 0$ 时，$x_i = 0$，即：对水平位置目标，横轴误差对其没有影响。

考虑两个目标构成的水平角 β，横轴误差对该水平角的影响为：

$$\Delta\varepsilon = i\ (\tan\alpha_1 - \tan\alpha_2)$$

可见：当水平角两方向的竖直角相等时，横轴误差对该水平角的影响最小（$\Delta\varepsilon = 0$）。

4. 竖轴倾斜误差的影响

此项误差是由于水准管轴不垂直于竖轴引起的。由于盘左、盘右两个位置不能改变竖轴倾斜对度盘读数的影响，这意味着取盘左、盘右的平均值已不能消除这一影响。故在倾斜较大的山区进行测量时，要特别注意此项误差的检验和校正，并注意仪器的整平。

（二）仪器对中误差

如图 2-2-24 所示，设 O 为测站标志中心，O' 为仪器中心，β 为无对中误差时的角度（即正确的角度），β' 为有对中误差时的角度（即实测的角度），则：

$$\beta = \beta' - (\delta_1 + \delta_2) \qquad (2-2-15)$$

由正弦定理得：$\frac{e}{\sin \delta_1} = \frac{s_1}{\sin \theta}$，注意到 δ_1 是一个小角度，有：

$$\delta_1 = \frac{e\sin\theta}{s_1}\rho \qquad (2-2-16)$$

同理得：

$$\delta_2 = \frac{e\sin(\beta' + \theta)}{s_2}\rho \qquad (2-2-17)$$

故：

$$\beta - \beta' = -(\delta_1 + \delta_2) = -e\rho\left(\frac{\sin\theta}{s_1} - \frac{\sin(\beta' + \theta)}{s_2}\right) \qquad (2-2-18)$$

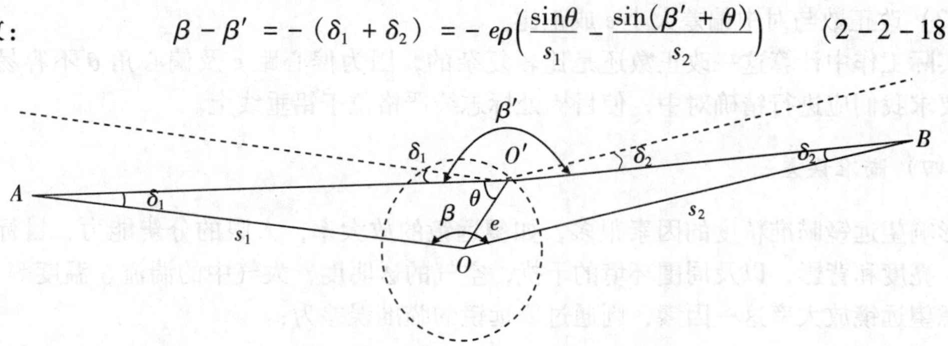

图 2-2-24 仪器对中误差对水平角的影响

公式（2-2-18）就是仪器对中误差对水平角的影响（实测角度的改正数）。由该式可看出：

（1）改正数与边长成反比，边愈短，误差影响愈大，因此，对于短边的角度测量，应特别注意精确对中。

（2）改正数与对中偏差大小 e 成正比。

实际工作中计算这一改正数还是比较复杂的，因为偏心距 e 及偏心角 θ 不容易得到。这就要求我们应进行精确对中。

（三）目标偏心的误差

目标偏心如图 2-2-25，A、B 分别为标志实际中心，A'、B' 为照准的中心。β 为正确的角度，β' 为观测的角度。如图 2-2-25 所示的情况，照准目标 A' 的读数小于照准目标 A 的读数，即 $A'+\delta_1=A$；同样 $B'+\delta_2=B$。

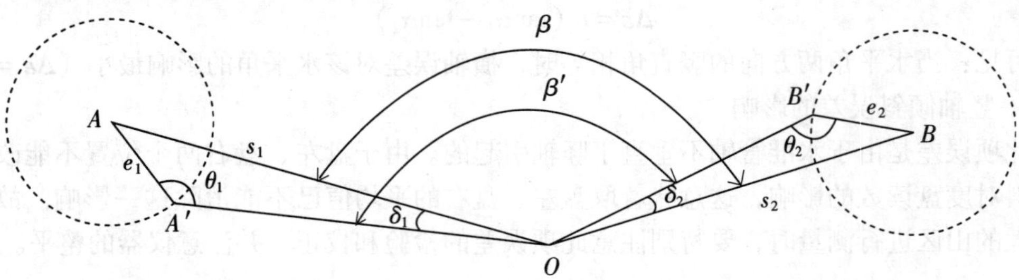

图 2-2-25　目标偏心误差对水平角的影响

于是：$\beta = B - A = B' + \delta_2 - A' - \delta_1 = \beta' + \delta_2 - \delta_1$

而
$$\delta_1 = \frac{e_1}{s_1}\rho\sin\theta_1;\delta_2 = \frac{e_2}{s_2}\rho\sin\theta_2$$

故：
$$\beta - \beta' = \delta_2 - \delta_1 = \frac{e_2\rho}{s_2}\sin\theta_2 - \frac{e_1\rho}{s_1}\sin\theta_1 \tag{2-2-19}$$

公式（2-2-19）就是目标偏心误差对水平角的影响（实测角度的改正数）。由该式可看出：

（1）改正数与边长成反比，边愈短，误差影响愈大，因此，对于短边的角度测量，应特别注意精确对中。

（2）改正数与对中偏差大小 e 成正比。

实际工作中计算这一改正数还是比较复杂的，因为偏心距 e 及偏心角 θ 不容易得到。这就要求我们应进行精确对中，使目标处标志线严格位于铅垂线上。

（四）瞄准误差

影响望远镜瞄准精度的因素很多，如望远镜的放大率，人眼的分辨能力，目标形状、颜色、亮度和背影，以及周围环境的干扰，空气的透明度，大气中的湍流、温度等。如果只考虑望远镜放大率这一因素，则通过望远镜的瞄准误差为：

$$d\beta = \frac{P''}{V} \tag{2-2-20}$$

式中：P'' 为人眼在理想状态下的分辨角；V 为望远镜的放大率。

当用双丝进行瞄准时，可取 $P''=10''$。当 $V=25$ 时，则理想情况下：

$$d\beta = \frac{10''}{25} = 0.4''$$

由于外界条件和其他因素的影响，$d\beta$ 将增加一定的倍数 k，即：

$$d\beta = \frac{kP''}{V}$$

根据实验得知，当野外观测亮度适宜，目标成象稳定时，可取 $k=3$，则：

$$d\beta = \frac{30''}{V}$$

DJ_6光学经纬仪的望远镜放大率 $V=28$，则 $d\beta \approx 1''$，一般可忽略不计。

（五）读数误差

读数误差主要取决于仪器的读数设备，对6″级的光学经纬仪，估读的误差不超过分划值（1′）的十分之一，即不超过 ±6″。如果照明情况不佳，读数显微镜没调好，以及读数不熟练，估读的极限误差还会增大。

（六）外界条件的影响

外界条件的影响很多，大风会影响仪器的稳定，地面的辐射热影响大气的稳定，空气透明度影响照准的精度，温度的变化也会影响仪器的正常状态等，这些因素都会程度不同地影响测角的精度，要想完全避免这些影响是不可能，只能采取措施（如太阳下打伞）以及选择有利的观测条件和时间，使这些外界因素的影响降低到较小的程度。

（七）水平角观测的精度

水平角观测的精度与上述各种误差的综合影响有关。对于 DJ_6级光学经纬仪来说，设计时考虑了有关误差的影响，保证野外一测回方向观测值的中误差不大于6″（一般按6″计算），实际上，顾及到仪器使用期间轴系的磨损及其他一些不利因素的影响，设计精度一般都高于6″，新出厂的仪器，其野外一测回的方向中误差不到6″，在精度上有所富裕。

现以野外一测回的方向中误差6″为依据，应用误差传播定律来分析水平角观测的精度。设一测回的方向中误差为 $m_{1方}$，则各测回同一方向的较差中误差为：

$$m_{1方d} = m_{1方}\sqrt{2} = \pm 6''\sqrt{2}$$

由于一测回的方向值是两个半测回方向值的平均值，则半测回方向值的中误差为：

$$m_{半方} = m_{1方}\sqrt{2} = \pm 6''\sqrt{2}$$

从而得上、下两个半测回同一方向的较差中误差为

$$m_{半方d} = m_{半方}\sqrt{2} = \pm 6'' \times 2$$

若取两倍中误差作为极限误差，则各测回同一方向的较差为：

$$2m_{1方d} = \pm 6''\sqrt{2} \times 2 = \pm 17.0''$$

上、下半测回同一方向的较差为

$$2m_{半方d} = \pm 6'' \times 2 \times 2 = \pm 24''$$

若取三倍中误差作为极限误差，则各测回同一方向的较差和上、下半测回同一方向的较差分别为：

$$3m_{1方d} = \pm 6'' \sqrt{2} \times 3 = \pm 25.4''$$

$$3m_{半方d} = \pm 6'' \times 2 \times 3 = \pm 36''$$

下面再分析一下角度。由于角值是两个方向之差，故得野外一测回角值中误差为：

$$m_{1角} = m_{1方} \sqrt{2} = \pm 6'' \sqrt{2}$$

若取两倍中误差作为极限误差，则野外一测回角值最大误差为：

$$2m_{1角} = \pm 6'' \sqrt{2} \times 2 = \pm 17.0''$$

如果取三倍中误差作为极限误差，则野外一测回角值最大误差为：

$$3m_{1角} = \pm 6'' \sqrt{2} \times 3 = \pm 25.4''$$

2.2.6 习　题

1. 推导公式（2－2－14）时，i 是横轴误差，但图 2－2－23 中的 $\angle HhA$ 也为 i，为什么？
2. 测量水平角时，对同一目标进行盘左、盘右观测有什么好处？
3. 竖轴倾斜误差对水平角的影响能否靠盘左、盘右取平均值消除？为什么？
4. 测站偏心（即仪器对中误差）、目标偏心对水平角的影响如何消除？
5. 对中的目的是什么？

2.2.7　视距测量

视距测量是利用仪器望远镜内的视距装置，配合视距尺（与水准尺基本相同，但长度一般为 4m 或 5m），测量两点间的水平距离和高差的一种测量方法。该法操作方便、施测迅速，一般不受地形条件限制。缺点是测距精度不高，虽然如此，相应精度仍能满足地形测量中碎部测量的要求，因此，这种方法一直被广泛采用。

经纬仪和水准仪的望远镜内都有视距装置，如图 2－2－26 所示，它就是在十字丝分划板上加两根与十字丝横丝平行而又间隔相等的横丝，即视距丝。

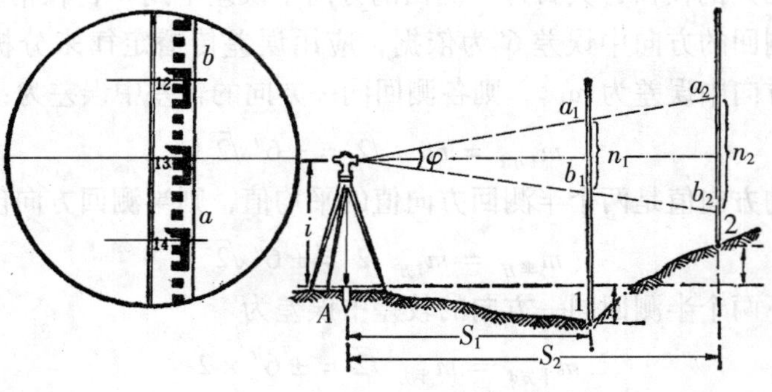

图 2－2－26　视线水平时视距测量原理

视距测量原理如图 2－2－26 所示，仪器安置在 A 点，对远近不同的点（如 1、2），望远镜以水平位置（视线水平）照准立于这些点的视距尺，以视距丝对视距尺读数，得上、下丝读数，其读数之差 n 叫尺间隔。根据三角形相似特点由图可得：

$$\frac{S_1}{n_1} = \frac{S_2}{n_2}$$

这说明$\frac{s}{n}=k$（k为常数），即：$S=kn$，为方便计算，仪器生产厂家通过调节有关参数使得$k=100$，从而有：

$$S = kn = 100n \qquad (2-2-21)$$

（2－2－21）就是望远镜处于水平位置，即视线水平时平距的计算公式。水准测量就是用水准仪按上述方法测得后视距离和前视距离的。

对图2－2－26显示的成像，应有：

$S=100\times$（“上丝”－“下丝”）$=100\times(1.413-1.212)=20.1$（m）

尽管在水准尺上的读数可精确至mm，但公式（2－2－21）中有乘数100，因之用上、下丝测量水平距离时只能精确至dm。

当距离太远（如超过100m）时，从望远镜中看到的刻划成像就会变细，此时的估读误差就会较大，因之用水准仪测量水平距离时对长度是有限制的，一般应控制在100m以内。

然而，实际测量时，由于地形的起伏，视线往往无法水平（如用经纬仪测量时），此时公式（2－2－21）不能使用，需重新推导。

仔细考查图2－2－26，公式（2－2－21）实际上适用于这种情况：视线与视距尺垂直；所得距离乃仪器中心到视距尺的距离。

若视线倾斜，如图2－2－27，设中丝竖直角为α，将目标处的视距尺旋转α角，

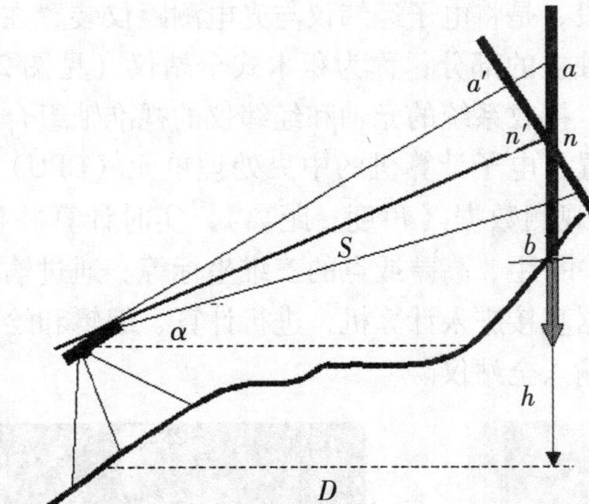

图2－2－27　视线倾斜时视距测量原理

即从a、n、b位置旋转至a'、n'、b'位置，则此时视线与视距尺垂直，由公式（2－2－21）可得仪器中心到视距尺的距离为：$S=kn'$，式中n'是视距丝在旋转以后的视距尺上的尺间隔，易知：$n'=n\cos\alpha$，于是$S=kn\cos\alpha$。由图可见S为倾斜距离，将其化算为水平距离得：$D=S\cos\alpha$，即：

$$D=kn\cos^2\alpha \qquad (2-2-22)$$

（2－2－22）就是视线倾斜时平距的计算公式。令$\alpha=0°$，则有$D=kn$，可见公式（2－2－21）是公式（2－2－22）的特例。

2.2.7 习 题

1. 视距测量特点是什么？其优缺点又是什么？
2. 视距测量所得距离是否能精确至mm或cm？为什么？

2.3 全站仪

基本概念：全站仪；斜距；水平距离等。

基本公式：距离计算公式；气象改正公式等。

难点内容：电子经纬仪测角；全站仪的误差来源等。

2.3.1 全站仪概述

（一）全站仪概述

全站仪的全称为全站型电子速测仪，它是由光电测距仪、电子经纬仪和数据处理系统组合而成，集机械、光学、电子等多方面技术而成的一种测量仪器。由于只要一次安置，仪器便可以完成在该测站上所有的测量工作，故被称为“全站仪”。

全站仪发展的初期阶段，是将电子经纬仪与光电测距仪装置在一起，并可以拆卸，分离成经纬仪和测距仪两个独立的部分，称为积木式全站仪（见图2－3－1）。后来又改为将光电测距仪的光波发射、接收系统的光轴和经纬仪的视准轴组合为同轴的整体式全站仪（见图2－3－2），并且配置了电子计算机的中央处理单元（CPU）、储存单元和输入输出设备（I/O），能根据外业观测数据（角度、距离），实时计算并显示出所需要的测量成果：点与点之间的方位角、平距、高差或点的三维坐标等。通过输入输出设备，可以与计算机交互通信，使测量数据直接进入计算机，进行计算、编辑和绘图。测量作业所需要的已知数据也可以从计算机输入全站仪。

图2－3－1 积木式全站仪

图2－3－2 全站仪及配套反光镜

全站仪既可以同时进行角度（水平角、垂直角）测量和距离（斜距、平距）、高差测量，也可以进行各种放样元素（平距、高差、高程、坐标等）的放样工作。同时，还具有一般常用测量参数设置、数据处理等功能。因此，它具有多功能、高精度、自动化等方面的优点，是其他常规测量仪器无法比拟的。借助于全站仪，人们不仅可使测量的外业工作高效化，而且可以实现整个测量作业的高度自动化。

20 世纪初，经纬仪经历了从游标经纬仪到光学经纬仪的发展，其中光学度盘替代了游标盘；光学测微器替代了游标读数；望远镜由外调焦、倒像发展为内调焦、正像。40 年代末，精密电磁波测距技术有了突破性进展，光电测距仪、激光测距仪相继问世，并用于生产。但由于体积大，仪器笨重，耗电量大，故难以推广。到 60 年代末期，以半导体发光管为光源的小型红外测距仪问世。七八十年代，电磁波红外测距技术得到迅速发展和普及应用，它几乎取代了钢尺量距。90 年代初，红外测距仪的发展已趋于稳定，并形成了各档次的系列产品。测距精度已有如下一些：$\pm(5mm + 5 \times D \times 10^{-6})$，$\pm(3mm + 2 \times D \times 10^{-6})$，$\pm(2mm + 2 \times D \times 10^{-6})$，$\pm(1mm + 1 \times D \times 10^{-6})$（D 以 km 为单位）等等。测距仪因其体积小、重量轻、测程长、精度高而得到了广泛应用。

在电磁波测距技术发展的同时，人们就在不停地探索地面测量自动化的道路，角度测量自动化的思想也应运而生。其实质是将光学度盘改造为光电扫瞄度盘，将人工光学测微读数改造为光电自动记数和显示记数，即将目视读数发展为自动显示和自动记录，由此导致了电子经纬仪的发展。电子经纬仪与测距仪的结合，称为电子速测仪。再配以电子记录装置，称为全站型电子速测仪（electronic theometer total station），简称全站仪。1968 年联邦德国 OPTON 厂最早将电子经纬仪与电磁波测距仪设计为一体，研制了 Reg Elda 14 全站型电子速测仪。由于受到当时电子元器件的限制，仪器体积较大，且较重。以后瑞典 AGA 厂研制的 AGA 700 Geodimeter 激光电子速测仪，其光源为氦氖激光器，测距精度可达 $\pm(5mm + 1 \times D \times 10^{-6})$，测角精度为 ±2″，垂直角精度为 ±10″。目前，整体式全站仪已成为全站仪产品的主流，其产品已有几十种型号，且其精度、测程、重量、体积各项指标都稳步提高，以满足各种工程的需要。各等级仪器的测角精度可有以下几种：0.5″，1″，2″，3″，5″，10″等。

全站仪因能在测站上同时测量、显示、记录水平角、竖直角、水平距离、斜距、高差、高程、坐标等全部内容而受到测绘工作者青睐，如果将全站仪再配以电子平板等测图系统，则可自动（现场）成图，这套系统又称为全站仪（综合）测绘系统。这正是野外测量自动化的模式。

全站型电子速测仪的优势就在于它采集的全部测量数据能自动传输给记录卡、电子手簿（以便室内成图）；或传输给电子平板，在现场自动成图，再经过室内一定的编辑，即可由电子平板（或台式计算机）控制绘图仪出图。因此，如果将全站型电子速测仪分别当作测距仪和电子经纬仪来使用，将是对全站仪的极大浪费。全站仪测绘系统在测量工作自动化的进程中起着重要的作用，也将成为地理信息系统（GIS）数据更新的重要手段，随着全站仪硬件设备及软件的日臻成熟，全站仪在我国经济建设、国防建设和科学技术诸方面发挥着越来越大的作用，因此，掌握全站仪及其有关的一些基础知识是非常重要的，也是必不可少的。

全站仪将测距仪与电子经纬仪组合在一起，除可自动显示角度、距离的数据外，还可通过仪器内部的微处理机，直接得到地面点的空间坐标。因此，全站仪的工作原理就是利用激光或红外光进行光电测距，利用电子经纬仪测量竖直角及水平角，再通过自身所带的应用程序计算出空间坐标，并显示和储存角度、距离、坐标数据。

（二）全站仪类型

图 2-3-3 为一些具有代表性的全站仪，有国产全站仪，也有瑞士产、日本产等进口全站仪。

Leica 全站仪　　WIN 全站仪　　南方全站仪　　拓普康全站仪

图 2-3-3　全站仪类型

不同型号的全站仪，其操作方法有较大区别，特别是涉及测量平面坐标、高程、面积等时，因之本教材不对全部功能加以介绍。但常用功能基本一致。全站仪对中、整平的方法与经纬仪相同，但某些型号的全站仪可采用激光对中方法。

使用全站仪的要领是熟悉显示屏各个窗口的内容，各种型号的全站仪，启动之后默认的窗口基本都是“常规测量”——测量水平角、竖直角、距离。

“常规测量”测量水平角、竖直角的过程（转动、瞄准等）与经纬仪相同，只是观测者不需要读数，因为相关数值会显示出来。另外，前述经纬仪是靠转盘手轮来配置水平度盘的起始读数，全站仪则靠键盘手工输入方式完成。

全站仪测量距离的方法可见下一节。

2.3.2　水平距离测量原理

（一）水平距离测量原理

图 2-3-4 中，为测量地面上两个点 A、B 之间的水平距离 D，可在 A 点（测站点）安置全站仪，在 B 点（目标点）安置反光镜。全站仪发射的激光或红外光以光速 c 到达反光镜后又反射回全站仪，当知道从发射到接收的时间 t 后，水平距离就很容易求得，即：

$$D = \frac{1}{2}ct \tag{2-3-1}$$

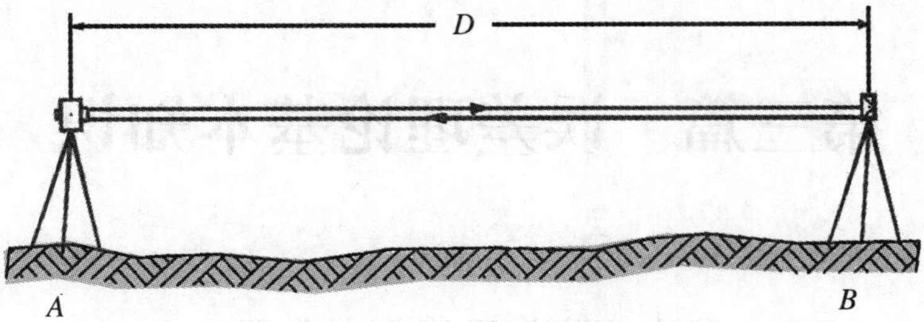

图 2-3-4　水平距离测量原理

从（2-3-1）可看出：全站仪测量水平距离的原理是非常简单的，该式还在小学阶段我们就已学过。然而具体实施起来还是有很多问题的，表现为：

（1）光速 c 太大（约 30 万 km/s），就算时间仅有 0.01s 的误差，对应的距离误差也可达 3000km，直接测量时间是不可能的。

（2）光速 c 在真空中是常数，但在实际的大气层中则会有变化。

（3）由于地球表面的大气层不是均匀媒质，全站仪发射的激光或红外光在大气层中不是沿直线传播，而是沿弯曲的线传播，这使得直接测量的是曲线的长度而不是实际的长度。将曲线长度转变为直线长度包含了许多理论问题。

根据本教材的特点，如何测量时间？如何将曲线长度转变为直线长度？这些内容不作考虑。

现今，各种型号的全站仪均可直接测得水平距离并显示出来，在记录显示屏相关数据时要注意斜距、平距的区别，一般这两个距离是在不同的窗口。当然我们也可这样判断：斜距总是比平距要大。

（二）气象改正

光在大气中的传播速度受气温和气压的影响，因此，在用全站仪测量时，需要进行气象改正。气象改正值的比例改正系数公式形如：

$$ppm = 278.96 - \frac{0.2904 \times p}{1 + 0.003661 \times t} \qquad (2-3-2)$$

式中，p 为气压值，单位为 hPa；t 为测量环境的气温，单位为℃。

考虑了气象改正后，直接测量得到的斜距 D_0（名义长度）对应的实际值为（实际长度）：

$$D = D_0 \times (1 + ppm \times 10^{-6}) \qquad (2-3-3)$$

若斜距边对应的竖直角为 α，则水平距离为：

$$S = D \times \cos\alpha \qquad (2-3-4)$$

需要说明的是：

（1）不同型号的全站仪，公式（2-3-2）右端第 1 项（278.96）是不相同的，具体是多少应看相应说明书或使用手册。

（2）不同型号的全站仪，公式（2-3-2）、（2-3-3）、（2-3-4）均可实现自动计算，但在测量之前应将气压 p（要求不高时可用测区平均高程间接计算——全站仪自动计算）、气温 t 输至全站仪中。

（3）当所测距离不大时（如 300m 以内），可不考虑气象改正。

第三篇 误差理论基本知识

3.1 误差理论基本知识

本章基本概念：系统误差；偶然误差；偶然误差的特性；误差分布曲线；高斯分布；实际推断原理；中误差；极限误差；相对误差；等等。

本章基本公式：中误差计算公式；误差传播律；边长、高差中误差计算公式；等等。

本章难点内容：观测值相互独立性在误差传播律中的应用；误差传播律的推导等。

3.1.1 观测误差

在各项测量工作中，例如对某段距离进行多次重复丈量时，我们会发现每次丈量的结果通常是不一致的；又如对若干个量进行观测，如果知道这几个量所构成的某个函数应等于某理论值，则可以发现，用这些量的观测值代入该函数求得的值通常与理论值不一致。这类现象在测量工作中是普遍存在的。这种现象之所以产生，是由于观测结果中存在着观测误差的缘故。

为什么观测结果中会存在误差呢？概括说来，有下列三方面原因：

首先，观测者是通过自己的感觉器官来进行工作的，由于感觉器官鉴别力的局限性，在进行仪器的安装、瞄准、读数等工作时，都会产生一定的误差。与此同时，观测者的技术水平、工作态度也会对观测结果产生不同的影响。

其次，观测时使用的是特定的仪器，而每种仪器都具有一定的精密度，从而使观测结果受到相应的影响。例如使用只有厘米刻划的普通钢尺量距，就难以保证估读厘米以下的尾数的准确性。再说仪器本身也含有一定的误差，例如水准仪的视准轴不平行于水准管水准轴、水准尺的分划误差等等。显然，使用这些仪器进行测量也就给观测结果带来了误差。

最后，在观测过程中所处的外界自然环境，如地形、温度、湿度、风力、大气折光等因素都会给观测结果带来种种影响。而且这些因素随时都有变化，由此对观测结果产生的影响也随之变化，这就必然使观测结果带有误差。

人、仪器和客观环境这三方面是引起观测误差的主要因素，总称“观测条件”。不论观测条件如何，观测结果都含有误差。也可以说观测误差是不可避免的。根据观测误差的性质，我们可以把观测误差分为系统误差、偶然误差和粗大误差三大类。现分别叙述如下：

（一）系统误差

在相同的观测条件下对某个固定量作多次观测，如果观测误差在正负号及量的大小上表现出一致的倾向，即按一定的规律变化或保持为常数，这类误差称为系统误差。例如用一把名义长度为20m而实际比20m长出Δ的钢卷尺去量距，测量结果为D',则D'中含有因尺长不准确而带来的误差，且为$\frac{\Delta}{20}D'$，这种误差的大小，与所量直线的长度成正比，而正负号始终一致，所以这种误差属于系统误差。系统误差对观测结果的危害性很大，但由于它有规律性而可以设法将它消除或减弱。例如上述钢尺量距的例子，可利用尺长方程式对观测结果进行尺长改正。

图3-1-1为三种测定电阻方法的比较。对图（a)，因电压U不准（含系统误差，偏大)，故按$R=\frac{U}{I}$求得的阻值偏大；对图（b)，因电流强度I不准（含系统误差，偏大)，故按$R=\frac{U}{I}$求得的阻值偏小；图（c）为惠更斯电桥，R_1、R_2为已知电阻，R_x为待定电阻，当检流计G中的读数为零时（靠调节可变电阻R_0实现)，该电桥处于平衡，此时有：$R_1R_x=R_2R_0 \Rightarrow R_x=\frac{R_2R_0}{R_1}$，用该式求得的阻值可避免图（a)、(b）测定电压或电流强度时系统误差对阻值的影响。

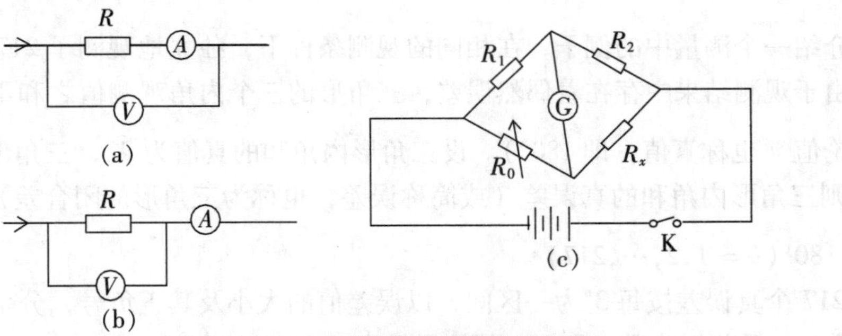

图3-1-1　三种测定电阻方法的比较

对系统误差的研究方法就是找出它影响的规律性，从而消除或减弱它的影响；或改变观测程序（方法）回避它的影响。

（二）偶然误差

在相同的观测条件下对某个固定量作多次观测，如果观测结果的差异在正负号和数值上，都没有表现出一致的倾向，即没有任何规律性，例如读数时估读小数的误差等等，这种误差称为偶然误差。

下一节将会看到，偶然误差是随机变量，因而对偶然误差的研究方法就是用《概率论》或《数理统计》的知识对它进行处理。

（三）粗大误差

在测量中，除不可避免的误差之外，还可能发生错误。例如在观测时读错读数、记录时记错等等，这些都是由于观测者的疏忽大意所造成的，我们将其称为粗大误差。粗大误差也就是错误。目前，对粗大误差的理论研究已达到了相当的深度（如粗差定位等)，这也是粗大误差得名的原因此一。观测结果中是不允许存在错误的。一旦发现错误，必须及时加以更正。

在观测过程中，系统误差和偶然误差总是同时产生的。当观测结果中有显著的系统误差时，偶然误差就处于次要地位，观测误差就呈现出“系统”的性质。反之，当观测结果中系统误差处于次要地位时，观测结果就呈现出“偶然”的性质。

由于系统误差在观测结果中具有积累的性质，对观测结果的影响尤为显著，所以在测量工作中总是采取各种办法削弱其影响，使它处于次要地位。研究偶然误差占主导地位的观测数据的科学处理方法，是测量学的重要课题之一。

3.1.1 习 题

观测误差是如何产生的？对观测误差分类的目的是什么？

3.1.2 偶然误差的特性

在观测结果中主要存在偶然误差，所以为了研究观测结果的质量，以及如何根据观测结果求出未知量的最或然值，就必须进一步研究偶然误差的性质。

单个偶然误差是呈现不出规律性的，只有通过对大量偶然误差进行研究才能找出它们的规律。

下面介绍一个测量中的例子，在相同的观测条件下，独立地观测了 217 个三角形的全部内角。由于观测结果中存在着偶然误差，三角形的三个内角观测值之和不等于三角形内角和的理论值（也称真值，即 180°）。设三角形内角和的真值为 $\tilde{X}$ ，三角形内角和的观测值为 X ，则三角形内角和的真误差（或简称误差，也称为三角形的闭合差）为：$\Delta_i = X_i - \tilde{X} = X_i - 180°(i = 1,2,\cdots,217)$ 。

现将 217 个真误差按每 3″为一区间，以误差值的大小及其正负号，分别统计出在各区间内的个数 v ，及相对个数 $v/217$ 。其结果见表 3－1－1。

由表 3－1－1 可以总结出以下规律（偶然误差的四个特性）：

（1）有界性：在一定的观测条件下，偶然误差的绝对值不会超过一定的限度。

（2）单峰性：绝对值较小的误差比绝对值较大的误差出现的可能性（概率）大。

（3）对称性：绝对值相等的正误差与负误差，其出现的可能性（概率）相同。

（4）抵偿性：当观测次数无限增多时，偶然误差的算术平均值趋近于零（偶然误差的数学期望为零），即：$\lim\limits_{n\to\infty}\dfrac{\Delta_1 + \Delta_2 + \cdots + \Delta n}{n} = 0$ 或 $E(\Delta) = 0$。

实践表明，对于在相同条件下独立进行的一组观测来说，不论其观测条件如何，也不论是对一个量还是对多个量进行观测，这组观测误差必然具有上述四个特性。而且，当观测的个数 n 愈大时，这种特性就表现得愈明显。偶然误差的这种特性，又称为统计规律性。

表 3－1－1　偶然误差的统计

误差区间（3″）	正误差		负误差		合计	
	个数 v	相对个数 $\frac{v}{217}$	个数 v	相对个数 $\frac{v}{217}$	个数 v	相对个数 $\frac{v}{217}$
0～3	30	0.138	29	0.134	59	0.272
3～6	21	0.097	20	0.092	41	0.189
6～9	15	0.069	18	0.083	33	0.152
9～12	14	0.064	16	0.074	30	0.138
12～15	12	0.055	10	0.046	22	0.101
15～18	8	0.037	8	0.037	16	0.074
18～21	5	0.023	6	0.028	11	0.051
21～24	2	0.009	2	0.009	4	0.018
24～27	1	0.005	0	0	1	0.005
27 以上	0	0	0	0	0	0
	108	0.497	109	0.503	217	1.000

为了充分反映误差分布的情况，除去上述用表格的形式（称误差分布表），还可以用直观的图形来表示。例如，在图 3－1－2 中以横坐标表示误差的大小，纵坐标表示各区间误差出现的相对个数除以区间的间隔值（本例是 3″）。这样，每一误差区间上方的长方形面积，就代表误差出现在该区间的相对个数。例如，图中有斜线的长方形面积就代表误差出现在 +6″～+9″区间内的相对个数 0.069。这种图称为直方图，其特点是能形象地反映出误差的分布情况。

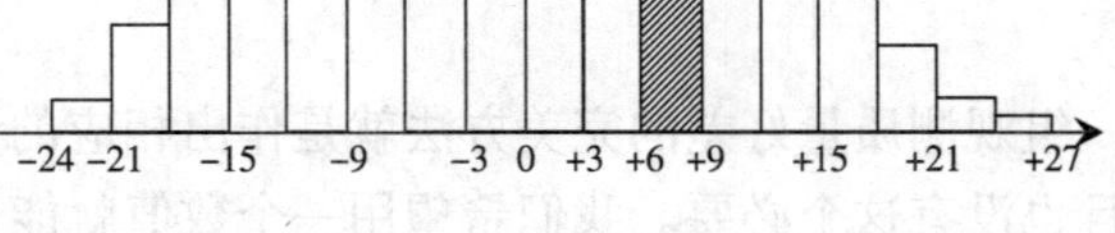

图 3－1－2　直方图

当观测次数越来越多，误差出现在各个区间的相对个数的变动幅度就越来越小。当 n 足够大时，误差在各个区间出现的相对个数就趋于稳定。这就是说，一定的观测条件，对应着一定的误差分布。可以想像，当观测次数足够多时，如果把误差的区间间隔无限缩小，则图 3－1－2 中各长方形顶边所形成的折线将变成一条光滑曲线（图 3－1－3），称为误差分布曲线。在概率论中，把这种误差分布称为正态分布（或高斯分布），描绘这种分布的概率密度为：$f(x)=\frac{1}{\sqrt{2\pi\sigma}}e^{-\frac{x^2}{2\sigma^2}}$，且数学期望为 $E(\Delta)=0$，方差为 $D(\Delta)=\sigma^2 \Rightarrow$ 标准差为 $\sqrt{D(\Delta)}=$

σ。由于偶然误差服从正态分布，以后可把偶然误差记为 $\Delta \sim N(0,\sigma^2)$。

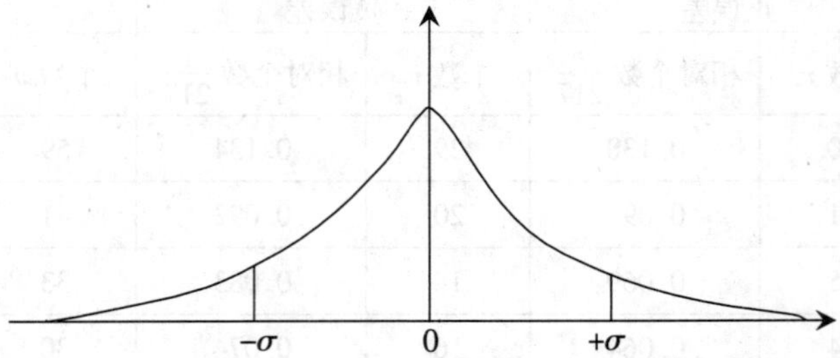

图 3－1－3　正态分布密度曲线

从该曲线可以看出正态分布具有前述的偶然误差特性。

对 $f(x)=\dfrac{1}{\sqrt{2\pi}\sigma}e^{-\frac{x^2}{2\sigma^2}}$ 按《高等数学》方法进行分析，可知 $x=\pm\sigma$ 是密度曲线的两个拐点。从图 3－1－3 可见，由于误差出现在区间内的相对次数是某个定值，即介于密度曲线、横轴和直线 $x=\pm\sigma$ 之间的曲边梯形面积是个定值。所以当 σ 越小时，曲线将越陡峭，即误差分布比较密集；当 σ 越大时，曲线将越平缓，即误差分布分散。由此可见，参数 σ 的值表征了误差扩散的特征。观测条件的好坏可以在误差分布曲线的形态（指误差扩散情况）上得到反映。

3.1.2　习　题

1. 偶然误差的四个特性是什么？
2. 偶然误差是正态变量，那么观测值是不是正态变量？为什么？

3.1.3　评定精度的指标

由上一节可知，在一定的观测条件下进行一组观测，它对应着一定的误差分布。如果该组误差值总的说来偏小些，即误差分布比较密集，则表示该组观测质量好些，这时标准差的值也较小；反之，如果该组误差值偏大，即误差分布比较分散，则表示该组观测质量差些，这时标准差的值也就较大。因此，一组观测误差所对应的标准差值的大小，反映了该组观测结果的精度。

理论上说，描述一组观测质量好差的完美方法就是作出相应的误差分布曲线，不过这种方法过于麻烦，而且也没有这个必要。我们希望用一个数值就能反映该组观测的质量情况，这个数值就是评定精度的指标。

我国是用标准差 σ 作为评定精度的指标，为什么用标准差 σ 就可评定？由上节知，对一组偶然误差而言，其误差分布曲线的形状完全取决于 σ 的大小。

根据《概率论》对数学期望的定义，有：

$$\sigma^2 = D(\Delta) = E(\Delta^2) - [E(\Delta)]^2 = E(\Delta^2) = \lim_{n\to\infty}\frac{\Delta_1^2+\Delta_2^2+\cdots+\Delta_n^2}{n}$$

实际上的任何测量都不可能进行无限次，因此上式仅有理论上的意义。一个实际测量的次数 n 总是有限的，我们将按下式求得的 m 称为中误差（相当于《概率论》中求总体

参数 σ^2 的估值 m^2）：$m = \pm\sqrt{\dfrac{\Delta_1^2+\Delta_2^2+\cdots+\Delta_n^2}{n}}$，为了便于书写，测量界常用中括号

[　] 来表示累加，如：$\sum_{i=1}^{n} x_i = x_1 + x_2 + \cdots + x_n = [x]$；$\sum_{i=1}^{n} y_i^2 = y_1^2 + y_2^2 + \cdots + y_n^2 = [y^2] = [yy]$ 等。如此，中误差计算公式为：

$$m = \pm\sqrt{\frac{[\Delta\Delta]}{n}} \tag{3-1-1}$$

关于中误差，以下问题必须搞清楚：

(1) m 是用什么量来计算的？是用真误差来计算的。

(2) 使用公式（3－1－1）的前提条件是什么？前提条件是：n 个真误差对应的观测值之间必须相互独立。

(3) 计算得到的 m 是哪个量或哪些量的中误差？m 是这 n 个真误差对应的 n 个观测值的中误差，正是这个原因我们才说该组观测值同精度。

必须指出，在相同的观测条件下进行的一组观测，得出的每一个观测值都称为同精度观测值。由于它们对应着一个误差分布，即对应着一个标准差，而标准差的估值即为中误差。因此，同精度观测值具有相同的中误差。但是，同精度观测值的真误差却彼此并不相等，有的差额还比较大（见表 3－1－1），这是由于真误差具有偶然误差性质的缘故。

在应用（3－1－1）式求一组同精度观测值的中误差 m 时，式中真误差可以是同一个量的同精度观测值的真误差，也可以是不同量的同精度观测值的真误差。在计算 m 值时注意取 2～3 位有效数字，并在数值前冠以“±”号，数值后写上“单位”。

例［3－1－1］设对某个三角形用两种不同的精度分别对它进行了 10 次观测，求得每次观测所得的三角形内角和的真误差为：

第一组：+3″，－2″，－4″，+2″，0″，－4″，+3″，+2″，－3″，－1″；

第二组：0″，－1″，－7″，+2″，+1″，+1″，－8″，0″，+3″，－1″。

试求这两组观测值的中误差。

解：由（3－1－1）式得：

$$m_1 = \pm\sqrt{\frac{\Delta_1^2+\Delta_2^2+\cdots+\Delta_{10}^2}{10}} = \pm 2.7'', \text{同理}, m_2 = \pm 3.6''。$$

比较 m_1 和 m_2 可知，第一组的观测精度较第二组观测精度高。

显然，对多个三角形进行同精度观测（即相同的观测条件），求得每个三角形内角和的真误差，仍可按上述办法求得观测值（三角形内角和）的中误差。

偶然误差有界性说明，在一定的观测条件下，偶然误差的绝对值不会超过一定的限值，那么这个值是多大呢？

$\because \Delta \sim N(0,\sigma^2)$，$\therefore \dfrac{\Delta}{\sigma} \sim N(0,1)$，由标准正态分布表可得：

$$P\left\{\left|\frac{\Delta}{\sigma}\right| < 2\right\} = 0.95 \Rightarrow P\{-2\sigma < \Delta < 2\sigma\} = 0.95 \Rightarrow P\{|\Delta| > 2\sigma\} = 0.05$$

即 $P\{|\Delta| > 2m\} = 0.05$，而 0.05 可认为是小概率。《概率论与数理统计》中的“实际推断原理”指出：概率很小的事件在一次试验中实际上几乎不发生。这说明：在一次测量

中，观测值误差的绝对值大于2倍中误差几乎是不可能的。因此测量中常取两倍中误差作为误差的限值，也就是在测量中规定的容许误差（或称极限误差，或限差）为：

$$\Delta_{容} = 2m$$

在有的测量规范中也有取三倍中误差作为容许误差的。当某个观测值误差的绝对值大于容许误差时，我们就认为这个观测值含有错误（或系统误差），采取的措施为：再一次对该值进行观测或弃之不用；或消除该观测值含有的系统误差。

对于评定精度来说，有时利用中误差还不能反映测量的精度。例如丈量两段距离，一段长100m，另一段长20m，它们的中误差都是±10mm，那么，能不能说两者测量精度相同呢？不能！显然前者优于后者。为此，利用中误差与观测值的比值，即$\frac{m}{L}$来评定精度，通常称此比值为相对中误差。相对中误差都要求写成分子为1的分式，即$1/N$。上例为：$\frac{m_1}{L_1}=\frac{1}{10000}$，$\frac{m_2}{L_2}=\frac{1}{2000}$。因$\frac{m_1}{L_1}<\frac{m_2}{L_2}$，故前者的精度比后者高。

类似地，我们将$\frac{\Delta_{容}}{L}$称为相对容许误差。

3.1.3 习　题

1. 为什么要引进精度指标？
2. 中误差如何得到？它能说明什么问题？
3. 为什么要采用2倍或3倍中误差作为容许误差？

3.1.4 误差传播定律

上节讨论了如何根据同精度观测值的真误差来评定观测值精度的问题（计算中误差的问题）。但是，在实际工作中有许多未知量不能通过直接观测而求其值，而是由观测值间接计算出来。例如某未知点B的高程H_B，是由起始点A的高程H_A加上从A点到B点间进行的若干站水准测量得到的观测高差$h_1,h_2,\cdots,h_n$求和得出的，即：

$$H_B = H_A + h_1 + h_2 + \cdots + hn$$

这时未知点B的高程H_B是各独立观测值（诸观测高差$h_1,h_2,\cdots,hn$）的函数。那么如何根据观测值的中误差去求观测值函数的中误差呢？阐述观测值中误差与观测值函数中误差之间关系的定律，称为中误差传播定律（简称误差传播律）。

不失一般性，设函数式为线性：$y = k_1x_1 + k_2x_2 + k_0$，式中、$k_1$、$k_2$、$k_0$为常数，$x_1$、$x_2$为独立观测值，其中误差分别为$m_1$、$m_2$。下面推求$m_y$：

由定义知，$m_1 = \pm\sqrt{\frac{[\Delta_1\Delta_1]}{n}}, m_2 = \pm\sqrt{\frac{[\Delta_2\Delta_2]}{n}}, m_y = \pm\sqrt{\frac{[\Delta_y\Delta_y]}{n}}$

式中$\Delta_{1i} = x_{1i} - \tilde{x}_1, \Delta_{2i} = x_{2i} - \tilde{x}_2, \Delta_{yi} = y_i - \tilde{y}, i = 1,2,\cdots,n$。

不难看出关键是找出Δ_{yi}与Δ_{1i}、Δ_{2i}之间的关系。显然有$\tilde{y} = k_1\tilde{x}_1 + k_2\tilde{x}_2 + k_0$，从而有$y - \tilde{y} = k_1(x_1 - \tilde{x}_1) + k_2(x_2 - \tilde{x}_2)$，于是：

$\Delta_{yi} = k_1\Delta_{1i} + k_2\Delta_{2i}, i = 1,2,\cdots,n$

$\therefore \Delta_{yi}^2 = (k_1\Delta_{1i} + k_2\Delta_{2i})^2 = k_1^2\Delta_{1i}^2 + 2k_1k_2\Delta_{1i}\Delta_{2i} + k_2^2\Delta_{2i}^2$

$\Rightarrow \sum_{i=1}^{n}\Delta_{yi}^2 = k_1^2\sum_{i=1}^{n}\Delta_{1i}^2 + 2k_1k_2\sum_{i=1}^{n}\Delta_{1i}\Delta_{2i} + k_2^2\sum_{i=1}^{n}\Delta_{2i}^2$

改用测量界的记号有：

$$[\Delta_y\Delta_y] = k_1^2[\Delta_1\Delta_1] + 2k_1k_2[\Delta_1\Delta_2] + k_2^2[\Delta_2\Delta_2]$$

$$\Rightarrow \frac{[\Delta_y\Delta_y]}{n} = k_1^2\frac{[\Delta_1\Delta_1]}{n} + 2k_1k_2\frac{[\Delta_1\Delta_2]}{n} + k_2^2\frac{[\Delta_2\Delta_2]}{n}$$

$$\Rightarrow m_y^2 = k_1^2m_1^2 + 2k_1k_2\frac{[\Delta_1\Delta_2]}{n} + k_2^2m_2^2$$

由于 x_1、x_2 相互独立，所以偶然误差 Δ_{1i} 与偶然误差 Δ_{2i} 的乘积 $\Delta_{1i}\Delta_{2i}$ 也是偶然误差，由偶然误差的特性知 $\frac{[\Delta_1\Delta_2]}{n}=0$，从而有：

$$m_y^2 = k_1^2m_1^2 + k_2^2m_2^2$$

依此类推，对 $y = k_1x_1 + k_2x_2 + \cdots + k_nx_n + k_0$，只要 $x_1,x_2,\cdots,x_n$ 相互独立就有：

$$m_y^2 = k_1^2m_1^2 + k_2^2m_2^2 + \cdots + k_n^2m_n^2 \qquad (3-1-2)$$

若函数式为非线性，即 $y = f(x_1,x_2,\cdots,x_n)$，将其在观测点 $(x_1^0,x_2^0,\cdots,x_n^0)$ 处线性化得：

$$y = f(x_1^0,x_2^0,\cdots,x_n^0) + \left.\frac{\partial f}{\partial x_1}\right|_0(x_1 - x_1^0) + \left.\frac{\partial f}{\partial x_2}\right|_0(x_2 - x_2^0) + \cdots + \left.\frac{\partial f}{\partial x_n}\right|_0(x_n - x_n^0)$$

式中 $\left.\frac{\partial f}{\partial x_i}\right|_0 = \frac{\partial f}{\partial x_i}(x_1^0,x_2^0,\cdots,x_n^0)$ 是由观测值计算得到的数值（相当于前述常数 k_i），以下简记为 $(\frac{\partial f}{\partial x_i})_0$，由式（3－1－2）得：

$$m_y = \pm\sqrt{\left(\frac{\partial f}{\partial x_1}\right)_0^2 m_1^2 + \left(\frac{\partial f}{\partial x_2}\right)_0^2 m_2^2 + \cdots + \left(\frac{\partial f}{\partial x_n}\right)_0^2 m_n^2} \qquad (3-1-3)$$

公式（3－1－3）就是中误差传播定律（简称误差传播律），它解决了由独立观测值中误差计算其函数中误差的问题。

分析（3－1－3）不难看出：求 m_y 的关键是求 $\left(\frac{\partial f}{\partial x_i}\right)_0$，而 $\frac{\partial f}{\partial x_i}$ 可由函数 y 的全微分一次性得到（当函数式比较复杂时还是宜逐一求各个偏导数）。

使用误差传播律的步骤如下：

（1）根据所给问题建立函数式：$y = f(x_1,x_2,\cdots,x_n)$。

（2）求函数的全微分 $\mathrm{d}y = \frac{\partial f}{\partial x_1}\mathrm{d}x_1 + \frac{\partial f}{\partial x_2}\mathrm{d}x_2 + \cdots + \frac{\partial f}{\partial x_n}\mathrm{d}x_n$。

（3）将全微分式子转换为中误差式子（要点：系数平方；微分换成中误差的平方）：

$$m_y^2 = \left(\frac{\partial f}{\partial x_1}\right)_0^2 m_1^2 + \left(\frac{\partial f}{\partial x_2}\right)_0^2 m_2^2 + \cdots + \left(\frac{\partial f}{\partial x_n}\right)_0^2 m_n^2。$$

（4）代入观测值及其中误差进行计算（要注意统一单位）：

$$m_y = \pm\sqrt{\left(\frac{\partial f}{\partial x_1}\right)_0^2 m_1^2 + \left(\frac{\partial f}{\partial x_2}\right)_0^2 m_2^2 + \cdots + \left(\frac{\partial f}{\partial x_n}\right)_0^2 m_n^2}。$$

关于误差传播律还要注意以下几点：

(1) $x_1, x_2, \cdots, x_n$ 之间要求相互独立。测量中的直接观测值一般是相互独立的，如：不同测站所得高差；不同测站所得角度等。当 $x_1, x_2, \cdots, x_n$ 之间不相互独立时，要由已知条件将 $x_1, x_2, \cdots, x_n$ 作代换，直至函数式中的自变量相互独立为止。

(2) 某些情况下 $y = f(u, v, w)$ 无法表示出，但只要 m_u, m_v, m_w 是独立误差，我们也可写出：$m_y^2 = m_u^2 + m_v^2 + m_w^2$，如：一个测站的水准测量，所测高差受到了气泡置平误差、望远镜瞄准误差、观测者读数误差的影响，于是有：

$$m_{高差}^2 = m_{气泡}^2 + m_{瞄准}^2 + m_{读数}^2$$

(3) 函数式中的某一自变量 α 为角度时，因用测量仪器（经纬仪）测量时，其中误差一般以秒为单位，因此误差传播律中相应项为：$\left[\frac{m_\alpha}{\rho}\right]^2$，其中 ρ 为 1 弧度对应的秒值，即：$\rho = 206265''$，该值是测量界中常用的常数，读者应记住。

例［3－1－2］对某段距离采用钢尺量距，n 个尺段对应的距离为 S。若每一个尺段丈量的中误差均为 $m_尺$。求距离 S 的中误差。

解：显然，$S = S_1 + S_2 + \cdots + S_n$，这里，$S_i$ 为第 i 个尺段所得距离。

由公式（3－1－3）得：

$$m_s = \pm\sqrt{m_1^2 + m_2^2 + \cdots + m_n^2} = \pm\sqrt{m_尺^2 + m_尺^2 + \cdots + m_尺^2} = \pm\sqrt{n}m_尺$$

即：$m_s = \pm\sqrt{n}m_尺$ （3－1－4）

公式（3－1－4）在以后的定权中还会用到。

注意：不要因为每一个尺段丈量的距离相同（如均为 20m 或 30m）而错写为：$S = nS_尺$，这样会将实有的 n 个变量减为一个。

例［3－1－3］对某段距离采用钢尺量距，所得距离为 $S(\text{km})$。若每 1km 丈量的中误差均为 m_{km}。求距离 S 的中误差。

解：显然，$S = S_1 + S_2 + \cdots + S_s$，这里，$S_i$ 为第 i 个 1km，即有：

$S_1 = S_2 = \cdots = S_s = 1\text{km}$

由公式（3－1－3）得：

即：$m_s = \pm\sqrt{m_1^2 + m_2^2 + \cdots + m_s^2} = \pm\sqrt{m_{\text{km}}^2 + m_{\text{km}}^2 + \cdots + m_{\text{km}}^2} = \pm\sqrt{S}m_{\text{km}}$

即：$m_s = \pm\sqrt{S}m_{\text{km}}$ （3－1－5）

公式（3－1－5）在以后的定权中还会用到。

注意：该题是按 S 个 1km 来分析，这里也有 S 个变量，不能如下表达：$S = 1\text{km} + 1\text{km} + \cdots + 1\text{km}$，这样将没有变量。

类似可得水准测量中高差中误差的计算式，如下：

$$m_h = \pm\sqrt{n}m_站 \quad (3-1-6)$$

公式（3－1－6）适用的条件为：每一个测站高差观测的中误差相同，均为 $m_站$。

或者：

$$m_h = \pm\sqrt{S}m_{\text{km}} \quad (3-1-7)$$

公式（3－1－7）适用的条件为：每 1km 水准路线高差观测的中误差相同，均为 m_{km}。

例［3－1－4］为确定一个长方体的体积，量得相应的长、宽、高及其中误差如下：

$a = 20.352 \pm 0.008(\text{m})$，$b = 12.087 \pm 0.006(\text{m})$，$h = 8.523 \pm 0.004(\text{m})$。

求该长方体的体积及其中误差。

解：体积 $v = abh$，将相应观测值代入计算得：$v = 2096.612(\text{m}^3)$

对 $v = abh$ 求微分得：$\mathrm{d}v = bh\mathrm{d}a + ah\mathrm{d}b + ab\mathrm{d}h$

$\Rightarrow m_v = \pm\sqrt{(bh)^2 m_a^2 + (ah)^2 m_b^2 + (ab)^2 m_h^2}$

将相应观测值代入计算得：$m_v = \pm 1.652(\text{m}^3)$

从而得：$v = 2096.612 \pm 1.652\ (\text{m}^3)$

为简化计算也可：

$$m_v = \pm\sqrt{\left(\frac{v}{a}\right)^2 m_a^2 + \left(\frac{v}{b}\right)^2 m_b^2 + \left(\frac{v}{h}\right)^2 m_h^2} = \pm v\sqrt{\left(\frac{m_a}{a}\right)^2 + \left(\frac{m_b}{b}\right)^2 + \left(\frac{m_h}{h}\right)^2}$$

3.1.4 习 题

1. 推导误差传播律时为什么要求观测值之间相互独立？
2. 钢尺量距中误差计算公式 $m_s = \pm\sqrt{n}m_{尺}$ 及 $m_s = \pm\sqrt{S}m_{\text{km}}$ 适用于什么场合？
3. 水准测量中高差中误差的计算公式 $m_h = \pm\sqrt{n}m_{站}$ 及 $m_h = \pm\sqrt{S}m_{\text{km}}$ 适用于什么场合？
4. $m_s = \pm\sqrt{S}m_{\text{km}}$ 及 $m_h = \pm\sqrt{S}m_{\text{km}}$ 形式几乎相同，具体含义是否相同？
5. 三角形面积计算公式之一为：$A = \frac{1}{2}ab\sin\beta$，式中 β 为对应 a、b 的两边所夹的角。现用皮尺测得 $a = 13.09 \pm 0.05(\text{m})$，$b = 18.51 \pm 0.07(\text{m})$；用 J_6 经纬仪测得 $\beta = 48°28'42'' \pm 20''$。求该三角形的面积及其中误差。

3.2 平差基本知识

本章基本概念：	真值；观测值；改正数；平差值；闭合差；平差原则；算术平均值；广义算术平均值；权；等等。
本章基本公式：	算术平均值及其中误差计算公式；钢尺量距及水准高差权的计算公式；权倒数传播律；加权平均值及其权计算公式；等等。
本章难点内容：	改正数的计算；算术平均值应满足的三个条件；罗——克拉美不等式的应用；利用改正数求中误差；加权平均值的计算式；加权平均值应满足的两个条件；单一附合水准路线观测高差改正数计算方法；加权平均值理论的应用；等等。

3.2.1 平差的原则

（一）几个与平差有关的概念

真值：是指某量唯一而客观存在的数值，一般用 $\tilde{x}$ 表示。如，地面上选定了两个点后，其间的水平距离、高差就会各有一个真值，不管是否作了观测，这一数值是客观存在的，也是唯一的。该真值也可以看成《数理统计》中总体的某个参数（数学期望）。

观测值：对某量 $\tilde{x}$ 进行观测得到的值，一般用 x 表示。显然，每观测一次就会得到一个观测值 x_i，因此观测值不唯一。该观测值也可以看成《数理统计》中的样本值。

改正数：对某量 $\tilde{x}$ 进行多余观测后，由于观测误差的存在，使得观测值之间产生矛盾。如：对一个三角形的三个内角进行观测，得观测值 α，β，γ，由于观测值含误差使得 $\alpha+\beta+\gamma\neq 180°$，这便是矛盾。为了消除矛盾，需对观测值进行“加工、处理”，具体就是按一定的原则给观测值加一个数值，使得加了这一数值后的观测值之间不再有矛盾，这一数值就是改正数，一般用 v 表示。

平差值：观测值加了改正数以后得到的数值便是平差值，一般用 $\hat{x}$ 表示。显然，平差值之间不再有矛盾。平差值也可以看成《数理统计》中的估计值。

（二）改正数的计算方法

尽管大多数情况下真值是不可能知道的，但平差值总是可以求出的。不难看出：求平差值的关键是求改正数。下面举例加以说明：

对一个三角形的三个内角进行观测，得观测值 $\alpha=25°12'24''$，$\beta=45°10'18''$，$\gamma=109°37'48''$。显见 $\alpha+\beta+\gamma\neq 180°$，说明观测值之间存在矛盾（由观测误差引起）。

在 2.1.3 中曾指出某个量的推算值与该量的理论值之差为闭合差，并用 f 表示，则观测值之间的矛盾就表现为了闭合差。

对该例而言，三角形内角和闭合差 $f_\beta=\alpha+\beta+\gamma-180°=+30''$，单纯从消除闭合差考虑问题，改正数可有无数组，现列出如下几组（单位为″），见表 3-2-1。

这意味着改正数有无数组⇒平差值也有无数组，这显然不符合实际情况。我们应提出一定的准则，使得在这一准则下仅能得出唯一的一组改正数，这个准则就是最小二乘准则，即 $\sum\limits_{i=1}^{n}v_i^2=\min$，我们也将其称为平差原则。

表 3-2-1　求改正数的方案

	方案 1	方案 2	方案 3	方案 4	…
v_α	-30	-20	0	-10	…
v_β	0	-10	-20	-10	…
v_γ	0	0	-10	-10	…

下面遵循平差原则来推求 v_α、v_β、v_γ：

平差后应有 $\hat{\alpha}+\hat{\beta}+\hat{\gamma}=180°$，即：$(\alpha+v_\alpha)+(\beta+v_\beta)+(\gamma+v_\gamma)-180°=0$

$$\Rightarrow v_\alpha+v_\beta+v_\gamma+f_\beta=0 \qquad (3-2-1)$$

于是问题变成：在满足（3-2-1）的条件下求 $v_\alpha^2+v_\beta^2+v_\gamma^2$ 的最小值，为此构建拉格朗日函数：$F(v_\alpha,v_\beta,v_\gamma)=v_\alpha^2+v_\beta^2+v_\gamma^2+k(v_\alpha+v_\beta+v_\gamma+f_\beta)$

欲使 $F(v_\alpha,v_\beta,v_\gamma)=\min$，应满足：

$$\begin{cases}\dfrac{\partial F}{\partial v_\alpha}=0\\ \dfrac{\partial F}{\partial v_\beta}=0\\ \dfrac{\partial F}{\partial v_\gamma}=0\end{cases}\qquad \text{即：}\begin{cases}2v_\alpha+k=0\\ 2v_\beta+k=0\\ 2v_\gamma+k=0\end{cases}$$

$$\Rightarrow v_\alpha+v_\beta+v_\gamma=-\frac{3k}{2} \tag{3-2-2}$$

（3－2－2）代入（3－2－1）得：$-\dfrac{3k}{2}+f_\beta=0$

$$\Rightarrow k=\frac{2}{3}f_\beta$$

$$\Rightarrow v_\alpha=v_\beta=v_\gamma=-\frac{1}{3}f_\beta$$

这说明：同精度独立观测了三角形的三个内角后，观测值改正数的计算方法为：反号平均分配闭合差。该结果也可按加权平均值的理论来证明，见3.2.4习题第1题。

对该例，有：$v_\alpha=v_\beta=v_\gamma=-10''$，有了改正数平差值就容易求了，如下：

$\hat{\alpha}=\alpha+v_\alpha=25°12'14''$，$\hat{\beta}=\beta+v_\beta=45°10'08''$，$\hat{\gamma}=\gamma+v_\gamma=109°37'38''$。

不难看出：$\hat{\alpha}+\hat{\beta}+\hat{\gamma}=180°$，说明平差值之间不再存在矛盾。

这个例子也告诉我们：只要观测值之间有矛盾就要求相应改正数；而观测值之间之所以有矛盾是由于产生了多余观测（三角形若只观测两个内角将没有矛盾）；而进行多余观测是为了确定观测值是否含有系统误差或错误（当然还有其他原因，如通过计算提高精度等）。

3.2.1 习题

1. 真值、观测值、平差值各有何特点？它们之间有何关系？
2. 为什么要“平差”？
3. 提出平差原则的目的是什么？

3.2.2 算术平均值及其中误差

（一）算术平均值

设对某个量 $\tilde{x}$ 同精度独立观测了 n 次，观测值依次为 $x_1,x_2,\cdots,x_n$。如何求该量的平差值？

设该量的平差值为 $\hat{x}$，则有：

$$v_1=\hat{x}-x_1$$
$$v_2=\hat{x}-x_2$$
$$\cdots$$
$$v_n=\hat{x}-x_n$$

$$\Rightarrow F(\hat{x}) = \sum_{i=1}^{n} v_i^2 = \sum_{i=1}^{n} (\hat{x} - x_i)^2$$

欲使 $\sum_{i=1}^{n} v_i^2 = \min$，应满足：

$$\frac{dF}{d\hat{x}} = 0,\text{即}:\sum_{i=1}^{n} 2(\hat{x} - x_i) = 0$$

$$\Rightarrow n\hat{x} - \sum_{i=1}^{n} x_i = 0$$

$$\Rightarrow \hat{x} = \frac{1}{n}\sum_{i=1}^{n} x_i \tag{3-2-3}$$

这说明：该量的平差值就是这些观测值的算术平均值。

需要指出的是：算术平均值公式（3－2－3）实际上要满足以下三个条件（缺一不可）：

（1）参与算术平均值计算的观测值必须是对同一个量进行的观测；

（2）观测值之间必须相互独立；

（3）观测值必须同精度。

（二）算术平均值的中误差

设观测值的中误差均为 m，由公式（3－2－3）依误差传播律可得：

$$m_{\hat{x}}^2 = \left(\frac{1}{n}\right)^2 \sum_{i=1}^{n} m^2 = \frac{m^2}{n} \Rightarrow m_{\hat{x}} = \frac{m}{\sqrt{n}} \tag{3-2-4}$$

即：算术平均值的中误差等于观测值的中误差除以观测值个数的算术平方根。这就是算术平均值中误差的特点。

算术平均值中误差公式（3－2－4）也可由《数理统计》中的罗——克拉美不等式推导出：罗——克拉美不等式给出了总体中某参数估计量 $\hat{\theta}$ 的最小方差，即：

$$\sigma_m^2(\hat{\theta}) = \frac{-1}{nE\left\{\frac{\partial^2}{\partial\hat{\theta}^2}\ln f(x,\hat{\theta})\right\}}$$

对 $\tilde{x}$ 所得的观测值而言，因 $x \sim N(a,\sigma^2)$，故其概率密度函数为：

$$f(x,a) = \frac{1}{\sqrt{2\pi}\sigma} e^{-\frac{(x-a)^2}{2\sigma^2}}$$

$$\Rightarrow \ln f(x,a) = -\ln(\sqrt{2\pi}\sigma) - \frac{(x-a)^2}{2\sigma^2} \Rightarrow \frac{\partial}{\partial a}\ln f(x,a) = \frac{(x-a)}{\sigma^2}$$

$$\frac{\partial^2}{\partial a^2}\ln f(x,a) = -\frac{1}{\sigma^2} \Rightarrow E\left\{\frac{\partial^2}{\partial a^2}\ln f(x,a)\right\} = -\frac{1}{\sigma^2}$$

$$\Rightarrow \sigma_m^2(a) = \frac{-1}{n(-\frac{1}{\sigma^2})} = \frac{\sigma^2}{n}$$

$\because E(x) = a, \therefore \hat{x} = a$，即：$\sigma^2(\hat{x}) = \frac{\sigma^2}{n}$，这说明：在所有 $\tilde{x}$ 的估计值中，算术平均值的方差最小，$\therefore \hat{x}$ 是 $\tilde{x}$ 的最优无偏估计值，并且 $m_{\hat{x}} = \frac{m^2}{n}$，这也就是公式(3－2－4)。

（三）利用改正数求中误差

前述给出的中误差计算公式 $m=\pm\sqrt{\frac{[\Delta\Delta]}{n}}$（见（3－1－1）式）仅适用于真值已知的情况，这是因为：真误差 $\Delta_i=x_i-\tilde{x}$ 。当真值未知时如何求中误差？

当真值 $\tilde{x}$ 未知时我们可通过平差计算得到该量的算术平均值 $\hat{x}$ 。能否利用算术平均值 $\hat{x}$ 求得（观测值）中误差？答案是肯定的。下面给出推导方法。

$\because \Delta_i=x_i-\tilde{x}, v_i=\hat{x}-x_i (i=1,2,\cdots,n)$

$\therefore \Delta_i+v_i=\hat{x}-\tilde{x}$

根据真误差的定义，$\hat{x}-\tilde{x}$ 就是算术平均值的真误差，即：$\hat{x}-\tilde{x}=\Delta_{\hat{x}}$

$\therefore \Delta_i+v_i=\Delta_{\hat{x}} \Rightarrow \Delta_i=\Delta_{\hat{x}}-v_i$

$\Rightarrow \Delta_i^2=\Delta_{\hat{x}}^2-2\Delta_{\hat{x}}v_i+v_i^2$

$$\Rightarrow \sum_{i=1}^{n}\Delta_i^2=\sum_{i=1}^{n}\Delta_{\hat{x}}^2-2\Delta_{\hat{x}}\sum_{i=1}^{n}v_i+\sum_{i=1}^{n}v_i^2 \qquad (3-2-5)$$

下面证明：$\sum_{i=1}^{n}v_i=0$

$\because v_i=\hat{x}-x_i (i=1,2,\cdots,n)$

$$\therefore \sum_{i=1}^{n}v_i=\sum_{i=1}^{n}\hat{x}-\sum_{i=1}^{n}x_i=n\hat{x}-\sum_{i=1}^{n}x_i=n\frac{1}{n}\sum_{i=1}^{n}x_i-\sum_{i=1}^{n}x_i=0 \qquad (3-2-6)$$

将（3－2－6）代入（3－2－5）得：

$$\sum_{i=1}^{n}\Delta_i^2=\sum_{i=1}^{n}\Delta_{\hat{x}}^2+\sum_{i=1}^{n}v_i^2=n\Delta_{\hat{x}}^2+\sum_{i=1}^{n}v_i^2 \qquad (3-2-7)$$

下面求 $\Delta_{\hat{x}}^2$：

$\because \hat{x}=\frac{1}{n}\sum_{i=1}^{n}x_i$

$$\therefore \Delta_{\hat{x}}=\hat{x}-\tilde{x}=\frac{1}{n}\sum_{i=1}^{n}x_i-\frac{1}{n}\sum_{i=1}^{n}\tilde{x}=\frac{1}{n}\sum_{i=1}^{n}(x_i-\tilde{x})=\frac{1}{n}\sum_{i=1}^{n}\Delta_i$$

$$\therefore \Delta_{\hat{x}}^2=\frac{1}{n^2}(\sum_{i=1}^{n}\Delta_i)^2=\frac{1}{n^2}(\Delta_1+\Delta_2+\cdots+\Delta n)^2$$

$$\therefore \Delta_{\hat{x}}^2=\frac{1}{n^2}\{(\Delta_1^2+\Delta_2^2+\cdots+\Delta_n^2)+2[\Delta_1\Delta_2+\Delta_1\Delta_3+\cdots+\Delta_1\Delta_n)+(\Delta_2\Delta_3+\Delta_2\Delta_4+\cdots+\Delta_2\Delta_n)+\cdots+\Delta_{n-1}\Delta_n]\}$$

$\because$ 观测值之间相互独立，

$\therefore \Delta_i\Delta_j (i\neq j)$ 仍为偶然误差，根据偶然误差的抵偿性得：

$$\Delta_{\hat{x}}^2=\frac{1}{n^2}(\Delta_1^2+\Delta_2^2+\cdots+\Delta_n^2)$$

即：$\Delta_{\hat{x}}^2=\frac{1}{n}\frac{\Delta_1^2+\Delta_2^2+\cdots+\Delta_n^2}{n}=\frac{1}{n}\frac{[\Delta\Delta]}{n}$

再由（3－1－1）式可得：$\Delta_{\hat{x}}^2=\frac{1}{n}m^2$ $\qquad (3-2-8)$

将（3－2－8）代入（3－2－7）得：

$$\sum_{i=1}^{n}\Delta_i^2 = n\frac{1}{n}m^2 + \sum_{i=1}^{n}v_i^2 = m^2 + \sum_{i=1}^{n}v_i^2$$

又由(3－1－1)式得：$[\Delta\Delta] = nm^2$，即：$\sum_{i=1}^{n}\Delta_i^2 = nm^2$，代入上式得：

$$nm^2 = m^2 + \sum_{i=1}^{n}v_i^2 \Rightarrow m = \pm\sqrt{\frac{\sum_{i=1}^{n}v_i^2}{n-1}} \text{ 即：} m = \pm\sqrt{\frac{[vv]}{n-1}} \qquad (3-2-9)$$

（3－2－9）就是利用改正数求（观测值）中误差的公式，该公式比（3－1－1）更加实用。

例［3－2－1］对某段距离同精度独立观测了5次，观测值如下（单位为m）：

148.064，148.058，148.063，148.062，148.060。试求该段距离的最或然值及其中误差。

解：由（3－2－3）得该段距离的最或然值：$\hat{x} = \frac{1}{5}\sum_{i=1}^{5}x_i = 148.061$（m）

由 $v_i = \hat{x} - x_i$ 可得各段距离的改正数，如下：

$v_1 = -3$（mm），$v_2 = +3$（mm），$v_3 = -2$（mm），$v_4 = -1$（mm），$v_5 = +1$（mm），

由（3－2－9）可得：$m = \pm\sqrt{\frac{[vv]}{5-1}} = \pm\sqrt{\frac{24}{4}} = \pm\sqrt{6} = \pm 2.4$（mm）

需要注意的是：这里得到的 m 是观测值中误差，它表明：这5段距离的观测中误差均为 ±2.4（mm）。而 $\hat{x}$ 的中误差可由公式（3－2－4）得到：

$m_{\hat{x}} = \frac{m}{\sqrt{5}} = \pm 1.1$（mm）　　　故 $\hat{x} = 148.061 \pm 0.001$（m）

3.2.2　习　题

1. 参与算术平均值计算的观测值应满足什么条件？
2. 算术平均值中误差的特点是什么？
3. 说明公式 $m = \pm\sqrt{\frac{[\Delta\Delta]}{n}}$ 与 $m = \pm\sqrt{\frac{[vv]}{n-1}}$ 各有何特点？它们各适用于什么场合？
4. 已经证明 $\sum_{i=1}^{n}v_i = 0$，但例［3－2－1］却是 $\sum_{i=1}^{5}v_i = -2 \neq 0$，为什么？
5. 对某个水平角同精度独立观测了6个测回，观测值如下：

45°10′18″，45°10′00″，45°10′06″，45°10′30″，45°10′12″，45°10′12″。试求该水平角的最或然值及其中误差。

6. 对任何一个观测量（或计算量），显然中误差越小越好。考察公式：

$m_{\hat{x}} = \frac{m}{\sqrt{n}}$，观测次数是不是越大越好？

7. 同精度独立观测了三角形的三个内角，中误差均为 ±20″，求该三个内角平差后的中误差。
8. 算术平均值公式也可这样推导：考虑同精度独立观测值的任意线性组合：$x^{\Delta} = c_1x_1 + c_2x_2 + \cdots + c_nx_n$，为使 x^{Δ} 无偏，系数应满足：$c_1 + c_2 + \cdots + c_n = 1$，为使 x^{Δ} 的方差（或中误差）最小，求各系数 c_i。

3.2.3　广义算术平均值及其权

对同一量独立观测的若干个值，当它们不同精度时，取其算术平均值是不正确的。如：对地面上两个点之间的水平距离 $\tilde{x}$ ，用钢尺量得 $x_1 = 134.708\text{m}$，用皮尺量得 $x_2 = 134.91\text{m}$，若取 $\bar{x} = \dfrac{x_1 + x_2}{2}$ 作为这两个点之间水平距离的最或然值显然是不正确的，因为直观上我们认为 $\bar{x}$ 还不如 x_1 精度高。进一步分析我们认为：x_1 对 $\tilde{x}$ 的“贡献”（权重）比 x_2 大，合理的做法之一应是取 $x' = \dfrac{0.99x_1 + 0.01x_2}{0.99 + 0.01}$ 作为这两个点之间水平距离的最或然值，式中的0.99，0.01就是权重，简称权。一个量（可以是观测值也可以是计算值）的权如何确定，这便是下面要解决的问题。

对任一量 x ，设其中误差为 m_x ，则定义 $\dfrac{\mu^2}{m_x^2}$ 为该量的权，记为 p_x ，即：$p_x = \dfrac{\mu^2}{m_x^2}$ 。从定义式不难看出，权有如下性质：

（1）权是一个正数；（2）权与中误差的平方成反比，因此权越大精度越高；（3）当观测值同精度时，它们的权亦相同，于是可令它们的权全为1。

而定义式中的 μ 是个什么量？

若令 $p_x = 1$（称为单位权），则 $\mu = m_x$ ，这说明 μ 是单位权中误差；

若令 $m_x = \pm 1$（称为单位中误差），则 $\mu = \sqrt{p_x}$，这说明 μ 是单位中误差对应权的算术平方根。

以后我们就用 μ 代表单位权中误差，而且我们还将看到：对一个给定的测量问题，单位权中误差 μ 只能有一个数值，它是可以被计算出来的。

需要指出的是，引进权的概念不是为了由中误差来计算权，而是由权来计算中误差。也就是说，实际计算时是先定权，再求中误差。如何定权？下面我们就来解决这个问题。

（一）钢尺所得距离的权

前面已导出钢尺量距的中误差公式，见公式（3－1－4）和公式（3－1－5），具体为：

$$m_s = \pm \sqrt{n} m_{\text{尺}} \text{ 或 } m_s = \pm \sqrt{S} m_{\text{km}}$$

于是 $p_S = \dfrac{\mu^2}{m_S^2} = \dfrac{\mu^2}{n m_{\text{尺}}^2} = \dfrac{\dfrac{\mu^2}{m_{\text{尺}}^2}}{n} = \dfrac{C}{n}$ ，此种情况下是用尺段数来定权；

或 $p_S = \dfrac{\mu^2}{m_S^2} = \dfrac{\mu^2}{S m_{\text{km}}^2} = \dfrac{\dfrac{\mu^2}{m_{\text{km}}^2}}{S} = \dfrac{C'}{S}$ ，此种情况下是用距离来定权。

式中 C 或 C' 的含义可从公式本身得到。如：令 $n = 1$，则 $C = p_S$，于是 C 是一个尺段的距离对应的权；同样，C' 是1km的距离对应的权。

（二）水准测量所得高差的权

前面已导出水准测量所得高差的中误差公式，见公式（3－1－6）和公式（3－1－7）：

$m_h = \pm\sqrt{n}m_{站}$ 或 $m_h = \pm\sqrt{S}m_{km}$

仿上可得：$p_h = \dfrac{C'}{n}$（适合高差起伏大的地区如山区）；

或 $p_h = \dfrac{C}{S}$（适合高差起伏不大的地区如平地）。

上面的例子说明：观测值的权是可以由观测值信息得到的。一般我们可认为观测值的权已知。

大多数的量不是直接观测值，而是观测值的某种函数。类似中误差传播律，我们要解决这样的问题：知道了观测值的权后，如何求观测值函数的权？

设有观测值函数 $y = f(x_1, x_2, \cdots, x_n)$，式中观测值 $x_1, x_2, \cdots, x_n$ 之间相互独立，且相应的权依次为 $p_1, p_2, \cdots, p_n$，如何求 p_y？

由误差传播律得：

$$m_y^2 = \left(\frac{\partial f}{\partial x_1}\right)_0^2 m_1^2 + \left(\frac{\partial f}{\partial x_2}\right)_0^2 m_2^2 + \cdots + \left(\frac{\partial f}{\partial x_n}\right)_0^2 m_n^2$$

由权的定义式知 $m_y^2 = \dfrac{\mu^2}{p_y}, m_i^2 = \dfrac{\mu^2}{p_i}$，代入上式得：

$$\frac{\mu^2}{p_y} = \left(\frac{\partial f}{\partial x_1}\right)_0^2 \frac{\mu^2}{p_1} + \left(\frac{\partial f}{\partial x_2}\right)_0^2 \frac{\mu^2}{p_2} + \cdots + \left(\frac{\partial f}{\partial x_n}\right)_0^2 \frac{\mu^2}{p_n}$$

即：$\dfrac{1}{p_y} = \left(\dfrac{\partial f}{\partial x_1}\right)_0^2 \dfrac{1}{p_1} + \left(\dfrac{\partial f}{\partial x_2}\right)_0^2 \dfrac{1}{p_2} + \cdots + \left(\dfrac{\partial f}{\partial x_n}\right)_0^2 \dfrac{1}{p_n}$ （3－2－10）

公式（3－2－10）就是权倒数传播定律（简称权倒数传播律），它解决了由独立观测值权计算其函数权的问题。

分析（3－2－10）不难看出：求 p_y 的关键是求 $\left(\dfrac{\partial f}{\partial x_i}\right)_0$，而 $\dfrac{\partial f}{\partial x_i}$ 可由函数 y 的全微分一次性得到（当函数式比较复杂时还是宜逐一求各个偏导数）。

使用权倒数传播律的步骤如下：

（1）根据所给问题建立函数式：$y = f(x_1, x_2, \cdots, x_n)$。

（2）求函数的全微分：$\mathrm{d}y = \dfrac{\partial f}{\partial x_1}\mathrm{d}x_1 + \dfrac{\partial f}{\partial x_2}\mathrm{d}x_2 + \cdots + \dfrac{\partial f}{\partial x_n}\mathrm{d}x_n$。

（3）将全微分式子转换为权倒数式子（要点：系数平方；微分换成权倒数）：

$\dfrac{1}{p_y} = \left(\dfrac{\partial f}{\partial x_1}\right)_0^2 \dfrac{1}{p_1} + \left(\dfrac{\partial f}{\partial x_2}\right)_0^2 \dfrac{1}{p_2} + \cdots + \left(\dfrac{\partial f}{\partial x_n}\right)_0^2 \dfrac{1}{p_n}$

（4）代入观测值及其权进行计算（要注意统一单位）。

关于权倒数传播律也要注意类似误差传播律的几个问题。

下面再来分析类似于算术平均值的问题：

设对某个量 $\tilde{x}$ 不同精度独立观测了 n 次，观测值依次为 $x_1, x_2, \cdots, x_n$，相应的权依次为 $p_1, p_2, \cdots, p_n$。如何求该量的平差值？如何求该量的权？

设该量的平差值为 $\hat{x}$，则有：

$$v_1 = \hat{x} - x_1$$

$$v_2 = \hat{x} - x_2$$

$$\cdots$$

$$v_n = \hat{x} - x_n$$

需要指出的是：当观测值不同精度（考虑各观测值的权）时，平差的原则应是：$\sum_{i=1}^{n} p_i v_i^2 = \min$，于是 $F(\hat{x}) = \sum_{i=1}^{n} p_i v_i^2 = \sum_{i=1}^{n} p_i(\hat{x} - x_i)^2$

欲使 $\sum_{i=1}^{n} p_i v_i^2 = \min$，应满足：

$\dfrac{\mathrm{d}F}{\mathrm{d}\hat{x}} = 0$，即：$\sum_{i=1}^{n} 2p_i(\hat{x} - x_i) = 0$

$\Rightarrow \hat{x}\sum_{i=1}^{n} p_i - \sum_{i=1}^{n} p_i x_i = 0$

$$\Rightarrow \hat{x} = \frac{\sum_{i=1}^{n} p_i x_i}{\sum_{i=1}^{n} p_i} = \frac{[px]}{[p]} = \frac{p_1 x_1 + p_2 x_2 + \cdots + p_n x_n}{p_1 + p_2 + \cdots + p_n} \tag{3-2-11}$$

我们将（3－2－11）右端算出的量称为观测值 $x_1, x_2, \cdots, x_n$ 的广义算术平均值，也叫带权平均值或加权平均值。

公式（3－2－11）表明：该量的平差值就是这些观测值的广义算术平均值。

需要指出的是，加权平均值公式（3－2－11）实际上要满足以下两个条件（缺一不可）：

（1）参与加权平均值计算的观测值必须是对同一个量进行的观测；

（2）观测值之间必须相互独立。

若 x_i 同精度，则可令 $p_i = 1$，代入（3－2－11）可得：$\hat{x} = \dfrac{[x]}{n}$，可见加权平均值是算术平均值的推广；算术平均值是加权平均值的特例。

下面求 $p_{\hat{x}}$：

由 $\hat{x} = \dfrac{[px]}{[p]} = \dfrac{p_1}{[p]}x_1 + \dfrac{p_2}{[p]}x_2 + \cdots + \dfrac{p_n}{[p]}x_n$ 按权倒数传播律得：

$$\frac{1}{p_{\hat{x}}} = \left(\frac{p_1}{[p]}\right)^2 \frac{1}{p_1} + \left(\frac{p_2}{[p]}\right)^2 \frac{1}{p_2} + \cdots + \left(\frac{p_n}{[p]}\right)^2 \frac{1}{p_n} = \frac{p_1 + p_2 + \cdots + p_n}{[p]^2} = \frac{[p]}{[p]^2} = \frac{1}{[p]}$$

$\Rightarrow p_{\hat{x}} = [p]$ 即：加权平均值的权等于观测值权的总和——这就是加权平均值权的特点。

3.2.3　习　题

1. 用中误差与权衡量观测值的精度有何不同？
2. 加权平均值与算术平均值有什么不同？
3. 单位权中误差有何用处？
4. 在加权平均值公式中，求证：$[pv] = 0$。
5. 参与加权平均值计算的观测值应满足什么条件？
6. 加权平均值的权有什么特点？
7. 钢尺量距及水准测量高差的权如何确定？
8. 独立观测了一个三角形的两个内角 α，β，相应的权为 p_α，p_β。求第三个角的权。

3.2.4　加权平均值的应用

作为加权平均值理论的应用，下面我们证明：单一附合水准路线平差计算中，观测高差改正数计算方法为：反号按路线长分配闭合差，即：$v_i = \frac{-f_h}{\Sigma S}S_i$。

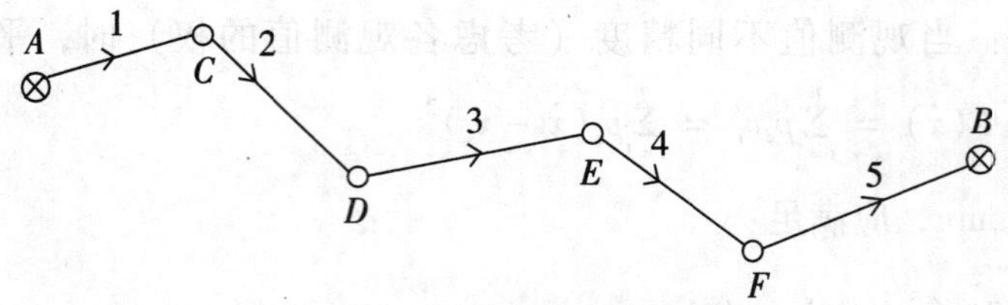

图3－2－1　单一附合水准路线

图3－2－1为一附合水准路线，A、B为已知点，其高程分别为H_A、H_B。C、D、E、F为待定点。观测高差依次为h_1，h_2，h_3，h_4，h_5；相应水准路线长为S_1，S_2，S_3，S_4，S_5。

不失一般性，我们以h_4为例来证明：$v_4 = \frac{-f_h}{\Sigma S}S_4$。

由改正数的定义得$v_4 = \hat{h}_4 - h_4$，其中的高差平差值$\hat{h}_4$如何求？显然要用平差以后的高程来求，即：$\hat{h}_4 = H_F - H_E$。而H_F、H_E可按加权平均值来求，如下：根据闭合差的定义有：$f_h = H_B^{推算} - H_B = (H_A + h_1 + h_2 + h_3 + h_4 + h_5) - H_B$

水准高差的定权公式为：$p_i = \frac{C}{S_i}$。由图可见，H_F有且仅有两个计算高程：

$$H_F^A = H_A + h_1 + h_2 + h_3 + h_4 \tag{3-2-12}$$

$$H_F^B = H_B - h_5 \tag{3-2-13}$$

相应的权可按权倒数传播律求。由（3－2－12）得：

$$\frac{1}{P_F^A} = \frac{1}{p_1} + \frac{1}{p_2} + \frac{1}{p_3} + \frac{1}{p_4} = \frac{S_1}{C} + \frac{S_2}{C} + \frac{S_3}{C} + \frac{S_4}{C} \Rightarrow p_F^A = \frac{C}{S_1 + S_2 + S_3 + S_4}$$

由（3－2－13）得：$p_F^B = \frac{C}{S_5}$

H_F应是H_F^A、H_F^B的加权平均值，即：

$$H_F = \frac{p_F^A H_F^A + p_F^B H_F^B}{p_F^A + p_F^B} = \frac{\frac{C}{S_1 + S_2 + S_3 + S_4}(H_A + h_1 + h_2 + h_3 + h_4) + \frac{C}{S_5}(H_B - h_5)}{\frac{C}{S_1 + S_2 + S_3 + S_4} + \frac{C}{S_5}}$$

由$f_h = (H_A + h_1 + h_2 + h_3 + h_4 + h_5) - H_B$可得：

$H_A + h_1 + h_2 + h_3 + h_4 = f_h + H_B - h_5$，代入上式化简得：

$$H_F = \frac{S_5(f_h + H_B - h_5) + (S_1 + S_2 + S_3 + S_4)(H_B - h_5)}{S_1 + S_2 + S_3 + S_4 + S_5} = \frac{S_5 f_h + (H_B - h_5)\Sigma S}{\Sigma S}$$

即：$H_F = (H_B - h_5) + \frac{f_h}{\Sigma S}S_5$

同理：$H_E = (H_B - h_4 - h_5) + \frac{f_h}{\Sigma S}(S_4 + S_5)$

$\therefore v_4 = \hat{h}_4 - h_4 = (H_F - H_E) - h_4$

$= \left[(H_B - h_5) + \frac{f_h}{\Sigma S}S_5\right] - \left[(H_B - h_4 - h_5) + \frac{f_h}{\Sigma S}(S_4 + S_5)\right] - h_4 = \frac{-f_h}{\Sigma S}S_4$

由此可见：$v_4 = \frac{-f_h}{\sum S}S_4$，推而广之则有 $v_i = \frac{-f_h}{\sum S}S_i$

该结论也可根据平差原则“$\sum_{i=1}^{n} p_i v_i^2 = \min$”证明，见 3.2.4 习题第 2 题。

3.2.4　习　题

1. 同精度独立观测了三角形的三个内角，观测值改正数的计算方法为：反号平均分配闭合差，即：$v_i = \frac{-f_\beta}{3}$。试按加权平均值的理论证明之（提示：令该三个内角的权均为 1）。

2. 根据平差原则“$\sum_{i=1}^{n} p_i v_i^2 = min$”证明：单一附合水准路线平差计算中，观测高差改正数的计算方法为：反号按路线长分配闭合差，即：$v_i = \frac{-f_h}{\sum S}S_i$。（提示：改正数满足条件：$v_1 + v_2 + \cdots + v_n + f_h = 0$；$h_i$ 的权为：$p_i = \frac{C}{S_i}$。）

3.3　单位权中误差的计算公式

本章基本概念：虚拟观测值；单位权中误差；结点。

本章基本公式：利用真误差及权求单位权中误差；利用改正数及权求单位权中误差；等。

本章难点内容：单位权中误差计算公式的推导。

设对某个量 $\tilde{x}$ 不同精度独立观测了 n 次，观测值依次为 x_1，x_2，…，x_n，相应的权依次为 p_1，p_2，…，p_n。如何求单位权中误差 μ?

分析：若 $x_1, x_2, \cdots, x_n$ 同精度，则 $\mu = m = \pm\sqrt{\frac{[\Delta\Delta]}{n}}$，但现在 $x_1, x_2, \cdots, x_n$ 不同精度，能否将 $x_1, x_2, \cdots, x_n$ 化为同精度？我们说：可以。

令 $x_i^* = k_i x_i$，若 $p_i^* = 1$，则 $x_1^*, x_2^*, \cdots, x_n^*$ 便同精度。

而由 $x_i^* = k_i x_i$ 按权倒数传播律可得：$\frac{1}{p_i^*} = k_i^2 \frac{1}{p_i}$，再由 $p_i^* = 1$ 便得：$k_i = \sqrt{p_i}$，这说明将不同精度观测值乘以相应权的算术平方根后，这些虚拟观测值就成了同精度观测值。

对虚拟观测值 $x_1^*, x_2^*, \cdots, x_n^*$，显然有：$\mu = m_* = \pm\sqrt{\frac{[\Delta^*\Delta^*]}{n}}$

另一方面，由 $x_i^* = \sqrt{p_i}x_i$ 可得：$\Delta_i^* = \sqrt{p_i}\Delta_i \Rightarrow [\Delta^*\Delta^*] = [p\Delta\Delta]$

从而有：$\mu = \pm\sqrt{\frac{[p\Delta\Delta]}{n}}$　　(3－2－14)

(3－2－14) 就是单位权中误差的计算公式，它是利用观测值的真误差及其权来求。

一般说来，真值 $\tilde{x}$ 是不知道的，因此 $\Delta_i = x_i - \tilde{x}$ 也求不出⇒不能按 (3－2－14) 式来求 μ，应推导实用上可行的计算公式。

对一个测量问题，根据观测值总可求出改正数 v_i 。

分析上面的推导过程，我们是由 $m=\pm\sqrt{\frac{[\Delta\Delta]}{n}}$ 出发得到 $\mu=\pm\sqrt{\frac{[p\Delta\Delta]}{n}}$ 。

类似地，我们也可由 $m=\pm\sqrt{\frac{[vv]}{n-1}}$ 得：$\mu=\pm\sqrt{\frac{[pvv]}{n-1}}$ （3－2－15）

（3－2－15）也是单位权中误差的计算公式，但它是利用观测值的改正数及其权来求。

（3－2－15）是实用上计算单位权中误差的公式。关于该公式，需注意如下几点：

（1）该公式仅适用于一个未知量的情况（即 $x_1,x_2,\cdots,x_n$ 均是对 $\tilde{x}$ 进行的观测）。

（2）$x_1,x_2,\cdots,x_n$ 必须相互独立。

（3）改正数 $v_i=\hat{x}-x_i$，而 $\hat{x}$ 就是 $x_1,x_2,\cdots,x_n$ 的加权平均值。

若未知量的个数有 t 个（如水准路线中，t 个待定点就有 t 个未知量），则单位权中误差的计算公式为：$\mu=\pm\sqrt{\frac{[pvv]}{n-t}}$，该公式的证明相当复杂，还要具备其他知识才能证明，读者可参看《测量平差》或相关书籍。在《测量学》中，我们会用该公式就可以了。

例［3－3－1］图3－3－1是具有一个结点（两条以上水准路线会合的点）的水准网，从四个已知点 A、B、C、D 向待定点 E 作水准测量，四个已知点的高程为 $H_A=1870.315\text{m}$，$H_B=2112.352\text{m}$，$H_C=1880.419\text{m}$，$H_D=1893.578\text{m}$。观测高差及相应路线长为：

$h_1=+128.444\text{m}$，$h_2=-113.597\text{m}$，$h_3=+118.346\text{m}$，$h_4=+105.183\text{m}$；

$S_1=1423.5\text{m}$，$S_2=1846.9\text{m}$，$S_3=1433.7\text{m}$，$S_4=1562.9\text{m}$。求 E 点最或然高程及其中误差。

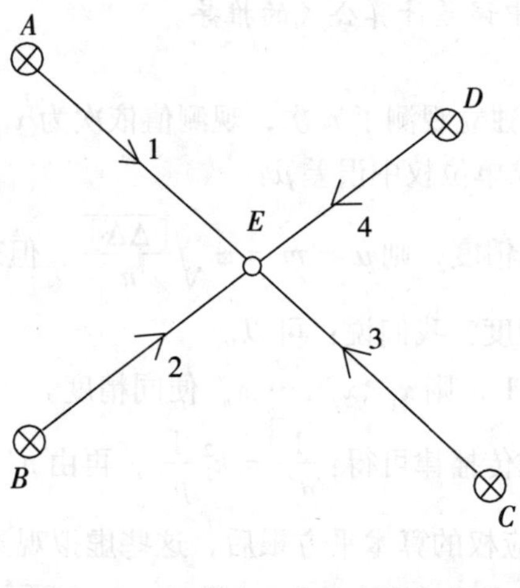

图3－3－1 具有一个结点的水准网

解：易知，E 点可有如下四个计算高程：

$H_E^A=H_A+h_1=1998.759$， $H_E^B=H_B+h_2=1998.755$，

$H_E^C=H_C+h_3=1998.765$， $H_E^D=H_D+h_4=1998.761$。

显然，E 点的最或然高程应是上述四个高程的加权平均值。而它们的权如何确定？

以 $H_E^A=H_A+h_1$ 为例，由于 H_A 为已知高程，可看成常数，由权倒数传播律可得 $p_{H_E^A}=p_1$，这说明：由某个已知点通过一个观测高差确定的计算高程，其权就等于该观测高差的权。该结论以后可直接采用。从而有：

$$H_E = \frac{p_1 H_E^A + p_2 H_E^B + p_3 H_E^C + p_4 H_E^D}{p_1 + p_2 + p_3 + p_4}$$

考虑到 S_i 的数值大小，可按 $p_i = \frac{10000(\mathrm{m})}{S_i(\mathrm{m})}$ 来定权，这意味着以后计算得的单位权中误差就是10000 米水准路线观测高差的中误差。

$\because\ p_1 = 7.025, p_2 = 5.414, p_3 = 6.975, p_4 = 6.398$，

$\therefore E$ 点最或然高程为：

$$H_E = \frac{7.025 \times 1998.759 + 5.414 \times 1998.755 + 6.975 \times 1998.765 + 6.398 \times 1998.761}{7.025 + 5.414 + 6.975 + 6.398}$$

即：$H_E = 1998.760\ (\mathrm{m})$。

计算 H_E 中误差的公式为：$m_{H_E} = \mu\sqrt{\frac{1}{p_{H_E}}}$，为此要分别求出 H_E 的权及单位权中误差。

（1）求 H_E 的权。

由加权平均值的特点得：$p_{H_E} = p_1 + p_2 + p_3 + p_4 = 25.812$

（2）求单位权中误差。

这得先求观测高差的改正数。注意：有几个观测值就应求几个改正数。

$v_1 = \hat{h}_1 - h_1 = (\hat{h}_1 + H_A) - (h_1 + H_A) = H_E - H_E^A = +1(\mathrm{mm})$

需要指出的是：v_1 按定义应是 $\hat{h}_1 - h_1$（平差高差减观测高差），但上式说明：它可转换为 $H_E - H_E^A$（平差高程减“观测”高程），该结论以后可直接采用。

同理 $v_2 = H_E - H_E^B = +5(\mathrm{mm}), v_3 = H_E - H_E^C = -5(\mathrm{mm}), v_4 = H_E - H_E^D = -1(\mathrm{mm})$。

于是：单位权中误差 $\mu = \pm\sqrt{\frac{[pvv]}{n\ 1}} = \pm\sqrt{\frac{323.148}{4-1}} = \pm 10\ (\mathrm{mm})$

至此可求 E 点最或然高程的中误差：

$$m_{H_E} = \mu\sqrt{\frac{1}{p_{H_E}}} = \pm 10\sqrt{\frac{1}{25.812}} = \pm 2(\mathrm{mm})$$

从该例题我们可看到，在一个涉及中误差的问题中，单位权中误差的计算是十分重要的。

3.3　习　题

1. 如何将不同精度的观测值化为同精度的观测值？

2. 单位权中误差的计算公式 $\mu = \pm\sqrt{\frac{[p\Delta\Delta]}{n}}$ 及 $\mu = \pm\sqrt{\frac{[pvv]}{n-1}}$ 各适用于什么场合？

3. 例［3－3－1］是按 $p_i = \frac{10000(\mathrm{m})}{S_i(\mathrm{m})}$ 来定权，若改为按 $p_i = \frac{9000(\mathrm{m})}{S_i(\mathrm{m})}$ 来定权，哪些数值会变，哪些不会变，为什么？

4. 某地有一山坡，T_6 为山脚点，其高程为 $H_6 = 1699.496\mathrm{m}$，T_{21} 为山顶点。现有三个测量小组用 S_3 水准仪沿三条不同的路线由 T_6 向 T_{21} 作高差观测，结果为：$h_1 = 82.120\mathrm{m}$，$h_2 = 82.137\mathrm{m}$，$h_3 = 82.125\mathrm{m}$；相应测站数为：$n_1 = 42$，$n_2 = 35$，$n_3 = 32$。求 T_{21} 点的最或然高程及其中误差。

3.4 某些特殊情况下中误差的计算

本章基本概念：三角形闭合差；双观测值；双观测值之差。

本章基本公式：由三角形闭合差求测角中误差的公式；由同精度双观测值的差数求观测值中误差的公式；由不同精度双观测值的差数求单位权中误差的公式。

本章难点内容：上述三个公式的推导。

回顾中误差的定义式 $m = \pm\sqrt{\dfrac{[\Delta\Delta]}{n}}$，式中 $\Delta_i = x_i - \tilde{x}$，一般说来真值 $\tilde{x}$ 是不知道的，但在某些特殊情况下我们可以得到真值，从而可直接按定义式求相关量的中误差。

在学习本章内容时读者要注意这些求中误差方法与下面方法的区别：

（1）用改正数来求中误差；

（2）用误差传播律来求中误差。

3.4.1 由三角形闭合差求测角中误差

假设同精度观测了 n 个三角形的三个内角 α_i、β_i、γ_i（$i=1, 2, \cdots, n$），则可得每一个三角形的闭合差 $w_i = (\alpha_i + \beta_i + \gamma_i) - 180°$，由定义不难看到 w_i 也是真误差，从而可按 $\pm\sqrt{\dfrac{[\Delta\Delta]}{n}}$ 求得中误差。这是什么量的中误差？这要看现在的“观测值”是什么，显见是“三角形内角和”。于是这样求得的是“三角形内角和”中误差，即：$m_w = \pm\sqrt{\dfrac{[ww]}{n}}$。

另一方面，因是同精度观测（设测角中误差为 m_β），由 $w_i = (\alpha_i + \beta_i + \gamma_i) - 180°$ 按误差传播律得：$m_w = \sqrt{3}m_\beta$。

$$\therefore \sqrt{3}m_\beta = \pm\sqrt{\frac{[ww]}{n}} \Rightarrow m_\beta = \pm\sqrt{\frac{[ww]}{3n}} \tag{3-4-1}$$

（3-4-1）式就是由三角形闭合差求测角中误差的公式。

3.4.2 由同精度双观测值的差数求观测值中误差

对一个未知量进行的两次观测称为一个观测对。若有 n 个未知量 X_1，X_2，…，X_n，现对每个未知量均观测两次，则得 n 对双观测值：

$$L'_1, L'_2, \cdots, L'_n$$
$$L''_1, L''_2, \cdots, L''_n$$

现作出假设：（1）每一个观测对中的两个观测值同精度；（2）所有观测对同精度。由该假设可知所有 $2n$ 个观测值均同精度（不妨设观测值的中误差为 m），我们可由每一个观测对中两个观测值的差数求观测值中误差。

考虑差数 $d_i = L'_i - L''_i = (L'_i - L''_i) - 0 \ (i = 1, 2, \cdots, n)$

当把（$L'_i - L''_i$）看成“观测值”时，它的真值显然为0，于是差数 d_i 就是该“观测值”的真误差，按假设 d_i 是一组同精度“观测值”对应的真误差，从而由中误差的定义式($\pm\sqrt{\frac{[\Delta\Delta]}{n}}$) 可求得中误差。这是什么量的中误差？是差数 d_i 的中误差，即：$m_d=\pm\sqrt{\frac{[dd]}{n}}$，另一方面由 $d_i=L_i'-L_i''$按误差传播律可得：$m_d=\sqrt{2}$m。

于是$\sqrt{2}m=\pm\sqrt{\frac{[dd]}{n}}\Rightarrow m=\pm\sqrt{\frac{[dd]}{2n}}$　　(3－4－2)

（3－4－2）式就是由同精度双观测值的差数求观测值中误差的公式。

例［3－4－1］对 8 条边长作同精度双次观测，观测结果见表 3－4－1。求：（1）观测值中误差；（2）每边最或然值的中误差。

表 3－4－1　同精度双观测

编号 i	L_i'(m)	L_i''(m)	d_i(mm)
1	103.478	103.482	−4
2	99.556	99.534	+22
3	100.373	100.382	−9
4	101.763	101.742	+21
5	103.350	103.343	+7
6	98.885	98.876	+9
7	101.004	101.014	−10
8	102.293	102.285	+8

解：按 $d_i=L_i'-L''_i$ 求差数，结果见表 3－4－1（为使数据不至太小，将单位改为 mm)。$[dd]=1316$。

（1）由（3－4－2）式可得观测值中误差为：$m=\pm\sqrt{\frac{[dd]}{2n}}=\pm9.1$（mm)。

（2）由于每条边的两次观测值是独立同精度观测值，故每边的最或然值均是相应两个观测值的算术平均值，由算术平均值中误差的特点可得最或然值中误差为：$m_x=\frac{m}{\sqrt{2}}=\pm6.4$(mm）。注意：按题意，8 条边的最或然值中误差均为 ±6.4(mm）。

3.4.3　由不同精度双观测值的差数求中误差

对 n 个未知量 $X_1,X_2,\cdots,X_n$ 进行双观测，得 n 对双观测值：

$$L'_1,L'_2,\cdots,L'_n$$
$$L''_1,L''_2,\cdots,L''_n$$

上一段讨论作出的假设是：（1）每一个观测对中的两个观测值同精度；（2）所有观测对同精度。若假设（2）不成立又该如何分析？

为表述观测对不同精度，需给出每一个观测对的权，即：L'_i,L''_i的权为 p_i。在这种情况下，讨论中误差的关键是求出单位权中误差。

上一段已指出：由 $d_i = L'_i - L''_i$ 求出的差数 d_i 是真误差，不过现在的 d_i 是不同精度的，为什么？由 $d_i = L'_i - L''_i$ 按权倒数传播律可得：$p_{d_i} = \frac{p_i}{2}(i = 1,2,\cdots,n)$

从而由单位权中误差的定义式（$\pm\sqrt{\frac{[p\Delta\Delta]}{n}}$）可求得单位权中误差，需要注意的是：定义式中 p_i 是真误差 Δ_i 的权，现在真误差 d_i 的权为 $p_{d_i} = \frac{p_i}{2}(i = 1,2,\cdots,n)$，因此单位权中误差为：

$$\mu = \pm\sqrt{\frac{[p_d dd]}{n}} = \pm\sqrt{\frac{\left[\frac{p}{2}dd\right]}{n}} = \pm\sqrt{\frac{[pdd]}{2n}} \tag{3-4-3}$$

（3-4-3）式就是由不同精度双观测值的差数求单位权中误差的公式。

有了单位权中误差，求其他量的中误差就简单了，通用公式为：

$$m_{X_i} = \mu\sqrt{\frac{1}{p_{X_i}}} \tag{3-4-4}$$

（3-4-4）式就是由某任意量的权求其中误差的公式。p_{X_i} 是 X_i 的权，m_{X_i} 是该量 X_i 的中误差。

例［3-4-2］设有8段水准高差，每段各往返观测一次，观测结果和水准路线的长度见表3-4-2。求：（1）每1km高差的中误差；（2）第二段观测高差的中误差；（3）第二段最或然高差的中误差；（4）全长一次（往测或返测）观测高差的中误差；（5）全长最或然高差的中误差。

表3-4-2　不同精度双观测

编号 i	h'_i(m)	h''_i(m)	d_i(mm)	路线长 S_i(km)
1	+3.444	-3.455	-11	3.0
2	-0.763	+0.778	+15	3.2
3	+2.234	-2.225	+9	4.0
4	-0.004	+0.012	+8	5.5
5	-0.938	+0.937	-1	2.0
6	-1.438	+1.429	-9	4.3
7	+3.386	-3.383	+3	5.6
8	+2.965	-2.962	+3	2.1

解：由于高差具有方向性，因此往测高差与返测高差反号，从而差数的计算等价成了 $d_i = h'_i + h''_i$，结果见表3-4-2（为使数据不至太小，将单位改为mm）。

每一段水准高差的精度不同体现在路线不等长上，其定权公式为：$p_i = \frac{C}{S_i}$，结合路线长，可令 $C = 1\text{km}$，于是 $p_i = \frac{1}{S_i}$，以下可看到：p_i 不必具体求出。

由（3－4－3）式可得单位权中误差为：

$$\mu = \pm\sqrt{\frac{[pdd]}{2n}} = \pm\sqrt{\frac{\left[\frac{dd}{S}\right]}{2n}} = \sqrt{\frac{167.7622634}{2\times 8}} = \pm 3.2(\mathrm{mm})$$

（1）$\because C = 1\mathrm{km}$，$\therefore$ 每 1km 高差的中误差就是单位权中误差，即：$m_{\mathrm{km}} = \mu = \pm 3.2(\mathrm{mm})$。

读者可考虑：若按 $C = 10\mathrm{km}$ 来定权，每 1km 高差的中误差又如何求？

（2）$\because$ 第二段观测高差的权 $p_2 = \dfrac{1}{S_2}$，

$\therefore$ 其中误差为 $m_2 = \mu\sqrt{\dfrac{1}{p_2}} = \mu\sqrt{S_2} = \pm 3.2\sqrt{3.2} = \pm 5.7(\mathrm{mm})$。

（3）由于第二段的往返观测高差是独立同精度观测值，故该段最或然高差就是这两个观测高差的算术平均值，由算术平均值中误差的特点可得最或然值中误差为：

$$m_{\hat{2}} = \frac{m_2}{\sqrt{2}} = \pm 4.0(\mathrm{mm})$$

（4）全长一次（往测或返测）观测高差将如何计算？当然是往测高差或返测高差之和，即：

$h' = \sum_{i=1}^{8} h'_i$ 或 $h'' = \sum_{i=1}^{8} h''_i$，它们对应的路线长均为：$S = \sum_{i=1}^{8} S_i$，于是它们的权均为：$p_h = \dfrac{1}{S} = \dfrac{1}{\sum_{i=1}^{8} S_i} = \dfrac{1}{[S]}$，

$\because [S] = 29.7$，$\therefore$ 全长一次（往测或返测）观测高差的中误差为：

$$m_h = \mu\sqrt{\frac{1}{p_h}} = \mu\sqrt{[S]} = \pm 3.2\sqrt{29.7} = \pm 17.4(\mathrm{mm})$$

（5）显见全长最或然高差为 $\hat{h} = \dfrac{h' + (-h'')}{2}$，由算术平均值中误差的特点可得最或然高差中误差为：$m_{\hat{h}} = \dfrac{m_h}{\sqrt{2}} = \pm 12.3(\mathrm{mm})$

3.4 习 题

1. “三角形内角和”中误差与“三角形内角”中误差有何区别与联系？
2. “同精度双观测值”有何特点？
3. “不同精度双观测值”有何特点？
4. 设有 8 段水准高差，每段各往返观测一次，观测结果和水准路线的长度见下表。求：（1）每 10km 高差的中误差；（2）第六段观测高差的中误差；（3）第六段最或然高差的中误差；（4）全长一次（往测或返测）观测高差的中误差；（5）全长最或然高差的中误差。

不同精度双观测

编号 i	h'_i(m)	h''_i(m)	路线长 S_i(km)
1	+5.237	−5.248	9.8
2	+4.045	−4.037	10.2
3	+3.786	−3.791	11.5
4	−2.344	+2.353	12.4
5	+3.028	−3.037	8.7
6	−5.235	+5.243	8.1
7	−3.245	+3.239	9.4
8	+2.039	−2.026	8.8

5. 设有关系式 $z = 2x + 3y$，现已知独立观测值 z、y 的中误差各为 $m_z = \pm 8\text{mm}$，$m_y = \pm 2\text{mm}$。求 x 的中误差。

6. 用加权平均值理论完成“2.1 习题”之 10 和 11。

第四篇　小范围控制测量

测量工作必须遵循“先控制后碎部”的原则。

为什么要遵循该原则？这是因为任何测量工作都不可避免地存在误差，而且这些误差会积累，即：在一项测量工作完成的基础上进行另一项测量工作时，不但会产生新的测量误差，而且原有的测量误差也会传递到该次测量。我们可以作如下实验：在一张较长的纸上画一根直线，用小三角板推足够多的平行线，当我们用大三角板进行检查时，可看到最后一根直线与第一根直线不平行。这不是方法上的错误，而是每变动一次小三角板的位置，就会产生相应的误差（使直线不相互平行的误差），当变动次数较多时，这些误差的积累就会达到相当的程度，从而使理论上应平行的直线实际上不平行。测量工作也是如此，如果对某一测区一开始就按测图的方法（极坐标法）进行，一定的时候将产生这样的矛盾：实地相隔一定距离的房子，测绘到图纸上时发生了交叉，或实地平行的公路测绘到图纸上时发生了交叉等。这也是由误差的积累产生的。为了避免这种情况的发生，就要遵循“先控制后碎部”的原则，具体来说就是：在测绘某一测区的地形图之前，先搞控制测量——按控制测量的要求确定出地面上控制点的平面坐标和高程，再进行碎部测图——在前述控制点的基础上测、算出其周围碎部点（特征点）的平面坐标和高程。

控制测量包括平面控制测量和高程控制测量。

平面控制测量就是测定控制点平面坐标的工作；高程控制测量就是测定控制点高程的工作。

需要说明的是：控制点就是人们在地面上作了标记的点。根据该点作用的不同，这些控制点的标记方法也不一样：当这些控制点要在较长时间保存时，则应在实地埋入石桩或混凝土桩，桩顶刻凿十字或铸入锯有十字的钢筋，城市地区也可在主要道路边沿打入大铁帽并在上面凿一小眼；当这些控制点仅是短期使用时，则可用木桩或在地面用红油漆十字标记作为控制点。

4.1　平面控制测量

本章基本概念： 导线；导线点；转折角；连接角；左角；右角；方位角；象限角；坐标闭合差；导线全长闭合差；导线全长相对闭合差；方位角闭合差；假定方位角；实际方位角；平差方位角；假定坐标增量；实际坐标增量；坐标增量平差值；假定坐标；实际坐标；平差坐标；纵向误差；横向误差；点位中误差；等等。

本章基本公式： 坐标正算；坐标反算；方位角的传递公式；闭合差的调整等。

本章难点内容： 三种附合导线的计算方法；闭合导线的计算方法；等等。

测距仪或全站仪在测量界的使用使得水平距离的获取相当简单，这决定了小范围平面控制测量主要采用导线测量。导线测量的特点是：将控制点连成导线，通过观测水平距离及水平角计算这些控制点的平面坐标（或高程）。某些情况下也可采用角度交会或边长交会来确定少量控制点的平面坐标。

本章主要介绍平面坐标的计算方法，高程的计算方法放到下一章介绍。

4.1.1 导线测量

（一）导线测量概述

导线就是若干条线段顺序连成的折线，每条线段均称为导线边，其交点称为导线点，两条导线边之间的夹角（水平角）称为转折角。由于在导线的计算过程中，转折角所起的作用有区别，我们对转折角作如下分类：

1. 根据转折角的一边是否为已知边（该边两个点的坐标已知）来分类

（1）连接角：一条边为已知边的转折角。

（2）一般转折角：两条边均为未知边（该边两个点均为待定点）的转折角。

以后将会看到：连接角的作用恰好就是将已知边的方位角传递到相邻未知边上。

2. 根据转折角所处的位置来分类

以后将会看到：导线计算过程中总要选定一个推算方向（计算待定点坐标的顺序方向）。

（1）左角：位于推算方向的左侧的转折角。

（2）右角：位于推算方向的右侧的转折角。

导线测量的工作主要有外业和内业两部分：外业就是观测导线边的水平距离及转折角；内业就是计算各待定导线点的平面坐标。

需要说明的是：

（1）导线计算过程中的图形是人们为了直观地看出导线点之间的关系而根据观测情况连成的，实地我们是看不到这些导线边和转折角的。

（2）导线的图形是多种多样的，某些导线的内业简单一些，某些导线的内业则复杂得多。

（3）导线的严密计算方法已经超出了《测量学》的范畴，《测量学》中介绍的导线计算方法是一种近似方法（支导线除外）。由于这个原因，本章仅介绍单一导线的计算方法。

以后作导线图时，我们用符号“□”表示已知导线点，用符号“○”表示待定导线点。

单一导线主要包括如下5种，见图4－1－1。

（1）支导线：在两个已知点的基础上延伸出去若干个待定点，见图4－1－1（a）。

（2）具有一个连接角的附合导线：支导线终止到另一个已知点，见图4－1－1（b）。

（3）标准附合导线（具有两个连接角的附合导线）：支导线终止到另外两个已知点，见图4－1－1（c）。

（4）无定向附合导线（没有连接角的附合导线）：在一个已知点的基础上延伸出去若干个待定点，且终止到另一个已知点，见图4－1－1（d）。

（5）闭合导线：在两个已知点的基础上延伸出去若干个待定点，但最后又回到这两个已知点中的一个，见图4－1－1（e）。

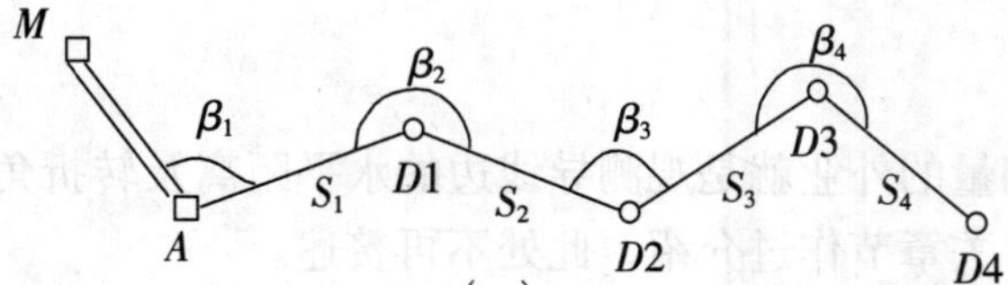

(a)

支导线

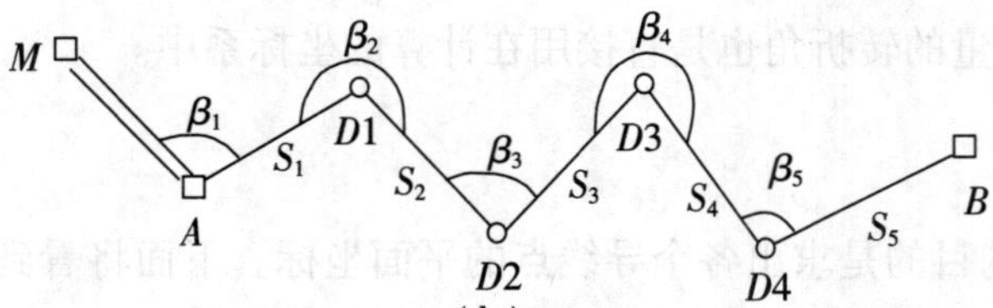

(b)

具有一个连接
角的附合导线

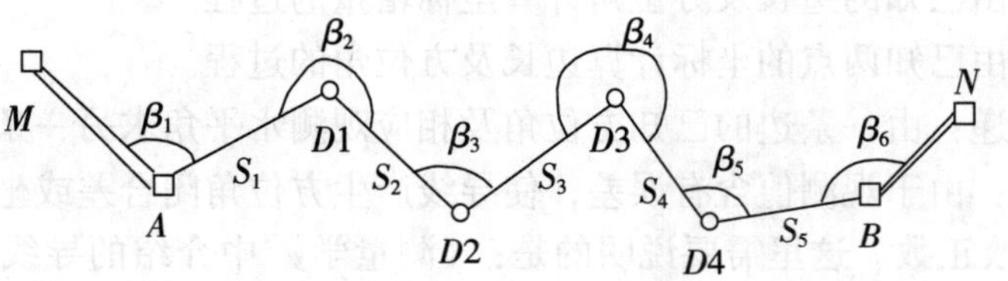

(c)

标准附合导线

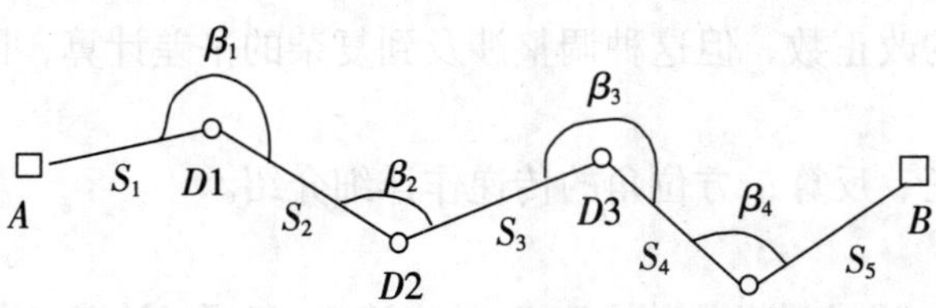

(d)

无定向附合导线

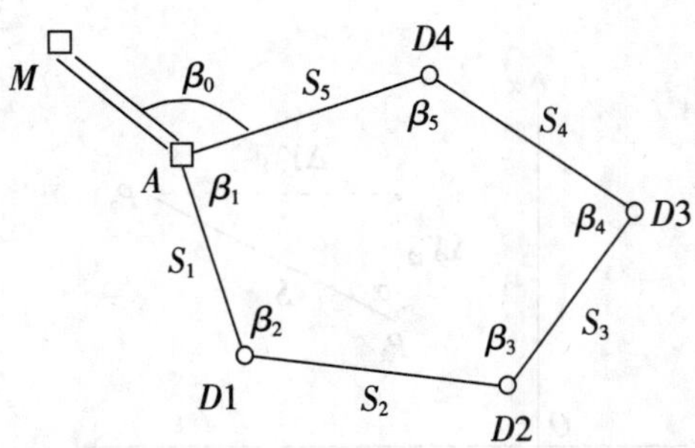

(e)

闭合导线

图 4－1－1　单一导线

（二）导线测量外业

前面已说过，导线测量的外业就是观测导线边的水平距离及转折角。对于水平距离及转折角的观测已在前面有关章节作过介绍，此处不再赘述。

由于《测量学》中涉及的导线主要是为测绘大比例尺地形图服务，因此一条导线实地控制的范围不会太大，野外测量的水平距离直接就可用在计算的坐标系中（勿需其他改正如投影改正等），野外测量的转折角也是直接用在计算的坐标系中。

（三）导线测量内业

导线测量内业计算的目的是求出各个导线点的平面坐标。下面将看到：单一导线的具体计算方法不完全相同，正因为如此才对单一导线进行细分。

导线计算的关键有如下几项：

1. 坐标正算：由已知的边长及方位角计算坐标增量的过程。
2. 坐标反算：由已知两点的坐标计算边长及方位角的过程。
3. 方位角的传递：由一条边的已知方位角及相应观测水平角求另一条边的方位角。
4. 调整闭合差：由于观测值含有误差，使导线产生方位角闭合差或坐标闭合差，调整闭合差会得到相应改正数。这里需要说明的是：《测量学》中介绍的导线计算方法均是近似方法，这表现在调整闭合差上：对方位角闭合差的调整会得到角度改正数，对坐标闭合差的调整会得到坐标增量改正数。严格来说，应对导线的全部闭合差一起调整，从而得到观测角及观测边的改正数，但这种调整涉及到复杂的平差计算，因而《测量学》中作了简单化处理。

下面对坐标正、反算；方位角的传递作详细介绍。

1. 坐标正算

如图4－1－2，通过观测得到了 P_1P_2 的边长 S，又通过计算（方法下述）得到了 P_1P_2 的方位角 α（从 x 轴的正向或正北方向顺时针旋转至某直线的水平角）。则坐标增量的计算公式为：

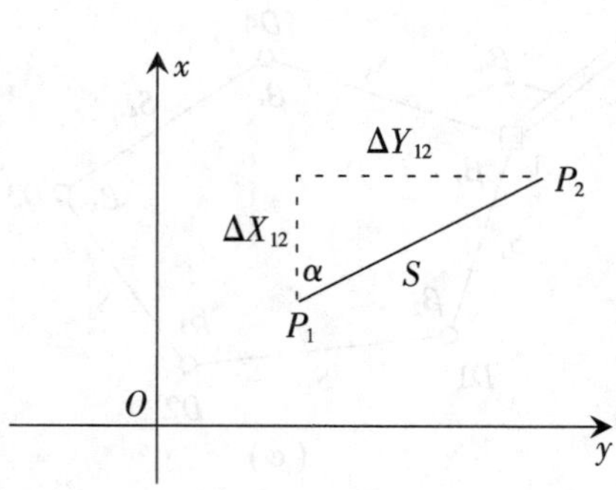

图4－1－2　坐标正算

$$\begin{cases}\Delta X_{12} = S \times \cos\alpha \\ \Delta Y_{12} = S \times \sin\alpha\end{cases}$$

大多数函数型计算器均有直接由边长 S 及方位角 α 一次性求出坐标增量 $\triangle X_{12}$ 及坐标增量 $\triangle Y_{12}$ 的功能，其特点是：仅需输入一次边长 S 及方位角 α 即可同时求坐标增量 $\triangle X_{12}$

及坐标增量$\triangle Y_{12}$。

鉴于工程上广泛使用的是CASIO型计算器，这里介绍这种型号计算器坐标正算和反算的操作方法。我们在中学曾学过“极坐标”——Polar coordinate，其实它就相当于测量界的“边长、方位角”。Polar可简写为Pol，CASIO型计算器的输入方法为：Pol（$\triangle x$，$\triangle y$），也可Pol（x_2-x_1，y_2-y_1），计算得到的两个量对应坐标反算的边长，方位角，计算结果分别放于V，W两个存贮单元中，只需“RCL V”或“RCL W”即可调看。当然有些CASIO型计算器计算结果又是放于E，F两个存贮单元中。而“直角坐标”——Rectangular，可简写为Rec，对应坐标正算，输入方法为Rec（S，α），计算结果（$\triangle x$，$\triangle y$）也是放于V，W两个存贮单元或E，F两个存贮单元。

例［4－1－1］测得P、Q两点之间的水平距离为408.332米，通过观测水平角计算得相应的方位角为156°23′48″，按前述方法可求得该两点的坐标增量如下：

$\triangle X_{PQ}=-374.1707148$（米）；$\triangle Y_{PQ}=163.4970898$（米）。

2. 坐标反算

如图4－1－3，已知两点的坐标P_1（x_1，y_1）、P_2（x_2，y_2）。

要求P_1P_2的边长S及P_1P_2的方位角α。

显然有：

$$\Delta X_{12}=x_2-x_1\ ;\ \Delta Y_{12}=y_2-y_1$$

于是$S=\sqrt{\Delta X_{12}^2+\Delta Y_{12}^2}$，这就是由坐标计算边长的公式，事实上这个公式我们在初中阶段就学过——两点间距离公式。

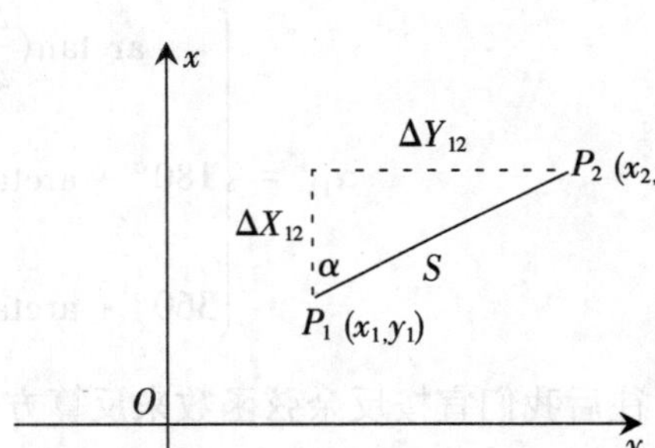

图4－1－3　坐标反算

可见，边长的计算公式是很简单的，而方位角的计算则要复杂一些——容易出错。这是因为：在0°～360°内，任意一个反三角函数均有两个角值，如；

$sin\alpha=0.5\Rightarrow\alpha=30°$或150°

$cos\alpha=0.5\Rightarrow\alpha=60°$或300°

$tan\alpha=1\Rightarrow\alpha=45°$或225°

对上面这些结果，如果这是纯数学问题必须求出上述两个角值才是正确的，但如果涉及的角度已经明确是方位角则只能选择其中一个答案，这就需要判断。用不同的反三角函数来计算方位角作出的判断是不一样的，经过分析、对比，最为简洁、有效的计算方法应采用反余弦函数来求，即：

$$\because\ \cos\alpha_{12}=\frac{\Delta X_{12}}{S}=\frac{\Delta X_{12}}{\sqrt{\Delta X_{12}^2+\Delta Y_{12}^2}}$$

$$\therefore\ \alpha_{12}=\begin{cases}\arccos(\dfrac{\Delta X_{12}}{\sqrt{\Delta X_{12}^2+\Delta Y_{12}^2}}) & \Delta Y_{12}\geq 0\\ 360°-\arccos(\dfrac{\Delta X_{12}}{\sqrt{\Delta X_{12}^2+\Delta Y_{12}^2}}) & \Delta Y_{12}<0\end{cases}$$

上式就是由坐标计算方位角的公式，显然需借助计算器来计算。利用该式计算时注意：

(1) 仅需根据 ΔY_{12} 的"±"来确定是用上述公式的第1式还是第2式。

(2) 计算得到的方位角，其单位是什么要看显示屏显示的状态（DEG、RAD、GRAD或D、R、G)。

作为比较，我们看看按另外两个反三角函数来求方位角会是什么情况？

如果采用反正弦函数来求方位角，将按下式计算：

$$\alpha_{12}=\begin{cases}\arcsin(\dfrac{\Delta Y_{12}}{S}) & \Delta X_{12}>0,\Delta Y_{12}>0\\ 180^\circ-\arcsin(\dfrac{\Delta Y_{12}}{S}) & \Delta X_{12}<0\\ 360^\circ+\arcsin(\dfrac{\Delta Y_{12}}{S}) & \Delta X_{12}>0,\Delta Y_{12}<0\end{cases}$$

如果采用反正切函数来求方位角，将按下式计算：

$$\alpha_{12}=\begin{cases}\arctan(\dfrac{\Delta Y_{12}}{\Delta X_{12}}) & \Delta X_{12}>0,\Delta Y_{12}>0\\ 180^\circ+\arctan(\dfrac{\Delta Y_{12}}{\Delta X_{12}}) & \Delta X_{12}<0\\ 360^\circ+\arctan(\dfrac{\Delta Y_{12}}{\Delta X_{12}}) & \Delta X_{12}>0,\Delta Y_{12}<0\end{cases}$$

往后我们宜按反余弦函数来反算方位角。

对例［4－1－2］中的A、B两点：输入Pol（2－1，3－1）之后按"EXE"键（或"="键）可得：2.236067977（这是边长），按"RCL"键之后再按"W"又得63.43494882（这是方位角：63.43494882°＝63°26′05.82″)。

例［4－1－2］已知8个点坐标如下：

A（1，1)、B（2，3)；C（－3，2)、D（－6，5)；

E（－3.5，－0.5)、F（－5.8，－3.7)；G（1.5，－3.1)、H（4，－7)。

按前述方法可求得有关数值如下（请读者自己再计算一遍)：

$S_{AB}=2.236$，$\alpha_{AB}=63°26'06''$；$S_{CD}=4.243$，$\alpha_{CD}=135°$；

$S_{EF}=3.941$，$\alpha_{EF}=234°17'36''$；$S_{GH}=4.632$，$\alpha_{GH}=302°39'39''$。

3. 方位角的传递

如图4－1－4，直线AB的方位角α_{AB}已知，观测了水平角β，如何求直线BC的方位角α_{BC}？

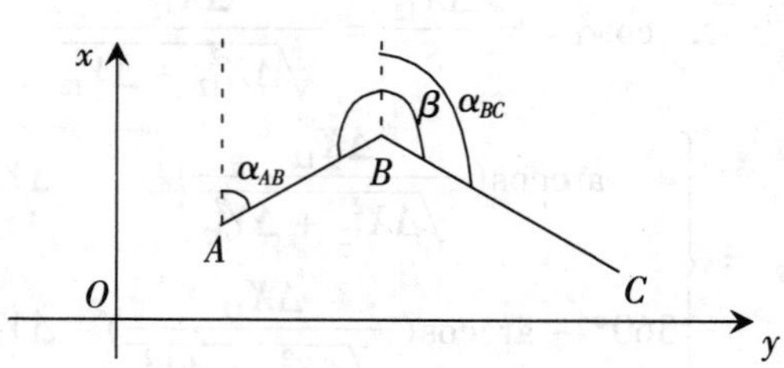

图4－1－4　方位角的传递

过 A、B 两点分别作平行于 x 轴的辅助线（图中虚线），由方位角定义及平行线性质易得：

$\alpha_{BC}=\beta-(180°-\alpha_{AB})=\alpha_{AB}+\beta-180°$

这就是方位角的传递公式，在导线的计算中该公式经常用到。该公式的规律为：

$\alpha_{前}=\alpha_{后}+\beta_{左}-180°$，即："前面一条边的方位角" = "后面一条边的方位角" + "左角" −180°。具体计算时，指定推算方向，则"前"、"后"、"左"就容易确定了。对标准附合导线及闭合导线而言，推算方向可有两种选择，一般我们宜这样选择：

（1）对附合导线，使导线的转折角为左角。

（2）对闭合导线，使多边形的内角为左角。

另外，我们容易看到：方位角是有方向性的，即：将一条直线的起点与终点交换，方位角将改变180°。用公式表达为：$a_{ji}=\alpha_{ij}\pm180°$，而"±"的取用标准是：使计算出来的方位角 α_{ji} 在0°~360°范围内。

例［4-1-3］若 $\alpha_{MA}=153°34'58''$,则 $\alpha_{AM}=\alpha_{MA}+180°=333°34'58''$;

若 $\alpha_{BN}=289°02'25''$,则 $\alpha_{NB}=\alpha_{BN}-180°=109°02'25''$。

前面叙述了导线计算的几个关键公式，下一节将逐一介绍单一导线的计算方法。

4.1.1　习　题

1. 什么是转折角？为什么要对它进行分类？
2. 单一导线有哪5种？各有何特点？
3. 经观测、计算已得到：$S_{AP}=89.206$m，$\alpha_{AP}=153°27'48''$。求该边的坐标增量。
4. 当按 arccos（x）来求方位角时，如何转换？（注：0°≤arccos（x）≤180°）
5. 已知某地三点坐标如下：

IW01（2564151.738，860463.595）、IW02（2563938.864，860409.501）、IW03（2563246.072，860444.538）。求可能的边长及方位角。

6. CASIO f_x -4500P 也具有坐标正算及坐标反算功能，如何进行数据的输入及结果的查看？

4.1.2　单一导线计算方法

本节详细介绍各种单一导线的计算方法。

（一）支导线的计算方法

示意图如图4-1-5（推算方向唯一，见图中箭头）：

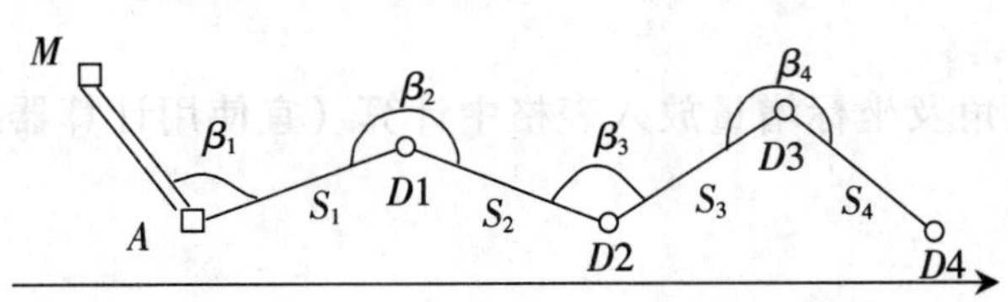

图4-1-5　支导线的计算

计算步骤为：

（1）根据已知点 M、A 反算出直线 MA 的方位角 α_{MA}（该直线方位角也可直接给出）。

（2）根据方位角的传递公式依次求出各导线边的方位角：

$\alpha(A-D1)=\alpha_{MA}+\beta_1-180°$；$\alpha(D1-D2)=\alpha(A-D1)+\beta_2-180°$；

$\alpha(D2-D3)=\alpha(D1-D2)+\beta_3-180°$；$\alpha(D3-D4)=\alpha(D2-D3)+\beta_4-180°$。

（3）根据坐标正算依次求出各导线边的坐标增量：

$\triangle X(A-D1)=S_1\times\cos\alpha(A-D1)$，$\triangle Y(A-D1)=S_1\times\sin\alpha(A-D1)$；

$\triangle X(D1-D2)=S_2\times\cos\alpha(D1-D2)$，$\triangle Y(D1-D2)=S_2\times\sin\alpha(D1-D2)$；

$\triangle X(D2-D3)=S_3\times\cos\alpha(D2-D3)$，$\triangle Y(D2-D3)=S_3\times\sin\alpha(D2-D3)$；

$\triangle X(D3-D4)=S_4\times\cos\alpha(D3-D4)$，$\triangle Y(D3-D4)=S_4\times\sin\alpha(D3-D4)$。

注意：当掌握了方位角的传递公式及坐标正算后，上述“2～3”也可放入一个表格中计算（宜使用计算器的相应功能），见表4－1－1。

表4－1－1　坐标正算

边号 ij	边长 S(m)	方位角 α_{ij}	$\triangle X_{ij}$(m)	$\triangle Y_{ij}$(m)
$A-D1$				
$D1-D2$				
$D2-D3$				
$D3-D4$				

（4）依次求出各导线点的坐标：

$X(D1)=X_A+\triangle X(A-D1)$，$Y(D1)=Y_A+\triangle Y(A-D1)$；

$X(D2)=X(D1)+\triangle X(D1-D2)$，$Y(D2)=Y(D1)+\triangle Y(D1-D2)$；

$X(D3)=X(D2)+\triangle X(D2-D3)$，$Y(D3)=Y(D2)+\triangle Y(D2-D3)$；

$X(D4)=X(D3)+\triangle X(D3-D4)$，$Y(D4)=Y(D3)+\triangle Y(D3-D4)$。

例［4－1－4］如图4－1－5，已知 M（2045.127，1055.904）、A（627.585，2154.560）。观测值如下：

$S_1=2209.408\text{m}$，$S_2=2100.785\text{m}$，$S_3=2000.684\text{m}$，$S_4=1911.408\text{m}$；

$\beta_1=105°23'12''$，$\beta_2=221°18'24''$，$\beta_3=127°29'54''$，$\beta_4=253°48'06''$。

求 $D1$、$D2$、$D3$、$D4$ 点的坐标。

解：由 M、A 的坐标可得 $\triangle X_{MA}=-1417.542$，$\triangle Y_{MA}=1098.656$。由坐标反算得 $\alpha_{MA}=142°13'22''$。

各导线边的方位角及坐标增量放入表格中计算（宜使用计算器的相应功能），见表4－1－2。

表 4-1-2　坐标正算

边号 ij	边长 S（m）	方位角 α_{ij}	ΔX_{ij}（m）	ΔY_{ij}（m）
$A-D1$	2209.408	67°36′34″	+841.603	+2042.838
$D1-D2$	2100.785	108°54′58″	−681.040	+1987.330
$D2-D3$	2000.684	56°24′52″	+1106.741	+1666.691
$D3-D4$	1911.408	130°12′58″	−1234.143	+1459.579

各点坐标为：

$X(D1)=627.585+841.603=1469.188$（m），$Y(D1)=2154.560+2042.838=4197.398$（m）

$X(D2)=1469.188-681.040=788.148$（m），$Y(D2)=4197.398+1987.330=6184.728$（m）

$X(D3)=788.148+1106.741=1894.889$（m），$Y(D3)=6184.728+1666.691=7851.419$（m）

$X(D4)=1894.889-1234.143=660.746$（m），$Y(D4)=7851.419+1459.579=9310.998$（m）

（二）具有一个连接角附合导线的计算方法

示意图如图 4-1-6（推算方向唯一，见图中箭头）：

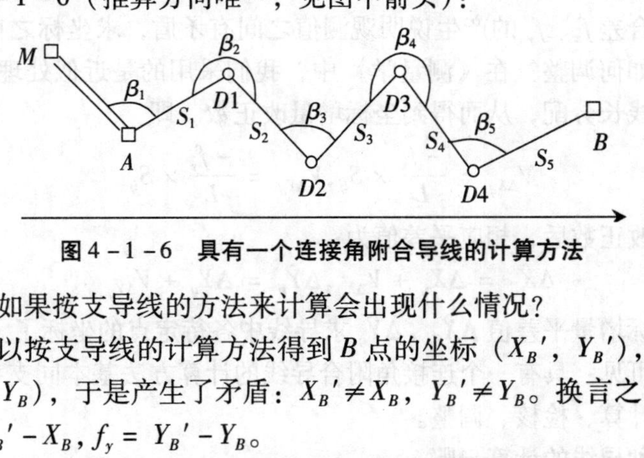

图 4-1-6　具有一个连接角附合导线的计算方法

对这种导线，如果按支导线的方法来计算会出现什么情况？

显然，我们可以按支导线的计算方法得到 B 点的坐标（X_B'，Y_B'），而 B 点为已知点，其坐标已为（X_B，Y_B），于是产生了矛盾：$X_B'\neq X_B$，$Y_B'\neq Y_B$。换言之，此种导线将产生坐标闭合差 $f_x=X_B'-X_B$，$f_y=Y_B'-Y_B$。

一方面，闭合差 f_x、f_y 的大小间接说明了观测值的精度情况：闭合差越小，则说明观测值精度越高；闭合差越大，则说明观测值精度越低。于是有个闭合差容许值的问题。这一容许值如何规定？

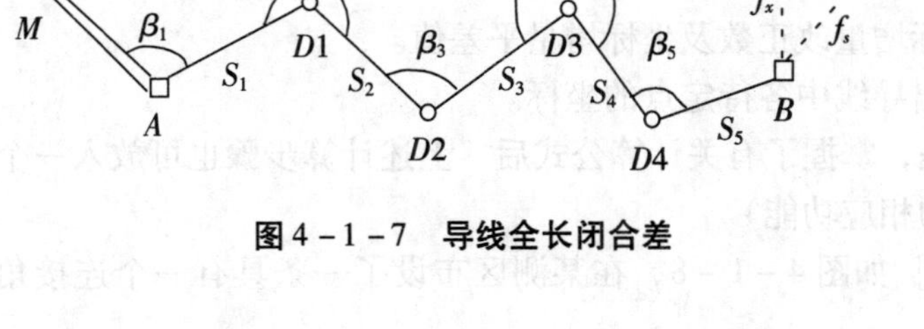

图 4-1-7　导线全长闭合差

图 4－1－7 中显示出闭合差 f_x、f_y 使计算的终点位于 B'，它与实际的 B 点偏离了 $f_S=\sqrt{f_x^2+f_y^2}$，将 f_S 称为导线全长闭合差。不难看出 f_S 与导线的总长 $L=S_1+S_2+S_3+S_4+S_5$ 有关系，令 $K=\frac{f_S}{L}=\frac{1}{\frac{L}{f_S}}$，将 K 称为导线全长相对闭合差。此种导线的观测值是否符合要求正是看计算出的 K 是否符合要求，不同的行业对 K 有不同的规定，如：中华人民共和国国家标准《工程测量规范》（GB50026－93）对图根导线测量作了如下规定（表 4－1－3）：

表 4－1－3　图根导线测量的主要技术要求

导线长度（m）	相对闭合差	边长	测角中误差（″）		DJ_6 测回数	方位角中误差（″）	
			一般	首级控制		一般	首级控制
≤1.0M	≤1/2000	≤1.5 测图最大视距	30	20	1	$60\sqrt{n}$	$40\sqrt{n}$

注：①M 为测图比例尺的分母；

②隐蔽或施测困难地区导线相对闭合差可放宽，但不应大于 1/1000。

在《测量学》范畴，各种导线的建立均是为了测绘大比例尺地形图，这些导线均称为图根导线，K 的容许值规定为 1/2000，即 $K_{容}=1/2000$。换言之，只要一条实际导线的 $K\leqslant 1/2000$ 即可认为导线的观测值是符合要求的，由此计算出的坐标也才能使用；当 $K>1/2000$ 时，说明观测值超限，测量人员应通过分析作必要的返工，直至 K 符合要求才能进一步求各导线点坐标。

另一方面，闭合差 f_x、f_y 的产生说明观测值之间有矛盾，求坐标之前应先消除这一矛盾：调整闭合差！如何调整？在《测量学》中，我们采用的是近似处理（平差）的方法：将闭合差反号按路线长分配，从而得到坐标增量改正数。即：

$$V_{\Delta X_{ij}}=\frac{-f_x}{L}\times S_{ij},V_{\Delta Y_{ij}}=\frac{-f_y}{L}\times S_{ij}$$

有了坐标增量改正数后，相应平差值为：

$$\Delta\hat{X}_{ij}=\Delta X_{ij}+V_{\Delta X_{ij}},\Delta\hat{Y}_{ij}=\Delta Y_{ij}+V_{\Delta Y_{ij}}$$

往下即可按坐标增量平差值 $\Delta\hat{X}_{ij}$、$\Delta\hat{Y}_{ij}$ 求导线中各待定点的坐标了。

通过以上分析可见：具有一个连接角附合导线的计算方法基本同支导线，增加的内容有：坐标闭合差的计算、检核、调整。

现简要给出该种导线的计算步骤：

（1）根据已知点坐标反算求出已知导线边的方位角（该方位角也可直接给出）。

（2）根据方位角的传递公式依次求出各导线边的方位角。

（3）根据坐标正算依次求出各导线边的坐标增量。

（4）求出坐标闭合差并检核。

（5）求出坐标增量改正数及坐标增量平差值。

（6）依次求出导线中各待定点的坐标。

需要说明的是，掌握了有关计算公式后，上述计算步骤也可放入一个表格中完成（宜充分使用计算器的相应功能）。

例［4－1－5］如图 4－1－8，在某测区布设了一条具有一个连接角的附合导线。已

知 $\alpha_{MA}=237°59'30''$，A、B 两点坐标如下：

A（2507.69，1215.63）、B（2166.74，1757.27）

观测的水平角及边长如下：

$\beta_1=99°01'00''$，$\beta_2=167°45'36''$，$\beta_3=123°11'24''$，

$\beta_4=189°20'36''$，$\beta_5=179°59'18''$；

$S_{A1}=225.85m$，$S_{12}=139.03m$，$S_{23}=172.57m$，$S_{34}=100.07m$，$S_{4B}=102.48m$。

求 1、2、3、4 点的坐标。

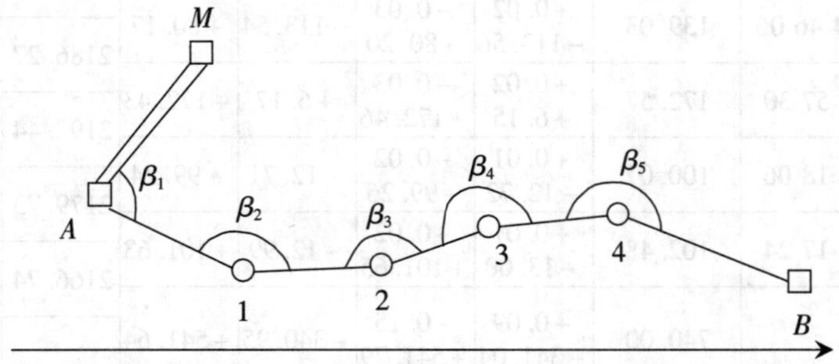

图 4－1－8　具有一个连接角附合导线

解：选定推算方向，见图中箭头。

可将主要计算纳入表格中进行，见表 4－1－4。对该表中的数值，读者务必搞清楚哪些是已知数值？哪些是观测数值？哪些是计算数值？

在该表中已计算得由 A 点到 B 点的坐标增量为：

$\Sigma\Delta X=-341.04$，$\Sigma\Delta Y=+541.79$，按闭合差定义可得：

$f_x=X'_B-X_B=(X_A+\Sigma\Delta X)-X_B=(2507.69-341.04)-2166.74=-0.09$，

也可 $f_x=\Delta X_{AB}^{推算}-\Delta X_{AB}=\Sigma\Delta X-(X_B-X_A)=-341.04-(2166.74-2507.69)=-0.09$。

注意，f_x 的上述两种算法含义有所不同：第一种算法的着眼点是坐标，即用 B 点的推算坐标减去 B 点的已知坐标；第二种算法的着眼点是坐标增量，即用 A、B 两点的推算坐标增量减去它们的已知坐标增量。正是由于这个原因，导线计算中，f_x 既可说成是坐标闭合差，也可说成是坐标增量闭合差。

同理，$f_y=Y'_B-Y_B=(Y_A+\Sigma\Delta Y)-Y_B=(1215.63+541.79)-1757.27=+0.15$，

也可 $f_y=\Delta Y_{AB}^{推算}-Y_{AB}=\Sigma\Delta Y-(Y_B-Y_A)=+541.79-(1757.27-1215.63)=+0.15$

现在，$f_S=\sqrt{f_x^2+f_y^2}=\sqrt{(-0.09)^2+0.15^2}=0.17$，

于是 $K=\frac{f_S}{L}=\frac{0.17}{740}=\frac{1}{4353}$，显然该值 $<K_{容}=1/2000$，说明观测值符合要求，可进行后面的计算，见表 4－1－4。

表 4-1-4 具有一个连接角附合导线的计算

点号	观测角 ° ′ ″	方位角 ° ′ ″	边长 (m)	坐标增量及改正数 ΔX(m)	ΔY(m)	坐标增量平差值 $\Delta\hat{X}$(m)	$\Delta\hat{Y}$(m)	坐标值 X(m)	Y(m)	点号
1	2	3	4	5	6	7	8	9	10	11
M										*M*
		237 59 30								
A	99 01 00							2507.69	1215.63	*A*
		157 00 30	225.85	+0.03 −207.91	−0.05 +88.22	−207.88	+88.17			
1	167 45 36							2299.81	1303.80	1
		144 46 06	139.03	+0.02 −113.56	−0.03 +80.20	−113.54	+80.17			
2	123 11 24							2186.27	1383.97	2
		87 57 30	172.57	+0.02 +6.15	−0.03 +172.46	+6.17	+172.43			
3	189 20 36							2192.44	1556.40	3
		97 18 06	100.07	+0.01 −12.72	−0.02 +99.26	−12.71	+99.24			
4	179 59 18							2179.73	1655.64	4
		97 17 24	102.48	+0.01 −13.00	−0.02 +101.65	−12.99	+101.63			
B								2166.74	1757.27	*B*
总和			740.00	+0.09 −341.04	−0.15 +541.79	−340.95	+541.64			

在该表中已计算得 $L = \Sigma S = 740.00$，从而可按下述公式计算坐标增量改正数：

$$V_{\Delta X_{ij}} = \frac{-f_x}{L} \times S_{ij}, V_{\Delta Y_{ij}} = \frac{-f_y}{L} \times S_{ij}$$

结果见该表中的第 5 列和第 6 列。

有了坐标增量改正数后，相应平差值为：

$$\Delta\hat{X}_{ij} = \Delta X_{ij} + V_{\Delta X_{ij}}, \Delta\hat{Y}_{ij} = \Delta Y_{ij} + V_{\Delta Y_{ij}}。$$

往下即可按坐标增量平差值 $\Delta\hat{X}_{ij}$、$\Delta\hat{Y}_{ij}$ 求导线中各待定点的坐标了，结果见该表中的第 7 列～第 10 列。

为了保证计算的正确性，计算过程中应在可能的地方都进行检核。如：坐标增量改正数的计算是否正确可按下式（作为习题留给读者证明）进行检核：

$$\Sigma V_{\Delta X_{ij}} = -f_x, \Sigma V_{\Delta Y_{ij}} = -f_y$$

又如，各点坐标的计算是否正确可按下式（请读者自行证明）进行检核：

$$X_B = X_4 + \Delta\hat{X}_{4B}, Y_B = Y_4 + \Delta\hat{Y}_{4B}$$

（三）标准附合导线的计算方法

示意图如图 4-1-9（推算方向可有两种，图中选择由 *A* 点至 *B* 点）：

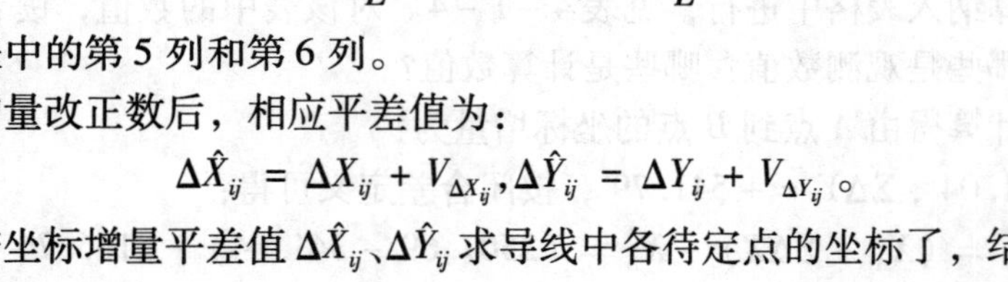

图 4-1-9 标准附合导线

对这种导线，其计算方法与具有一个连接角附合导线又有何不同？

我们注意到，这种导线的起始边和终止边均为已知边，它们的方位角是已知的。而各转折角恰好能把这两条边连接起来，这说明两个方位角之间将产生闭合差。具体来说就是：由起始边方位角及各转折角可按方位角的传递公式求得终止边的方位角（推算方位角）。由于转折角含有误差，使得这一推算方位角与已知方位角不等，从而产生闭合差，称为方位角闭合差，一般用f_β表示。如图：

$$f_\beta = \alpha_{BN}^{推算} - \alpha_{BN}$$
$$= (\alpha_{MA} + \beta_1 - 180° + \beta_2 - 180° + \beta_3 - 180° + \beta_4 - 180° + \beta_5 - 180° + \beta_6 - 180°) - \alpha_{BN}$$

当转折角个数为n时，计算f_β的公式为：

$$f_\beta = (\alpha_{MA} + \sum_{i=1}^{n}\beta_i - n \times 180°) - \alpha_{BN} \quad (4-1-1)$$

一方面，闭合差f_β的大小间接说明了转折角观测值的精度情况：闭合差越小，则说明转折角观测精度越高；闭合差越大，则说明转折角观测精度越低。于是有个闭合差容许值的问题。这一容许值如何规定？

对（4－1－1）按误差传播律可得（一般认为转折角是同精度观测值，即其中误差均为m_β）：

$$m_{f_\beta} = \sqrt{n}m_\beta \Rightarrow f_\beta^{容} = 2m_{f_\beta} = (2m_\beta)\sqrt{n} = \mu\sqrt{n}$$

对图根导线，上式中的μ可取为±40″（首级图根导线）或±60″（一般图根导线）。

当$f_\beta \leqslant f_\beta^{容}$时，说明转折角的观测符合要求——未超限。

闭合差f_β的产生说明转折角之间有矛盾，应将这一矛盾消除掉才能进行后续计算，如方位角的计算等。于是调整闭合差就成了理所当然的事！如何调整？在《测量学》中，我们采用的是近似处理（平差）的方法：将闭合差反号按转折角个数平均分配，从而得到转折角改正数。即：

$$V_i = \frac{-f_\beta}{n} \quad (4-1-2)$$

注意：使用（4－1－2）的前提为：各转折角β_i在f_β计算式中的系数为＋1，若为－1，应按下式求转折角改正数：

$$V_i = \frac{+f_\beta}{n} \quad (4-1-3)$$

有了转折角改正数后，相应平差值为：

$$\hat{\beta}_i = \beta_i + V_i$$

往下的计算完全同具有一个连接角附合导线。

通过以上分析可见：标准附合导线的计算方法基本同具有一个连接角附合导线，增加的内容有：方位角闭合差的计算、检核、调整。

现简要给出该种导线的计算步骤：

（1）根据已知点坐标反算出起始边、终止边的方位角（这些方位角也可直接给出）。

（2）求出方位角闭合差并检核。

（3）求出转折角改正数及转折角平差值。

（4）根据方位角的传递公式利用转折角平差值求各导线边的方位角。

（5）根据坐标正算依次求出各导线边的坐标增量。

（6）求出坐标闭合差并检核。

（7）求出坐标增量改正数及坐标增量平差值。

（8）依次求出导线中各待定点的坐标。

需要说明的是，上述计算步骤也可放入一个表格中完成（宜充分使用计算器的相应功能）。

例［4－1－6］在某测区布设了一条标准附合导线（见图4－1－10），已知：

$\alpha_{MA}=237°59'30''$，$\alpha_{BN}=46°45'24''$；A 点坐标为（2507.69，1215.63）、B 点坐标为（2166.74，1757.27）。观测的水平角及边长如下：

$\beta_1=99°01'00''$，$\beta_2=167°45'36''$，$\beta_3=123°11'24''$，

$\beta_4=189°20'36''$，$\beta_5=179°59'18''$，$\beta_6=129°27'24''$；

$S_{A1}=225.85\text{m}$，$S_{12}=139.03\text{m}$，$S_{23}=172.57\text{m}$，$S_{34}=100.07\text{m}$，$S_{4B}=102.48\text{m}$。

求1、2、3、4点的坐标。

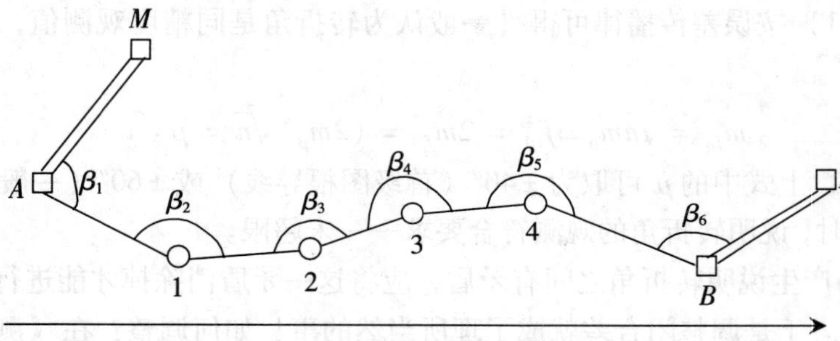

图4－1－10　标准附合导线

解：选定推算方向，见图中箭头。

可将主要计算纳入表格中进行，见表4－1－5。对该表中的数值，读者同样要搞清楚哪些是已知数值？哪些是观测数值？哪些是计算数值？

在该表中已计算得 $\Sigma\beta=888°45'18''$，于是：

$f_\beta=(\alpha_{MA}+\Sigma\beta-6\times180°)-\alpha_{BN}$

$=(237°59'30''+888°45'18''-6\times180°)-46°45'24''=-36''$，

取 $f_\beta^{容}=\pm40''\sqrt{n}$，则 $f_\beta^{容}=\pm40''\sqrt{6}=\pm97''$，显然转折角的观测符合要求。

转折角改正数 $V_i=\dfrac{-f_\beta}{6}=+6''(i=1,2,\cdots,6)$，相应平差值为：$\hat{\beta}_i=\beta_i+V_i$，

结果见表4－1－5。

在该表中已计算得由 A 点到 B 点的坐标增量为：

$\Sigma\Delta X=-341.10$，$\Sigma\Delta Y=+541.78$，按闭合差定义可得：

$f_x=X_B'-X_B=(X_A+\Sigma\Delta x)-X_B=(2507.69-341.10)-2166.74=-0.15$，

也可 $f_x=\Delta X_{AB}^{推算}-\Delta X_{AB}=\Sigma\Delta X-(X_B-X_A)=-341.10-(2166.74-2507.69)=-0.15$

同理，$f_y=Y_B'-Y_B=(Y_A+\Sigma\Delta Y)-Y_B=(1215.63+541.78)-1757.27=+0.14$，

也可 $f_y=\Delta Y_{AB}^{推算}-\Delta Y_{AB}=\Sigma\Delta Y-(Y_B-Y_A)=+541.78-(1757.27-1215.63)=+0.14$

现在，$f_s = \sqrt{f_x^2+f_y^2} = \sqrt{(-0.15)^2+0.14^2} = 0.20$，

于是 $K = \frac{f_s}{L} = \frac{0.20}{740} = \frac{1}{3700}$，显然该值 $< K_{容} = 1/2000$，说明观测值符合要求。对标准附合导线而言，由于前面已用 f_β 对转折角进行了检核，此处更能说明观测边符合要求。

其余计算见表 4－1－5。类似前面的例题，在计算过程中要进行相应检核（对计算的检核）。

计算坐标增量改正数的公式为：

$$V_{\Delta X_{ij}} = \frac{-f_x}{L} \times S_{ij} = \frac{0.15}{740.00} \times S_{ij}$$

$$V_{\Delta Y_{ij}} = \frac{-f_y}{L} \times S_{ij} = \frac{-0.14}{740.00} \times S_{ij}$$

表 4－1－5　标准附合导线的计算

点号	观测角 ° ′ ″	改正数 ″	平差角 ° ′ ″	方位角 ° ′ ″	边长 (m)	坐标增量及改正数 ΔX(m)	ΔY(m)	坐标增量平差值 $\Delta\hat{X}$(m)	$\Delta\hat{Y}$(m)	坐标值 X(m)	Y(m)	点号
1	2	3	4	5	6	7	8	9	10	11	12	13
M												*M*
				237 59 30								
A	99 01 00	+6	99 01 06							2507.69	1215.63	*A*
				157 00 36	225.85	+0.05 −207.91	−0.04 +88.21	−207.86	+88.17			
1	167 45 36	+6	167 45 42							2299.83	1303.80	1
				144 46 18	139.03	+0.03 −113.57	−0.03 +80.20	−113.54	+80.17			
2	123 11 24	+6	123 11 30							2186.29	1383.97	2
				87 57 48	172.57	+0.03 +6.13	−0.03 +172.46	+6.16	+172.43			
3	189 20 36	+6	189 20 42							2192.45	1556.40	3
				97 18 30	100.07	+0.02 −12.73	−0.02 +99.26	−12.71	+99.24			
4	179 59 18	+6	179 59 24							2179.74	1655.64	4
				97 17 54	102.48	+0.02 −13.02	−0.02 +101.65	−13.00	+101.63			
B	129 27 24	+6	129 27 30							2166.74	1757.27	*B*
				46 45 24								
N												*N*
总和	888 45 18				740.0	+0.15 −341.10	−0.14 +541.78	−340.95	+541.64			

（四）无定向附合导线的计算方法

示意图如图 4－1－11（推算方向可有两种，图中选择由 *A* 点至 *B* 点）：

对比前面两种附合导线的计算方法，无定向附合导线给人的感觉是无从下手。这是因为方位角无法计算，也就无法进行后面的计算（如坐标增量等）。这种导线的计算有一定特殊性，现把思路总结于下：

如果我们任意假定第一条导线边（*A*——*D*1 边）的方位角，则很容易求得各边方位

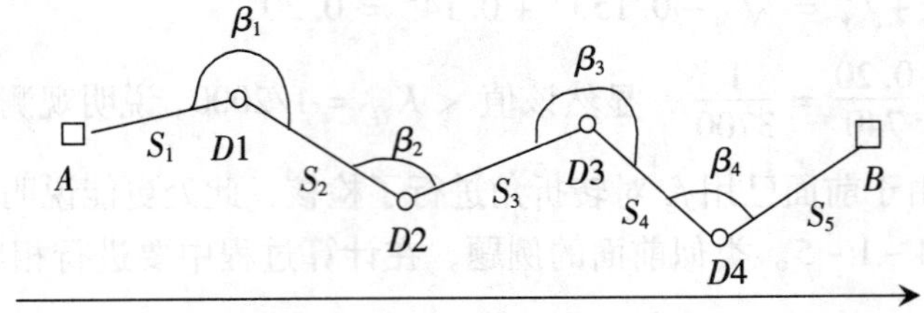

图 4－1－11　无定向附合导线

角，进而求得各边的坐标增量及各待定点的坐标。为便于区别，我们相应称为假定坐标增量及假定坐标，并用 ΔX^*、ΔY^*；X^*、Y^* 等符号表示。为什么要求假定坐标？不难想像，假定第一条导线边的方位角就相当于把整条导线绕 A 点旋转了一个角度 δ，如果能计算出这个 δ，我们就可以反旋转 δ 从而得到实际导线，此后就可计算相应的实际坐标了。

如何求 δ？由于 B 点的假定坐标已求得为 $B^*(X^*,Y^*)$，我们可求得方位角 α_{AB}^*（假定方位角）。又由于 A、B 均为已知点，我们也可求得方位角 α_{AB}（实际方位角），正是有了这两个方位角，我们便可求得 δ。具体计算公式可人为确定，例如：当我们指定"$\alpha_{假定}+\delta=\alpha_{实际}$"时则有 $\delta=\alpha_{AB}-\alpha_{AB}^*$；若指定"$\alpha_{假定}-\delta=\alpha_{实际}$"，则又有 $\delta=\alpha_{AB}^*-\alpha_{AB}$。

下面按 $\alpha_{假定}+\delta=\alpha_{实际}$（简记为"假 + δ = 实"）来求 δ，显见有 $\delta=\alpha_{AB}-\alpha_{AB}^*$。求出 δ 后，问题就基本解决了。往下可有两种方法求各待定点的实际坐标。

方法一、根据 δ 将各边已经求得的假定方位角转换成实际方位角，即：$\alpha_{ij}=\alpha_{ij}^*+\delta$，再一次由 α_{ij}（它已经是实际方位角了）求得各边的坐标增量，从而求得各待定点的实际坐标。

方法二、考虑到前面已经得到各边的假定坐标增量 ΔX_{ij}^*、ΔY_{ij}^*，可利用有关公式将它们转换为实际坐标增量 ΔX_{ij}、ΔY_{ij}。公式推导如下：

$$\Delta X_{ij}=S\cos\alpha_{ij}=S\cos(\alpha_{ij}^*+\delta)=S(\cos\alpha_{ij}^*\cos\delta-\sin\alpha_{ij}^*\sin\delta)$$

$$=(S\cos\alpha_{ij}^*)\cos\delta-(S\sin\alpha_{ij}^*)\sin\delta=\Delta X_{ij}^*\cos\delta-\Delta Y_{ij}^*\sin\delta$$

即：$\Delta X_{ij}=\Delta X_{ij}^*\cos\delta-\Delta Y_{ij}^*\sin\delta$，

同理：$\Delta Y_{ij}=\Delta Y_{ij}^*\cos\delta+X_{ij}^*\sin\delta$，

写成如下的矩阵式将便于记忆：

$$\begin{bmatrix}\Delta X_{ij}\\ \Delta Y_{ij}\end{bmatrix}=\begin{bmatrix}\cos\delta & -\sin\delta\\ \sin\delta & \cos\delta\end{bmatrix}\begin{bmatrix}\Delta X_{ij}^*\\ \Delta Y_{ij}^*\end{bmatrix}\tag{4-1-4}$$

（4－1－4）式就是由假定坐标增量转换为实际坐标增量的式子。

此后就可求得各待定点的实际坐标了。

该导线的计算是否到此就结束了？也就是说求得各待定点的实际坐标是否就结束了？没有！我们看到：到此为止的计算均未涉及观测值的误差，而这种导线也有闭合差的问题——坐标闭合差，对它进行调整才能最终求得各待定点的坐标，为便于区别将这一坐标称为平差坐标。

通过以上分析可见：无定向附合导线的计算方法基本同具有一个连接角的附合导线，增加的内容有：假定方位角、假定坐标增量、假定坐标的计算；坐标闭合差的计算、检核、调整；平差坐标的计算等。

现简要给出该种导线的计算步骤：

（1）假定第一条边的方位角。

（2）根据方位角的传递公式求各导线边的假定方位角。

（3）根据坐标正算依次求出各导线边的假定坐标增量、假定坐标。

（4）求出旋转角，进而求各导线边的实际方位角、实际坐标增量、实际坐标。

（5）求坐标闭合差，进而求坐标增量改正数及坐标增量平差值。

（6）依次求出导线中各待定点的平差坐标。

需要说明的是，上述计算步骤也可放入相应表格中完成（宜充分使用计算器的相应功能）。另外，对这种导线要注意区分如下概念：

假定方位角、实际方位角；假定坐标增量、实际坐标增量、坐标增量平差值；假定坐标、实际坐标、平差坐标。

例［4－1－7］在某测区布设了一条无定向附合导线（见图4－1－12），已知：

A点坐标为（2507.69，1215.63）、B点坐标为（2166.74，1757.27）。观测的水平角及边长如下：

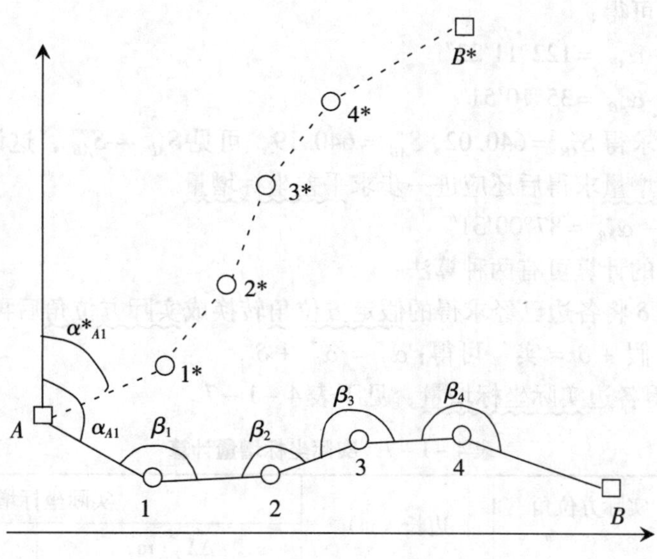

图4－1－12　无定向附合导线

$\beta_1=167°45'36''$，$\beta_2=123°11'24''$，$\beta_3=189°20'36''$，$\beta_4=179°59'18''$；

$S_{A1}=225.85\text{m}$，$S_{12}=139.03\text{m}$，$S_{23}=172.57\text{m}$，$S_{34}=100.07\text{m}$，$S_{4B}=102.48\text{m}$。

求1、2、3、4点的坐标。

解：选定推算方向，见图中箭头。

假设第一条边的方位角为70°，即 $\alpha_{A1}^{*}=70°$。

由方位角的传递公式可求得各边的假定方位角，进而求得各边的假定坐标增量。这些计算均可放入一个表中进行，见表4－1－6。

表 4-1-6 假定坐标增量计算

边号 ij	假定方位角 ° ′ ″	边长（m）	假定坐标增量	
			ΔX_{ij}^*（m）	ΔY_{ij}^*（m）
$A1$	70	225.85	+77.24	+212.23
12	57 45 36	139.03	+74.17	+117.59
23	0 57 00	172.57	+172.55	+2.86
34	10 17 36	100.07	+98.46	+17.88
$4B$	10 16 54	102.48	+100.83	+18.29
总和		740.00	+523.25	+368.85

于是 B 点的假定坐标为：

$$X_B^* = X_A + \Sigma\Delta X_{ij}^* = 2507.69 + 523.25 = 3030.94$$

$$Y_B^* = Y_A + \Sigma\Delta Y_{ij}^* = 1215.63 + 368.85 = 1584.48$$

根据坐标反算可得：

（实际方位角）$\alpha_{AB} = 122°11'22''$

（假定方位角）$\alpha_{AB}^* = 35°10'51''$

作为检核，可求得 $S_{AB} = 640.02$，$S_{AB}^* = 640.19$，可见 $S_{AB} \neq S_{AB}^*$，这说明观测值确实存在误差⇒实际坐标增量求得后还应进一步求平差坐标增量。

于是 $\delta = \alpha_{AB} - \alpha_{AB}^* = 87°00'31''$

实际坐标增量的计算可有两种算法：

方法一、根据 δ 将各边已经求得的假定方位角转换成实际方位角后再算。

由计算公式“假 + δ = 实”可得：$\alpha_{ij} = \alpha_{ij}^* + \delta$，

由 α_{ij} 又可求得各边实际坐标增量，见下表 4-1-7。

表 4-1-7 实际坐标增量计算

边号 ij	实际方位角 ° ′ ″	边长（m）	实际坐标增量	
			ΔX_{ij}（m）	ΔY_{ij}（m）
$A1$	157 00 31	225.85	-207.91	+88.22
12	144 46 07	139.03	-113.56	+80.20
23	87 57 31	172.57	+6.15	+172.46
34	97 18 07	100.07	-12.72	+99.26
$4B$	97 17 25	102.48	-13.00	+101.65
总和		740.00	-341.04	+541.79

方法二、根据转换公式算。

计算公式如下［见（4-1-4）式］：

$$\begin{bmatrix}\Delta X_{ij}\\ \Delta Y_{ij}\end{bmatrix} = \begin{bmatrix}\cos\delta & -\sin\delta\\ \sin\delta & \cos\delta\end{bmatrix}\begin{bmatrix}\Delta X_{ij}^*\\ \Delta Y_{ij}^*\end{bmatrix} = \begin{bmatrix}0.0522 & -0.9986\\ 0.9986 & 0.0522\end{bmatrix}\begin{bmatrix}\Delta X_{ij}^*\\ \Delta Y_{ij}^*\end{bmatrix}$$

结果见表 4-1-8。

表 4-1-8 假定坐标增量换算成实际坐标增量

边号 ij	假定坐标增量		实际坐标增量	
	ΔX_{ij}^{*}（m）	ΔY_{ij}^{*}（m）	ΔX_{ij}（m）	ΔY_{ij}（m）
$A1$	+77.24	+212.23	-207.90	+88.21
12	+74.17	+117.59	-113.55	+80.20
23	+172.55	+2.86	+6.15	+172.46
34	+98.46	+17.88	-12.72	+99.26
$4B$	+100.83	+18.29	-13.00	+101.64
总和			-341.02	+541.77

由于计算舍入误差的影响，两种方法得出的实际坐标增量有少量差别。平差坐标的计算以表 4-1-8 中的数据为准。

在表 4-1-8 中已计算得由 A 点到 B 点的坐标增量为：

$\Sigma\Delta X=-341.02, \Sigma\Delta Y=+541.77$，按闭合差定义可得：

$f_x=X_B'-X_B=(X_A+\Sigma\Delta X)-X_B=(2507.69-341.02)-2166.74=-0.07$，

也可 $f_x=\Delta X_{AB}^{推算}-\Delta X_{AB}=\Sigma\Delta X-(X_B-X_A)=-341.02-(2166.74-2507.69)=-0.07$

同理，$f_y=Y_B'-Y_B=(Y_A+\Sigma\Delta Y)-Y_B=(1215.63+541.77)-1757.27=+0.13$，

也可 $f_y=\Delta Y_{AB}^{推算}-\Delta Y_{AB}=\Sigma\Delta Y-(Y_B-Y_A)=+541.77-(1757.27-1215.63)=+0.13$

现在，$f_S=\sqrt{f_x^2+f_y^2}=\sqrt{(-0.07)^2+0.13^2}=0.15$，

于是 $K=\dfrac{f_S}{L}=\dfrac{0.15}{740}=\dfrac{1}{4933}$，显然该值 $<K_{容}=1/2000$，说明观测值符合要求。

其余计算见表 4-1-9。类似前面的例题，在计算过程中要进行相应检核（对计算的检核）。

计算坐标增量改正数的公式为：

$$V_{\Delta X_{ij}}=\frac{-f_x}{L}\times S_{ij}=\frac{0.07}{740}\times S_{ij}, V_{\Delta Y_{ij}}=\frac{-f_y}{L}\times S_{ij}=\frac{-0.13}{740}\times S_{ij}$$

表 4-1-9 平差坐标增量计算

边号 ij	边长（m）	实际坐标增量及改正数		平差坐标增量	
		ΔX_{ij}（m）	ΔY_{ij}（m）	$\Delta\hat{X}_{ij}$（m）	$\Delta\hat{Y}_{ij}$（m）
$A1$	225.85	+0.02 -207.90	-0.04 +88.21	-207.88	+88.17
12	139.03	+0.01 -113.55	-0.02 +80.20	-113.54	+80.18

续 表

边号 ij	边长（m）	实际坐标增量及改正数		平差坐标增量	
		ΔX_{ij}（m）	ΔY_{ij}（m）	$\Delta \hat{X}_{ij}$（m）	$\Delta \hat{Y}_{ij}$（m）
23	172.57	+0.02 +6.15	−0.03 +172.46	+6.17	+172.43B
34	100.07	+0.01 −12.72	−0.02 +99.26	−12.71	+99.24
4B	102.48	+0.01 −13.00	−0.02 +101.64	−12.99	+101.62
总和	740.00	+0.07 −341.02	−0.13 +541.77	−340.95	+541.64

于是各点平差坐标为：

$\hat{X}_1 = X_A + \Delta\hat{X}_{A1} = 2507.69 + (-207.88) = 2299.81$；

$\hat{X}_2 = X_1 + \Delta\hat{X}_{12} = 2299.81 + (-113.54) = 2186.27$；

$\hat{X}_3 = X_2 + \Delta\hat{X}_{23} = 2186.27 + (+6.17) = 2192.44$；

$\hat{X}_4 = X_3 + \Delta\hat{X}_{34} = 2192.44 + (-12.71) = 2179.73$；

$\hat{X}_4 + \Delta\hat{X}_{4B} = 2179.73 + (-12.99) = 2166.74 = X_B \Rightarrow$ 计算正确。

同理，$\hat{Y}_1 = Y_A + \Delta\hat{Y}_{A1} = 1215.63 + (+88.17) = 1303.80$；

$\hat{Y}_2 = Y_1 + \Delta\hat{Y}_{12} = 1303.80 + (+80.18) = 1383.98$；

$\hat{Y}_3 = Y_2 + \Delta\hat{Y}_{23} = 1383.98 + (+172.43) = 1556.41$；

$\hat{Y}_4 = Y_3 + \Delta\hat{Y}_{34} = 1556.41 + (+99.24) = 1655.65$；

$\hat{Y}_4 + \Delta\hat{Y}_{4B} = 1655.65 + (+101.62) = 1757.27 = Y_B \Rightarrow$ 计算正确。

（五）闭合导线的计算方法

示意图见图 4－1－13。

显然，闭合导线可以看成是标准附合导线的特例。它相当于标准附合导线的终点与起点重合的情况。

需要注意的是：闭合导线由于形成了多边形，其推算方向总有两种——顺时针方向或逆时针方向，而我们总可选择一种方向使观测的转折角成为多边形的内角（如果是观测外角，则可用360°减去该角）。图中选择逆时针方向后，$\beta_1 \sim \beta_5$ 就成了多边形的内角。

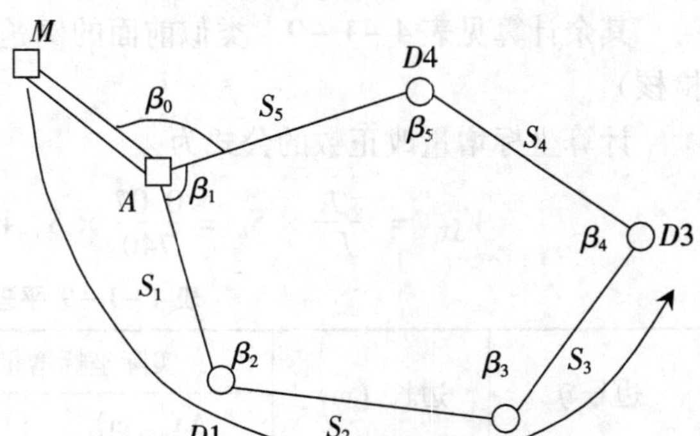

图 4－1－13 闭合导线

为什么要这样做？这样做将会使方位角闭合差的计算大为简化：方位角闭合差转换成了多边形角度闭合差，而多边形角度闭合差的计算是很简单的。如 n 边形，其角度闭合差计算公式为：

$$f_{\beta} = \Sigma 内角 - (n-2) \times 180°$$

所以，闭合导线的计算基本同标准附合导线，但要注意以下几点：

（1）连接角 β_0 不参与角度闭合差的调整。

（2）方位角闭合差的计算公式简化为：$f_{\beta} = \Sigma 内角 - (n-2) \times 180°$。

（3）坐标闭合差的计算公式简化为：$f_x = \Sigma\Delta X$；$f_y = \Sigma\Delta Y$。

现简要给出闭合导线的计算步骤：

（1）根据已知点坐标反算求出已知边的方位角（这一方位角也可直接给出）。

（2）求出角度闭合差并检核。

（3）求出转折角改正数及转折角平差值。

（4）根据方位角的传递公式利用转折角平差值求各导线边的方位角。

（5）根据坐标正算依次求出各导线边的坐标增量。

（6）求出坐标闭合差并检核。

（7）求出坐标增量改正数及坐标增量平差值。

（8）依次求出导线中各待定点的坐标。

需要说明的是，上述计算步骤也可放入一个表格中完成（宜充分使用计算器的相应功能）。

例［4-1-8］在某测区布设了一条闭合导线（见图4-1-13），M、A 为已知点，其坐标各为：

M（3620.026，5636.150）、A（3546.779，5721.119）。$D1$、$D2$、$D3$、$D4$ 为待定点。观测值如下：

$\beta_0 = 121°57'54''$，$\beta_1 = 90°36'06''$，$\beta_2 = 114°01'24''$，

$\beta_3 = 120°09'00''$，$\beta_4 = 85°33'36''$，$\beta_5 = 129°40'24''$；

$S_1 = 138.971\text{m}$，$S_2 = 186.366\text{m}$，$S_3 = 147.588\text{m}$，$S_4 = 170.835\text{m}$，$S_5 = 179.552\text{m}$。

求 $D1$、$D2$、$D3$、$D4$ 点的坐标。

解：选定推算方向为逆时针方向，见图4-1-13中箭头。

由 M、A 坐标可反算得方位角 $\alpha_{MA} = 130°45'46''$。

$$\begin{aligned} f_{\beta} &= \Sigma 内角 - (n-2) \times 180° \\ &= (\beta_1 + \beta_2 + \beta_3 + \beta_4 + \beta_5) - (5-2) \times 180° \\ &= 540°00'30'' - 540° = +30'' \end{aligned}$$

取 $f_{\beta}^{容} = \pm 40''\sqrt{n}$，则 $f_{\beta}^{容} = \pm 40''\sqrt{5} = \pm 89''$，显然转折角的观测符合要求。

转折角改正数 $V_i = \dfrac{-f_{\beta}}{5} = -6''(i = 1,2,\cdots,5)$，相应平差值为：$\hat{\beta}_i = \beta_i + V_i$，

结果见表4-1-10。

方位角的计算应注意两点：

（1）由 MA 推算 $A-D1$ 边方位角时，需用到的转折角是 $\beta_0 + \hat{\beta}_1$，不能用错。即：

$$\alpha_{A1} = \alpha_{MA} + (\beta_0 + \hat{\beta}_1) - 180°$$

（2）方位角计算的检核式为：$\alpha_{4A} - \beta_0 + 180° = \alpha_{AM}$（此时 β_0 为右角）

而 $\alpha_{AM} = \alpha_{MA} + 180° = 310°45'46''$

各边坐标增量的计算见表 4－1－10。

对闭合导线，坐标闭合差为：

$$f_x = \Sigma\Delta X = = -0.003, f_y = \Sigma\Delta Y = -0.092,$$

现在，$f_S = \sqrt{f_x^2 + f_y^2} = \sqrt{(-0.003)^2 + (-0.092^2)} = 0.092$，

于是 $K = \dfrac{f_S}{L} = \dfrac{0.092}{823.312} = \dfrac{1}{8949}$，显然该值 $< K_{容} = 1/2000$。

其余计算见表 4－1－10。类似前面的例题，在计算过程中要进行相应检核（对计算的检核）。

计算坐标增量改正数的公式为：

$$V_{\Delta X_{ij}} = \frac{-f_x}{L} \times S_{ij} = \frac{+0.003}{823.312} \times S_{ij}$$

$$V_{\Delta Y_{ij}} = \frac{-f_y}{L} \times S_{ij} = \frac{+0.092}{823.312} \times S_{ij}$$

表 4－1－10　闭合导线计算

点号	观测角 ° ′ ″	改正数 ″	平差角 ° ′ ″	方位角 ° ′ ″	边长 (m)	坐标增量及改正数		坐标增量平差值		坐标值		点号
						ΔX(m)	ΔY(m)	$\Delta\hat{X}$(m)	$\Delta\hat{Y}$(m)	X(m)	Y(m)	
1	2	3	4	5	6	7	8	9	10	11	12	13
M												M
				130 45 46								
A	(β_1) 90 36 06	－6	90 36 00							3546.779	5721.119	A
				163 19 40	138.971	+0.000 －133.129	+0.016 +39.870	－133.129	+39.886			
$D1$	114 01 24	－6	114 01 18							3413.650	5761.005	$D1$
				97 20 58	186.366	+0.001 －23.840	+0.021 +184.835	－23.839	+184.856			
$D2$	120 09 00	－6	120 08 54							3389.811	5945.861	$D2$
				37 29 52	147.588	+0.000 +117.093	+0.016 +89.841	+117.093	+89.857			
$D3$	85 33 36	－6	85 33 30							3506.904	6035.718	$D3$
				303 03 22	170.835	+0.001 +93.184	+0.019 －143.183	+93.185	－143.164			
$D4$	129 40 24	－6	129 40 18							3600.089	5892.554	$D4$
				252 43 40	179.552	+0.001 －53.311	+0.020 －171.455	－53.310	－171.435			
A	(β_0) 121 57 54									3546.779	5721.119	A
				310 45 46								
M												M
总和	540°00′30″(内角和,但不包括β_0)		540°		823.312	+0.003 －0.003	+0.092 －0.092	0	0			

4.1.2　习　题

1. 图4-1-14为支导线，B、$C1$为已知点，$F1$、$F2$、$F3$为待定点。观测值已标在图中，求$F1$、$F2$、$F3$的坐标。

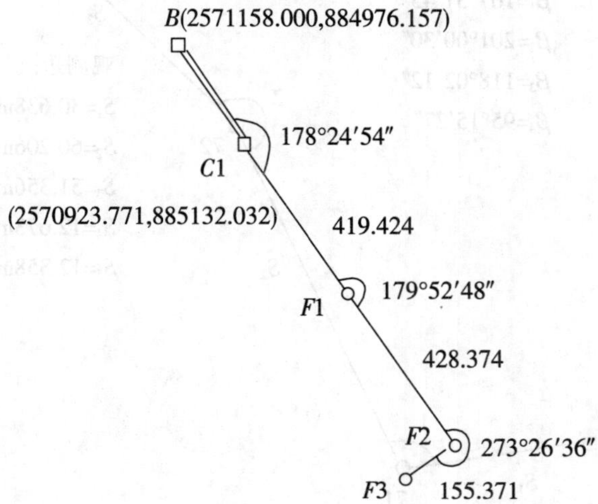

图4-1-14　支导线

2. 图根导线是什么导线？

3. 求出f_x、f_y后，为什么不是分别给出它们的容许误差，而是给出K的容许误差，即：$K_{容}=1/2000$？

4. f_x、f_y为什么既可说成坐标闭合差，又可说成坐标增量闭合差？

5. 导线计算中调整闭合差可得改正数；单一水准路线计算中调整闭合差也得改正数。这两种改正数改正的对象有何不同？

6. 导线计算中，各种闭合差如何进行分配？

7. 导线计算中，哪种检核是针对观测值的？哪种检核是针对计算的？

8. 附合导线计算中，证明：

（1）各边坐标增量改正数之和等于相应闭合差的相反数，即：

$$\Sigma V_{\Delta X_{ij}} = -f_x, \Sigma V_{\Delta Y_{ij}} = -f_y 。$$

（2）各边坐标增量平差值之和等于终点相应坐标减去起点相应坐标，即：

$$\Sigma \Delta \hat{X}_{ij} = X_B - X_A, \Sigma \Delta \hat{Y}_{ij} = Y_B - Y_A 。$$

9. 例［4-1-7］（无定向附合导线）中，$S_{AB} \neq S_{AB}^*$说明什么问题，为什么？

10. 图4-1-15为无定向附合导线，已知量及观测值已标在图中。求待定点71、72、73、74的平面坐标。

11. 图4-1-16为标准附合导线，已知量及观测值已标在图中。求待定点$A1$、$A2$、$A3$、$A4$、$A5$的平面坐标。（取$f_\beta^{容} = \pm 40'' \sqrt{n}$）

12. 闭合导线计算中，连接角为什么不参与闭合差的调整，即该角的改正数为0？

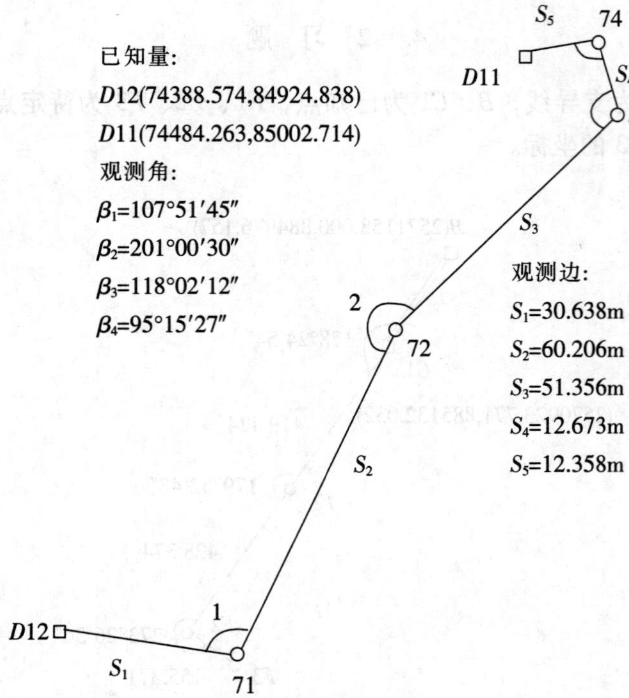

图 4－1－15　无定向附合导线

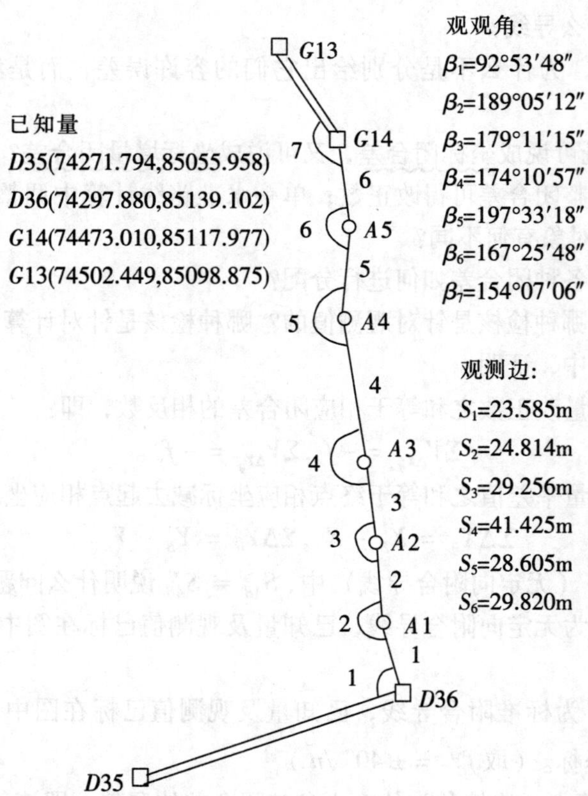

图 4－1－16　标准附合导线

13. 在图4－1－17中，A、B为已知点，其坐标为A（X_A，Y_A），B（X_B，Y_B）。P为待定点。根据观测的水平角α、β可求出P点的坐标，这种方法称前方交会；根据观测的平距S_a、S_b也可求出P点的坐标，这种方法称边长交会。

给出前方交会、边长交会至少一种求P点坐标的方法。

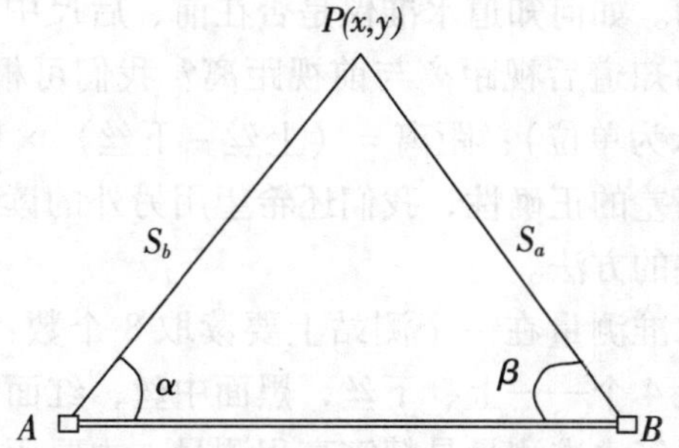

图4－1－17　交会定点

4.2　高程控制测量

本章基本概念：高程控制测量；红面读数；水准尺常数；球差；气差；球气差；局部加权平均值；等权代替；中心结点；等等。

本章基本公式：水准高差计算公式；前、后视距计算公式；三角高程测量计算高差的基本公式、实用公式；球气差计算公式；三角高差的中误差及定权公式；等等。

本章难点内容：三角高程测量高差中误差、权；三角高程路线计算；视距测量中高程计算；等权代替法平差；等等。

上一章介绍了控制点平面坐标的计算方法。事实上，由平面坐标仅能确定该控制点投影到平面上的位置，而它在地球表面的位置还需知道高程才能唯一确定。高程控制测量就是测定控制点高程的工作。高程是如何得到的？高程是在已知点的基础上，通过观测高差计算得到的。

4.2.1　三、四等水准测量

学习了第二篇2.1后，我们掌握了以下概念：测站；后尺、后视读数、后视距离；前尺、前视读数、前视距离等。我们还知道：

水准测量计算高差的公式为：$h = a - b$，式中a为水准仪中丝在后尺黑面上的读数，b为水准仪中丝在前尺黑面上的读数。

地球曲率对水准高差的影响是系统性的，且为：

$$\Delta h = \frac{1}{2R}(S_{后} - S_{前})(S_{后} + S_{前})$$

由此可得结论：将水准仪安放在前、后尺中央可消除地球曲率对水准高差的影响。

水准仪的i角（竖直面内视线与水平线之间的夹角）对水准高差的影响也是系统性

的，且为：$\delta h = \frac{i}{\rho}(S_{后} - S_{前})$，由此可得结论：将水准仪安放在前、后尺中央可消除 i 角对水准高差的影响。

由此可见，实际工作（尤其是等级水准测量如三、四等水准测量）中将水准仪安放在前、后尺中央是十分重要的。如何知道水准仪是否在前、后尺中央？这要看后视距离与前视距离是否相等？而又如何知道后视距离与前视距离？我们可根据上、下丝读数来求得，即（注意上、下丝读数以米为单位）：距离 =（上丝 - 下丝）×100。

另一方面，为了保证高差的正确性，我们还希望用另外的读数来计算它，这就有了用水准尺红面读数来计算高差的方法。

综上所述，三、四等水准测量在一个测站上要读取 8 个数：后尺 4 个——上、下丝，黑面中丝，红面中丝；前尺 4 个——上、下丝，黑面中丝，红面中丝。

需要指出的是：一、二等水准测量是精密高程测量，主要用于研究地壳和地面垂直运动以及有关科学问题。其间还涉及许多新问题（如仪器、计算等），本教材不对这些内容作进一步介绍。

对上述 8 个数应按什么样的顺序来读？应按“后——前——前——后”这一顺序来读，具体为：后尺上、下丝，黑面中丝（3 个数）→前尺黑面中丝，上、下丝（3 个数）→前尺红面中丝（1 个数）→后尺红面中丝（1 个数）。为什么要这样读？这是为了消除或减弱水准仪（或水准尺）下沉或上升对高差的影响。下面给出解释（以水准仪下沉为例加以说明，假设水准仪下沉与时间成正比）：

如图 4-2-1，一般情况下，水准仪由瞄准后尺读数转向瞄准前尺读数与由瞄准前尺读数转向瞄准后尺读数所花时间相同，按假设，水准仪相应下沉量相同。

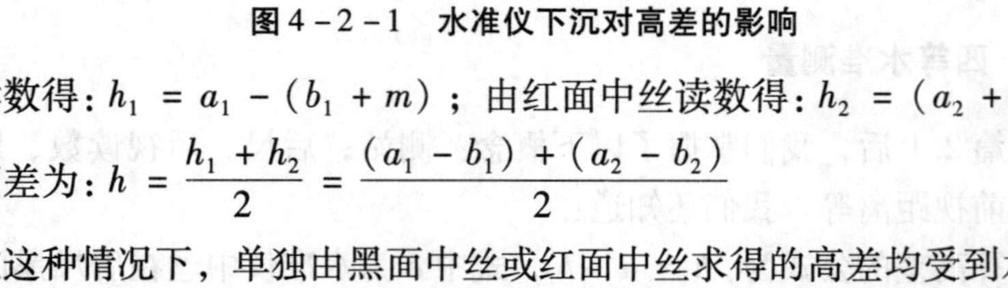

图 4-2-1　水准仪下沉对高差的影响

由黑面中丝读数得：$h_1 = a_1 - (b_1 + m)$；由红面中丝读数得：$h_2 = (a_2 + m) - b_2$

而平均高差为：$h = \frac{h_1 + h_2}{2} = \frac{(a_1 - b_1) + (a_2 - b_2)}{2}$

可见，在这种情况下，单独由黑面中丝或红面中丝求得的高差均受到水准仪下沉的影响，但按“后——前——前——后”来观测，两者平均值中会抵消这一系统误差的影响。不过，假设水准仪下沉与时间成正比不一定成立，此时这种影响虽然不能完全抵消，但可减弱之。所以，在进行三、四等水准测量时，在一个测站上要按“后——前——前——后”来读取 8 个数。对四等水准测量而言，若实地比较坚硬，也可按“后——后——前——前”的顺序进行观测。

围绕这 8 个读数（单位为米）应计算哪些量？下面将看到：围绕这 8 个读数应进行

10 项的计算。

1. 与距离有关的计算 4 项

（1）后视距离 S_1 =（后尺上丝 - 后尺下丝）×100；

（2）前视距离 S_2 =（前尺上丝 - 前尺下丝）×100；

（3）前后视距差 $d = S_1 - S_2$；

（4）前后视距累积差 $= \Sigma d$。

具体计算时要注意：因水准仪的成像有正像和倒像之分，公式中的“（上丝 - 下丝）”应理解成“（较大的读数 - 较小的读数）”。

2. 与高差有关的计算 3 项

（1）由黑面中丝读数得黑面所测高差 $h_1 = a_1 - b_1$；

（2）由红面中丝读数得红面所测高差 $h_2 = a_2 - b_2$；

（3）平均高差 $h = \dfrac{h_1 + h_2}{2}$。

3. 与读数检核和计算检核有关的计算 3 项

（1）后尺读数检核 p_1 = 后尺黑面中丝读数 + K_1 - 后尺红面中丝读数；

（2）前尺读数检核 p_2 = 前尺黑面中丝读数 + K_2 - 前尺红面中丝读数；

（3）计算检核：$p_1 - p_2 = h_1 - h_2 \pm 100(\mathrm{mm})$。

式中，K_1、K_2 为水准尺的红面“零读数”与黑面“零读数”的差，对一给定的水准尺而言为常数，一般为 4.687 米或 4.787 米，这两个常数的差为 ±100（mm）。请读者完成该等式的证明。

对上述 10 项的计算结果，除了黑面所测高差和红面所测高差没有限制外，其余 8 个计算结果均有限制（平均高差的计算间接也有限制——参与平均值计算的这两个数值互差不能超限），至于如何限制则由相关《规范》确定，如：中华人民共和国国家标准《工程测量规范》（GB50026 - 93）对三、四等水准测量作了如下规定：

表 4 - 2 - 1　水准观测的主要技术要求

等级	三等	四等
水准仪的型号	DS_3	DS_3
视线长度（m）	75	100
前后视较差（m）	3	5
前后视累积差（m）	6	10
视线离地面最低高度（m）	0.3	0.2
黑面、红面（或基本分划、辅助分划）读数较差（mm）	2	3
黑面、红面（或基本分划、辅助分划）所测高差较差（mm）	3	5

当上述 8 个计算结果中有一个超限时，该测站的数值就要部分或全部重测（视线离地面最低高度的读数可直接判断，勿需记录后再判断）。

可见，一个测站的观测结束后是否搬至下一测站完全取决于这 8 个计算结果是否符合《规范》要求。因此，记录（簿）者应快速计算这 8 个数。实际工作中，应做到一边观测一边计算，不要等到观测结束后再来计算。另外，三、四等水准测量的数据量是比较大的，全部观测数据及计算结果应纳入表格中进行。这种表格的样式见表4－2－2。

计算中注意：

（1）应正确判断（或仔细看清）各水准尺的常数 K（是4.687米还是4.787米）；

（2）取黑、红面所测高差的平均值时，应以黑面所测高差为准，将红面所测高差±100(mm)。请读者考虑为什么不能以红面所测高差为准？

表4－2－2　三（四）等水准测量观测手簿

测站编号	后尺	前尺	方向及尺号	标尺读数		K＋黑减红（mm）	高差中数	备考
	下丝	下丝		黑面	红面			
	上丝	上丝						
	后距	前距						
	视距差 d	Σd						
1	1.571	0.739	后 KG11	1.384	6.171	0		
	1.197	0.363	前 TP_1	0.551	5.239	－1		
	37.4	37.6	后－前	＋0.833	＋0.932	＋1	＋0.832	
	－0.2	－0.2						
2	2.121	2.196	后 TP_1	1.934	6.621	0		
	1.747	1.821	前 TP_2	2.008	6.796	－1		
	37.4	37.5	后－前	－0.074	－0.175	＋1	－0.074	
	－0.1	－0.3						
3	1.914	2.055	后 TP_2	1.726	6.513	0		
	1.539	1.678	前 TP_3	1.866	6.554	－1		
	37.5	37.7	后－前	－0.140	－0.041	＋1	－0.140	
	－0.2	－0.5						
4	1.089	1.124	后 TP_3	1.054	5.842	－1		
	1.020	1.050	前 $A8$	1.087	5.775	－1		
	6.9	7.4	后－前	－0.033	＋0.067	0	－0.033	
	－0.5	－1.0						

得到高差观测值后，可视路线情况计算相应待定点的高程及其中误差。高程的计算方法可按第二篇第2.1章的“水准测量成果整理”或本章所述“等权代替法平差”；高程中误差的计算方法可按第三篇第3.2章的“加权平均值”或本章所述“等权代替法平差”。

4.2.1　习　题

1. 三、四等水准测量中为什么要将水准仪安放在前、后尺中央？

2. 三、四等水准测量中，一个测站上为什么要读8个数？为什么要按“后——前——前——后”这一顺序来读这8个数？

3. 三、四等水准测量中，一个测站上对得到的 8 个数要进行哪 10 项的计算?

4. “后——前——前——后”与“后——后——前——前”有何区别?哪一种顺序省时间，为什么?

5. 求证：$p_1 - p_2 = h_1 - h_2 \pm 100(\text{mm})$

4.2.2　三角高程测量

(一) 三角高程测量原理

如图 4-2-2，为了测出 A、B 两点间的高差 h_{AB}，可在 A 点安置经纬仪观测 B 处目标的竖直角 α 及平距 S。理想情况下可将大地水准面看成水平面，于是有：

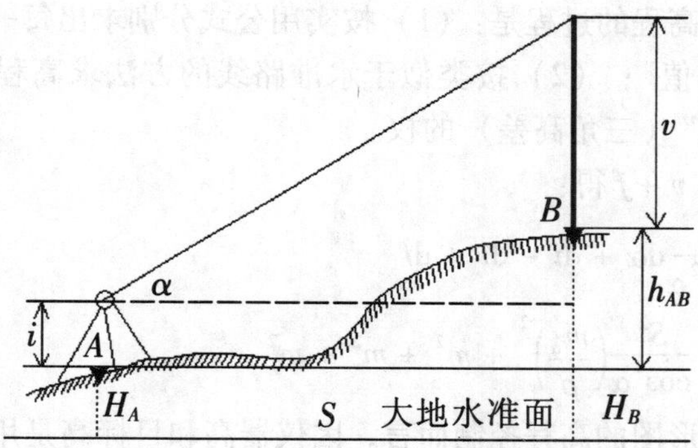

图 4-2-2 三角高程测量原理（理想图）

$$h_{AB} = S\tan\alpha + i - v \tag{4-2-1}$$

(4-2-1) 就是三角高程测量计算高差的基本公式。

实际的三角高程测量要比图 4-2-2 复杂得多，这主要表现在两方面：

(1) 如此测定的高差也会受到地球曲率的影响（简称为“球差”），由“1.4”的公式 (1-4-6) 知这一影响为：

$$\Delta h_{球} = \frac{S^2}{2R} \tag{4-2-2}$$

(2) 由于大气密度的不均匀（当然还有其他原因），测量时所处的大气并非均匀媒质，这将导致用经纬仪瞄准目标的视线不是沿直线到达，而是沿曲线到达。这一曲线是相当复杂的，人们只能按类比的方式来研究其对高差的影响（简称为“气差”，也称“大气折光差”），具体为：

$$\Delta h_{气} = \frac{S^2}{2R'} \tag{4-2-3}$$

式中 R' 为该曲线的曲率半径。精确确定 R' 几乎是不可能的事，因为不同地点的大气情况是不一样的，即便是同一地点，在不同的时间段也不相同。通过大量的实践，测量工作者得到了一个经验数值：$R' = 6R$。

“球差”与“气差”对高差的综合影响为（简称为“球气差”）：

$$f = \Delta h_{球} - \Delta h_{气} = \frac{S^2}{2R} - \frac{S^2}{2R'} = \frac{S^2}{2R} - \frac{S^2}{2 \times 6R} = 0.42\frac{S^2}{R} \quad (4-2-4)$$

至此，三角高程测量的实用公式为：$h = S\tan\alpha + i - v + f$

式中各量的含义如下：

h——测站点至目标点的高差；S——测站点与目标点之间的水平距离；

α——测站点至目标点的竖直角；i——测站点处的仪器高；

v——目标点处的目标高；f——地球曲率（使读数增大）和大气折光（使读数减小）对高差的合成影响，简称为球气差，计算公式（经验公式）为：$f = 0.42\frac{S^2}{R}$（可取地球的平均半径为6370km）。

实际工作中，球气差的影响是不可避免的，但当 $S \leqslant 300$m 时，可计算得 $f \leqslant 0.0059$m，该值一般（如测绘大比例尺地形图时）可忽略不计。

三角高程测量计算高程的过程是：（1）按实用公式分别求出每一边的往返高差并将其平均值作为高差“观测值”；（2）按类似于水准路线的方法求高程。但为什么可以这样求？下面推导“观测值”（三角高差）的权。

由 $h = S\tan\alpha + i - v + f$ 得：

$$\mathrm{d}h = \tan\alpha \mathrm{d}S + \frac{S}{\cos^2\alpha}\mathrm{d}\alpha + \mathrm{d}i - \mathrm{d}v + \mathrm{d}f$$

$$\Rightarrow m_h^2 = \tan^2\alpha m_S^2 + \frac{S^2}{\cos^4\alpha}\left(\frac{m_\alpha}{\rho}\right)^2 + m_i^2 + m_v^2 + m_f^2$$

对测绘大比例尺地形图的高程控制而言，因仪器高和目标高是用小钢尺量取，具有较高的精度，因而可忽略 m_i 和 m_v；另一方面 m_s、m_f 较之 m_α 的影响而言也可忽略不计。从而得：$m_h^2 = \frac{S^2}{\cos^4\alpha}\left(\frac{m_\alpha}{\rho}\right)^2$，当 $\alpha \leqslant 5°$时有 $\cos\alpha \approx 1$，于是：$m_h^2 = S^2\left(\frac{m_\alpha}{\rho}\right)^2$，根据定权公式得：$p_h = \frac{\mu^2}{m_h^2} = \frac{\mu^2}{S^2\left(\frac{m_\alpha}{\rho}\right)^2} = \frac{\mu^2}{\left(\frac{m_\alpha}{\rho}\right)^2}\frac{1}{S^2}$，对一个确定的三角高程问题，$\mu$、$m_\alpha$ 均为常量，因此 $\frac{\mu^2}{\left(\frac{m_\alpha}{\rho}\right)^2}$ 也为常量，不妨用 C 表之。从而得三角高差的定权公式为：$p_h = \frac{C}{S^2}$。需要注意的是，三角高差的这一定权公式是在下面的情形才得到的：

（1）忽略仪器高和目标高中误差的影响；

（2）忽略水平距离和球气差中误差的影响；

（3）假设竖直角≤5°。

由于上述原因，三角高差的定权公式不严密。在三角高程测量的计算过程中，我们于是可进行简单化处理。

对高差测量两种方法的比较见表 4-2-3。

从该表可见：由于三角高差的定权公式不严密，致使高差改正数的计算也不严密，我们于是常进行简单化处理：按类似于水准路线的方法求高程；本应取的加权平均值也简单变成求它们的算术平均值等。

表 4-2-3　高差测量两种方法的比较

<table>
<tr><th>水准测量</th><th>三角高程测量</th></tr>
<tr><td>1. 使用水准仪和水准尺进行观测。
2. 观测精度高，但传递慢。
3. 定权公式为：$p_h = \frac{C}{S}$，该式严密。由该式按平差的原则（$\sum_{i=1}^{n} p_i v_i^2 = \min$）可得：
(1) 由单一闭合差 f_h 求高差改正数的公式为：$v_i = \frac{-f_h}{\Sigma S} S_i$，即反号按路线长分配闭合差。
(2) 由权计算中误差的公式为（指定单位权中误差 μ 为 1km 水准路线高差观测的中误差，因此 $C=1$）：$m_h = \mu\sqrt{S}$，据此可得诸如以下结论：
i) 同一段水准路线往返测高差较差（d）的中误差为：$m_d = \mu\sqrt{2S} \Rightarrow$ 较差容许值为：$d_{容} = 2m_d = 2\mu\sqrt{2S}$；
ii) 附合或闭合水准路线闭合差（f）的中误差为：
$m_f = \mu\sqrt{S_1 + S_2 + \cdots + S_n} = \mu\sqrt{L} \Rightarrow$ 闭合差容许值为：$f_{容} = 2m_f = 2\mu\sqrt{L}$。</td><td>1. 使用经纬仪和测距仪或使用全站仪进行观测。
2. 观测精度低，但传递快。
3. 定权公式为：$p_h = \frac{C}{S^2}$，该式不严密。由该式按平差的原则（$\sum_{i=1}^{n} p_i v_i^2 = \min$）可得：
(1) 由单一闭合差 f_h 求高差改正数的公式为：$v_i = \frac{-f_h}{\Sigma S^2} S_i^2$，即：反号按路线长的平方分配闭合差，而实际计算时则采用简化的公式：$v_i = \frac{-f_h}{\Sigma S} S_i$，即：反号按路线长分配闭合差。为什么可以这样做？请读者给予回答。
(2) 由权计算中误差的公式为（指定单位权中误差 μ 为 1km 三角高程路线高差观测的中误差，因此 $C=1$）：$m_h = \mu\sqrt{S^2}$，据此可得诸如以下结论：
i) 同一段三角高程路线往返测高差较差（d）的中误差为：$m_d = \mu\sqrt{2S^2} \Rightarrow$ 较差容许值为：$d_{容} = 2m_d = 2\mu\sqrt{2S^2}$；
ii) 附合或闭合三角高程路线闭合差（f）的中误差为：
$m_f = \mu\sqrt{S_1^2 + S_2^2 + \cdots + S_n^2} = \mu\sqrt{\Sigma S^2} \Rightarrow$ 闭合差容许值为：$f_{容} = 2m_f = 2\mu\sqrt{\Sigma S^2}$。</td></tr>
</table>

在进行三角高程测量的计算过程中，同样面临闭合差容许值的问题。至于如何限制则由相关《规范》确定，如：中华人民共和国国家标准《工程测量规范》（GB50026－93）对图根经纬仪三角高程测量作了下表规定：

表 4-2-4　图根经纬仪三角高程测量的主要技术要求

边长（km）	仪器	测回数	对向观测高差较差（mm）	附合或环形闭合差（m）
		中丝法		
≤0.5	DJ_6	1	≤400S	$0.1 H_d\sqrt{n}$

注：①S 为边长（km），n 为边数；②H_d 为等高距（m）；

③边长大于 400m 时，应考虑地球曲率和折光差的影响。

例［4-2-1］图 4-2-3 为一附合三角高程路线，导线点 73、75 的高程已标在图中。观测值见表 4-2-5。求三个待定点的最或然高程。

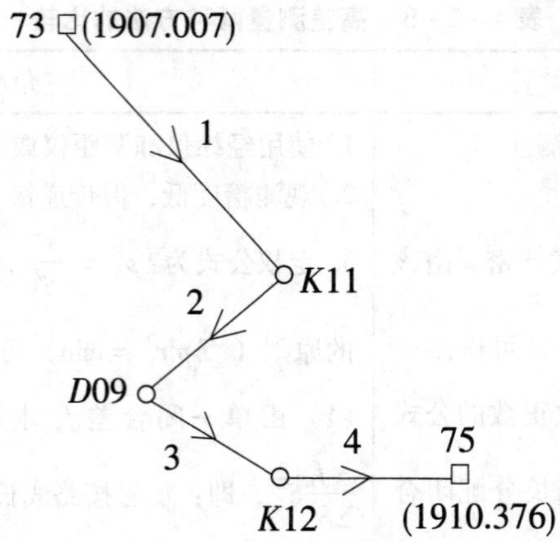

图 4-2-3　附合三角高程路线

表 4-2-5　三角高程观测值

测站	目标	平距（m）	竖直角	仪器高（m）	目标高（m）
73	*K*11	198.025	−0°39′15″	1.390	1.486
*K*11	73	198.025	+0 37 42	1.582	1.404
	*D*09	88.276	+2 25 26	1.582	1.625
*D*09	*K*11	88.276	−2 24 48	1.579	1.557
	*K*12	58.118	+1 15 52	1.579	1.543
*K*12	*D*09	58.118	−1 15 58	1.543	1.574
	75	55.206	+0 46 46	1.543	1.594
75	*K*12	55.206	−0 46 48	1.594	1.543

解：（1）按公式 $h = S\tan\alpha + i - v + f$ 求各边的往返高差及平均高差。注意：因边长 < 300 米，故球气差 f 可忽略。

$h'_1 = -2.357, h''_1 = +2.350$，显见高差较差未超限，

于是：$h_1 = \dfrac{h'_1 + (-h''_1)}{2} = -2.354$；

$h'_2 = +3.694, h''_2 = -3.698$，高差较差未超限，

于是：$h_2 = \dfrac{h'_2 + (-h''_2)}{2} = +3.696$；

$h'_3 = +1.319, h''_3 = -1.315$，高差较差未超限，

于是：$h_3 = \dfrac{h'_3 + (-h''_3)}{2} = +1.317$；

$h'_4 = +0.700, h''_4 = -0.700$，高差较差未超限，

于是：$h_4 = \dfrac{h'_4 + (-h''_4)}{2} = +0.700$。

（2）计算高差闭合差并检核。

$f_h = H(73) + h_1 + h_2 + h_3 + h_4 - H(75) = -0.01\ (\text{m})$

而$f_{容} = 0.1H_d\sqrt{n} = 0.1 \times 1 \times \sqrt{4} = 0.2$（m）（注：等高距取为1米），故$f_h$未超限。

（3）计算高差改正数及平差值。

由公式$v_i = \frac{-f_h}{\Sigma S}S_i$可得($\Sigma S = 399.625$)：

$v_1 = +0.005, v_2 = +0.002, v_3 = +0.002, v_4 = +0.001$。又由$\hat{h}_i = h_i + v_i$得：

$\hat{h}_1 = -2.349, \hat{h}_2 = +3.698, \hat{h}_3 = +1.319, \hat{h}_4 = +0.701$。

（4）计算待定点最或然高程并检核。

$H(K11) = H(73) + \hat{h}_1 = 1904.658, H(D09) = H(K11) + \hat{h}_2 = 1908.356$，

$H(K12) = H(D09) + \hat{h}_3 = 1909.675$，检核：$H(K12) + \hat{h}_4 = 1910.376$，故计算正确。

人们在长期的测量实践中发现：进行往返测可在相当程度上消除大气折光对三角高程测量高差的影响。因此，采用三角高程测量方法作高程控制时必须进行往返测。

"2.2.7 视距测量"已得到用水准仪或经纬仪通过视距丝求平距的公式，那就是公式(2－2－20)，即：$D = kn\cos^2\alpha$。

由于竖直角也已测出，我们很容易就可求得测站至目标的高差（注意：视距测量要求所测距离一般不超过150米，因此勿需考虑球气差），即：

$$h = D\tan\alpha + i - v = kn\cos^2\alpha\tan\alpha + i - v$$

$$= kn\cos\alpha\sin\alpha + i - v = \frac{1}{2}kn\sin(2\alpha) + i - v$$

式中的v就是中丝在视距尺上的读数。

由此可见，视距测量的外业施测是比较简单的，只要测出视距尺上的上、中、下丝读数，视线方向的竖直角，并量取仪器高即可计算出测站到测点的水平距离及高差。视距测量记录、计算见表4－2－6。

表4－2－6　视距测量记录

测站：A　　　　测站高程：1921.40m　　　　仪器高：1.42m

照准点号	视距	中丝读数 v	竖盘读数 L	垂直角 α	水平距离 D	高差 h	高程 H
1	83.4	1.35	87°15′	+2°45′	83.21	+4.07	1925.47
2	152.2	1.42	84°33′	+5°27′	150.83	+14.39	1935.79
3	57.8	2.15	91°35′	−1°35′	57.76	−2.33	1919.07

注：竖直角公式为：$\alpha = 90° - L$

用视距测量方法测绘大比例尺地形图时，由于一个测站上要测定的碎部点很多，如果每测一个点均读上、下丝读数那是相当费时间的。我们要按这样的方法一次性"看出距离"（视距）：调节经纬仪上望远镜微动螺旋使上、下丝中之一对准视距尺上的一个整分划（如1.200），再由另一丝直接读出视距如（83.4米）。

4.2.2　习　题

1. 球气差对高差的影响如何计算？什么情况下可忽略？

2. 水准路线及三角高程路线计算中均需用到公式$v_i = \frac{-f_h}{\Sigma S}S_i$，它们有何不同？

3. 三角高程测量高差的定权公式 $p_h = \dfrac{C}{S^2}$ 是在什么情况下得出的？

4. 三角高程测量时，目标高与竖直角是一一对应的，为什么？

5. 表4-2-6中，哪些数是计算得来的？如何计算？

4.2.3　全站仪中站法测高差

（一）全站仪中站法测高差公式

在“4.2.2”中已给出过如下的公式（三角高程测量的实用公式）：

$$h = S\tan\alpha + i - v + f$$

式中，h 为测站点至目标点的高差；S 为测站点与目标点之间的水平距离；α 为测站点至目标点的竖直角；i 为测站点的仪器高；v 为目标点的目标高（棱镜高）；f 为球气差（大气折光差、地球曲率差）。

按上面的方法要求得高精度（比如相当于三等水准测量精度）高差不太可能，这是因为：

（1）全站仪在测站点作对中时会有对中误差，量取仪器高时也会有误差。

（2）球气差总是不可避免。

若将测量方案改为下图：

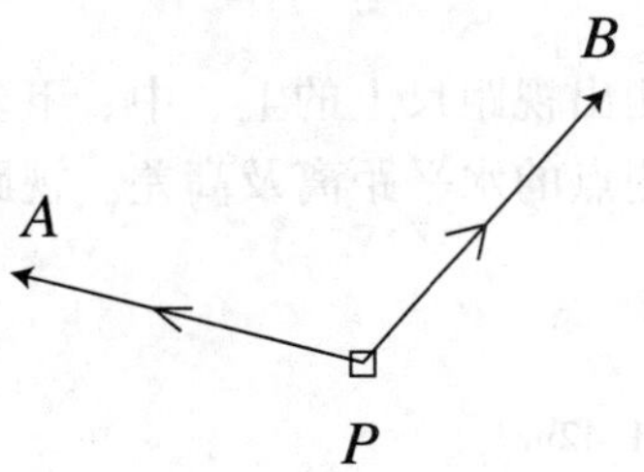

图4-2-4

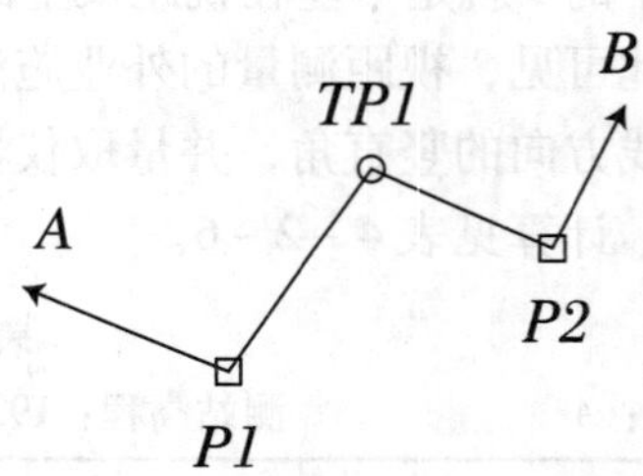

图4-2-5

对图4-2-4，全站仪不直接安置在A点或B点，而是安置在距A、B大致相等的任意一个位置P，在A、B点各安置反光镜，分别用全站仪对这两个反光镜进行观测——测量竖直角、水平距离，则有：

$$h_{AB} = h_{AP} + h_{PB} = h_{PB} - h_{PA} = (S_{PB}\tan\alpha_{PB} + i - \nu_B + f_{PB}) - (S_{PA}\tan\alpha_{PA} + i - \nu_A + f_{PA})$$

由于 P 距 A、B 大致相等，且分别测量 A、B 两点反光镜的时间不会太长，因之可认为 A、B 两点处的大气折光差、地球曲率差相等，即：$f_{PB} = f_{PA}$，于是有：

$$h_{AB} = S_{PB}\tan\alpha_{PB} - S_{PA}\tan\alpha_{PA} - (\nu_B - \nu_A)$$

实际测量时，由于棱镜高可调节，可使 $\nu_B = \nu_A$，于是有：

$$h_{AB} = S_{PB}\tan\alpha_{PB} - S_{PA}\tan\alpha_{PA}$$

可写为较有规律的下式：

$$h_{AB} = S_{前}\tan\alpha_{前} - S_{后}\tan\alpha_{后} \tag{4-2-5}$$

采用这种方法的优点是：不需对中，也不需量仪器高。

考虑到要严格使 $\nu_B = \nu_A$ 不容易，可采用图4-2-5来实施：将A、B两点的高差设置成偶数站（以2个测站为例说明）用全站仪进行观测，图4-2-5中，TP1为转点（是一个传递高差的过渡点，是一个临时点），P1、P2是两个测站。固定两个对中杆交替往前传递，则有：

$$h_{AB}=h_{A-TP1}+h_{TP1-B}$$

$$=[S_{1-TP1}\tan\alpha_{1-TP1}-S_{1A}\tan\alpha_{1A}-(\nu_{TP1}-\nu_{A})]+[S_{2B}\tan\alpha_{2B}-S_{2-TP1}\tan\alpha_{2-TP1}-(\nu_{A}-\nu_{TP1})]$$

$$=(S_{1-TP1}\tan\alpha_{1-TP1}-S_{1A}\tan\alpha_{1A})+(S_{2B}\tan\alpha_{2B}-S_{2-TP1}\tan\alpha_{2-TP1})\qquad(4-2-6)$$

可见，计算公式仍同（4-2-5）。

采用这种方法的优点是：凡是安置全站仪的测站点均不需对中，也不需量仪器高；只要固定两个对中杆交替往前传递，也不需要设置（量取）棱镜高。可将这种方法说成“全站仪中站法测高差”。

上述测量过程类似水准测量：全站仪相当于水准仪，反光镜相当于水准尺，尺垫通用（但应在尺垫的最高处设置十字或浅眼以便安放对中杆）。

（二）全站仪中站法测高差实施过程

为了遵循测量工作“有检核”原则，在每一个测站也应测量两个高差，类似水准测量的“后-前-前-后”（“黑-黑-红-红”），全站仪中站法测高差的过程为“后-前-前-后”（“左-左-右-右”），具体为：

（1）全站仪盘左测量后视反光镜的水平距离、竖盘盘左读数。

（2）全站仪盘左测量前视反光镜的水平距离、竖盘盘左读数。

（3）全站仪盘右测量前视反光镜的水平距离、竖盘盘左读数。

（4）全站仪盘右测量后视反光镜的水平距离、竖盘盘左读数。

当（1）、（2）完成后即可求得盘左对应的高差$h_{左}$；当（3）、（4）完成后即可求得盘右对应的高差$h_{右}$。当$|h_{左}-h_{右}|\le\varepsilon$时可取二者平均值作为该站的高差，即：$h=\frac{h_{左}+h_{右}}{2}$。

至于ε为多少可参考相应等级水准测量的要求，比如：相当于三等水准测量的$\varepsilon=3mm$。

全站仪的普及改变了以往的很多测量作业模式：

（1）在大比例尺地形测量（碎部测量）方面，以往的平板仪测量被全野外数字测图所取代。

（2）在控制测量方面，以往的三角测量被导线测量所取代。

编者有理由认为，全站仪在高精度高差测量中也应有建树。

高精度高差测量，至今还是采用水准测量。目前国家主管部门还未正式出台这方面的《规范》，但可以预见，在不远的将来，采用前述“全站仪中站法测高差”将被广泛采用（可以代替三、四等水准测量），特别是在高差起伏大的地区，采用全站仪测量可大幅度提高测量效率。

本教材编者已经在这方面长期作了许多尝试，还设计了对应的记录、计算表，可见例[4-2-2]。经用二等水准测量复核这些高差，用全站仪所测高差完全满足三等水准测量规范要求。

虽然目前国家主管部门还未正式出台这方面的《规范》，但编者建议可将“全站仪中站法测高差”投入实际工程应用。

（三）全站仪中站法测高差的定权公式

“全站仪中站法测高差”还需深入研究的问题主要是：如此测定的高差如何定权？这涉及到这样测量对应高差控制网的平差。

将前述（4－2－5）简写为：

$$h = S_{前} \tan\alpha_{前} - S_{后} \tan\alpha_{后}$$

则有：

$$dh = \tan\alpha_{前}\, dS_{前} + \frac{S_{前}}{\cos^2\alpha_{前}} d\alpha_{前} - \tan\alpha_{后}\, dS_{后} - \frac{S_{后}}{\cos^2\alpha_{后}} d\alpha_{后}$$

由误差传播律可得：

$$m_h^2 = \tan^2\alpha_{前}\, m_{S_{前}}^2 + \left(\frac{S_{前}}{\cos^2\alpha_{前}}\right)^2 \left(\frac{m_\alpha}{\rho}\right)^2 + \tan^2\alpha_{后}\, m_{S_{后}}^2 + \left(\frac{S_{后}}{\cos^2\alpha_{后}}\right)^2 \left(\frac{m_\alpha}{\rho}\right)^2$$

上式右边的4项中，第1项、第3项是边长中误差的影响，第2项、第4项是竖直角中误差的影响，鉴于全站仪测量边长的精度较高，与第2项、第4项比较，边长中误差的影响可忽略不计，于是得：

$$m_h^2 = \left(\frac{S_{前}^2}{\cos^4\alpha_{前}} + \frac{S_{后}^2}{\cos^4\alpha_{后}}\right)\left(\frac{m_\alpha}{\rho}\right)^2$$

根据定权公式得：

$$p_h = \frac{\mu^2}{m_h^2} = \frac{\mu^2}{\left(\frac{S_{前}^2}{\cos^4\alpha_{前}} + \frac{S_{后}^2}{\cos^4\alpha_{后}}\right)\left(\frac{m_\alpha}{\rho}\right)^2}$$

当$\alpha \leqslant 5°$时，$\cos\alpha \approx 1$，于是上式又可简化为：

$$p_h = \frac{\mu^2}{(S_{前}^2 + S_{后}^2)\left(\frac{m_\alpha}{\rho}\right)^2}$$

注意到在同一个“全站仪中站法测高差”问题中，μ、m_α 均为常数，而ρ也是常数，可用另一个字母C表示，从而得：

$$p_h = \frac{C}{S_{前}^2 + S_{后}^2} \qquad (4-2-7)$$

（4－2－7）就是“全站仪中站法测高差”所得观测值——高差——的定权公式，根据相关闭合差求高差改正数（进而求高差平差值）时就应考虑上式。

需要说明的是（4－2－7）是在作了一些假设后才得到，如同三角高程测量中高差的定权公式那样。

一般来说，用“全站仪中站法测高差”时，各站的水平距离均可大致设定在允许的范围内，不妨设为a，于是：

1. 当所测高差仅有1个测站时，（4－2－7）分母为：$a^2 + a^2 = 2a^2$。
2. 当所测高差有2个测站时，（4－2－7）分母为：$a^2 + a^2 + a^2 + a^2 = 4a^2$。

…以此类推，当所测高差有n个测站时，（4－2－7）分母为：$2na^2$，相应的权为：

$$P_h = \frac{C}{2na^2} = \frac{C}{2a^2} \times \frac{1}{n}$$

考虑到式中的“C”、“$2a^2$”均为常数，又可得：

$$P_h = \frac{K}{n} \qquad (4-2-8)$$

式中 K 为任意正数，(4－2－8) 可看成“全站仪中站法测高差”所得观测值——高差的实用定权公式，以此相对应，单一闭合或附合高程路线中高差改正数计算公式为：

$$v_i = \frac{-f_h}{\sum n} n_i \qquad (4-2-9)$$

式中 f_h 为单一闭合或附合高程路线闭合差。

例［4-2-2］下表给出了在昆明理工大学校园的部分实测数据，完成的全部计算也在表格中。

线路起点——终点：DS5-KG6　　天气情况：晴　　全站仪型号、编号：Leica TC402　　两根对中杆棱镜高：1.373

观测日期：2015.4.8　　本页观测起止时间：　　观测者：段显春　　记录、计算者：丁亚兰

测站	后-前	竖盘盘位	后视点数据				前视点数据				后、前平距差	累积平距差	高差（m）	高差较差（m）	平均高差（m）
			平距	竖盘读数 °′″	指标差 ″	竖直角 °′″	平距	竖盘读数 °′″	指标差 ″	竖直角 °′″					
1	DS5-P1	盘左	28.605	90 31 33	-13	+0 31 46	26.955	90 28 57	-9.5	-0 29 06	+1.650	+1.650	+0.036	+0.000	+0.036
		盘右	28.605	269 28 01			26.955	269 30 44					+0.036		
		备注：													
2	P1-P2	盘左	36.828	90 22 06	-11	+0 22 17	36.825	90 23 52	-2	-0 23 54	+0.003	+1.653	-0.017	0.000	-0.017
		盘右	36.828	269 37 32			36.825	269 36 04					-0.017		
		备注：													
3	P2-P3	盘左	36.464	90 13 54	-2.5	-0 13 56	37.218	90 27 37	-9	-0 27 46	-0.754	+0.899	-0.153	+0.000	-0.153
		盘右	36.464	269 46 01			37.218	269 32 05					-0.153		
		备注：													
4	P3-P4	盘左	26.958	90 15 18	+4.5	-0 15 14	25.334	90 27 37	-5	-0 23 32	+1.624	+2.533	-0.056	+0.000	-0.056
		盘右	26.958	269 44 51			25.334	269 36 23					-0.056		
		备注：													
5	P4-P5	盘左	22.994	90 33 22	-4.5	-0 33 26	24.626	90 24 28	-10	-0 24 38	-1.629	+0.894	+0.047	+0.000	+0.047
		盘右	22.994	269 26 29			24.626	269 35 12					+0.047		
		备注：													
6	P5-P6	盘左	27.261	90 11 40	-7	-0 11 47	27.111	91 00 47	-15	-1 01 02	+1.150	+1.044	-0.388	+0.000	-0.388
		盘右	27.261	269 48 06			27.111	268 58 43					-0.388		
		备注：													

4.2.3　习　题

1. 完成下面表格中全部的计算。

线路起点——终点：DS5 - KG6 - KG1　　天气情况：晴　　全站仪型号、编号：Leica TC402　　两根对中杆棱镜高：1.373

观测日期：2015.4.8　　本页观测起止时间：　　观测者：段显春　　记录、计算者：丁亚兰

测站	后—前	竖盘盘位	后视点数据 平距	后视点数据 竖盘读数 ° ′ ″	后视点数据 指标差 ″	后视点数据 竖直角 ° ′ ″	前视点数据 平距	前视点数据 竖盘读数 ° ′ ″	前视点数据 指标差 ″	前视点数据 竖直角 ° ′ ″	后、前平距差	累积平距差	高差（m）	高差较差（m）	平均高差（m）
7	P6—P7	盘左	23.830	89 41 40			25.930	91 04 44							
		盘右	23.830	270 18 13			25.930	268 55 10							
		备注：													
8	P7—KG6	盘左	10.603	90 32 29			9.359	92 35 21							
		盘右	10.603	269 26 59			9.359	267 24 28							
		备注：													
9	KG6—A1	盘左	10.031	92 22 38			9.823	90 33 16							
		盘右	10.031	267 59 35			9.823	269 26 18							
		备注：													
10	A1—A2	盘左	32.310	90 59 54			32.491	89 39 28							
		盘右	32.310	268 59 35			32.491	270 20 14							
		备注：													
11	A2—A3	盘左	35.240	91 06 13			36.504	89 23 51							
		盘右	35.240	268 53 41			36.504	270 35 45							
		备注：													

4.2.4 等权代替法平差

我们知道，单一水准路线的共同特点是：每一个待定点上仅有两条水准路线相交；当待定点上有两条以上水准路线相交时，这一待定点称结点。对于仅有一个结点的水准网，前面的例题已表明可按加权平均值的理论来求其最或然高程及中误差。当水准网中有两个或两个以上的结点时，需要用另外的方法来求最或然高程及中误差，这种方法就是等权代替法。

下面用一个例子来说明等权代替法的原理。

如图 4－2－6，分别由三个已知点 A、B、C 向待定点（结点）E 作水准测量，则 E 点可有三个计算高程：

$H_E^A = H_A + h_1; H_E^B = H_B + h_2; H_E^C = H_C + h_3$ 。相应的权就是对应观测高差的权，即：$p_1; p_2; p_3$ 。由加权平均值的理论得 E 点最或然高程为：

$$H_E = \frac{p_1 H_E^A + p_2 H_E^B + p_3 H_E^C}{p_1 + p_2 + p_3} \tag{4-2-8}$$

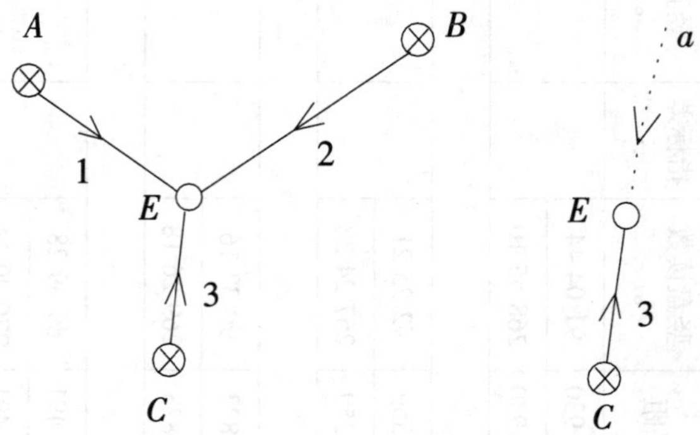

图 4－2－6　等权代替法原理

下面对（4－2－8）进行等价变形：

设想连接 C 点的第三条水准路线不存在，则由 1，2 两条水准路线也可求 E 点的加权平均值，为便于区别，以后将这样的加权平均值称为“局部加权平均值”，即：

$$H_E^{(A,B)} = \frac{p_1 H_E^A + p_2 H_E^B}{p_1 + p_2} \tag{4-2-9}$$

并且 $H_E^{(A,B)}$ 的权为：$p_{(A,B)} = p_1 + p_2$ （4－2－10）

由（4－2－9）、（4－2－10）可得：$p_1 H_E^A + p_2 H_E^B = p_{(A,B)} H_E^{(A,B)}$，代入（4－2－8）得：

$$H_E = \frac{p_{(A,B)} H_E^{(A,B)} + p_3 H_E^C}{p_{(A,B)} + P_3} \tag{4-2-11}$$

（4－2－11 表明：E 点最或然高程也可用 $H_E^{(A,B)}$ 和 H_E^C 按加权平均值来求。而 $H_E^{(A,B)}$ 又是 H_E^A 和 H_E^B 的局部加权平均值，这说明我们可将 1，2 两条水准路线合并为一条虚拟的水准路线，如图 4－2－6 中的 a 路线。这就是等权代替法的原理。对上面的计算过程进行分析可看出：在求最或然高程时，每一条水准路线对应两个重要的量：

（1）由该水准路线求得的高程；

（2）该水准路线的长度。

显然，对合并以后的水准路线，我们也关心这样的问题：该水准路线对应的高程如何求？该水准路线的长度如何求？上面的计算过程已经给出了这两个问题的答案。

下面就给出具体结论：若干条水准路线可以合并为一条虚拟的水准路线；该虚拟水准路线对应的高程就是那些路线对应高程的局部加权平均值。至于虚拟水准路线的长度完全可以由加权平均值的特点得到，即：该虚拟水准路线对应高程的权就是那些路线的权之和（不妨设为 $p_{\#}$）⇒ 其长度 $= \dfrac{C}{p_{\#}}$。

例［4－2－2］如图4－2－7为一具有两个结点的水准网。A、B、C、D 为已知点，高程分别为：

$H_A=70.000$（m），$H_B=68.594$（m），$H_C=78.476$（m），$H_D=84.318$（m）。E、F 为待定点，各水准路线对应的高差及路线长为：

$h_1=+5.974$（m），$h_2=+7.360$（m），$h_3=+2.468$（m），$h_4=-0.066$（m），$h_5=-5.896$（m）；

$S_1=40.0$（km），$S_2=66.7$（km），$S_3=55.0$（km），$S_4=50.0$（km），$S_5=40.0$（km）。

求 E、F 最或然高程及其中误差。

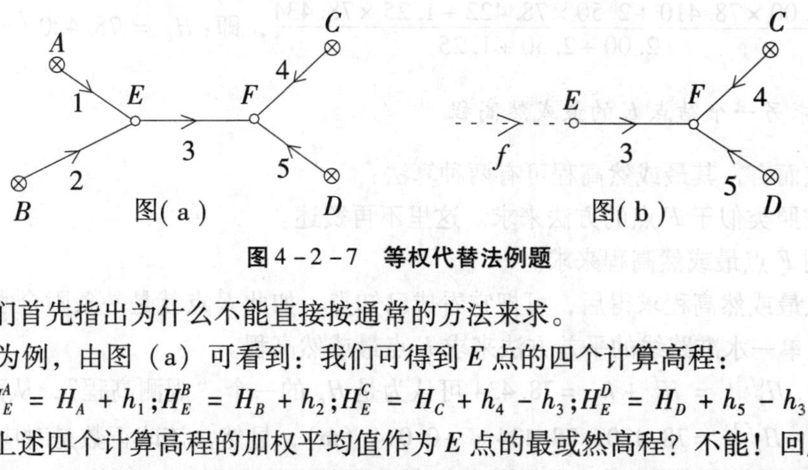

图4－2－7　等权代替法例题

解：我们首先指出为什么不能直接按通常的方法来求。

以 E 点为例，由图（a）可看到：我们可得到 E 点的四个计算高程：

$$H_E^A=H_A+h_1;H_E^B=H_B+h_2;H_E^C=H_C+h_4-h_3;H_E^D=H_D+h_5-h_3$$

能否取上述四个计算高程的加权平均值作为 E 点的最或然高程？不能！回顾加权平均值的计算公式，要求参与加权平均值计算的量必须相互独立。现在，H_E^C、H_E^D 计算式中均用到了同一个高差 h_3，因而 H_E^C、H_E^D 不相互独立，也就不能用它们来求加权平均值。

该题可用等权代替法来求。我们将看到：等权代替法是一种把相关量变成独立量的方法。下面给出具体过程：

（一）选定中心结点并求它的最或然高程

当一个水准网中的结点较多时，选择结点计算的顺序是很关键的。我们把最先求的一个结点称为中心结点。对本题而言，不论是选 E 还是 F 都是可行的，且难易程度也相同。不妨选 F 为中心结点。如此，E 点处的两条水准路线要合并成一条，设为 f，见图（b）。

（1）f 路线对应高程及路线长的计算。

根据水准路线长可令 $c=100$ 来定权，即：$p_i=\dfrac{100}{S_i}(i=1,2,\cdots,5)$，于是有：

$p_1 = 2.50$, $p_2 = 1.50$, $p_3 = 1.82$, $p_4 = 2.00$, $p_5 = 2.50$。

$\because\ H_E^A = H_A + h_1 = 75.974$，权为 p_1；$H_E^B = H_B + h_2 = 75.954$，权为 p_2。

$\therefore\ H_E^f = \dfrac{p_1 H_E^A + p_2 H_E^B}{p_1 + p_2} = 75.966$，$p_f = p_1 + p_2 = 4.00 \Rightarrow S_f = \dfrac{100}{p_f} = 25\ (\text{km})$

（2）*F* 点最或然高程的计算。

由图（b）可得 *F* 点的三个计算高程：

$H_F^C = H_C + h_4 = 78.410$，权为 p_4；

$H_F^D = H_D + h_5 = 78.422$，权为 p_5；

$H_F^{(f,3)} = H_E^f + h_3 = 78.434$，权为 $p_{(f,3)} = \dfrac{100}{S_f + S_3} = \dfrac{100}{25.00 + 55.00} = 1.25$。

需要注意的是：水准测量中，观测值（含虚拟观测值）的定权公式总是 $p = \dfrac{C}{S}$，因而 $H_F^{(f,3)}$ 的权不应求错。

不难看到，上述三个计算高程是相互独立的，于是得 *F* 点最或然高程为：

$$H_F = \frac{p_4 H_F^C + p_5 H_F^D + P_{(f,3)} H_F^{(f,3)}}{p_4 + p_5 + p_{(f,3)}}$$

$$= \frac{2.00 \times 78.410 + 2.50 \times 78.422 + 1.25 \times 78.434}{2.00 + 2.50 + 1.25}，\text{即：} H_F = 78.420\ (\text{m})$$

（二）求另一个结点 *E* 的最或然高程

对 *E* 点而言，其最或然高程可有两种算法：

（1）按照类似于 *F* 点的方法来求。这里不再赘述。

（2）用 *F* 点最或然高程来求。

当 *F* 点最或然高程求得后，可把它看成已知点，如此 *E* 点就是一条附合水准路线的待定点，可按单一水准路线的平差方法来求 *E* 点最或然高程。

经分析，$H_F^{(f,3)} = H_E^f + h_3 = 78.434$ 可认为是 H_F 的一个“观测高程”，从而得改正数：$v = H_F - H_F^{(f,3)} = 78.420 - 78.434 = -0.014\ (\text{m})$，显然，该改正数是对应 *f*, 3 这两条水准路线的“总改正数”，将它按路线长进行分配得：

$v_f = \dfrac{v}{S_f + S_3} S_f = -0.004\ (\text{m})$，$v_3 = \dfrac{v}{S_f + S_3} S_3 = -0.010\ (\text{m})$，

这两个改正数的计算可按 $v = v_f + v_3$ 进行检核（计算正确性的检核）。

$\therefore$ *E* 点最或然高程为：

$H_E = H_F - \hat{h}_3 = H_F - (h_3 + v_3) = 78.420 - [+2.468 + (-0.010)] = 75.962\ (\text{m})$

也可这样算：$H_E = H_E^f + v_f = 75.966 + (-0.004)] = 75.962\ (\text{m})$

读者试考虑：为什么 v_f 是 H_E^f 的改正数？

（三）最或然高程中误差的计算

1. 单位权中误差的计算

在“误差理论基本知识”那一篇中曾指出过：若未知量的个数有 *t* 个（如水准路线

中，t 个待定点就是 t 个未知量)，则单位权中误差的计算公式为：$\mu = \pm\sqrt{\frac{[pvv]}{n-t}}$。使用该公式时必须注意：式中的改正数 v_i 是“原观测值”的改正数；p_i 是“原观测值”的权。为什么要强调“原观测值”？因为等权代替法计算中产生了“虚拟观测值”及其权，而“虚拟观测值”的改正数是不能参与单位权中误差计算的。所以，上面的改正数 v_f 等不能用来计算单位权中误差。

下面求5个高差观测值的改正数（在“误差理论基本知识”那一篇中已解释过这种算法——用平差高程减“观测”高程而不是平差高差减观测高差来求改正数）：

$v_1 = H_E - H_E^A = 75.962 - 75.974 = -0.012\ (\text{m}) = -12\ (\text{mm})$

$v_2 = H_E - H_E^B = 75.962 - 75.954 = +0.008\ (\text{m}) = +8\ (\text{mm})$

$v_3 = -0.010\ (\text{m}) = -10\ (\text{mm})$（见前）

$v_4 = H_F - H_F^C = 78.420 - 78.410 = +0.010\ (\text{m}) = +10\ (\text{mm})$

$v_5 = H_F - H_F^D = 78.420 - 78.422 = -0.002\ (\text{m}) = -2\ (\text{mm})$

$$\mu = \pm\sqrt{\frac{[pvv]}{n-t}}$$

$$= \pm\sqrt{\frac{2.50\times(-12)^2 + 1.50\times(+8)^2 + 1.82\times(-10)^2 + 2.00\times10^2 + 2.50\times(-2)^2}{5-2}}$$

$$= \pm 16.8\ (\text{mm})$$

2. F 点最或然高程权及中误差的计算

（1）F 点最或然高程权的计算。

由前面的计算过程可知，F 点最或然高程的权为 $p_F = p_4 + p_5 + p_{(f,3)} = 5.75$

（2）F 点最或然高程中误差的计算。

F 点最或然高程中误差为：$m_{H_F} = \mu\sqrt{\frac{1}{p_F}} = \pm 16.8\sqrt{\frac{1}{5.75}} = \pm 7.0\ (\text{mm})$

3. E 点最或然高程权及中误差的计算

（1）E 点最或然高程权的计算。

虽然在 F 点最或然高程求出后，E 点最或然高程可有两种算法，但 E 点最或然高程权的计算还得按照类似于求 p_F 的方法。不过，我们没有必要重复全部过程。仔细分析可知，最或然高程权的计算总是按加权平均值的特点。于是有：

$$p_E = p_1 + p_2 + \frac{C}{S_3 + \frac{C}{p_4 + p_5}} = 2.50 + 1.50 + \frac{100}{55.0 + \frac{100}{2.00 + 2.50}} = 5.29$$

（2）E 点最或然高程中误差的计算。

E 点最或然高程中误差为：$m_{H_E} = \mu\sqrt{\frac{1}{p_E}} = \pm 16.8\sqrt{\frac{1}{5.29}} = \pm 7.3\ (\text{mm})$

关于等权代替法尚有如下说明：

（1）前面涉及的虚拟观测值是高程，但结论对高差同样适用。如图4－2－8：

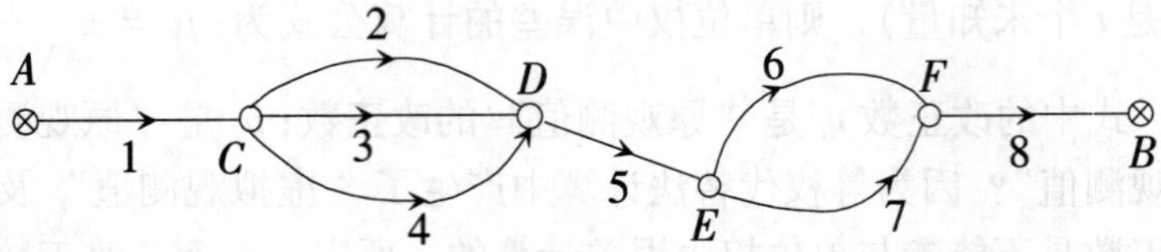

图 4－2－8

C、D 之间的三条路线可合并为一条（图 4－2－9 中的 f 路线）；E、F 之间的两条路线也可合并为一条（图 4－2－9 中的 g 路线）。

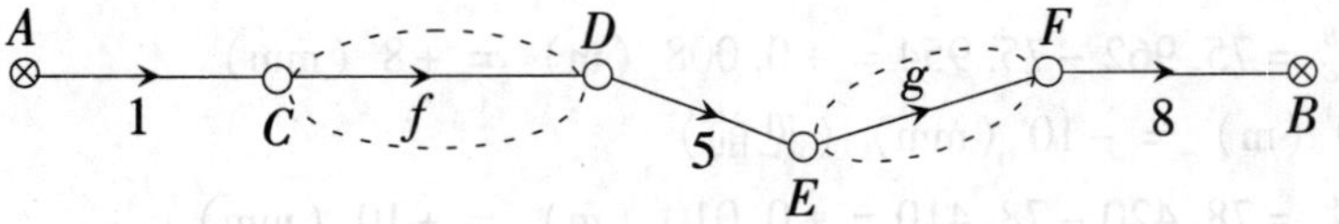

图 4－2－9

f 路线对应的高差为：$h_f = \dfrac{p_2 h_2 + p_3 h_3 + p_4 h_4}{p_2 + p_3 + p_4}$；路线长为：$S_f = \dfrac{C}{p_2 + p_3 + p_4}$。

g 路线对应的高差为：$h_g = \dfrac{p_6 h_6 + p_7 h_7}{p_6 + p_7}$；路线长为：$S_g = \dfrac{C}{p_6 + p_7}$。

（2）最或然高程的权可结合图形构成直接写出（必须牢固掌握加权平均值的特点），如图 4－2－10。

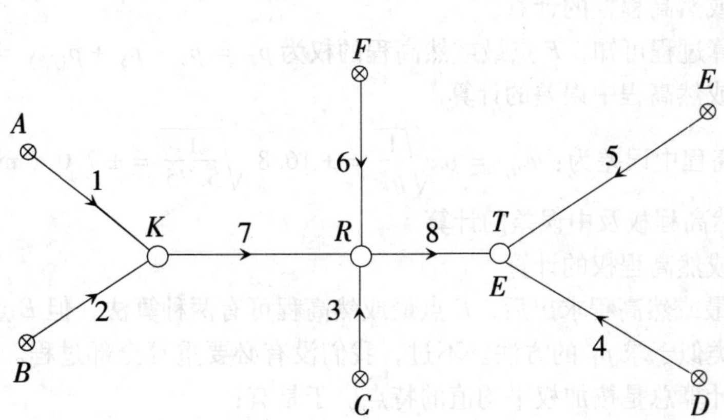

图 4－2－10

针对图 4－2－10，可直接写出 K、R、T 三个待定点最或然高程的权：

$$p_K = p_1 + p_2 + \cfrac{C}{S_7 + \cfrac{C}{p_3 + p_6 + \cfrac{C}{S_8 + \cfrac{C}{p_4 + p_5}}}}$$

$$p_R = p_3 + p_6 + \frac{C}{S_7 + \dfrac{C}{p_1 + p_2}} + \frac{C}{S_8 + \dfrac{C}{p_4 + p_5}}$$

$$p_T = p_4 + p_5 + \cfrac{C}{S_8 + \cfrac{C}{p_3 + p_6 + \cfrac{C}{S_7 + \cfrac{C}{p_1 + p_2}}}}$$

4.2.4 习　题

1. 局部加权平均值有何特点？

2. 等权代替法是一种把相关量变成独立量的方法，为什么？

3. 等权代替法平差中会产生虚拟观测值及相应改正数，这些改正数能否用于计算单位权中误差，为什么？

4. 图 4－2－11 为一水准网，四个已知点的高程为：H_A = 1890.013m，H_B = 1883.263m，H_C = 1895.009m，H_D = 1880.752m。

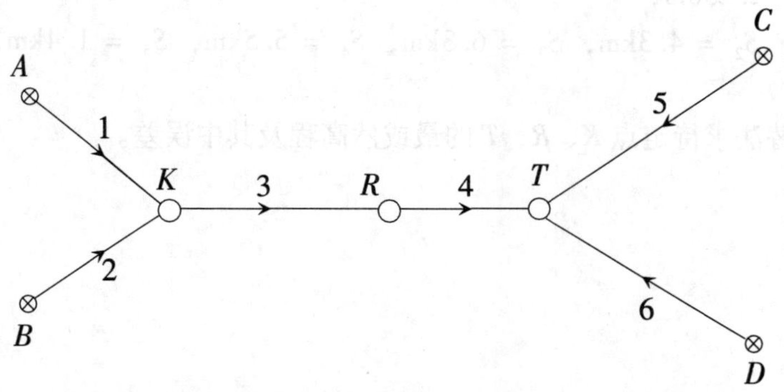

图 4－2－11

各水准路线对应的高差观测值及长度如下：

h_1 = －5.800m，h_2 = ＋0.948m，h_3 = －10.775m，h_4 = ＋26.825m，h_5 = ＋5.230m，h_6 = ＋19.500m；

S_1 = 2.0km，S_2 = 1.5km，S_3 = 1.0km，S_4 = 1.4km，S_5 = 2.5km，S_6 = 0.8km。

试用等权代替法求待定点 K、R、T 的最或然高程及其中误差。

5. 图 4－2－12 为一水准网，三个已知点的高程已标在图中。

各水准路线对应的高差观测值及长度如下：

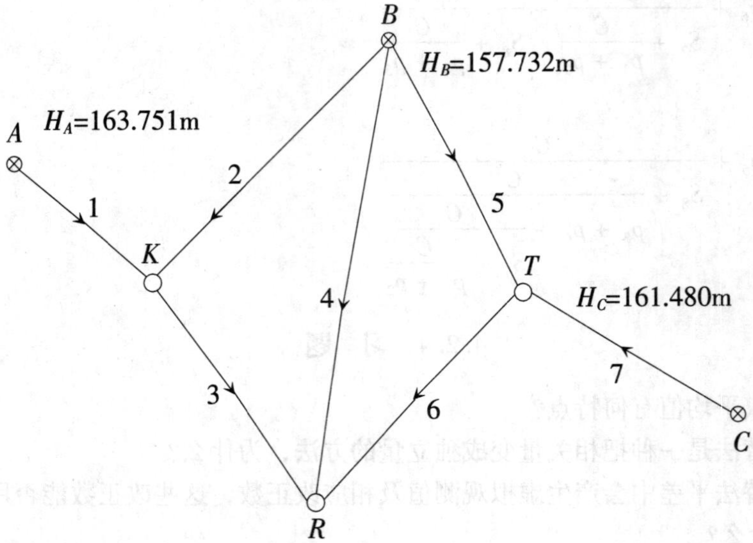

图 4－2－12

$h_1=-3.001\text{m}$，$h_2=+3.019\text{m}$，$h_3=-4.740\text{m}$，$h_4=-1.721\text{m}$，$h_5=+1.500\text{m}$，$h_6=-3.210\text{m}$，$h_7=-2.250\text{m}$；

$S_1=1.4\text{km}$，$S_2=4.3\text{km}$，$S_3=6.3\text{km}$，$S_4=5.5\text{km}$，$S_5=1.4\text{km}$，$S_6=2.5\text{km}$，$S_7=2.2\text{km}$。

试用等权代替法求待定点 K、R、T 的最或然高程及其中误差。

第五篇　大比例尺地形测量

5.1　碎部测量

本章基本概念：碎部测量；地物；地貌；地形；平面图；地形图；地图；等等。

碎部测量是利用经纬仪、测距仪、全站仪或水准仪等仪器在某一测站点上测绘各种地物、地貌的平面位置和高程的工作。

地球表面错综复杂，有高山、丘陵、平原，有江、河、湖、海，还有各种人工建造的固定性物体（如建筑物、道路、输电线等），这些统称为地形。习惯上把地形分为地物和地貌两大类。地物是指地面上有明显轮廓的、自然形成的物体或人工建造的建筑物、构筑物，如房屋、道路、水系等。地貌是指地面的高低起伏变化的自然形态，如洼地、平原、丘陵、高山等。

当测区范围较小时，可将地面上的各种地物、地貌沿铅垂方向投影到同一水平面上，再按一定的比例缩小绘制成图。地形测量就是以大地控制点（或图根控制点）为依据，进行地形碎部测绘。其成果主要是得到各种不同比例尺的地形图。大比例尺测图所研究的问题，就是在局部地区根据工程建设的需要，如何将客观存在于地表的地物、地貌真实地测绘到图纸上。其特点是测区范围较小、精度要求较高、比例尺大，因而在如何真实地反映地表形态方面具有它的特殊性。通常所指的大比例尺测图是指 1:500 ~ 1:5000 比例尺测图。1:5000 比例尺地形图常见于各种工程勘察、规划的初步设计和方案的比较。也用于土地整理和灌溉网的计划、地质勘探成果的填绘和矿藏量的计算等等。1:2000 和 1:1000 比例尺地形图，主要供各种工程建设的技术设计、施工设计和工业企业的详细规划之用。对于城市市区或某些主体工程，要求精度高，常施测 1:500 比例尺地形图。应该指出，有的中小厂矿或单体工程在施工设计时采用 1:500 比例尺测图，并不是因为 1:1000 比例尺地形图的精度不够，而是嫌其图面较小，这时则可考虑采用将原图放大的办法或适当放宽测图精度要求。在图上仅表示地物平面位置的图，称为平面图或地物图。在图上既表示地物的平面分布状况，又用特定的符号表示地貌的起伏情况的图，称为地形图。在较大测区范围内，考虑地球曲率的影响，采用专门的投影方法，运用观测成果编绘而成的图，称为地图。

由于在地形图上客观地反映了地物和地貌的变化情况，给分析、研究、应用等处理问题带来了许多的方便。因此，在经济、国防等各种工程建设中，都需要利用地形图进行规划、设计、施工及竣工管理。

各种地物和地貌采用各种专门的符号和法记表示在地形图上。为了使全国采用统一的符号，国家测绘局制订并颁发了各种比例尺的《地形图图式》（7.2 将作详细介绍），供测图、读图和用图时使用。

5.2 大比例尺测图的技术计划

本章基本概念：技术计划等。

测绘工作是进行各项基本建设的先行步骤。技术计划（也有称勘察纲要）是为了保证测量工作在技术上合理、可靠，在经济上节省人力、物力，有计划有步骤地开展工作，同时便于上级检查与指导，以保证及时提交精确的地形资料，满足设计的需要。

根据上级下达的测量任务书和有关部门颁发的测量规范与细则，并依据所收集的资料（包括测区踏勘等资料）来编制技术计划。

技术计划的主要内容有：任务概述，测区情况；已有资料及其分析；技术方案的设计、组织与劳动计划；仪器配备及供应计划；财务预算；检查验收计划；安全措施等。

测量任务书应明确工程项目或编号；设计阶段及测量目的；测区范围（附图）及工作量；对测量工作的主要技术要求和特殊要求；上缴资料的种类和日期等内容。

在编制技术计划之前，应先搜集并研究测区内及测区附近已有测量成果资料，扼要说明其施测单位、施测年代、等级、精度。比例尺、依据的规范、范围、平面和高程坐标系统、投影带号、标石保存情况及可以利用的程度等。

在一般工程建设中，面积多为几个至十几个平方公里，这时可利用国家控制点坐标作为起始数据。但多数情况下没有国家控制点可资利用，这时可采用独立坐标系统。一个测区只能用一种坐标系统。高程系统则应尽量与国家高程系统一致。即采用 1985 年国家高程基准的高程系统。如测区附近没有国家水准点，或者联测工作量很大，这时可在已有地形图上图解一个点的高程作为起算高程。对于扩建和改建的工程测图，为保持两次测图的高程一致，可以利用原来的水准点高程。

凡影响到测量工作安排和进展的问题，应到测区进行实地调查，其中包括人文风俗、自然地理条件、交通运输、气象情况等。踏勘时还应核对旧有的标石和点之记。初步考虑地形控制网（图根控制网）的布设方案和必须采取的措施。

根据收集的资料及现场踏勘情况，在旧有地形图（或小比例尺地图）上拟定地形控制的布设方案，进行必要的精度估算。有时需要提出若干方案进行技术要求与经济核算方面的比较。对地形控制网的图形、施测、点的密度和平差计算等因素进行全面的分析，并确定最后采用的方案。实地选点时，在满足技术规定的条件下还容许对方案进行局部修改。

拟定计划时，还应将已有控制点展绘到图上，并绘制测区地形图分幅图。梯形分幅除绘出图廓线外，还应绘出坐标格网线（也称公里格网线）。

根据技术计划的方案，统计工作量，并结合规定计划提交资料的时间，编制组织措施和劳动计划，提出仪器配备计划、经费预算计划和工作计划进度，同时拟定检查验收计划。在测量工作的各生产过程（如野外踏勘、选点、造埋、观测、计算）中要尽量避免工伤事故和减少仪器设备损坏，确保安全生产。测量人员要熟悉操作方法，执行安全规则，严格遵守规范细则，注意防病、防火，不断提高劳动生产率，为国家经济建设多作贡献。

5.3　地形控制（图根控制）测量

本章基本概念：图根点等。

测区的高级控制点不可能满足大比例尺测图的需要，这时应布置适当数量的地形控制点，又称为图根点，作为测图控制用。在某些地区，若没有已知控制点，则应假定必须的起点坐标和高程，据此再加密地形控制点。

图根控制的主要形式还是导线，可布设成单一导线或导线网。导线网的平差计算已超出本书范畴，本书不作介绍。而单一导线的平差计算4.1章已作了详细介绍，此处不再赘述。

导线应尽量布设成直伸形状，相邻边长不宜相差太大。

当要加密的图根点很少时也可采用交会法（角度或边长交会），但应尽可能有多余方向校核，交会角一般不应小于30°或大于150°。交会法按分组算得的坐标差不超过规定数值，并取其中数为坐标结果。

地形控制点（包括已知高级点）的个数，应根据地形复杂、破碎程度或隐蔽情况而决定其数量。一般平坦而开阔地区每平方公里，对于1:2000比例尺测图应不少于5个，1:1000比例尺则不少于50个，1:500比例尺不少于150个。

5.4　地形测图的准备工作

本章基本概念：图根点；展点器；等等。

地形控制结束之后，应先做好测图前的准备工作，同时对测图用的仪器进行必要的检验和校正。这里着重介绍测图板的准备工作，它包括图纸的准备和展绘控制点。

5.4.1　图纸的准备

目前作业单位已广泛采用聚酯薄膜进行测图。聚酯薄膜表面比较光滑，需经打毛或涂一层化学涂料，使其表面形成能吸附墨的毛面。这种经打毛后的聚酯薄膜，其优点是：伸缩性小，无色透明，牢固耐用，化学性能稳定，质量轻，不怕潮湿，不怕虫蛀，便于携带和保存。清绘的聚酯薄膜原图可不必经过照相而直接制版印刷成图，使生产工序简化，缩短了成图周期，提高了工效，降低了成本。

测图时，可直接购置打好网格的聚酯薄膜，在测板上先垫一张皮胶板和浅色薄纸，衬在聚酯薄膜下面，然后用胶带纸或铁夹将其固定在图板上，即可进行测图。但聚酯薄膜易燃，应注意防火，防止接触高温。聚酯薄膜易折、易老化，在使用和保管时应给予注意。

5.4.2　展绘控制点

控制点的展绘就是把控制点按比例展绘到图纸上。展点质量的好坏与绘图正确与否和成图质量有着密切的关系，因此展点时要认真、仔细，时时检核。现已有1:500及1:1000两种展点器可资利用，见图5-4-1。展点时应先用较细的缝衣针刺一个点，再用铅笔

（一般用 1H）涂点，展点完成后务必用边长进行检核。

根据测区控制点分布及分幅图抄录并核对有关图幅内控制点的点号及坐标、高程、等级和相邻点间的距离等，用来进行展点并留作测图时检查之用。抄录并核对分幅图的西南图廓点的坐标。

在展点时，首先确定控制点所在的方格，再根据 ΔX、ΔY 刺点。对控制点的注记采用分数形式，分子注记控制点点号，分母注记该点高程。

同法将其他各点展绘在坐标方格网内，各点展绘好后，也要认真检查一次，此时可用比例尺在图上量取各相邻控制点之间的距离，和已知的边长相比较，其最大误差在图纸上不得超过 0.3mm，否则应重新展绘。

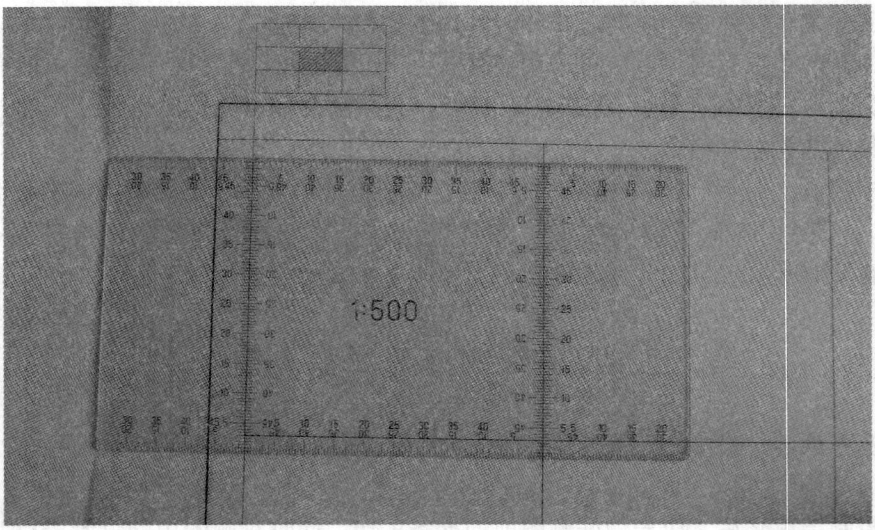

图 5－4－1　1:500 展点器

5.5　测站点的测定

本章基本概念：测站点等。

地形控制测量及图板准备就绪后，即可进行地形测图。测图时应尽量利用各级控制点作为测站点。地表上的地物、地貌有时是极其复杂零碎的，要想真实准确地显示它们，在测图时，一个测站测绘的范围就不能太大，否则视距和高程的精度就会降低。为了保证碎部点的精度往往还须增设测站点。

增设测站点可以用解析法，即支导线方法或交会方法，也可用视距法往返观测引测一个测站点，即一条边的视距支导线。1:5000 比例尺测图时，可引测两个点的支导线，支导线边长不应大于相应比例尺地形点最大视距长度的 2/3，往返观测的视距较差一般不大于边长的 1/200。

支导线点的高程可用测图仪器的水平视线或三角高程方法测定，往返测推算高差较差不得超过 1/7 等高距。

图解交会点的高程，可用三角高程方法测定，由三个方向推算的高程较差：在平地不应超过1/5等高距，在丘陵地、山地不应超过1/3等高距。

交会点、支点的高程测定竖角需测一测回。

5.6 经纬仪测图

本章基本公式：碎部测量计算公式等。

本章难点内容：碎部测量平面坐标及高程计算等。

5.6.1 碎部点的选择

地形点间距和视距长度的要求，不应超过表5-6-1的规定。

地形图上高程点注记，当等高距为0.5m时，应精确至0.01m；当等高距大于0.5m时，应精确至0.1m。

表5-6-1

比例尺	地形点间距（m）	视距长度（m）	
		地物	地形点
1:500	15	60	100
1:1000	30	100	150
1:2000	50	180	250
1:5000	100	300	350

注：垂直角超过±10°的范围时，视距长度应适当缩短；平坦地区成像清晰时，视距长度可放长20%。

5.6.2 一个测站上的测绘工作

采用经纬仪坐标法测图时，在一个测站上的工作是：

（1）经纬仪安置于图根点 A 上，对中误差≤±5毫米，量取仪器高。并观察竖直度盘的注记方式，以确定竖直角的计算公式。

（2）选择邻近任意一个通视的图根点 B 作为本站测图的起始方向，在仪器瞄准 B 点后水平度盘读数调为 α_{AB}，并在 B 点立尺实测 AB 两点间的水平距离和高差进行检核。

（3）在观测者完成上述工作的同时，绘图者进行各项绘图工作的准备；计算者反算 α_{AB}，将计算程序和有关数据输入计算器。

测绘一个碎部点的工作程序：

（1）瞄准碎部点处的视距尺，让十字丝的上丝或下丝对准一整分米刻划，读取视距和中丝读数。

（2）读取水平角（此时已是方位角）；让竖盘指标水准管的气泡居中后，读取竖盘读数。

（3）立尺者到下一个碎部点立尺。同时计算者根据读数计算出碎部点的平面坐标 X、

Y 和高程 H。

(4) 绘图者按计算出的 X、Y 在图纸上用展点器展点并注出高程。

这样，跑尺、观测、记录、计算、绘图五项工作紧密配合，均衡作业，快速、准确进行测图。

(5) 绘图者应边展点边参照《图式》和实地情况绘出地物，并勾绘出等高线。同时，应观察所绘地物、地貌与实际情况是否相符，及时发现问题，及时改正。

一个测站结束或停歇时，应检查起始方向 AB，经纬仪的水平方向实际读数与 α_{AB} 之差不应超过 $\pm 4'$，当超过时，说明在观测过程中水平度盘发生移动，所测的碎部点应全部作废。

注意：地物轮廓线上转折点、交叉点、弯曲点及独立地物的中心点等；山脊、山脚、谷底、谷口、沟底、沟口、洼地、台地、河川、湖池岸旁等的坡度和方向变化处（即特征点）要测碎部点。

5.6.3 碎部测量计算公式

(一) 碎部测量对已知点（控制点）的数量要求

进行碎部点测量时，至少要有两个已知点（控制点）才行，其中一个点上安置测量仪器称为测站点，另一个（或其他已知点）称为定向点。为什么需要两个点？这可从两方面加以解释（以测量某电杆为例）：

1. 几何方面

测量电杆时必然要测水平角，而水平角是由两条边构成的，如果没有定向点我们就不知道所测水平角是从哪一边起算的，这将导致在同一个测站每安置一次仪器测量该电杆就会有不同的水平角，这显然与实际情况不符。

2. 计算方面

为了计算电杆的坐标就需要知道“测站点→电杆”的方位角，这当然要在已知方位角的基础上才可计算，而“测站点→定向点”正可提供方位角（由它们的坐标反算得到）。

(二) 碎部点方位角计算方案

由于通过碎部测量得到的地形图均有比例尺，因之测量精度可降低，不论是水平角、竖直角还是距离均只需作半测回观测，一般是采用盘左位置进行测量。

回顾水平角测量过程，碎部点方位角计算方案可有如下三个（见图 5-6-1，图中 A 为测站点，M 为定向点）。

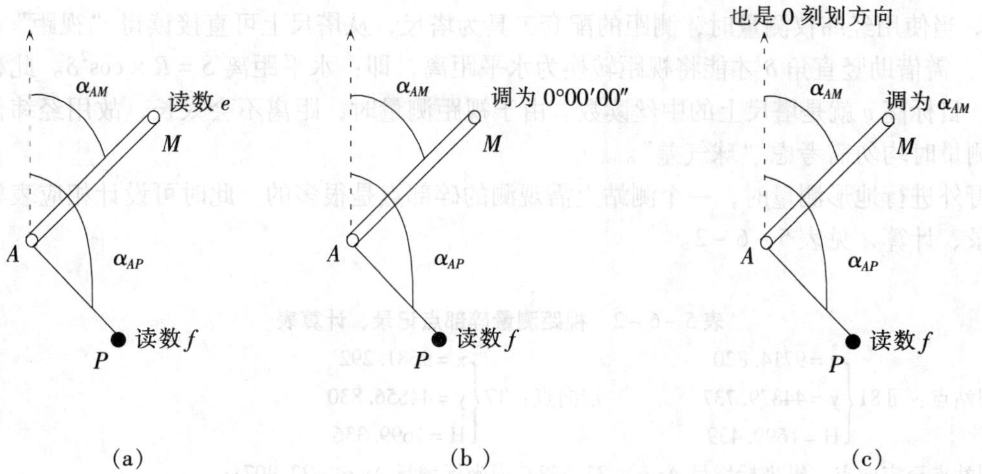

图 5-6-1　碎部点方位角计算方案

1. 方案一［见图（a）］：水平度盘不作任何配置

仪器对中、整平之后，盘左顺时针依次瞄准 M、P 可得水平度盘读数 e、f，于是：

$$\alpha_{AP}=\alpha_{AM}+(f-e) \tag{5-6-1}$$

2. 方案二［见图（b）］：水平度盘调为 0°00′00″

仪器对中、整平之后，盘左瞄准定向点 M 并将水平度盘读数配置为 0°00′00″，之后再瞄准 P 得水平度盘读数 f，则有：

$$\alpha_{AP}=\alpha_{AM}+f \tag{5-6-2}$$

3. 方案三［见图（c）］：水平度盘调为 α_{AM}

仪器对中、整平之后，盘左瞄准定向点 M 并将水平度盘读数配置为 α_{AM}，此种情况下不难看出：水平度盘 0 刻划方向正好就是北方向（或 X 轴正向）。当瞄准 P 后，水平度盘读数 f 就是相应方位角，即：

$$\alpha_{AP}=f \tag{5-6-3}$$

总上，为便于计算，进行碎部测量时，应对定向点作水平度盘配置：配置为“测站点→定向点”方位角。

（三）碎部点坐标计算公式

通过前面的分析，实际作碎部测量时需采用方案三，此时碎部点平面坐标计算公式为：

$$x_P=x_A+\Delta x_{AP}=x_A+S\times\cos f \tag{5-6-4}$$

$$y_P=y_A+\Delta y_{AP}=y_A+S\times\sin f \tag{5-6-5}$$

而高程为：$H_P=H_A+h_{AP}=H_A+S\times\tan\delta+i-v$　　(5-6-6)

式中：S 是“测站点→碎部点”的水平距离；δ 是“测站点→碎部点”的竖直角；i 为仪器高；v 为目标高。注意：

1. 当使用全站仪测量时，水平距离 S 可直接得到，此时目标高就是棱镜（反光镜）高。若距离太长，高程计算公式中需增加“球气差”的计算。

2. 当使用经纬仪测量时，测距的配套工具为塔尺，从塔尺上可直接读得“视距”（设为 R），需借助竖直角 δ 才能将视距转换为水平距离，即：水平距离 $S=R\times\cos^2\delta$。此种情况下，目标高 v 就是塔尺上的中丝读数。由于视距测量时，距离不会太长，故用经纬仪作地形测量时均勿需考虑“球气差”。

野外进行地形测量时，一个测站上需观测的碎部点是很多的，此时可设计相应表格进行记录、计算，见表 5－6－2。

表 5－6－2　视距测量碎部点记录、计算表

测站点：Ⅱ81 $\begin{cases} x=9714.820 \\ y=44879.737 \\ H=1699.439 \end{cases}$　　定向点：T7 $\begin{cases} x=9681.292 \\ y=44856.830 \\ H=1699.336 \end{cases}$

测站点至定向点：纵坐标增量 Δx = －33.528；横坐标增量 Δy = －22.907；

边长 S = 40.606；方位角 α = 214°20′30″

仪器高：1.334　　观测者：高　帅　　日期：2008 年 7 月 18 日　　第12 组

备注：（盘左竖直角计算公式为）δ = 90° － L

碎部点序号	视距（m）	中丝读数（m）	水平度盘读数	竖直度盘读数	竖直角	水平距离（m）	纵坐标 X（m）	横坐标 Y（m）	高程 H（m）	备注
1	40.9	0.309	214°20′30″	91°34′00″	－1°34′00″	40.87	9681.1	44856.7	1699.35	检核
2	48.1	1.938	221 50 54	89 41 54	+0 18 06	48.10	9679.0	44847.6	1699.09	路边
3	53.9	0.770	244 40 18	89 58 18	+0 01 42	53.90	9691.8	44831.0	1700.03	路边
4	16.0	2.181	343 50 42	93 22 12	－3 22 12	15.94	9730.1	44875.3	1697.65	电杆
5	107.9	1.639	24 58 48	90 15 00						菜地
6	87.5	0.237	40 23 12	93 15 24						菜地
7	112.0	2.005	179 00 18	88 28 42						房角
…										

注意：表格中，“视距”～“竖直度盘读数”这 4 列数据是观测值；“竖直角”～“高程”这 5 列数据是计算值。

5.6　习　题

1. 完成表 5－6－2 中碎部点 5、6、7 平面坐标及高程的计算。

2. 在一个测站上进行碎部测量时，哪些数值与碎部点无关？哪些数值与碎部点有关？

3. 碎部测量时，仪器安置好对准定向点后，水平度盘读数为什么要拨为 α_{AM} 或 0°00′00″？拨哪个数值更好，为什么？还可以拨成其他数值吗？

5.7　地物、地貌的测绘

本章基本概念：山；山脊；山谷；鞍部；盆地（洼地）；等高线；等高距；示坡线；首曲线；计曲线；间曲线；地形图的清绘；等等。

本章基本公式：内插等高线公式等。

本章难点内容：等高线的勾绘；典型地貌等高线的特点；等等。

5.7.1　地物的测绘

地物测绘的主要内容有：居民地；工矿企业建筑物和公共设施；独立地物；道路及附属设施；管线和垣栅；水系及附属设施；植被等。它们在地形图上的表示方法可看7.2。

在地形的平面图测量中各类建筑物、构筑物及其主要附属设施均应进行测绘，房屋外廓以墙角为准。居民区可视测图比例尺大小或用图需要，内容及其取舍可适当加以综合。临时性建筑可不测。

当建筑物、构筑物轮廓凸凹部分在图上小于0.5mm或1:500比例尺图上小于1mm时，可用直线连接。

独立地物能按比例尺表示的，应实测外廓，填绘符号（见7.2）；不能按比例尺表示的，应准确表示其定位点或定位线。

管线转角均应实测。线路密集时或居民区的低压电力线路和通讯线路，可选择要点测绘。当管线直线部分的支架、线杆和附属设施密集时，可适当取舍。当多种线路在同一杆柱上时，应表示主要的。

道路及其附属物，均应按实际形状测绘。铁路应测注轨面高程，在曲线段应测注内轨面高程，涵洞应测注洞底高程。

1:2000、1:5000比例尺地形图，可适当舍去车站范围内的附属设施。人行小道可选择要点测绘。

城镇居住区1:500比例尺地形图，可采用速测仪或测距仪测记法测绘，当采用其他方法测绘时，测站点至地物点的距离，应实地丈量，丈量距离不应大于50m。

当施测街道外轮廓时，可采用支距法、边交会法等。在庭院的内部，可采用几何作图法。

当采用视距法测图时，其视距最大长度应符合表5－7－1的规定。

表5－7－1　视距的最大长度

类别	比例尺		
	1:500	1:1000	1:2000
地物点（m）	40	80	150
地形点（m）	70	120	200

注：平坦地区可放宽20%。

各单位的出入口及建筑物的重点部位，应测注高程点。主要道路中心在图上每隔5cm处和交叉、转折、起伏变换处，应测注高程点。各种管线的检修井，电力线路、通讯线路的杆（塔），架空管线的固定支架，应测出位置，并适当注高程点。

其他高程点的间距，在地形图上不宜大于5cm。当等高距为0.5m时，高程注记应精确至0.01m；大于0.5m时，注记可精确至0.1m。

施测1∶500和1∶1000比例尺地形图时，房屋、街巷，应分别实测；施测1∶2000比例尺地形图时，小于1m宽的小巷，可适当合并测绘；施测1∶5000比例尺地形图时，对集中的小巷和村舍可合并测绘。

街区或建筑物凹凸部分的取舍，可根据用图的需要和实际情况确定。

地下防空巷道，可只测量人防巷道出入口、竖井的平面位置和高程，并注记在地形图上。

在地形测量中还要注意下列地形的测绘：

水系及其附属物，宜按实际形状测绘。水渠应测注渠顶边高程；堤、坝应测注顶部及坡脚高程；水井应测注井台高程；水塘应测注塘顶边及塘底高程。当河沟、水渠在地形图上的宽度小于1mm时，可用单线表示。

植被的测绘，应按其经济价值和面积大小适当取舍，并应符合下列规定：

（1）农业用地应分为稻田、旱地、菜地、经济作物地、养殖场地，施测时按实地作物类别绘示在地形图上；

（2）地类界与线状地物重合时，应绘线状地物符号；

（3）梯田坎的坡宽在地形图上大于2 mm时，应实测坡脚，小于2mm时，可量注比高。当两坎间距在地形图上小于5mm，1∶500比例尺地形图上小于10mm，或坎高小于等高距的1/2时，田坎可适当取舍；

（4）水田应测出代表性高程，当田埂宽在地形图上小于1mm时，可用单线表示。

5.7.1 习　题

地物测绘的主要内容有哪些？

5.7.2 地貌在地形图上的表示

地貌是指地球表面高低起伏，凹凸不平的自然形态。地球表面的形态，主要是由本身内部矛盾运动（内力和外力作用）的结果而形成的。因此，地球表面的自然形态多是有一定规律性的，认识了这种规律性，然后采用恰当的符号，即可将它表示在图纸上。

（一）地貌的基本形状及其名称

地貌一般可归纳为五种基本形状：

1. 山

较四周显著凸起的高地称为山，大者叫山岳（如五岳），小者（比高低于200米）叫山丘。山的最高点叫山顶，尖的山顶叫山峰。山的侧面叫山坡（斜坡）。山坡的倾斜在20°~45°的叫陡坡，几乎成竖直形态的叫峭壁（陡壁）。下部凹入的峭壁叫悬崖，山坡与平地相交处叫山脚，如图5-7-1所示。

图 5－7－1　各种典型地貌

2. 山脊

山的凸棱由山顶延伸至山脚者叫山脊。山脊最高的棱线称分水线（或山脊线）。

3. 山谷

两山脊之间的凹部称为山谷，两侧称谷坡。两谷坡相交部分叫谷底。谷底最低点连线称山谷线（又称合水线）。谷底与平地相交处称谷口。

4. 鞍部

两个山顶之间的低洼山脊处，形状像马鞍形，称为鞍部。

5. 盆地（洼地）

四周高中间低的地形叫盆地。最低处称盆底。盆地没有泄水道，水都停滞在盆地中最低处。湖泊实际上是汇集有水的盆地。

地球表面的形状虽有千差万别，但实际上都可以看作是一个不规则的曲面。这些曲面是由不同方向和不同倾斜的平面所组成，两相邻倾斜面相交处即为棱线，山脊和山谷都是棱线，也称为地貌特征线（或地性线），如果将这些棱线端点的高程及平面位置测出，则棱线的方向和坡度也就确定了。

在地面坡度变化的地方，比较显著的有：山顶点、盆地中心最低点、鞍部最低点、谷口点、山脚点、坡度变换点等，这些都称为地貌特征点。

这些特征点和特征线就构成地貌的骨胳。在地貌测绘中，立尺点就应选择在这些特征点上。

（二）等高线表示地貌的方法

在地形图上，显示地貌的方法很多，但常用且最精确的方法还是等高线法。等高线法能够真实反映出地貌（地面高低起伏的形态），并可利用等高线作诸如土方量等精确计算。

1. 等高线的概念

如图 5－7－2，有一山地被高程分别为 100 米、110 米、120 米、130 米的 4 个水平面所截，于是在各水平面上会到相应的截线，将这些截线沿铅垂方向投影（即垂直投影）到一个水平面上，便得到了表示该山地的一圈套一圈的闭合曲线，这些曲线就是等高线。所以等高线就是地面上高程相等的相邻各点连成的闭合曲线，也可说成是水平面与地面相交的曲线。

该图中，相邻两个水平面之间的高差称为等高距。对该图而言，等高距为 10 米。

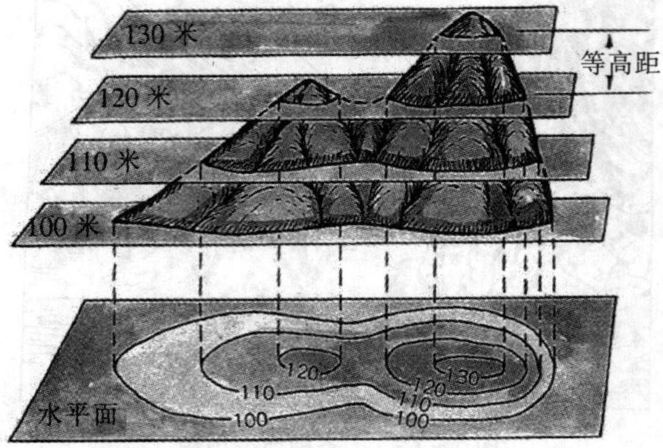

图 5－7－2　等高线的概念

2. 等高距及示坡线

从上述介绍中可以知道，等高线是一定高度的水平面与地面相截的截线。水平面的高度不同，等高线表示地面的高程也不同，相邻两等高线之间的高差称为等高距。等高距越小则图上等高线越密，地貌显示就越详细、确切；等高距越大则图上等高线就越稀，地貌显示就越粗糙。但不能由此得出结论认为等高距越小越好。事物总是一分为二的，如果等高距很小，等高线非常密，不仅影响地形图图面的清晰，而且使用也不方便，同时使测绘工作量大大增加，因此，等高距的选择必须根据地形高低起伏程度、测图比例尺的大小和使用地形图的目的等因素来决定。

必须指出，在同一幅地形图上一般不能有两种不同的等高距。

用等高线表示地形时，将会发现盆地的等高线和山头的等高线在外形上非常相似。它们之间的区别在于，山头地貌是里面的等高线高程大，盆地地貌是里面的等高线高程小。为了便于区别这两种地形，就在某些等高线的斜坡下降方向绘一短线来示坡，并把这种短线叫示坡线。示坡线一般仅选择在最高、最低两条等高线上表示。

3. 等高线的分类

为了更好地表示地貌的特征，便于识图用图，地形图上主要采用下列三种等高线：

（1）基本等高线（又称首曲线）：即按基本等高距测绘的等高线。

（2）加粗等高线（又称计曲线）：每隔四条首曲线加粗描绘的一根等高线，其目的是为了计算高程方便。

（3）半距等高线（又称间曲线）：是按二分之一基本等高距内插描绘的等高线，以便显示首曲线不能显示的地貌特征。在平地当首曲线间距过稀时，可加绘间曲线。间曲线可不闭合，但一般应对称。

4. 等高线的特性

深刻了解等高线的特性是很重要的，只有这样才能正确地描绘等高线，等高线的规律和特性有如下几条：

（1）在同一条等高线上各点的高程相等。因为等高线是水平面与地表面的交线，而在一个水平面上的高程是一样的，所以等高线的这个特性是很明显的。但不能得出结论说：

凡高程相等的点一定在同一条等高线。当水平面和两个山头相交时，会得出同样高程的两条等高线。

（2）等高线是闭合的曲线。一个无限伸展的水平面和地表面相交，构成的交线不可能不是一个闭合曲线。所以某一高程的等高线必然是一条闭合曲线。由于具体测绘地形图的范围是有限的，所以等高线若不在同一幅图内闭合，也会跨越一个或多个图幅闭合。按此特性，可得出等高线不能在图中间中断。在具体绘图时，等高线除遇有房屋、公路、某些工业设施及数字注记等为了使图面清晰需要中间断开之外，其他地方不能中断。只有间曲线可以在不需要表示的地方中断，因为它是辅助首曲线表示地貌的，它只在局部地区使用。

（3）不同高程的等高线不能相交。因为不同高程的水平面是不会相交的。所以，它们和地表面的交线也不会相交。但是一些特殊地貌，如陡壁、陡坎的等高线就会重叠在一起（见图 5－7－3），这些地貌按规定须用陡壁、陡坎符号表示。通过悬崖的等高线，其投影才可能相交（见图 5－7－3），但悬崖也是用规定的符号表示。

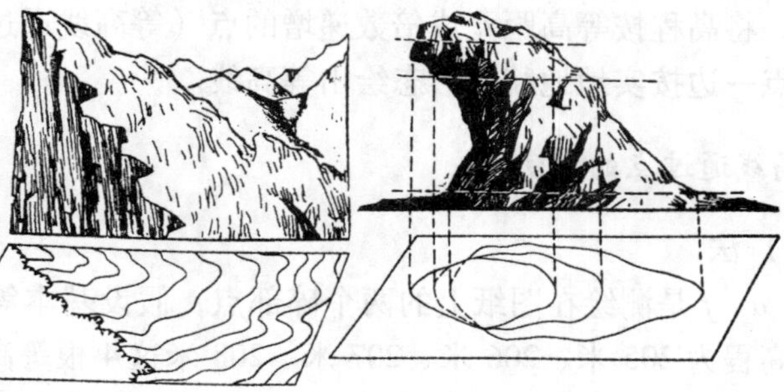

图 5－7－3　峭壁、悬崖的表示方法

（4）等高线与分水线（山脊线）、合水线（山谷线）正交。这是一条非常重要的特性，正是有了这一特性，等高线的勾绘才不会跑向。

（5）两等高线间的垂直距离称为平距，等高线间平距的大小与地面坡度的大小成反比。在同一等高距的情况下，如果地面坡度愈小，则等高线在图上的平距愈大；反之，如果地面坡度愈大，则等高线在图上的平距愈小。换句话说，坡度陡的地方，等高线就密；坡度缓的地方，等高线就稀。

知道了等高线的这些特性后，我们才能用等高线较逼真地显示出地貌的形状。

（三）地貌的测绘

前面介绍了等高线的原理、种类和特性，下面介绍如何测绘等高线的问题。测绘等高线与测绘地物一样，首先需要确定地貌特征点，然后联结地性线，便得到地貌整个骨干的基本轮廓，按等高线的性质，再对照实地情况就能描绘出等高线。

地貌特征点是指山顶、鞍部、山脊、山谷的地形变换点，山坡倾斜变换点，山脚地形变换点；等等。

对以上这些特征点，采用极坐标法或交会法测定其在图纸上的平面位置，用小点表示，并在小点的旁边注记高程。

山顶、鞍部、凹地、山脊、谷底及倾斜变换点处，必须测注高程点。露岩、独立石、土堆、陡坎等，应注记高程或比高。

各种天然形成的斜坡、陡坎，其比高小于等高距的 1/2 或图上长度小于 10mm 时，可不表示；当坡、坎较密时，可适当取舍。

地貌测绘用等高线配合符号和高程注记表示，但应遵守下列要求：

（1）山顶、鞍部、山脊、山谷、山脚、谷底、谷口、沟底、沟口、凹地、台地、河川湖池岸旁、水涯线上以及其他地面倾斜变换处，均应测高程注记点。

（2）断崖应沿其边沿以相应的符号测绘于图上。冲沟陡壁用冲沟符号绘出，冲沟宽大于图上 5mm 时，应加绘沟底等高线。

（3）梯田坎以符号表示，需适当标注高程点，当梯田坎比较缓且范围较大时，可用等高线表示，依实际地形描绘。

（4）图幅内应选适当处注记等高线的高程。

在完成碎部测量（特征点的位置和高程已测在图纸上）和地性线（山脊线、山谷线）联接后，先分析整个地貌形态，如山头、鞍部等，再逐片绘制等高线。按高差与平距成正比的关系进行内插，将高程按等高距 h 成倍数递增的点（等高线通过点）确定出来，然后一边求等高线通过点一边按实地地貌的形态绘出等高线。

（四）确定等高线通过点的方法

1. 目估（内插）法

如图 5-7-4，a、f 是测绘在图纸上的两个碎部点，假设基本等高距为 1 米，则不难看出该两点中应有高程为 205 米、206 米、207 米、208 米这 4 根等高线通过。通过点在哪里？

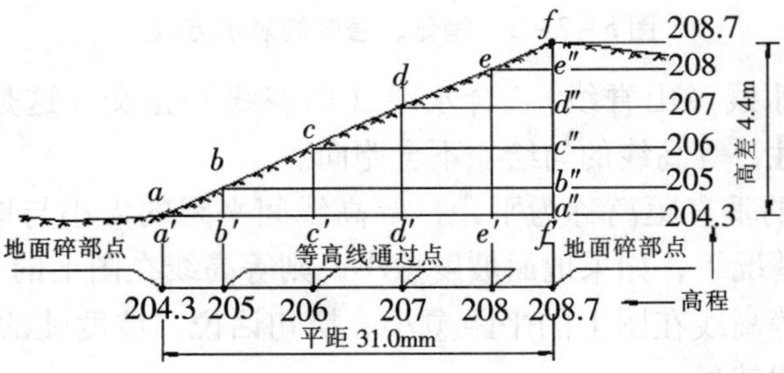

图 5-7-4　目估（内插）法

在该图中可量得 a、f 之间的平距 $d=31.0$mm（勿需考虑比例尺），可计算得 a、f 之间的高差 $h_{af}=208.7\text{m}-204.3\text{m}=4.4\text{m}$。由 a、f 点的高程可知，高程最小的一根等高线通过点 b 与 a 点的高差为：205m－204.3m＝0.7m，而高程最大的一根等高线通过点 e 与 f 点的高差为：208.7m－208m＝0.7m，根据首尾高差 0.7m，0.7m 和三个基本等高距 3m 共计 4.4m 的高差，按比例目估出相对应的平距，即可定出首尾等高线通过点的位置 b，e 以及两个基本等高线通过点的位置 c，d。

在等坡度的情况下，无论是在实地上的 a' 点和 f' 点连线上确定的 a'、b'、c'、d'、e' 和 f'，还是在 f' 点的铅垂线方向上的 a''、f 的连线上确定的 a''、b''、c''、d''、e'' 和 f，均与图纸上的两碎部点 a、f 连线上确定的等高线通过点 a、b、c、d、e 和 f 的对应线段长度成比例。

2. 图解法

在一张适当大小的透明纸上绘出 10 根间隔相等的平行线（对应高程 201，202，…，

210)，将它履盖在两相邻地形点（如上例的 a 点和 f 点）上，注意小的高程 a 点对准平行线上的 204.3 位置（即在平行线的第 4 根与第 5 根之间 0.3 的位置，后同)，以此为圆心，旋转大高程点 f 对准平行线上 208.7 的位置，然后用针刺下平行线上的 5，6，7，8 与 af 连线相交的交点，可得到 205m，206m，207m，208m 的等高线通过点。

3. 计算器公式计算法

某些计算器如 CASIO fx－4500p 有公式计算功能，用该功能计算是十分方便的。通用公式为：$x=\frac{L}{H_f-H_a}(H_i-H_a)$，式中 L 是图上起点与终点之间的总平距；H_f-H_a 是起点与终点之间的总高差。对上例可输入公式（输完后按【IN】)：

31.0/（208.7－204.3）×（A－204.3），计算时按【CALC】调出该公式，分别给 A 输入 205；206；207；208 即可算得平距 4.9；12.0；19.0；26.1。如图 5－7－5。

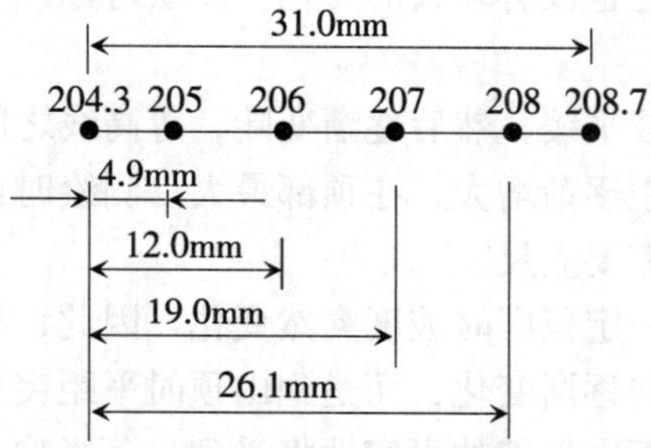

图 5－7－5　计算法

需要注意的是：当我们选择地形图上的两个点来内插（计算）等高线的通过点时，客观上我们已经承认了这样的事实：该两点之间的地面坡度是均匀变化的！这就要求我们实地测量时，跑尺者跑的点相距不能太远。

（五）勾绘等高线

在求得等高线的通过点以后，即可根据等高线的特性，把高程相等的点连接起来成为等高线。

（六）各种地貌的测绘

1. 山　顶

山顶是山的最高部分。山地中突出的山顶，有很好的控制作用。因此对山顶要按实地形状来描绘。山顶的形状很多，有尖山顶、圆山顶、平山顶等。各种形状的山顶，等高线的表示都不一样，见图 5－7－6。

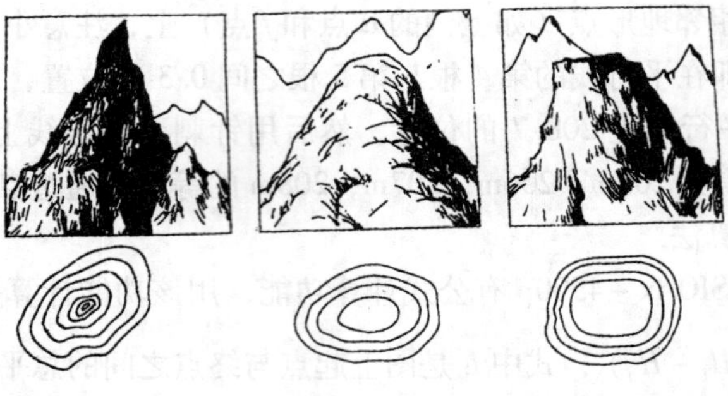

图5-7-6 山 顶

在尖山顶的山顶附近倾斜比较一致，因此，尖山顶的等高线之间的平距大体相等，即使在顶部，等高线之间的平距也没有多大的变化。测绘时标尺点除立在山顶外，其周围适当立一些就够了。

在圆山顶的顶部坡度比较平缓，然后逐渐变陡，等高线之间的平距在离山顶较远的山坡部分较小，越至山顶，平距逐渐增大，在顶部最大。测绘时山顶最高点应立尺，在山顶附近坡度逐渐变化的地方也需要立尺。

平山顶的顶部平坦，到一定范围时坡度突然变化。因此，等高线之间的平距，在山坡部分较小，但不是向山顶方向逐渐变化，而是到山顶时平距突然增大。测绘时必须特别注意在山顶坡度变化处立尺，否则地貌的真实性将受到显著影响。

2. 山 脊

山脊是山体延伸的最高棱线，山脊的等高线均向下坡方向凸出，两侧基本对称，山脊的坡度变化反映了山脊纵断面的起伏状况，山脊等高线的尖圆程度反映了山脊横断面的形状。山地地貌显示得像不像，主要看山脊与山谷，如果山脊测绘得真实、形象，整个山形就较逼真。测绘山脊要真实地表现其坡度和走向，特别是大的分水线倾斜变换点和山脊、山谷转折点，应形象地表示出来。

山脊的形状可分为尖山脊、圆山脊和台阶状山脊。它们都可通过等高线的弯曲程度表现出来。如图5-7-7所示，尖山脊的等高线依山脊延伸方向呈尖角状；圆山脊的等高线依山脊延伸方向呈圆弧形；台阶状山脊的等高线依山脊延伸方向呈疏密不同的方形。

图5-7-7 山 脊

尖山脊的山脊线比较明显，测绘时，除在山脊线上立尺外，两侧山坡也应有适当的立尺点。

圆山脊的脊部有一定的宽度，测绘时需特别注意正确确定山脊的实地位置，然后立尺。此外对山脊两侧山坡也必须注意它的坡度的逐渐变化，恰如其分地选定立尺点。

对于台阶状山脊，应注意由脊部至两侧山坡坡度变化的位置，测绘时，应恰当地选择立尺点，才能控制山脊的宽度。不要把台阶状山脊的地貌测绘成圆山脊甚至尖山脊的地貌。

3. 山　谷

山谷等高线表示的特点与山脊等高线所表示的相反。山谷的形状也可分为尖谷底、圆谷底和平谷底。如图 5－7－8 所示，尖谷底是底部尖窄，等高线通过谷底时呈尖状；圆谷底是底部近于圆弧状，等高线通过谷底时呈圆弧状；平谷底是谷底较宽，底坡平缓，两侧较陡，等高线通过谷底是在其两侧近于直角状。

图 5－7－8　山　谷

尖谷底的下部常常有小溪流，山谷线较明显。测绘时，标尺点应选择在等高线的转弯处。

圆谷底的山谷线不太明显，所以测绘时，应注意山谷线的位置和谷底形成的地方。

平谷底多系人工开辟耕地之后形成的，测绘时，标尺点应选择在山坡与谷底相交的第方，这样才能控制住山谷的宽度和走向。

4. 鞍　部

鞍部属于山脊上的一个特殊部位，是相邻两个山顶之间呈马鞍形的地方，可分为窄短鞍部、窄长鞍部、平宽鞍部。鞍部往往是山区道路通过的地方，有重要的方位作用。测绘时在鞍部的最低点必须有立尺点，以便使等高线的形状正确。鞍部附近的立尺点应视坡度变化情况选择。描绘等高线时要注意鞍部的中心位于分水线的最底位置上，并针对鞍部的特点，抓住两对同高程的等高线分别描绘，即一对高于鞍部的山脊等高线，另一对低于鞍部的山谷等高线，这两对等高线近似地对称，见图 5－7－9。

5. 盆　地

盆地是中间低四周高的地形，其等高线的特点与山顶相似，但其高低相反，即外圈的等高线高于内圈的等高线。测绘时，除在盆底处立尺外，对于盆底四周及盆壁地形变化的地方均应适当选择立尺点，才能正确显示出盆地的地貌。

6. 山　坡

在上述几种地貌形状之间都有山坡相连，山坡虽都是倾斜的面，但坡度并不是没有变化的。测绘时，标尺位置应选择在坡度变换的地方。坡面上的地形变化实际也就是一些不明显的小山脊、小山谷，等高线的弯曲也不大。因此，必须特别注意选择标尺点的位置，以显示出微小地貌来。

7. 梯　田

梯田是在高山上、山坡上及山谷中经人工改造了的地貌。梯田有水平梯田和倾斜梯田两种。梯田在地形图上一般以等高线、符号和高程注记（或比高注记）相结合的方式来表示。

测绘时要沿田坎立标尺，注意等高线的进出点和田坎比高的注记。描绘时应先绘田坎符号，要对照地貌情况，边测边绘等高线，以防错漏。

8. 不用等高线表示的地貌

除了用等高线表示的地貌以外，还有些地貌如雨裂、冲沟、悬崖、陡壁、砂崩崖、土崩崖等等都不能用等高线表示。对这些地貌，用测绘地物的方法，测绘出这些地貌的轮廓位置，用图式规定的符号表示。要注意这些符号与等高线的关系不要发生矛盾。

窄短鞍部　　窄长鞍部　　平宽鞍部

图 5-7-9　鞍　部

以上所述的是用等高线表示几种基本地貌的测绘方法，而实地的地貌是复杂的，它是各种地貌要素的综合体。因此，在测绘中必须区别对待，找出主要的地貌要素，运用等高线逼真地表示地貌。

为了使地形图能保持一定的精度要求，测绘时，立尺点的选择是十分重要的，在一个测站上要有统筹考虑，全盘计划。点太密，会影响图面清晰，增加工作量；点太稀，则不能真实地反映地貌形状。因此，在实际工作中，要经常总结，随时改进提高。

测绘地形图的工作是集体力量的表现，工作中的每一个环节都很重要，互相之间一定要配合好，立尺员和绘图员之间更要密切合作，每个立尺点的作用以及点子之间的联系，双方都要清楚，必要时，测绘一段时间之后立尺员要回到测站上向绘图员讲明情况，然后再继续工作。

5.7.2　习　题

1. 地貌的基本形状有哪些？
2. 什么是等高线？
3. 示坡线起何作用？
4. 当基本等高距分别为 2 米、5 米、10 米时，哪些高程的等高线需要加粗？
5. 如何理解两条曲线正交？
6. 内插等高线时，相关平距是用图上的数值，为什么勿需转换成实地平距？
7. 等高线是如何得到的？
8. 根据下图各碎部点的平面位置和高程，勾绘等高线（等高距为 1m）。
9. 根据等高线可完成以下工作：

（1）确定一个待定点的高程；

（2）确定一条线段的坡度；

（3）求作指定方向的断面图（平距与高程的关系图）。

请作出等高线的示意图说明具体方法。

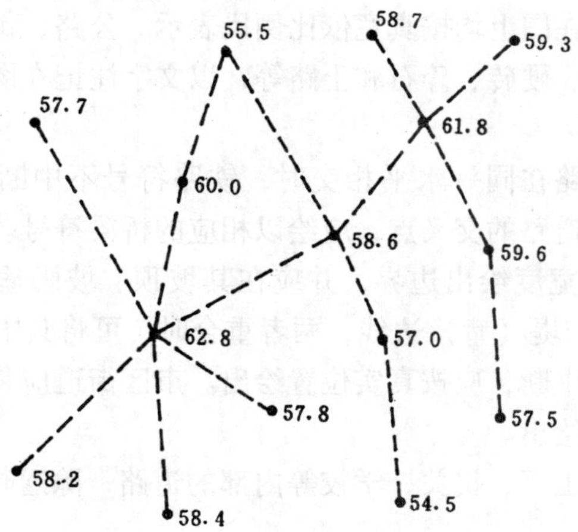

5.7.3　地形图测绘内容及取舍

地形图应表示居民地、独立地物、管线及垣栅、境界、道路、水系、植被等各项地物、地貌要素，以及各类控制点、地理名称注记等，并着重显示与城市规划、建设有关的各项要素。

各种比例尺地形图上均应展绘或测出各等级天文点、三角点、包括各等平面控制点、小三角点（包括各级平面控制点）、图根点、水准点等测量控制点，并用规定符号表示。

居民地是城市地形图的重要地物要素。各类建筑物、构筑物及主要附属设施应按实地轮廓准确测绘。

房屋以墙基角为准，并按建筑材料和质量分类，注记层数。1:500 与 1:1000 比例尺测图，房屋一般不综合，临时性建筑物可舍去；1:2000 比例尺测图可适当综合取舍，图上宽度在 0.5mm 以下的次要巷道可不显示。

房屋和建筑物轮廓凸凹在图上小于 0.4mm，简单房屋小于 0.6mm 可用直线联接。

1:500 比例尺测图房屋内部天井宜区分；1:1000 比例尺图上 $6mm^2$ 以下的天井可不表示。

独立地物是判定方位、确定位置、指示目标的重要标志，必须准确测绘和按规定的符号正确地加以表示。

管线及垣栅；永久性的电力线、通讯线均需表示，电杆、铁塔位置实测。同一杆上架有多种线路时，表示其中主要的线路，并做到各种线路走向连贯，线类分明。

城市建筑区内电力线、通讯线可不连线，但应在杆架处给出连线方向。

地面及架空管线均需表示，并注记输送物质。地下管线检修井一般需测绘表示。

城墙、围墙及永久性的栅栏、栏杆、篱笆、铁丝网和活树篱笆等均应测绘。

县（区）以上境界应绘出，乡（镇）与国营农、林、牧场境界按需要测绘。

两级境界重合时只绘高级境界符号。

所有铁路、有轨电车道、公路、大车路、乡村路均应测绘。车站及附属建筑物、隧道、桥涵、路堑、路堤、里程碑等均需表示。在道路稠密地区，次要和临时性的小路可适当取舍。

铁路轨顶（曲线段取内轨顶）、公路路中及交叉处、桥面等应测高程注记点，隧道涵洞应测注底面高程。

公路及其他双线道路在图上均按真宽依比例尺表示。公路、街道按其路面材料划分为水泥、沥青、碎石、砾石、硬砖、碎石和土路等，以文字注记在图上，铺装材料改变处应用点线分隔。

铁路与公路或其他道路在同一水平相交时，铁路符号不中断，而将另一道路符号中断；不在同一水平相交的道路的交叉点，应绘以相应的桥梁符号。

路堤、路堑均按实地宽度绘出边界，并应在其坡顶、坡脚适当测注高程。公路路堤（堑）应分别绘出路边线与堤（堑）边线，两者重合时，可将其中之一移动0.2mm。

道路通过居民地不宜中断，应按真实位置绘出。市区街道应将永久性的安全岛、人行道、绿化带及街心花园等绘出。

有围墙垣栅的公园、工厂、机关、学校等内部的道路，除通行汽车的主要道路外，应将校内道路绘出。

海岸、河流、溪流、湖泊、水库、池塘、沟渠、泉、井以及各种水工设施等均应绘出。

海岸线以高潮线为准，干出滩应按规定绘出堆积物和海滨植被，并适当测注高程。

河流、溪流、湖泊、水库、池塘等水涯线，一般按测图时的水位测定。河流图上宽度小于0.5mm、沟渠宽度小于1m（1:500地形图小于0.5m）以单线表示。

水位高及施测日期视需要测注。水渠应测控渠边和渠底高程。时令河应测注河床高程。堤坝应测注顶部及坡脚高程。泉、井应测注泉的出水口及井台高程，并根据需要注记井台至水面的深度。

自然形态的地貌一般用等高线表示。石堆、土堆、陡崖、坑穴、冲沟、山洞、石灰岩溶斗、崩崖、滑坡等特殊地貌和人工修筑的梯田、陡坎、斜坡等用相应符号表示。

梯田坎坡顶及坡脚宽度在图上大于2mm时，应实测坡脚。1:2000比例尺测图梯田坎过密，两坎间距在图上小于5mm时，可适当进行取舍。

各种天然形成和人工修筑的坡、坎等，其坡度在70°以上时，可表示为陡坎；70°以下时可表示为斜坡。斜坡在图上投影小于2mm时，也可用陡坎表示。坡、坎比高小于1/2基本等高距或在图上长度短于5mm时，可舍去。

坡度在70°以下的石山和天然陡坎，可用等高线或用等高线配合符号表示。

露岩地、独立石、土堆、坑穴、陡坎、斜坡、梯田坎等应在上下方分别测注高程或比高。

各种土质按图式规定的相应符号表示。

地形图上应表示各种树林、苗圃、灌木丛、散树、独立树、行树、竹林、经济林等，并正确反映分布情况。芦苇地、花圃、草地等亦应表示。

农业用地分稻田、旱地、菜地、经济作物地和水生经济作物地等。一年分几季种植不同作物的耕地，按夏季主要作物为准。

田埂宽度在图上大于1mm（1:500地形图上2mm）的用双线表示。田块内应测注有代表性的高程。

地理名称及各种注记是地形图主要内容之一，是判读地形图的直接依据。图上所有居民地、道路（包括市镇街、巷）、山岭、沟谷、河流等自然地理名称，以及主要单位等名称，均需进行调查核实，正确注记。

5.7.3　习　题

1. 测绘地形图时如何对地形进行取舍？

2. 坡与坎如何区分？

5.7.4　地形图上各种要素配合表示原则

（1）当两个地物中心重合或接近，难以同时准确表示时，可将较重要的地物准确表示，次要地物移位0.2mm或缩小表示。

（2）独立地物与房屋、道路、水系等其他地物重合时，可中断其他地物符号，间隔0.2mm，将独立地物完整绘出；两个独立地物相距很近，同时绘出有困难时，可将高大突出的准确表示，另一个移位表示，但应保持相互的位置关系。

（3）房屋或围墙等高出地面的建筑物，直接建筑在陡坎或斜坡上的，建筑物按正确位置绘出，坡坎无法准确绘出时，可移位0.2mm表示。

（4）悬空建筑在水上的房屋与水涯线重合，可间断水涯线，房屋照常绘出。

（5）水涯线与陡坎重合，可用陡坎边线代替水涯线；水涯线与斜坡脚重合，仍应在坡脚将水涯线绘出。

（6）双线道路与房屋、围墙等高出地面的建筑物边线重合时，可以建筑物边线代替道路边线。道路边线与建筑物的接头处应间隔0.2mm。

（7）境界以线状地物一侧为界时，应离线状地物0.2mm按图式绘制；如以线状地物中心为界，按图式规定绘制；不能在中心线绘出时，可沿两侧每隔3~5cm交错绘出3~4节符号。交叉、转折及与图边交接处须绘符号以示走向。

（8）地类界与地面上有实物的线状符号重合，可省略不绘；与地面无实物的线状符号（如架空管线、等高线等）重合时，可将地类界移位0.2mm绘出。

（9）等高线遇到房屋及其他建筑物、双线道路、路堤、路堑、坑穴、陡坎、斜坡、湖泊、双线河以及注记等均应中断。

地物测绘时，要贯彻：

（1）准确测绘居民地的外围轮廓，间距较大的房屋和构筑物应一一测绘。

（2）主要电力线和通讯线应测绘于图上。

（3）铁路、公路、大车路、乡村路、小路应测绘于图上。

（4）河流、小溪、水井、池塘均应测绘于图上，河流、小溪的流水宽度在图上超过0.5毫米时用双线描绘，小于0.5毫米时用单线表示。

（5）测定树林的范围，应分出森林、灌木和经济林。

（6）测绘耕地的范围，区分旱地和水田。

地物点和地形点视距最大长度应符合表5-7-2的规定。

当应用交会法测定地物点时，交会方向线一般需三个。地形图上高程注记点应分布均匀，一般丘陵地区间距为：

1:500 比例尺测图　　15m

1:1000 比例尺测图　　30m

1:2000 比例尺测图　　50m

平坦及地形简单地区可放宽至 1.5 倍，地貌变化较大的丘陵地、山地及高山地应适当加密。

表 5－7－2　地物点和地形点视距的最大长度

比例尺	地物点（m）	地形点（m）
1:500	40	70
1:1000	80	120
1:2000	150	200

注：① 1:500 比例尺测图时，在城市建筑区和平坦地区，地物点距离应实量，其最大长度为 50m；

②山地、高山地地物点最大视距可按地形点要求；

③采用电磁波测距仪测距时，距离可适当放长。

山顶、鞍部、山脊、山脚、谷底、谷口、沟底、沟口、凹地、台地、河川湖池岸旁、水涯线上以及其他地面倾斜变换处，均应测高程注记点。

城市建筑区高程注记点应测设在街道中心线、街道交叉中心、建筑物墙基脚和相应的地面、管道检查井井口、桥面、广场、较大的庭院内或空地上以及其他地面倾斜变换处。

基本等高距为 0.5m 时，高程注记点应注至厘米；基本等高距大于 0.5m 可注至分米。

在测绘地物地貌时，必须遵守"看不清不绘"的原则。地形图上的线划、符号和注记一般在现场完成。

按基本等高距测绘的等高线为首曲线。从零米起算，每隔四根首曲线加粗一根计曲线。并在计曲线上注明高程，字头朝向高处，但需避免在图内倒置。山顶、鞍部、凹地等不明显处等高线应加绘示坡线。当首曲线不能显示地貌特征时，可测绘二分之一基本等高距的间曲线。

城市建筑区和不便于绘等高线的地方，可不绘等高线。

5.8　图边测图及图的拼接

本章基本概念：图边测图；接图误差；等等。

本章难点内容：接图误差的处理等。

地形图是分幅施测的，为了保证相邻图幅的互相拼接，每一幅的四边，一般均须测出图廓外 5mm，对地物应测完其主要角点，为了测出电杆等直线形地物的方向，应多测出一些距离。

当布设地形控制点时，应当考虑到图边测图的需要，如果图廓边没有足够的解析点，可增设图边公共点测站点，利用公共点测图将有利于相邻图幅的拼接，并有利于图边的测图精度。

拼接时，两幅图接图的较差，视地形图测绘精度的要求而异。各作业规范对各种比例尺测图的地物和等高线的精度都有明确规定。

图5－8－1所示为两相邻图幅的接边情况。左边是图幅Ⅰ，右边是图幅Ⅱ。两幅图的池塘边、小路等在图边均错开了一个位置。假如说一般地物的测绘中误差要求小于0.8mm，由于图边部分的两幅图是单独测量的，则两幅图分别画出池塘边、小路等位置之差的中误差应小于$0.8\sqrt{2}$mm。若以两倍中误差作为限差，则接图时两幅图上同一地物的相对位移可容许到$2\times0.8\sqrt{2}$mm$\approx$2.2 mm。应当注意到，两倍中误差出现的机会只是5%，因此在接图时应注意各种地物接边时位移情况的规律性，应该是小误差出现的情况较多。如果接近限差的情况较多，即使均不超限也应考虑测图的精度是否合乎要求。

再以图5－8－1为例说明等高线的接图误差。等高线的位置中误差与地面坡度有关。假如在平地规定等高线表示的高程中误差不能大于基本等高距的1/3，在丘陵为2/3，在山地为一个等高距。对于基本等高距为1m的地形图，在平地的中误差为1/3m，则接图时容许最大误差为$2\times\sqrt{2}/3\approx0.9$ m。在图5－8－1中，高程为100m的等高线，两幅图相错的位置按高程计约为0.3m，符合要求。

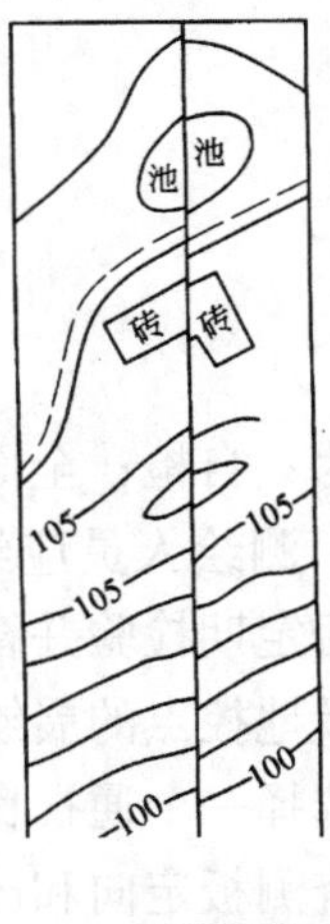

图5－8－1　两幅图左右拼接

两幅图的接图较差合乎要求后，取地物和等高线的平均位置加以改正。改正后的地物地貌，还应注意保持它们的合理走向。

对于超限的部分，应通过外业检查解决。

相邻四幅图相接处的地物、地貌也要进行拼接，可用透明纸按上述要求在图上的四角处进行重复接图。

采用“聚脂薄膜”进行测图时，不必再描绘图边，即利用其自身的透明性，让相邻两图幅的相应邻边迭合在一起，如在容许误差范围内，则在其中一幅改正其地物、地貌的位置，另一幅可根据改正后的图边进行改正。四个图角的拼接也按上述方法重复进行接图。

图廓边测图与图的拼接，是地形测绘中的重要环节，必须认真对待，严格做好。

5.8　习　题

如何处理接图误差？

5.9 地形图的检查

本章基本概念：内业检查；外业检查；地形图的清绘；整饰；等等。

5.9.1 地形图的检查与验收

测绘工作是十分细致而复杂的工作。为了保证成果的质量，测量人员必须具有高度的责任感、严肃认真的工作态度和熟练的操作技术。同时还必须有合理的质量检查制度。测量人员除了平时对所有观测和计算工作作充分的检核外，还要在自我检查的基础上建立逐级检查制度。因此地形图测绘完毕，应进行检查，以评定图的质量。检查分为：

（一）内业检查

1. 图根点坐标和高程的检查
2. 图面检查；分类逐项检查

（二）外业检查

1. 巡视检查
2. 仪器检查

在具体检查工作中检查方法一般为：自检；全面检查。

自检是保证测绘质量的重要环节。测绘人员应经常检查自己的操作程序和作业方法。自检的内容有：所使用的仪器工具是否定期检验并符合精度要求；地形控制测量的成果及计算是否充分可靠；图廓、坐标格网及地控点的展绘是否正确；以及地控点的高程是否与成果表相符；等等。测图开始前，应选择一个通视良好的测站点设站，先以一远处清晰目标定向，然后瞄准其他已知点，来检查测板定向和已知点位置的正确性。每一测站，以一个方向定向，还至少以另一方向检查，并检查高程无误后，始能测图。每站测完后，应对照实地地形，查看地物有无遗漏，地貌是否相像，符号应用是否恰当，线条是否清晰，注记是否齐全、正确等。当确认图面完全正确无误后，再迁到下一测站进行测绘。测图员要做到随测随画，要做到一站工作当站清，当天工作当天清，一幅测完一幅清。

测图结束后，先由作业员对地形图进行全面检查，而后组织互检和由上级领导组织的专人检查。检查的方法分室内检查、野外巡视检查及野外仪器检查。

室内检查首先是对所有地形控制资料作全面详细的检查，包括：观测和计算手簿的记载是否齐全、清楚和正确；各项限差是否符合规定。也可视实际情况重点抽查其中的某一部分。原图的室内检查，主要查看格网及控制点展绘是否合乎要求，图上地控点及埋石点数量是否满足测图要求，图面地形点数量及分布能否保证勾绘等高线的需要，等高线与地形点高程是否适应，综合取舍是否合理，符号应用是否合乎要求，图边是否接合，等等。室内检查可以用蒙在原图上的透明纸进行，并以此为根据决定野外检查的重点与巡视的线路。

巡视检查应根据室内检查的重点按预定的路线进行。检查时将原图与实地对照，查看原图上的综合取舍情况，地貌的真实性，符号的运用，名称注记是否正确，等等。巡视检查也要在图板上复一透明纸，以备修正和记载错误之用。

仪器检查是在内业检查和外业巡视检查的基础上进行的。除将检查发现的重点错误和遗漏进行补测和更正外，对发现的怀疑点也要进行仪器检查。仪器检查一般用散点法进行，即在测站周围选择一些地形点，测定其位置和高程，检查时除对本站所测地形点重新立尺进行检查外，并注意检查其他测站点所测地形点是否正确。还应利用方向法照准一些突出目标，视其方向是否正确。仪器检查的另一种方法是断面法，它是沿测站的某一方向线进行，以测定该方向线上各地形特征点的平面位置和高程，然后再与地形图上相应地物点、等高线通过点进行比较。断面法测定点的位置和高程可仍用测图时相同的仪器，也可用钢尺量距，直接水准测定各断面点的高程。检查结果，各项误差应不超过规范所规定的要求。如检查方法与测图方法相同时，各项误差应不超过规定的最大误差的$\sqrt{2}$倍。

在检查过程中对所发现的错误和缺点，应尽可能予以纠正。如错误较多，应按规定退回原测图小组予以补测或重测。

测绘资料经全面检查认为符合要求，即可予以验收，并按质量评定等级。

检查验收工作是对成果成图进行的最后鉴定。通过这项工作，不仅要评定其质量，而更重要的是消除成图中可能存在的错误，保证各项测绘资料的正确、清晰、完整，真实地反映地物地貌。

技术检查工作的主要依据是技术计划和测量技术规范。

5.9.2　地形图的清绘与整饰

对测图小组提交的铅笔原图，按地形图图式进行着墨描绘，称为地形图的清绘。清绘时要注意地物地貌的位置、内容和种类均不得更改和增减。清绘时可按下列顺序：内图廓、坐标格网；控制点、地形点符号及高程注记；独立物体及各种名称、数字的绘注；居民地等建筑物；各种线路、水系等；植被与地类界；等高线及各种地貌；等等。

图廓的整饰包括外图廓线、坐标网、经纬度、图幅名称及图号等。

线条粗细、采用字体、注记大小等均应依照地形图图式的规定。

整饰的主要要求为：

（1）地物、地貌各要素，应主次分明、线条清晰、位置准确、交接清楚；

（2）高程注记的数字，一般字头朝北，书写清楚、整齐；

（3）各项地物、地貌均应按规定的符号绘制；

（4）各项地理名称注记位置应适当，并检查有无遗漏或不明之处；

（5）等高线须合理、光滑、无遗漏，并与高程注记点相适应；

（6）图幅号、方格网坐标、测图者姓名及测图时间应书写正确齐全。

整饰中发现问题，应认真查明原因，合理解决。必要时应通过外业复查纠正。

最后，达到图面清洁、美观，线型、符号清楚，字体大小均匀，同类图线粗细一致。

5.9.3　成果、成图资料的上交

作业人员和作业小组必须对完成的成果、成图资料进行严格的自检和互检，确认无误后方可上交。检查内容包括：

（1）图根控制点的密度是否符合要求，位置是否恰当；各项较差、闭合差是否在规定

范围内；原始记录和计算成果是否正确，项目填写是否齐全。

（2）地形图图廓、方格网、控制点展绘精度是否合乎要求；测站点的密度及精度是否满足需要和符合规定；地物、地貌各要素测绘是否正确、齐全，取舍是否恰当，图式符号运用是否正确；接边精度是否合乎要求；图表填写是否完整清楚，各项资料是否齐全。

5.9 习　题

1. 如何评定地形图的质量？
2. 地形图的检查包括哪些内容？

第六篇　地形图基本知识

6.1 地形图基本知识

本章基本概念：梯形分幅法；矩形分幅法；图廓经纬度；制图字体；正宋体字；等线体字；变形字；字大；字向；字隔；字列；字位；地形图符号；定位点；定位线；依比例符号；不依比例符号；半依比例符号；地物符号；地形图图式；等等。

本章基本公式：地形图分幅编号的计算等。

本章难点内容：地形图的分幅；地形图的编号；地形图符号；等等。

6.1.1　地形图的分幅及编号

为了便于测绘、使用和保管地形图，需要将大面积的地形图进行分幅，并将分幅的地形图进行有系统的编号，因此需要研究地形图的分幅和编号问题。

我国幅员辽阔，东西向经度跨60多度，南北向纬度跨50多度。要将全部国土测绘在一张基本比例尺的地形图上，显然是不可能的。因此，必须将其分成许多小块，一幅一幅地分别进行测绘，这样就有许多幅地形图。通常认为一幅图的幅面大小约为长50cm～60cm，宽40cm～50cm比较合适。比例尺的不同，图幅的多少也不一样，比例尺越大，图幅的数量就越多。在使用时，可以再把需要的相邻图幅拼接起来，这样就做到了测时分别测，用时能拼在一块，即可分可合。另外，对于这么多的地形图，为了保管、查取和使用上的方便，必须给每幅不同比例尺的地形图一个科学的编号，使用时可按照这个编号进行查找。这就像到电影院找座号一样，只要知道几排几号，很快就能找到你的座位。

地形图的分幅主要有下述两种方法。

梯形分幅：梯形分幅是按经纬线进行的，主要用于国家基本比例尺地形图的分幅。国家基本比例尺地形图包括1∶1000000，1∶500000，1∶250000，1∶100000，1∶50000，1∶25000，1∶10000，1∶5000共8种。

矩形或正方形分幅：矩形（或正方形）分幅是按坐标格网线进行的，主要用于在一定范围内大比例尺地形图的分幅。

（一）梯形分幅

我国基本比例尺地形图是以国际1∶1000000地图分幅为基础，按一定的经差和纬差划分图幅的。根据分幅，采用行列编号方法，对各种比例尺地形图进行统一编号。

中华人民共和国国家标准GB/13989—92《国家基本比例尺地形图分幅和编号》具体规定了1∶1000000，1∶500000，1∶250000，1∶100000，1∶50000，1∶25000，1∶10000，

1∶5000地形图的分幅与编号方法，下面分别介绍。

1. 1∶1000000 地形图的分幅及编号

为了全球统一，1∶1000000 的地形图的分幅是按国际上的统一规定来进行的。其具体做法是将整个地球表面按经差6°，纬差4°划分的。但在纬度60°～76°之间为经差12°，纬差4°；纬度76°～88°之间为经差24°纬差4°来划分的。因在中纬度地区，经差或纬差1°所相应的距离为100km～110km，故这样划分的图幅面积约为65cm × 45cm。

1∶1000000 地形图的编号采用国际统一标准。从地球赤道起，向两极每纬度4°为一行，至南、北纬88°各分为22 行，依次用A，B，C，…，V 表示；从180°经线起，自西向东每经度6°为一列，全球分为60 列，依次用阿拉伯数字1，2，3，…，60 表示，由经线和纬线所围成的梯形小格（见图6－1－1）为一幅1∶1000000 地形图。每幅图的编号由该图所在的行号（字符码）与列号（数字码）组成。

我国地处东半球、赤道以北，图幅范围在72°～138°；纬度0°～56° 内，包括行号为A，B，C，…，N 的14 列；列号为43，44，45，…，53 的11 列。列号与6°带带号的关系为：

$$列号 = 带号 + 30$$

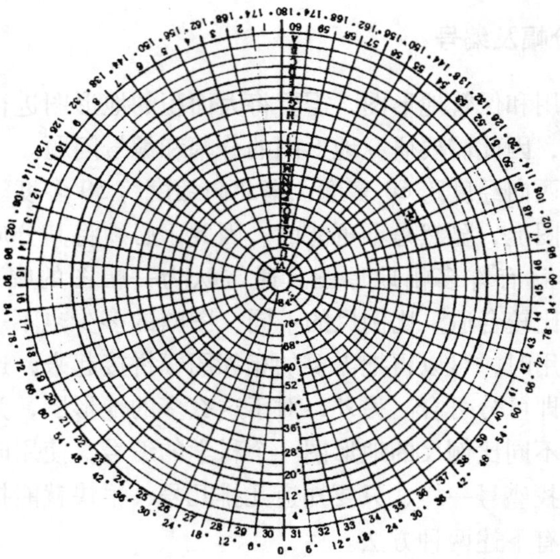

图6－1－1　1∶1000000 比例尺地形图的分幅

显见，一张1∶100 万比例尺地形图是由纬差4°的纬圈和经差6°的子午线所形成的梯形。设纵列号为 Ω，横行号为 ∇，则每一幅1∶100 万比例尺地形图的图幅编号为 $\nabla\Omega$（注：横行号在前）。只要给定我国某地的经度 L 和纬度 B 就可计算出包含该地在内的1∶100万比例尺地形图编号，方法如下：

（1）由经度 L 计算纵列号。

$$\Omega = \mathrm{INT}(L/6°) + 1 + 30 \qquad (6-1-1)$$

式中：INT（x）是一取整函数，其结果是不超过 x 的最大整数（或：将数值向下取整为最接近的整数），如：

INT（2.5678）=2；INT（7.9999）=7；INT（－2.345）=－3；INT（－6.9999）=－7。

由于6°带的带号是从首子午线起算，每6°为1 带，到180°时则为第30 带；而列号是从180°起算，每6°为1列，因此列号与6°带的带号之间的关系为：

$$列号 = 带号 \pm 30$$

其中东半球加30，西半球减30。

我国领土全部位于东半球，而西半球编号已为1～30，故（6－1－1）式要加30。

（2）由纬度 B 计算横行号：

$$\nabla = \mathrm{INT}(B/4°) + 1 \qquad (6-1-2)$$

注意：要将结果转换成对应的大写拉丁字母，对应关系如下：

1→A，2→B，3→C…

对于梯形分幅的地形图，我们要通过适当计算，求出该图幅四边缘的经纬度，也称图廓经纬度。

例［6－1－1］某地位于东经122°28′25″，北纬39°54′30″。则：

$\Omega = \mathrm{INT}(L/6°) + 1 + 30 = 51$，$\mathrm{INT}(B/4°) + 1 = 10$，10对应拉丁字母 J，故 $\nabla = J$。于是包含该地在内的1∶100万比例尺地形图编号为 J51，且该图幅的经度范围为120°～126°；纬度范围为36°～40°，见图6－1－2。

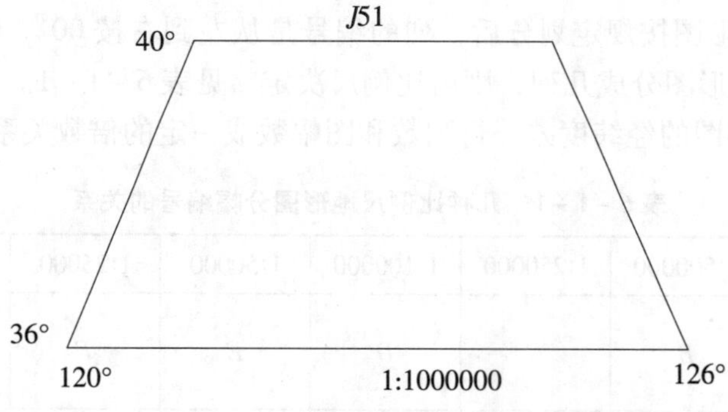

图6－1－2　1∶1000000地形图图框

我国按国际1∶1000000地形图分幅有60多幅（见图6－1－3）。

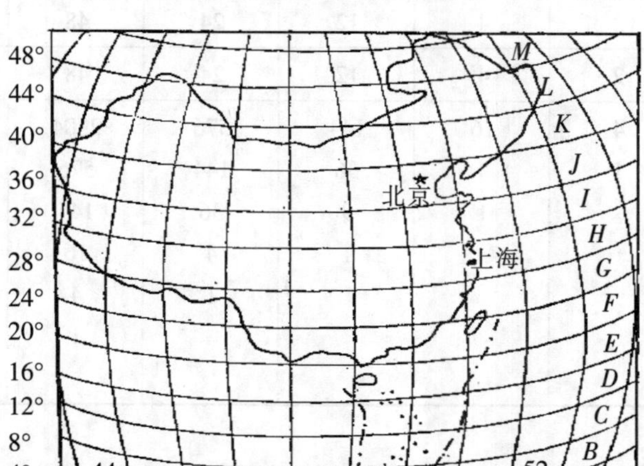

图6－1－3　我国1∶1000000地形图

2. 1∶500000～1∶5000地形图的分幅及编号

我国1:500000～1:5000地形图的编号均以1:1000000地形图分幅编号为基础，采用行列编号方法统一用10位的编码（数字或字母）表示，编号的表达格式为：

■ ■■ ■ ■■■ ■■■

说明如下：

10位编码按从左到右分成5段：

（1）第1段：仅有1位，它就是前述的横行号——大写拉丁字母∇，即：1:1000000地形图的图幅行号。

（2）第2段：有2位，它就是前述的纵列号——两位整数，即：1:1000000地形图的图幅列号，不足2位时前面添1个“0”。

（3）第3段：仅有1位，且是大写拉丁字母，它代表比例尺代码，规定见表6－1－1。

（4）第4段：有3位，它是该图幅在1:1000000地形图中按规定划分后行的顺序号，注意：1:1000000地形图按规定划分后，行的编号是从上到下按001、002、003…进行的。至于将1:1000000地形图分成几行，则由比例尺决定，见表6－1－1。

（5）第5段：有3位，它是该图幅在1:1000000地形图中按规定划分后列的顺序号，注意：1:1000000地形图按规定划分后，列的编号是从左到右按001、002、003…进行的。至于将1:1000000地形图分成几列，则由比例尺决定，见表6－1－1。

各种比例尺地形图的经纬度差、行列数和图幅数成一定的倍数关系（见表6－1－1）。

表6－1－1　几种比例尺地形图分幅编号的关系

比例尺	1:1000000	1:500000	1:250000	1:100000	1:50000	1:25000	1:10000	1:5000
比例尺代码		*B*	*C*	*D*	*E*	*F*	*G*	*H*
经差	6°	3°	1°30′	30′	15′	7′30″	3′45″	1′52.5″
纬差	4°	2°	1°	20′	10′	5′	2′30″	1′15″
行数	1	2	4	12	24	48	96	192
列数	1	2	4	12	24	48	96	192
图幅数量关系	1	4 1	16 4 1	144 36 9 1	576 144 36 4 1	2304 576 144 16 4 1	9216 2304 576 64 16 4 1	36864 9216 2304 256 64 16 4

从表中可以看出：

将每幅1:1000000地形图分别按经差3°，纬差2°分为2行2列，则可得4幅1:500000的地形图；

将每幅1:1000000地形图按经差1°30′，纬差1°，可分为4行4列，则可得16幅1:250000的地形图；

将每幅 1:1000000 的地形图按经差 30′，纬差 20′，划分为 12 行 12 列，则可得 144 幅 1:100000 的地形图。

以此类推，将每幅 1:1000000 的地形图又可按经差 1′52.5"，纬差 1′15" 分为 192 行 192 列，则可得 36864 幅 1:5000 的地形图。

（1）1:500000 地形图的分幅及编号。

将一幅 1:1000000 比例尺地形图分成（2×2）4 幅，则每一幅的比例尺就是1:500000。如图 6－1－4，各幅 1:500000 地形图的编号依次为：

*J*51*B*001001；*J*51*B*001002；*J*51*B*002001；*J*51*B*002002。

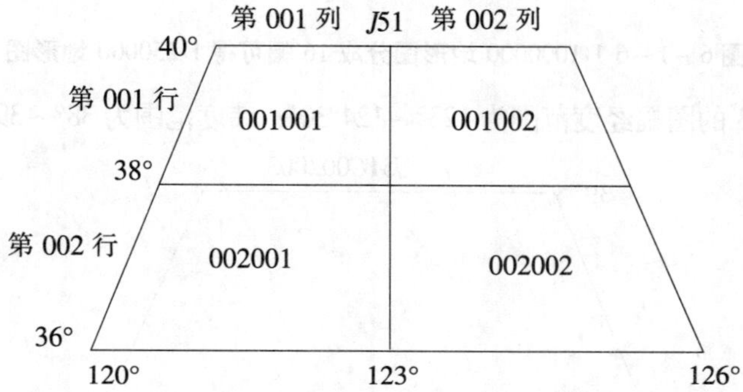

图 6－1－4　1:1000000 地形图分成 4 幅可得 1:500000 地形图

其中 *J*51*B*001002 的图幅经度范围为 123°～126°；纬度范围为 38°～40°，见图 6－1－5。

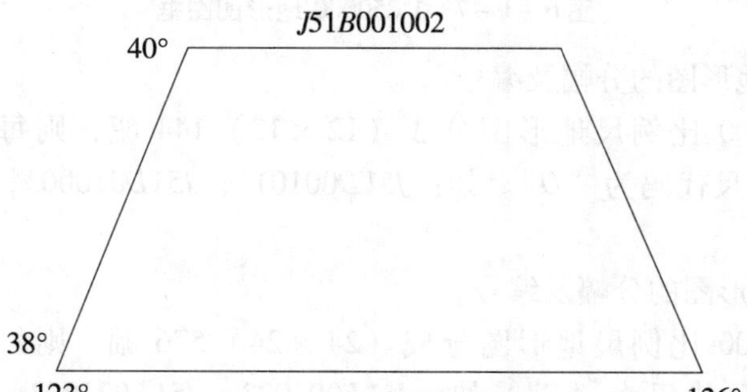

图 6－1－5　1:500000 地形图图框

（2）1:250000 地形图的分幅及编号。

将一幅 1:1000000 比例尺地形图分成（4×4）16 幅，则每一幅的比例尺就是 1:250000。如图 6－1－6，各幅 1:250000 地形图的编号依次为：

*J*51*C*001001；*J*51*C*001002；*J*51*C*001003；*J*51*C*001004；

*J*51*C*002001；*J*51*C*002002；*J*51*C*002003；*J*51*C*002004；

*J*51*C*003001；*J*51*C*003002；*J*51*C*003003；*J*51*C*003004；

*J*51*C*004001；*J*51*C*004002；*J*51*C*004003；*J*51*C*004004。

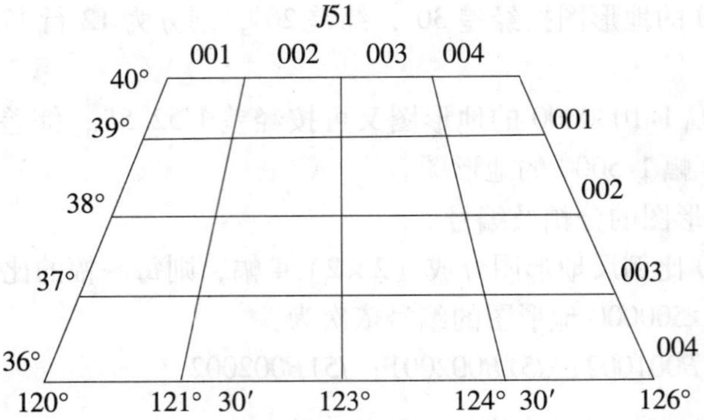

图 6-1-6 1:1000000 地形图分成 16 幅可得 1:250000 地形图

其中 *J51C002003* 的图幅经度范围为 123°～124°30′；纬度范围为 38°～39°，见图 6-1-7。

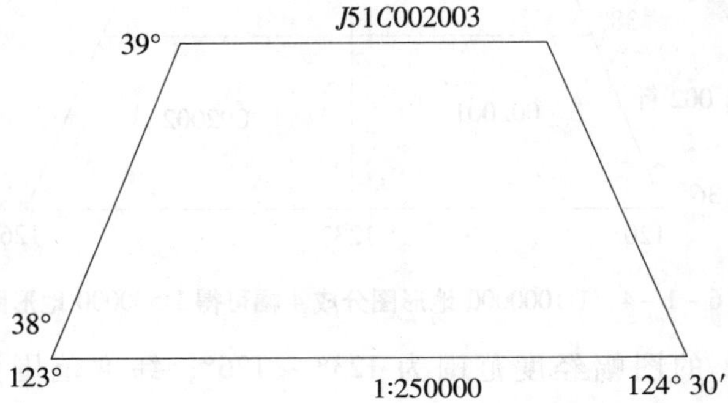

图 6-1-7　1:250000 地形图图框

（3）1:100000 地形图的分幅及编号。

将一幅 1:1000000 比例尺地形图分成（12×12）144 幅，则每一幅的比例尺就是 1:100000。该种比例尺代码为"*D*"。如：*J51D*001011；*J51D*010003；*J51D*012012 等均为 1:100000地形图。

（4）1:50000 地形图的分幅及编号。

将一幅 1:1000000 比例尺地形图分成（24×24）576 幅，则每一幅的比例尺就是 1:50000。该种比例尺代码为"*E*"。如：*J51E*001023；*J51E*021003；*J51E*024024 等均为 1:50000地形图。

（5）1:25000 地形图的分幅及编号

将一幅 1:1000000 比例尺地形图分成（48×48）2304 幅，则每一幅的比例尺就是 1:25000。该种比例尺代码为"*F*"。如：*J51F*001047；*J51F*048003；*J51F*048048 等均为 1:25000地形图。

（6）1:10000 地形图的分幅及编号

将一幅 1:1000000 比例尺地形图分成（96×96）9216 幅，则每一幅的比例尺就是 1:10000。该种比例尺代码为"*G*"。如：*J51G*001093；*J51G*085003；*J51G*096096 等均为 1:10000地形图。

（7）1:5000 地形图的分幅及编号

将一幅 1:1000000 比例尺地形图分成（192×192）36864 幅，则每一幅的比例尺就是

1:5000。该种比例尺代码为“*H*”。如：*J*51*H*001188；*J*51*H*172003；*J*51*H*192192 等均为1:5000地形图。

（二）梯形分幅解析计算

需要说明的是：根据给定的分幅编号判断比例尺是很简单的，这是因为分幅编号中含有比例尺代码，但若要进一步确定该图幅图框的四周经纬度，则需作相关计算。另外，编号也需作相关计算。图幅编号及四周经纬度计算方法可有两种：

第一种，根据划分情况由1:1000000比例尺地形图图框逐步分得四周经纬度，随着比例尺的增大，相应划分工作量是很大的，如1:5000，单是作192×192这张表（示意图）就是一件很麻烦的事。此法主要运用于1:500000、1:250000这两种比例尺。

第二种，根据一般公式直接由给定点的经、纬度求图幅编号及四周经纬度。在给出具体计算公式前先介绍求余函数MOD（x，y）：该函数返回$x\div y$后的余数，如：

MOD（4，2）=0；MOD（2，4）=2；MOD（5，3）=2；MOD（3.123，2.789）=0.334；

MOD（56.789，89.432）=56.789；MOD（89.432，56.789）=32.643；

MOD（34°45′38″，4）=MOD（34.76055556°，4）=2.76055556°；

MOD（113°39′25″，3）=MOD（113.6569444°，3）=2.6569444°。

1. 在1:1000000比例尺地形图中图幅行列编号的计算

$$\text{行号：}c=4°/\triangle B-\mathrm{INT}\{\mathrm{MOD}(B,4)/\triangle B\} \qquad (6-1-3)$$

$$\text{列号：}d=\mathrm{INT}\{\mathrm{MOD}(L,6)/\triangle L\}+1 \qquad (6-1-4)$$

式中，（B，L）是给定点的大地经纬度；$\triangle B$是相应比例尺的纬度差；$\triangle L$是相应比例尺的经度差。$\triangle B$，$\triangle L$可从表6-1-1中查取。求得行列号后，再根据1:1000000的图幅编号及相应比例尺代码即得该种比例尺地形图图幅编号。

例［6-1-2］某点的大地坐标为：东经107°59′12″，北纬24°00′30″。求包含该点在内的8种比例尺地形图图幅编号。

解：（1）1:1000000地形图图幅编号。

$\Omega=\mathrm{INT}(L/6°)+1+30=\mathrm{INT}(107°59'12''/6°)+1+30=17+31=48$，

$\nabla=\mathrm{INT}(B/4°)+1=\mathrm{INT}(24°00'30''/4°)+1=6+1=7\rightarrow G$，

于是包含该点在内的1:1000000地形图图幅编号为*G*48。

以下结果为共用值：

MOD（B，4）=MOD（24°00′30″，4）=MOD（24.00833333°，4）=0.00833333°

MOD（L，6）=MOD（107°59′12″，6）=MOD（107.9866667°，6）=5.9866667°

（2）1:500000地形图图幅编号。

查表6-1-1得：$\triangle B=2°$，$\triangle L=3°$，于是由公式（6-1-3）、（6-1-4）可得：

行号：$c=4°/2°-\mathrm{INT}\{0.00833333°/2°\}=2-0=2$

列号：$d=\mathrm{INT}\{5.9866667°/3°\}+1=1+1=2$

∴包含该点在内的1:500000地形图图幅编号为：*G*48*B*002002

（3）1∶250000 地形图图幅编号。

查表 6－1－1 得：$\triangle B=1°$，$\triangle L=1°30'$，于是由公式（6－1－3）、（6－1－4）可得：

行号：$c=4°/1°-\text{INT}\{0.00833333°/1°\}=4-0=4$

列号：$d=\text{INT}\{5.9866667°/1°30'\}+1=3+1=4$

∴ 包含该点在内的 1∶250000 地形图图幅编号为：*G48C004004*

（4）其他 5 种比例尺地形图图幅编号可仿上求，结果见表 6－1－2：

表 6－1－2　图幅编号计算

比例尺	纬度差（$\triangle B$）	行号 c	经度差（$\triangle L$）	列号 d	图幅编号
1∶100000	20′	12	30′	12	*G48D012012*
1∶50000	10′	24	15′	24	G48*E*024024
1∶25000	5′	48	7′30″	48	*G48F048048*
1∶10000	2′30″	96	3′45″	96	*G48G096096*
1∶5000	1′15″	192	1′52.5″	192	*G48H192192*

2. 图框西南角大地坐标的计算

根据地形图图幅编号可求得该图幅图框的西南角大地坐标，公式为：

$$L=(\Omega-31)\times 6°+(d-1)\times\triangle L \quad (6-1-5)$$

大地经度（上式）；大地纬度：

$$B=(\nabla-1)\times 4°+(4°/\triangle B-c)\times\triangle B \quad (6-1-6)$$

式中，Ω 是 1∶1000000 地形图图幅编号的纵列号；∇ 是 1∶1000000 地形图图幅编号的横行号（要将大写拉丁字母转换成对应数字）；$\triangle B$ 是相应比例尺的纬度差；$\triangle L$ 是相应比例尺的经度差。$\triangle B$，$\triangle L$ 可从表 6－1－1 中查取。c，d 就是由公式（6－1－3）、（6－1－4）求得的行列编号。

例［6－1－3］求出例［6－1－2］中 8 幅图图框的西南角大地坐标。

解：（1）1∶1000000 地形图图框的西南角大地坐标

由 *G48* 可得：$\Omega=48$，$\nabla=$（G 对应的数字）7。易知 $\triangle B=4°$，$\triangle L=6°$。

对 1∶1000000 的地形图显然有：$c=d=1$，于是由公式（6－1－5）、（6－1－6）可得：

$L=(48-31)\times 6°+(1-1)\times 6°=102°$

$B=(7-1)\times 4°+(4°/4°-1)\times 4°=24°$

∴ *G48* 图框的西南角大地坐标为：$L=102°$，$B=24°$。

（2）1∶500000 地形图图框的西南角大地坐标

由 *G48B002002* 可得：$\Omega=48$，$\nabla=$（G 对应的数字）7，$c=2$，$d=2$

∵ $\triangle B=2°$，$\triangle L=3°$。

∴ $L=(48-31)\times 6°+(2-1)\times 3°=105°$，$B=(7-1)\times 4°+(4°/2°-2)\times 2°=24°$

∴ *G48B002002* 图框的西南角大地坐标为：$L=105°$，$B=24°$。

（3）其余 6 幅图图框的西南角大地坐标可仿上求，结果见表 6－1－3：

表 6-1-3 西南角大地坐标计算

比例尺	图幅编号	行号 c	列号 d	纬度差（ΔB）	经度差（ΔL）	大地经度 L	大地纬度 B
1:250000	G48C004004	4	4	1°	1°30′	106°30′	24°
1:100000	G48D012012	12	12	20′	30′	107°30′	24°
1:50000	G48E024024	24	24	10′	15′	107°45′	24°
1:25000	G48F048048	48	48	5′	7′30″	107°52′30″	24°
1:10000	G48G096096	96	96	2′30″	3′45″	107°56′15″	24°
1:5000	G48H192192	192	192	1′15″	1′52. 5″	107°58′07. 5″	24°

3. 在同一幅 1:1000000 地形图图幅内不同比例尺地形图的行列关系换算

（1）由较小比例尺地形图的行、列号计算所含各较大比例尺地形图的行、列号最西北角图幅的行、列号按下式计算：

$$c_{大} = \Delta B_{小} / \Delta B_{大} \times (c_{小} - 1) + 1 \qquad (6-1-7)$$

$$d_{大} = \Delta B_{小} / \Delta B_{大} \times (d_{小} - 1) + 1 \qquad (6-1-8)$$

式中，$c_{大}$、$d_{大}$ 分别为较大比例尺地形图在 1:1000000 地形图图幅编号中的行号、列号；$c_{小}$、$d_{小}$ 分别为较小比例尺地形图在1:1000000地形图图幅编号中的行号、列号；$\Delta B_{大}$为较大比例尺地形图分幅的纬度差；$\Delta B_{小}$为较小比例尺地形图分幅的纬度差。

最东南角图幅的行、列号按下式计算：

$$c_{大} = \Delta B_{小} / \Delta B_{大} \times c_{小} \qquad (6-1-9)$$

$$d_{大} = \Delta B_{小} / \Delta B_{大} \times d_{小} \qquad (6-1-10)$$

例［6-1-4］某 1:100000 地形图的行号、列号为 004001，求所含 1:25000 地形图的行号、列号。

解：由题意知：$c_{小} = 4$，$d_{小} = 1$

查表 6-1-1 得：$\Delta B_{小} = 20'$，$\Delta B_{大} = 5'$，于是由公式（6-1-7）~（6-1-10）可得：

最西北角图幅的行、列号为：

$$c_{大} = 20'/5' \times (4-1) + 1 = 13，即\ 013$$

$$d_{大} = 20'/5' \times (1-1) + 1 = 1，即\ 001$$

最东南角图幅的行、列号为：

$$c_{大} = 20'/5' \times 4 = 16，即\ 016$$

$$d_{大} = 20'/5' \times 1 = 4，即\ 004$$

∴ 该 1:100000 地形图所含 1:25000 地形图的行号、列号为：

013001；013002；013003；013004；
014001；014002；014003；014004；
015001；015002；015003；015004；
016001；016002；016003；016004。

（2）由较大比例尺地形图的行、列号计算它隶属于较小比例尺地形图的行、列号计算公式为：

$$c_{小} = \mathrm{INT}[\ c_{大} / (\Delta B_{小} / \Delta B_{大})\ ] + k \qquad (6-1-11)$$

$$d_{小} = \mathrm{INT}[\,d_{大}/(\triangle B_{小}/\triangle B_{大})\,] + k \qquad (6-1-12)$$

注意：当“$c_{大}$/（$\triangle B_{小}/\triangle B_{大}$）”或“$d_{大}$/（$\triangle B_{小}/\triangle B_{大}$）”有余数时 $k=1$；无余数时 $k=0$。

例［6－1－5］有两幅 1∶25000 的地形图，其行号、列号分别为 016004 和 013003，计算它们隶属于 1∶100000 地形图的行、列号。

解：查表 6－1－1 得：$\triangle B_{大}=5'$，$\triangle B_{小}=20'$，于是由公式（6－1－11）、（6－1－12）可得：

1）对 016004，$c_{大}=16$，$d_{大}=4$，$\Rightarrow c_{大}$/（$\triangle B_{小}/\triangle B_{大}$）$=16$/（$20'/5'$）$=4$，因无余数，故 $k=0 \Rightarrow c_{小}=4$，即 004。

同理，$d_{大}$/（$\triangle B_{小}/\triangle B_{大}$）$=4$/（$20'/5'$）$=1$，因无余数，故 $k=0 \Rightarrow d_{小}=1$，即 001。

∴ 该 016004 这一幅 1∶25000 地形图所在的 1∶100000 地形图的行号、列号为 004001。

2）对 013003，$c_{大}=13$，$d_{大}=3$，$\Rightarrow c_{大}$/（$\triangle B_{小}/\triangle B_{大}$）$=13$/（$20'/5'$）$=3.25$，因有余数，故 $k=1 \Rightarrow c_{小}=4$，即 004。

同理，$d_{大}$/（$\triangle B_{小}/\triangle B_{大}$）$=3$/（$20'/5'$）$=0.75$，因有余数，故 $k=1 \Rightarrow d_{小}=1$，即 001。

∴ 该 013003 这一幅 1∶25000 地形图所在的 1∶100000 地形图的行号、列号为 004001。

（三）矩形分幅

大比例尺（指 1∶5000；1∶2000；1∶1000；1∶500）地形图的图幅通常采用矩形分幅，一般规定比例尺为 1∶5000 时，图幅尺寸采用 40cm×40cm（共 16 格）；比例尺为 1∶2000、1∶1000、1∶500 时，图幅尺寸采用 50cm×50cm（共 25 格）。

这些比例尺地形图常用相应图幅西南角坐标的千米数来编号。见图 6－1－8，其中的两幅图就可编号为 3.0－1.5 和 2.5－2.5。

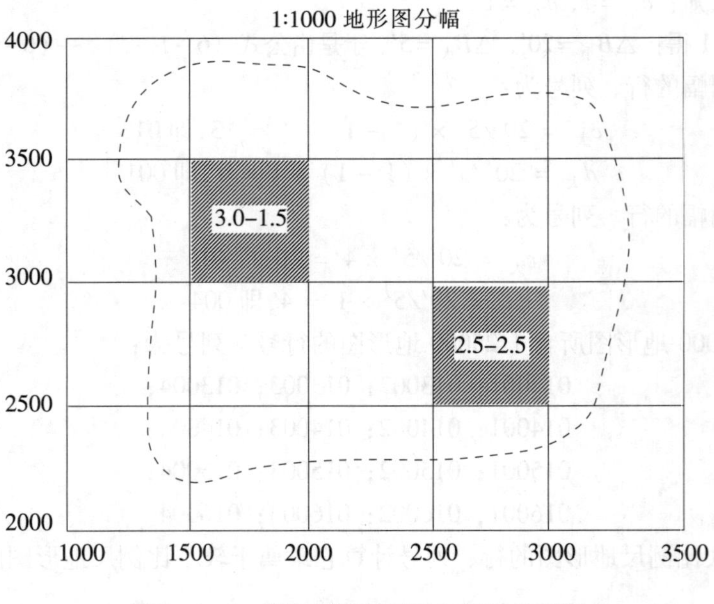

图 6－1－8　某地测图范围及 1∶1000 分幅图

需要指出的是：对采用矩形分幅的图幅，编号没有被硬性规定，我们也可采用其他的方法，如顺序号法等。因此，在大比例尺地形图的分幅及编号问题上，要本着从实际出发，根据用图单位的要求和意见，结合作业的特点灵活处理，以达到测图、用图、管图方便为目的。

当整个测区的范围较大时，测绘该地将要用到若干张图幅，此时应按较小的比例尺画一张分幅总图，以便我们知道需要用几张图幅以及这些图幅之间的关系。如图6－1－8。

6.1.1　习　题

1. 按梯形分幅时，各幅1∶5000地形图的实地面积是否相等，为什么？
2. 按矩形分幅时（设图幅尺寸为40cm×40cm），各幅1∶5000地形图的实地面积是否相等，为什么？
3. 使用公式（6－1－5）、（6－1－6）时，对1∶1000000的地形图为什么总有：c＝d＝1
4. 某点的大地坐标为：东经102°18′30″，北纬25°24′20″，求包含该点在内的的8种比例尺地形图图幅编号及图框的西南角大地坐标。
5. 某1∶10000地形图的行号、列号为071012，求所含1∶5000地形图的行号、列号。
6. 某1∶25000地形图的行号、列号为042038，求它隶属于1∶500000地形图的行、列号。

6.1.2　大比例尺地形图绘制

（一）制图字体

注记是地形图内容的基本要素之一，没有注记的地形图只能表达测区的自然要素和社会经济要素的空间概念，有些内容使读者无法判读。

注记分为专有名称注记、说明注记和数字注记。专有名称注记是表示地面物体的名称，如居民地、河流及山名等；说明注记是对地物符号的补充说明，如沥（路面材料）、松（树木品种）、车站和码头等；数字注记是说明符号数量特征，如地面点高程、比高、河流流速及水位、树林平均高度与平均粗度等。

地形图上的注记除了具有上述的意义外，在某种情况下还起到了符号的作用。例如：可以根据居民地的注记字体，判断其所属城市、县、镇或村庄；根据字体大小，了解其居民地大小和等级；根据变形字，可领会其河流、湖泊的通航情况，山地中的山名是山顶、山岭或是山脉的名称等。注记弥补了符号图形的不足；丰富了地形图内容。

当阅读地形图时，首先引人注意的便是注记，因此读图者的最初印象也是注记。注记字体的简明、美观、易读，也就成了评定地形图质量好坏的重要标准之一。

要使地形图清晰易读，整洁美观，对注记文字和数字的书写不能不有所要求。因此在书写各种文字和数字时要做到：位置恰当，排列整齐，笔划清楚，粗细适宜，结构正确，字体和字大合乎图式规范的规定。如果写得潦草，排列不整齐，或不遵守规定，都会降低地形图的工艺质量，影响其使用价值。

注记所用的字体称为制图字体。

地形图上注记所用的数字、汉语拼音字母和外文字母，有等线体和楷体。文字的汉字字体，有宋体、等线体、变形字体、仿宋体、隶体和艺术体。下面介绍各种制图字体的特点。

1. 正宋体字的特点

（1）字形方正：字格为高宽相等的正方形。

（2）横平竖直：字的横划是水平的，竖划是垂直的（只有少数字例外，如七、毛、也、斗、戈等字的横划不是水平的；互、五、丑、母等字的竖划不是垂直的）。

（3）横细竖粗：横划的粗度约等于字大的1/50，竖划的粗度约等于字大的1/10。小于5mm的字其横划最细不应小于0.1mm，其他笔划最粗部分的宽度不应超过竖划的粗度。

（4）棱角明显：大部分笔划在起笔、停笔或转折处都有一定的棱角，这些棱角都要按照规定写出，并且不能过大或过小。

2. 正等线体字的特点

（1）宋体骨架：字形方正，横平竖直，各笔划间位置的安排、字的结构基本上和宋体字一样。

（2）笔划等粗：字中每个笔划的粗细都是一样的。粗等线体字的笔划粗约等于字大的0.1倍，横划过多的字可略为减细，以达到笔划清晰为原则。中等线体字的笔划粗为字大的0.08倍。细等线体字的笔划粗约等于字大的0.05倍，但以不细于0.1mm为原则。

（3）笔端统一：等线体横、竖和点笔划的两端均为直角，其余笔划撇、捺、挑和钩起笔的一端也是直角，停笔末端底线与笔划斜截成锐角（约75°角）。写较小的细等线字时，笔划两端可成自然圆滑。

3. 变形字

变形字是将正方形的汉字变化字格，使其成为长方、扁方和倾斜等不同字形。变形字体的基本笔划和结构与原来字体的写法基本相同，但由于字格形状不同，有些笔划的长短、倾斜和笔划间的间隔要相应地改变。

为了表示地图内容的多样性，加强文字的表达能力，使读者由注记文字形体的变化，对所表达的事物和现象发生联想。因此，地形图上采用了几种变化有规律，而且易于书写的变形字，来表示水文、地貌等要素的不同景观。这些变形字有长、扁和倾斜宋体字，长、扁、倾斜和耸肩等线体字。它们都是从正宋体字和正等线体字加以形态上的变化得到的。

（1）宋体变形字。

a. 长宋体字。

长宋体字的字格，高和宽的比一般为3∶2。字大以高为标准。由于字格是长方形，所以字的平撇、平挑和斜挑等笔划，要比正宋体字的倾斜大一些，斜撇、斜捺和弯钩等笔划要比较直一些；横划间的间隔要放大，竖划间的间隔要缩小。

b. 扁宋体字。

扁宋体字的字格，高和宽的比一般为2∶3。字大以字宽为标准。由于字格是扁方形，所以平撇、平挑和斜挑等笔划，要写得比正宋体字平直一些，斜撇、斜捺和弯钩等笔划要更弯曲一些；字的竖笔划间的间隔要相应放大，横笔划间的间隔要缩小。其余都没有变化。扁宋体字用于图廓外整饰的部分注记。

c. 左斜宋体字。

左斜宋体字的字格是高、宽相等的平形四边形。横边水平，纵边向左倾斜75°或60°角。字大以字宽为标准。横划都是水平的，其右端的棱角已不是等腰直角三角形，而是左边短、右边长，左端的角度大于右端的角度；竖划平形于字格的纵线，起笔处棱角左边尖锐，斜度较大；斜撇短而弯曲大，斜捺则长而较直，钩与竖笔划的夹角小于直角。

左斜宋体字在大比例尺地形图上，用于水系名称注记。

d. 右斜宋体字。

右斜宋体字是写在右斜的字格内，其笔划变化情况则与左斜宋体字相反。

（2）等线体变形字。

a. 长、扁等线体字。

长、扁等线体字，其字格的高和宽之比以及字大的标准均与长、扁宋体字相同。其笔划曲、直、倾斜、间隔的变化和应注意之点，也基本上和长、扁宋体字一样，只是基本笔划不同。

长等线体字在大比例尺地形图上，用于山名注记。扁等线体字用于群岛的名称和图廓外整饰的部分注记。

b. 左、右斜等线体字。

左、右斜等线体字，其字格形状和字大标准均与左、右斜宋体字一样。字的横划水平，竖划与字格纵边平行；撇和捺的曲、直、长、短变化基本上和左、右斜宋体字相同。应注意除了笔画保持等粗而外，横竖笔画两端不是直角，笔端要保持与相应的字格平行。

c. 耸肩等线体字。

字格为平形四边形，左右边与水平线垂直，上下边与水平线成15°或30°角。字大以垂边尺寸为准。字的横划与字格上下边平行，竖划与字格左右边平行，横竖划的笔端也不是直角，而是与相应字格边平行的斜线。撇长而较直，斜捺短而弯曲大。钩与竖划的夹角大于直角。其他笔画应随字格形状作相应变化。

耸肩等线体字用于山脉、山岭名称的注记。

4. 仿宋体字的特点

（1）横斜竖直：横划略向右上方与字格上下边成5°角的倾斜，竖划是垂直的。

（2）粗细一致：各笔画粗细相同，约为字大的1/20。

（3）楷书笔法：仿宋体字近似正楷。其书写笔顺和各笔画的起笔、运笔、停笔都与楷书笔法十分相近。

（4）宋体结构：字中的笔画安排，对称关系，部首间的比例等方面都与宋体字相同。

（5）勾长锋锐：勾长为笔画粗的4倍，撇、捺、点和勾的笔端都有尖锐的笔锋。棱角也比宋体字锋利明显，捺笔画挺直有力。

下面给出几种字体式样：

a. 宋体字。

b. 宋体变形字。

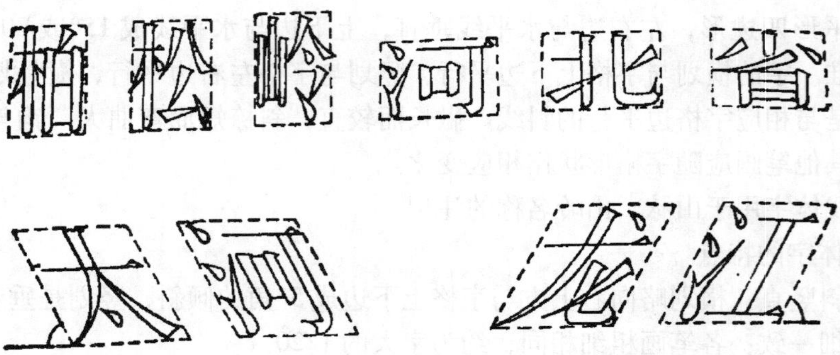

c. 仿宋体字。

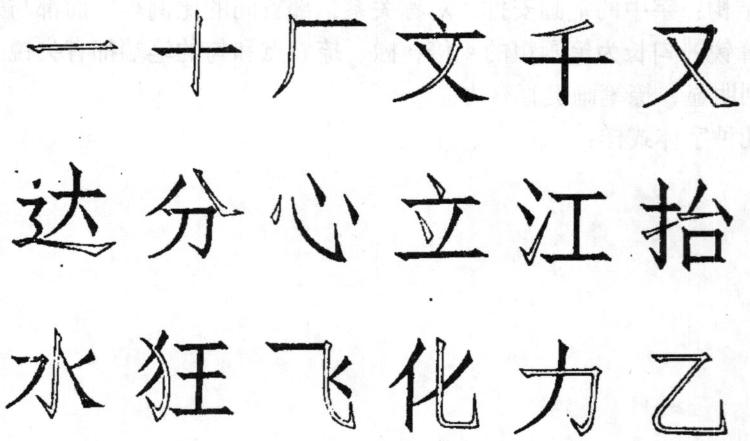

d. 等线体字。

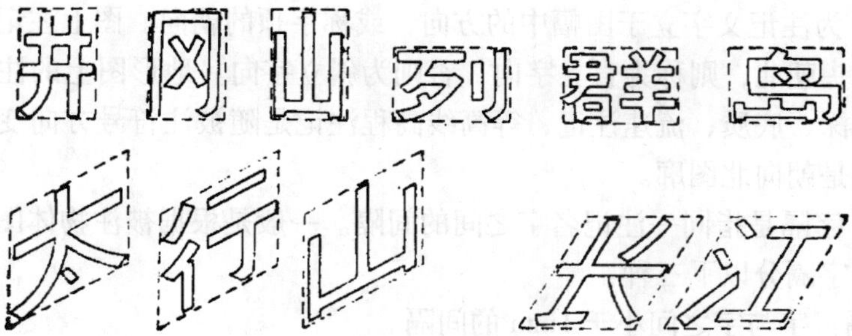

5. 隶体字

隶体字又称隶书。字形扁平，此种字体艺术、大方和苍劲有力。在小比例尺地图和专题地图上常用来书写图名、国名、行政区域和省、县等名称注记。单幅的厂、矿地形图或地质图，亦多采用为图名注记。

（二）地形图上注记的布置

注记是地形图的主要内容之一。注记恰当与否，对地形图的易读性和使用价值有密切关系。下面进一步介绍在地形图上布置注记的方法。

1. 对注记的一般要求

（1）主次分明：大的地物或宽阔的轮廓表面，应采用较大字级；小的地物或狭小的轮廓表面，则采用小的字级，以分清等级主次，使注记发挥其表现力。

（2）互不混淆：图上注记要能正确地负起说明的任务。注记稠密时，位置的安排要恰当，不要使甲注记所代表的物体与乙注记所代表的物体混淆起来，使读图者造成错觉。

（3）不压盖重要地物：图上注记要想完全不压盖一点地物是不容易做到的。但应尽量避免，不得已时可压盖次要的地物（直线部分），不能压盖重要地物，以免影响地形图的清晰度。

（4）整齐美观：文字、数字的书写要笔划清楚，字形端正，排列整齐，使图面清晰易读、整洁美观。

2. 注记规则

地形图上所有注记的字体、字大、字向、字隔、字列和字位均有统一规定。

（1）字体：大比例尺地形图上常用的字体有等线体、宋体和各种变形体（长中等线体、扁宋体、左斜宋体）。图上是以不同字体区分不同的要素和类别的。

以1:500——1:2000比例尺为例，镇以上的居民地名称用粗等线体；镇以下居民地名称及各种说明注记用细等线体；江河、湖泊等名称用左斜宋体；山名注记用长中等线体；各种数字注记用等线体。注记字体应严格依照相应比例尺《图式》的规定，不可随意选用。

（2）字大：字大在一定程度上反应被注物体的重要性和数量等级。选择字大应以字迹清晰和彼此易于区分为准，但字亦不宜过大，过大会压盖其他要素，增加地图载负量。

字大为注记字体的大小，以容纳字的字格大小为标准，以毫米为单位（植字机以“K”表示）。正体字格以高或宽计，长体字格以高计，扁体和斜体字格以宽计，耸肩体字格以侧边计，数字以高计。同一物体注记的字大应相等。同一级别各物体的注记，其字大亦应相等。注记字大在图式中亦有规定，可按图式中规定大小写注。

（3）字向：为注记文字立于图幅中的方向，或称字顶的朝向。图上注记的字向有直立和斜立两种，字头朝北，则称为直立字向，否则为斜立字向。地形图上的注记除公路说明注记，河宽、水深、底质、流速注记，等高线高程注记是随被注符号方向变化外，其他各种注记的字向都是朝向北图廓。

（4）字隔：字隔是指同一注记名字之间的间隔。一般是根据被注物体图形的面积大小或长短来确定。字隔分以下三种：

a. 接近字隔：字与字之间小于 1mm 的间隔。

b. 普通字隔：字与字之间为 1mm ~ 3mm 的间隔。

c. 隔离字隔：字与字之间的间隔为字大的 1 至 5 倍或更大。

被注物体图形较小或较集中时，字隔宜小；图形较大或延伸较长时，字隔宜大。物体延伸很长时（如河流），必须分段重复注记。同一注记的字隔，一般是相等的；同一物体的重复注记，各注记的字隔应相等，每组注记间的间隔亦应大致相等。

（5）字列：字列是同一注记的排列方式。依被说明物体的形状与分布情况不同，有以下四种形式：

a. 水平字列：各字中心的连线与南北图廓线平行，由左向右排列。

b. 垂直字列：各字中心的连线垂直于南北图廓线，由上向下排列。

c. 雁行字列：各字的中心连线与南北图廓斜交，当交角小于 45°时，注记由左向右排列，大于 45°时，从上向下排列。

d. 屈曲字列：各字的中心连线呈曲线，沿被说明物体形状排列。字向可以直立也可以斜立，各字垂直或平行于被说明的物体，自左向右，自上而下的排列。在较小比例尺图上，多用于河流、山脉等注记。

（6）字位：字位是指注记文字或数字相对于被说明要素的位置。通常采用以下三种位置：

a. 上方字位：注记布置在物体符号的上方。

b. 右方字位：注记布置在物体符号的右方。

c. 内方字位：注记布置在物体符号轮廓内。

在特殊情况下，注记也可以布置在物体的左方或下方。采用哪一种字位是由被注物体的大小、性质及周围地物地貌的分布情况来决定的，须根据具体情况灵活掌握。

3. 注记布置

地形图上注记所采用的字体、字大，要按相应比例尺图式的规定写注。字向、字隔、字列和字位的配置，应根据被注符号的范围大小、分布形状及其周围符号的情况来确定。其基本原则是：注记应指示明确，避免压盖铁路、公路、河流及有方位意义的物体轮廓线，尤其不能压盖居民地的出入口、道路、河流的交叉点或转弯点，以及独立符号和特殊地貌符号等。

兹根据地形图各要素注记的类型，以大比例尺地形图为例，说明布置注记的一般原则和方法。

（1）专有名称注记。

a. 居民地注记。

镇以上居民地名称用粗等线体；镇以下居民地名称用细等线（1:2000）或中等线体、宋体（1:5000）。注记的字大，依居民地的等级、大小来确定。

居民地注记一般采用水平字列，注在居民地的右方或上方，视居民地分布情况，亦可选用垂直或雁行字列。

注记的字隔依居民地平面图形的形状和大小而定，要求注记能表示被注记的整个范围，多使用普通字隔。如使用隔离字隔时，必须保持各字间隔相等。

居民地名称注在图廓间时，用细等线体，接近字隔，在南北图廓间用水平字列，东西图廓间用垂直字列。

b. 道路注记。

城、镇居民地内的街道名称均需注出。用细等线体，字大根据路面宽而定。字隔为隔离字隔沿着街道走向排列，写注在街道中心。

铁路、公路的名称，一般图内不注。但如用图单位提出要求，亦可注出。比例尺小于1:5000的地形图上，应在内外图廓间注出至邻幅图最近居民地名称及由内图廓边至该地点的公里数。在东西图廓线间的用垂直字列，南北图廓线间的用水平字列。

公路符号在图上每隔15cm～20cm注出铺面材料、铺面宽和路宽。比例尺大于1:2000时只注路面材料。

c. 水系注记。

水系名称采用左斜宋体字注记。河流与运河的名称，通常以隔离字隔和雁行字列注在水系内部，较窄的双线河或单线河注在水涯线的上方或右侧，但不得压盖水涯线或沿岸的重要地物符号。字隔的大小视河流长短而定，但最大也不得超过字大的4倍。短的河流，把注记注在河流中段，长的河流则每隔15cm～20cm重复注记。

湖泊或水库的名称注记，应根据它的轮廓形状，沿着湖泊或水库的最长方向，用水平、垂直或雁行字列注在内部；若面积很小不能容纳时，则注于上方或右方。

d. 山名注记。

山顶名称采用长中等线体注记，接近字隔，水平字列，注在山头的上方，高程注记注在右方；有时为了避免压盖山头等高线，也可将名称注在山头右方（或上方），高程注在左方（或下方）。

如果一个山名包括几个山顶，就把山名注在最高的山顶上，并适当放宽字隔。若同名各山顶不在同一图幅内可分别注出。

山岭、山脉名称用耸肩等线体，隔离字隔和雁行字列，顺着山岭或山脉的延伸方向注在中心线位置上。在小比例尺图上，较长的山脉也和较长的河流一样要重复注记。注记字向为直立字向，所以字的竖划与南北图廓垂直。

（2）说明注记。

符号旁的说明注记，用细等线体字接近字隔，以水平字列为主，注在轮廓符号内部（房屋、植被）或符号的适当位置。但必须紧靠符号，使所注的文字能说明其符号而不致产生误会。

（3）数字注记。

a. 高程注记与比高注记。

注记用直立等线阿拉伯数字，接近字隔，水平字列。一般注在测定点的右边，为了避免压盖其他符号，也可注在左边或上边。

b. 等高线注记。

等高线注记是用以标注等高线的高程的，一般注在加粗等高线（计曲线）上。但在等高线稀疏处，亦可注在基本等高线（首曲线）上。

等高线的高程注记应沿着等高线斜坡降落方向注出，字位应选在斜坡的凸棱上，数字的中心线应与等高线方向一致，并中断等高线，字头朝向山顶，但应避免字头倒立。同时注记不能压盖主要地貌形态或其他重要地物。

（三）地形图符号

1. 地形图符号的意义

地面上的居民地、建筑物与构筑物、道路网、境界、水系、地貌、土质和植被等社会要素和自然要素，在地形图上是通过不同颜色的点、线和各种图形表示在平面上的，这些点、线和图形称为地形图符号。符号不仅要表示出地面物体的位置、形状和大小，而且要反映出各种物体的数量和质量特征及其相互关系。从而在图上可以精确地判定方位、距离、面积和高低等数据，使地形图具有一定的精确性和可量度性，以满足各种用图者需要。

地形图符号是表示现代地形图内容的主要形式。因此，不仅要使符号具有对各种物体和现象的概括力，内容、数量和质量特征的表达力，而且还能反映制图区域的地理分布规律和特征，以保证地形图信息的载负量。从这个意义上说，地形图符号是地图的语言，是传输地图信息的工具。应用线划符号配合注记，不仅能表示实地上直观感觉到的物体，而且还能表示出用肉眼看不到的事物和现象如名称、质量和数量等等。

对测绘工作者来说，认识和了解各种符号所代表的意义，掌握绘制地形图符号的方法和技巧，有正确使用地形图符号的能力，才能绘制出精确、美观的地形图。如果对地形图符号所代表的意义不了解，绘图时使用符号不当，不仅影响地图的质量，而且会产生判读上的错误，将给用图者带来很大困难，甚至造成一定的损失。

为了统一地形图符号，使成图规格一致，国家测绘管理机关编制了各种比例尺地形图图式（简称图式），以供各测绘部门使用。随着社会主义事业的发展，测绘技术的进步，地形图图式将不断完善和更新。因此，测绘工作者应该认真学习图式，正确使用图式中的各种符号，掌握其绘制方法，才能保证成图质量，为相关部门提供可靠的设计资料。

2. 制定地形图符号的基本原理

地形图符号都是一些线划图形，多数是采用物体正射投影的平面图形轮廓，并在轮廓内填绘标志性符号构成的，如房屋和桥。也有一些符号是采用透视投影构成的侧面图像，加以概括而成的，或者按物体进行示意性的概括造型而成的，如烟囱和风车等。地形图符号种类和数量很多，为丰富地形图内容，增加图面信息载负量，就要从科学性、艺术性和实用性的角度出发设计地形图符号。制定地形图符号应考虑下面的基本原则：

（1）地形图符号的图形，应相似于被表示物体的形态，符号的概括力要强，使读图者看到符号易于联想到实物，便于理解和记忆。

（2）符号图形的结构要简明实用，突出物体的典型特征，增强艺术感染力，并尽可能采用简单几何图形作为构图基础，可使图面清晰易读，也便于绘制。

（3）符号应能精确表示地面要素的位置。凡能按比例描绘的，在图上应有与实地相应比例的轮廓界线；不能依比例描绘的，其符号图形应有确定的点或线代表物体在图上的位置，以便在图上量算。

（4）符号图形的详简和大小应与被表示物体的大小、重要程度和地图比例尺相适应。符号线条的粗细，排列间隔，应与生理视觉的可辨性以及描绘、制印技术条件相适应。否则给制图和用图带来了困难，影响图面的清晰。

（5）符号应具有统一性。同一类要素在不同比例尺地形图上应尽量采用相同的色彩和类似的符号图形，随比例尺缩小图形可略有简化，符号尺寸也作适当缩小，但应保持它们外型上的一致。

（6）符号所采用的颜色，应与实物本身的颜色相近，使符号具有一定象征，以增强地图表现力。

3. 地形图符号的分类

表示地面物体和现象的地形图符号种类繁多，为便于识别和在测绘地形图使用时查找方便，需要根据地面物体的性质、符号与实地物体的比例关系等原则，对地形图符号进行分类。

（1）按物体的性质分类是一种比较系统、适用的分类法，地形图图式就是采用这种分类法。大比例尺地形图符号按此具体分为：

测量控制点；居民地；独立地物；管线及垣栅；境界；道路；水系；地貌及土质；植被；注记。

由于地形图的比例尺不同，其分类的详细程度也有差异。

（2）按符号与实地物体的比例关系分类。

由于地面物体平面轮廓的大小各不相同，按一定比例尺缩小后，符号与物体平面轮廓的比例关系可以分为以下三种：

a. 依比例符号。

对于实地上占有面积较大的物体，按地图比例尺缩小后，还能保持与实地形状相似的平面轮廓图形，这类符号为依比例符号，依比例符号又称真形符号或轮廓符号。符号形状、位置与实地一致，如房屋、湖泊、旱田、草地等。依比例符号均为正形符号。依比例符号的轮廓线有实线、虚线和点线之分，轮廓范围内则按物体的种类与特性，加绘相应的符号及说明注记来表示。

b. 不依比例符号。

地面上较小的物体，按地图比例尺缩小后，不能保持物体平面轮廓形状，其符号称为不依比例符号。不依比例符号所表示的物体在实地上占有很小的面积，一般为独立物体，按比例尺缩小到图上后只是一个点，因此采用记号性符号表示。如水井、纪念碑、塔、独立树等。不依比例符号只能显示物体的位置和意义，不能用来测定物体的面积大小。

c. 半依比例符号。

实地上的线状和狭长物体，按地图比例尺缩小后，长度能依比例表示，而宽度却不能依比例表示，这类符号称为半依比例符号。半依比例符号一般多是线状符号，如铁路、境界、电力线、管线、围墙等。半依比例符号只能供图上量测其位置与长度，不能量测宽度。

对于地面物体的表示，究竟是采用依比例、不依比例还是半依比例符号表示，这不是绝对的，而是随物体本身大小的差异和地形图比例尺的变化而变化。在同类物体中，由于大小相差悬殊，因此在同一图上就存在着依比例、半依比例和不依比例三种符号。例如：同是独立房屋就有依比例表示的大楼房和不依比例表示的简易房屋；同一条河流，上游由于河床狭窄采用半依比例符号，而下游随着河床的变宽则采用依比例符号。同时，随着比例尺的缩小，对同一物体的表示，也还会出现依比例符号向不依比例符号转化（如变电所、塔、亭等），依比例符号向半依比例符号的转化（如道路、河流）。在大比例尺地形图上是依比例符号，到了较小比例尺地形图上，就可能变成不依比例或半依比例的符号了。

(3) 按符号的外形分类。

独立符号：目标显著具有方位意义的独立物体，如烟囱、塔、独立树等符号属于此类。

线状符号：狭长的带状物体，如道路、河流、电力线、境界等，它们的符号是线状的，所以称为线状符号。

面积符号：在较大的轮廓范围内，用说明符号表示其性质及分布情况，如居民地、农田、湖塘、树林、沙漠、沼泽地等符号，属于面积符号。

说明符号：说明符号只起说明作用，不表示物体的位置。例如，表示林木种类的符号，表示房屋性质的晕线，表示水流方向的箭头等，都属于说明符号。

习惯上常把地形图符号总的分为地物符号和地貌符号两大类。地物是指具有真实位置和明显轮廓的人工和自然的物体，表示房屋、道路、建筑物、构造物、河流和植被等物体的符号，称为地物符号。地貌是指地表面的起伏形态，表示地貌的等高线，以及表示陡崖、冲沟和陡石山等符号属于地貌符号。

6.1.2 习 题

1. 注记有何意义？
2. 注记规则有哪些？
3. 地形图符号有何作用？
4. 制定地形图符号的基本原则有哪些？
5. 地形图符号可分成哪些？

6.2 地形图图式

本章基本概念：符号的定向等。

本章难点内容：绘制地形图符号的一般规定；《地形图图式》中的各种符号；等等。

6.2.1 概　述

地形图图式是测制、出版地形图的基本依据之一，是识别和使用地形图的重要工具。它是地形图上表示各种地物、地貌要素的符号、注记和颜色的标准。使地形图能科学地反映实地的形态和特征，更好地满足各部门的需要。

地形图图式是根据国民经济建设各部门的共性要求制定的国家标准。

测图、编图或清绘地形图时，都必须严格按照地形图图式的规定，它是保证各测绘部门成图规格一致，使成图质量符合国家标准的重要规范。图式上对符号的图形、规格、用色、注记以及有关问题都作了明确规定。现以1:500、1:1000、1:2000比例尺地形图图式为例说明如下。

（一）绘制地形图符号的一般规定

1. 符号的颜色

1:500、1:1000、1:2000比例尺地形图一般采用蓝晒复制或单色印刷，视用图需要亦可采用黑、棕、蓝三色印刷。

2. 符号的尺寸

符号旁标注的尺寸，均以毫米为单位。其尺寸在符号的相应部位标出。尺寸标注形式有下面三种情况：

符号旁所标注数字为符号的高或宽，正方形、三角形是边长，圆为直径。

单线符号所标注的是线粗。

双线符号所标注的是两线中心的距离。

凡是图式中未标注尺寸的，线划粗为0.15mm，符号非主要部分的线段长为0.5mm。以虚线表示的线段，凡未注明尺寸的，其实部为2.0mm，虚部为1.0mm。

3. 符号的定向

符号的描绘方向，是指符号方向与相应地面要素方向的关系。对于依比例符号和半依比例符号，都应按真方向绘出，即符号方向与相应地面要素方向一致。

所谓符号的定向，主要是对那些不依比例表示的独立地物符号而言的。因为它们是记号性符号，所以存在着符号的描绘方向问题。独立地物符号的定向有固定方向与不固定方向两种：

固定方向：固定方向也叫直立方向，即符号保持与南图廓线垂直。地形图上的绝大部分独立地物符号，都是按固定方向描绘的。

不固定方向：不固定方向也叫真方向，即符号方向与实地物体的真实方向一致。地形图上按真方向描绘的符号如山洞、窑洞、泉等。

面积符号范围内的填绘符号，均要垂直于南图廓。如草地、稻田、竹林等。

4. 符号的定位

地形图符号有依比例、不依比例和半依比例之分。除依比例符号能反映实地物体的真实形状外，不依比例和半依比例符号实际上都是规格化了的符号。因此，研究符号的定位规则主要是研究不依比例和半依比例符号。

除说明符号和填绘符号外，符号中规定有一个点（不依比例符号）或一条线（半依比例符号）代表相应地面要素的中心位置，这个点或线称为符号的定位点或定位线。描绘时，必须使符号定位点（线）与相应要素的图上位置重合。符号定位点（线）的确定，除图式特别规定者外，一般规则为：

不依比例符号，根据地形图符号的不同图形特点加以分类，并规定其“定位点”位置：

几何图形符号，其几何图形中心为定位点，如三角点、图根点、水准点等。

宽底图形符号，以底线中心为定位点，如岗亭、蒙古包和烟囱等。

底部为直角形的符号，以直角顶点为定位点，如加油站、汽车站、独立树等。

组合图形符号，以主体图形或下部图形的几何中心为定位点，如照射灯、变电室、塔形建筑物等。

底部为开口的符号，以其下方两端点连线的中心为定位点，如窑、亭、山洞等。

半依比例符号，由于线状符号的图形不同，定位线的确定也不完全一样，如道路、河流、堤、境界等符号的中心线代表实地中心线位置，而陡岸、斜坡等符号的边缘线为定位线。

5. 符号的光线法则

地形图上采用光线法则，能增强符号的立体感和易读性。假定光线从图幅左上方（西北方向）射来，则物体承受光线部分称为光辉部，背光部分称位暗影部。地形图上的某些符号，在描绘时应按光线法则分出光辉和暗影部分，即：

凡具有粗细线表示的符号（简易公路、陡石山）则细线绘在光辉部，粗线绘在暗影部；

凡具有虚实线表示的符号（大车路、乡村路），则虚线绘在光辉部，实线绘在暗影部。

6. 符号在图上的正确显示

为了使各种物体的大小能正确地表示在图上，图式中所列符号有三种情况：一种是不依比例尺绘的（符号旁注有尺寸），另一种是依比例尺绘的（符号旁不注尺寸），再一种是地物轮廓依比例尺绘的，轮廓内绘的不依比例尺符号作为说明符号，绘在地物轮廓内的适中位置上，其符号中心点通常应与实物的中心一致，

为了保证地形图各要素清晰起见，各符号间的距离，不应小于0.3mm。在符号密集相距很近的情况下，允许将符号尺寸缩小三分之一描绘。如缩小后其位置还不够时，可将次要的符号略为移动。个别情况下，次要的符号也可省略。

图式中符号旁的深度、比高数字注记一般注至0.1m。

简要说明中的各种数字，凡“大于”者含数字本身，“小于”者不含数字本身。

7. 图式中的符号表

按地形图符号分类的顺序，列出了符号的名称、图形及尺寸。对每个符号都附有简要说明。符号表的最后是注记部分，该部分列出了各要素注记的字体、字大规定。

8. 地形图分幅编号及图廓整饰样式

1:500、1:1000、1:2000 纵横坐标公里采用 40cm×50cm 矩形分幅或 50cm×50cm 正方形分幅。1:2000 地形图也可根据需要采用经纬度统一分幅。

地形图编号一般采用西南角纵横坐标公里数编号法，也可选用流水编号法或行列编号法。

9. 地形图示例

图式的最后附有城市、农村、水库及农田和双层桥的部分样图，用来说明各要素间的配合关系，以供测绘人员运用符号时参考。

（二）使用地形图图式时应注意以下几点

所用图式的比例尺应与测图、编图或清绘图比例尺一致。

使用图式前必须认真学习，不但要熟悉图式符号，还要了解使用规则和说明，只有学习好，才能做到正确使用。

使用时，按地面物体的所属种类，在图式中查取所需的符号，并注意符号的形状、大小和位置关系。

各种专业地物符号，是由各专业部门按实际需要统一制定的，供本部门使用。在实际测图中，可能遇到特殊的物体和现象，图式中没有表示它们的相应符号，可由作业人员设计适当的符号表示，还要作出符号说明并申报审定。

6.2.1　习　题

绘制地形图符号的一般规定有哪些?

6.2.2　符号示意图

下面按《中华人民共和国国家标准 GB/T 20257.1－2007 国家基本比例尺地图图式第 1 部分：1:500　1:1000　1:2000地形图图式》顺序给出各种符号的示意图。

表 6－2－1　测量控制点

符号名称	符号式样	备注
导线点	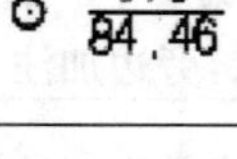	利用导线测量方法测定的控制点。
埋石图根点	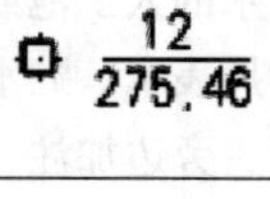	埋石的或天然岩石上凿有标志的图根点。
不埋石图根点	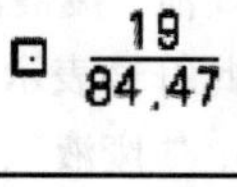	不埋石的图根点根据用图需要表示。

续表 6-2-1　测量控制点

符号名称	符号式样	备注
水准点	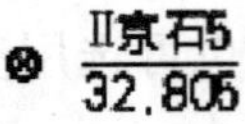	利用水准测量方法测定的国家等级的高程控制点。
卫星定位等级点	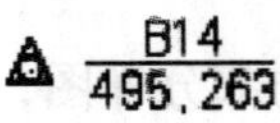	利用卫星定位技术测定的国家等级控制点，包括 A～E。

表 6-2-2　水　系

符号名称	符号式样	备注
涵洞 *a.* 依比例尺的 *b.* 半依比例尺的		修建在道路、堤坝等构筑物下面的过水或通行通道。当图上宽度小于 1mm 时用半依比例尺符号表示。
干沟 2.5－深度	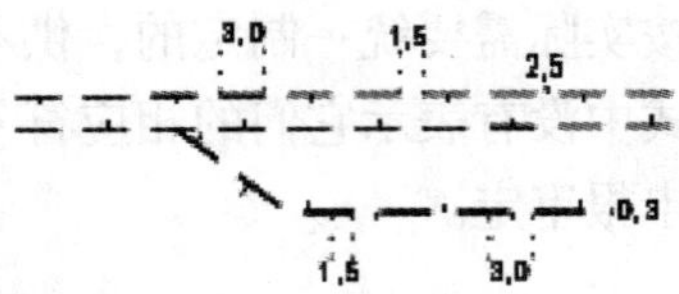	经常无水、只在雨后短暂时期内有积水的、未挖成而搁置或废弃的沟渠。图上宽度小于 1mm 时用单线表示。深度大于 2 米的应标注沟深。
泉（矿泉、温泉、毒泉、间流泉、地热泉） 51.2——泉口高程 温——泉水性质		地下水集中涌出的出水口。符号的圆点表示水口位置，其弯曲线表示泉水流向。一般应标注泉口高程。有大量天然水蒸气或水温在 60℃以上的水涌出的地热泉加注“地热”。
水井、机井 *a.* 依比例尺的 *b.* 不依比例尺的 51.2——井口高程 5.2——井口至水面深度 咸——水质	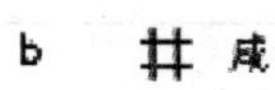	人工开凿用于取水的竖井。井口直径图上大于 3.2mm 的用符号 *a* 按实际形状依比例尺表示，在其中配置不依比例尺符号。可饮用的水井应择要注出井口的地面高程和井口至水面深度。用机械或电力为动力取水的水井加注“机”字。水井在房屋内的，以房屋符号表示，旁边加注“机”或“井”字。
贮水池、水窖、地热池 *a.* 高于地面的 *b.* 低于地面的净化池 *c.* 有盖的	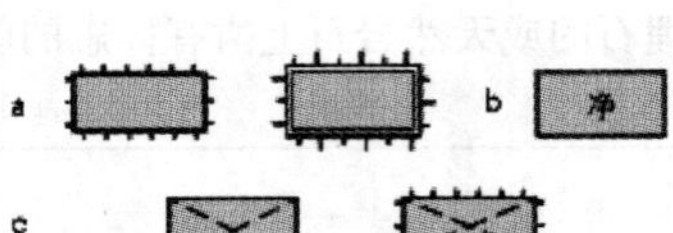	用于贮水的人工池或水窖。图上按实地形状依比例尺表示。贮水池在房屋内的以房屋符号表示，旁边加注“水”字。净化池、污水池、洗煤池、废液池及开采地热资源的地热池也用此符号表示，并加注“净”、“污”、“洗煤”、“废液”、“地热”等字。

续表6－2－2　水　系

符号名称	符号式样	备注
扬水站、水轮泵、抽水站 *a.* 设置在房屋内的		独立安置在水源处，利用水的冲力自动扬水或利用水泵取水的机电设备或设施。不论其大小，均用此符号表示。

表6－2－3　居民地及设施

符号名称	符号式样	备注
单幢房屋 *a.* 一般房屋 *b.* 有地下室的房屋 *c.* 突出房屋 *d.* 简易房屋 混、钢——房屋结构 1、3、28——房屋层数 －2——地下房屋层数	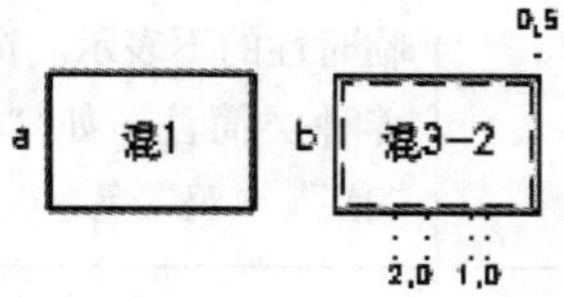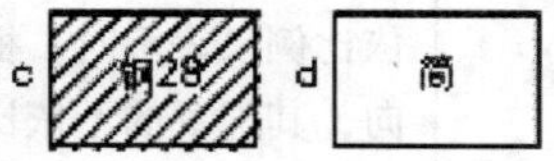	在外形结构上自成一体的各种类型的独立房屋。一般房屋指以钢、钢筋混凝土、混合结构为主要建筑结构的坚固房屋和以砖（石）木为主要建筑结构的房屋。房屋应按真实方向逐个表示，并加注房屋结构简注及层数。有地下室的房屋用符号 *b* 表示，并应加注地下层数（地下只有一层的可以不注）。形态或颜色与周围房屋有明显区别并具有方位意义的突出房屋用符号 *c* 表示。简易房屋指以木、竹、土坯、铁皮、秫秸为材料建造的房屋，用符号 *d* 表示。
建筑中房屋		已建房基或基本成型但未建成的房屋。正在施工或暂停施工的均用此符号表示。
棚房 *a.* 四边有墙的 *b.* 一边有墙的 *c.* 无墙的	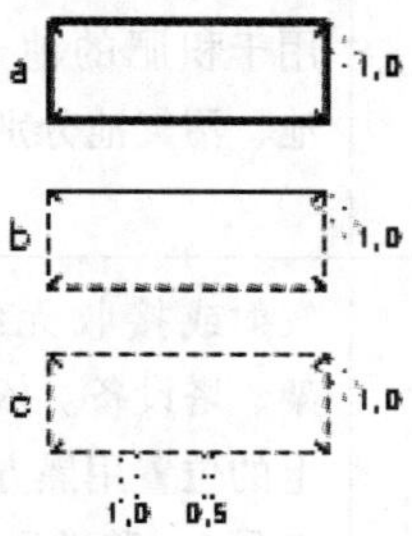	有顶棚，四周无墙或仅有简陋墙壁的建筑物。符号中的短线绘在棚房拐角的角平分线上。建筑物间的顶盖、固定的天棚、地下出入口上的雨棚均用此符号表示，季节性使用的棚房和渔村也用此符号表示，并加注使用月份。
破坏房屋		受损坏无法正常使用的房屋或废墟。不分建筑结构，均用此符号表示。
廊房 *a.* 廊房 *b.* 飘楼	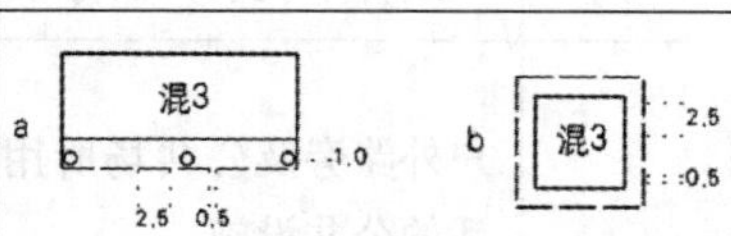	下面可通行的走廊式楼房。支柱按实际柱位表示。
露天采掘场、乱掘地 石、土——矿物品种	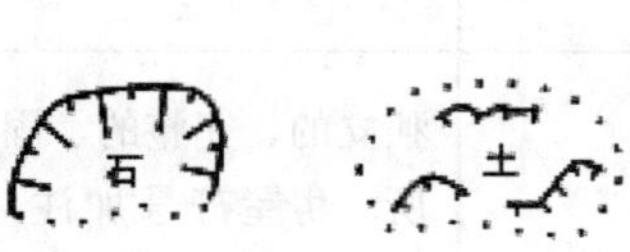	露天开采矿物及挖掘沙、石、粘土等的场所（包括乱掘地）。有明显坎、坡的用陡坎或斜坡符号表示，无明显坎、坡的用地类界表示其范围，并加注开采品种说明，如“铁”、“沙”、“石”、“土”等字。

续表 6－2－3 居民地及设施

符号名称	符号式样	备注
水塔 *a.* 依比例尺的 *b.* 不依比例尺的		提供供水水压的塔形建筑物。依比例尺表示的用实线表示轮廓，其内配置符号。
饲养场、打谷场、贮草场、贮煤场、水泥预制场 牲、谷、砼预——场地说明	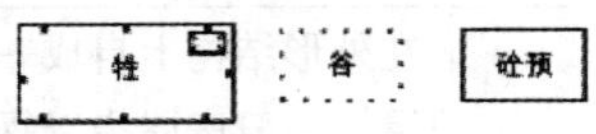	较固定的分别用于饲养、打谷、贮草、贮煤等的场地以及水泥预制场地等。用相应的符号表示范围及内部建筑物及设施，并分别加注“牲”、“谷”、“草”、“煤”、“砼预”等。当球场和打谷场兼用时，以球场表示。临时性的不表示。饲养场也根据需要加注饲养种类简注，如“牛”、“马”、“羊”、“猪”、“鸡”等。
温室、大棚 *a.* 依比例尺的 *b.* 不依比例尺的 菜、花——植物种类说明	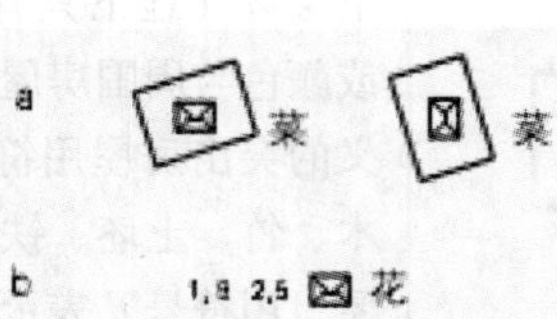	有防寒、加温和透光等功能的，供种植蔬菜、瓜果、花卉等喜温植物的房屋或棚房。依比例尺表示时，根据温室或大棚的大致走向，其配置的不依比例尺符号可垂直或平行于南图廓线表示。温室、花房、塑料大棚等可加注植物种类说明，如“菜”、“果”、“花”等，临时性的塑料大棚不表示。
积肥池 *a.* 依比例尺的 *b.* 不依比例尺的	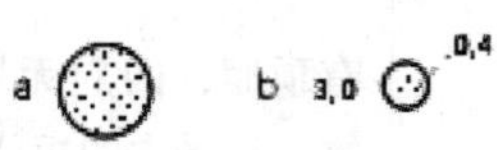	用于积肥的池子，如粪池、沤池等。氨气池、沼气池分别加注“氨”、“沼”字。
移动通信塔、微波传送塔、无线电杆 *a.* 在建筑物上 *b.* 依比例尺的 *c.* 不依比例尺的	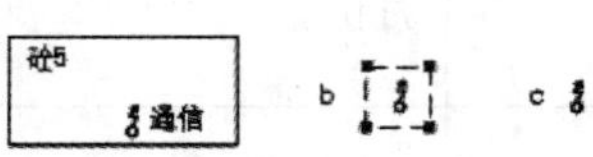	发射或接收无线电、微波信号的天线杆、架、塔设备。依比例尺表示时，钢架在地面上的位置用黑方块表示，中间配置符号，如符号 *b*。移动通信塔、微波传送塔应分别加注“通信”、“微波”等字。杆式的以不依比例尺符号表示，符号表示在主杆位置上，拉线杆不表示，如符号 *c*。
电话亭		户外路旁及公共场所用 *IC*（或 *IP*）拨打电话的公共设施。
厕所	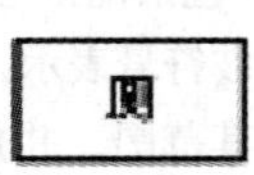	独立的、完整的、固定的及有方位意义的厕所。房屋符号加注“厕”字。简陋的不表示。

续表 6－2－3　居民地及设施

符号名称	符号式样	备注
垃圾场		固定的集中进行清理或堆放、填埋垃圾的场所。用相应的符号表示范围及内部建筑物及设施，并加注名称注记，无名称的加注“垃圾场”。
垃圾台 *a.* 依比例尺的 *b.* 不依比例尺的		城镇中固定的公共垃圾台。依比例尺表示时，用实线表示轮廓线，其内配置符号。
坟地、公墓 *a.* 依比例尺的 *b.* 不依比例尺的	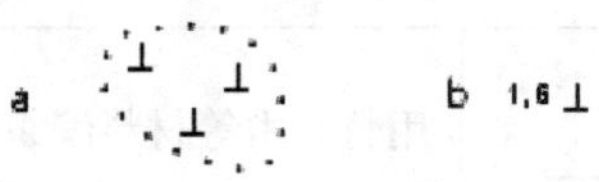	坟地指山坡、村庄外的坟墓比较集中的坟墓占地。公墓指具有一定规模的经营性质的公共墓地。用地类界表示其范围，在其范围内适当表示坟地符号。公墓内有建筑物及其他设施的用相应符号表示，并加注名称。形体较小的单个坟，按实地位置用符号 *b* 表示。
独立大坟 *a.* 依比例尺的 *b.* 不依比例尺的		有明显方位意义、形体比较高大的独立坟墓。较大的陵墓应表示其范围线，加绘等高线，有建筑物及名称的需表示相应的符号和名称。
亭 *a.* 依比例尺的 *b.* 不依比例尺的		花园、公园或娱乐场所中，供游乐、休息或装饰性的，有顶无墙的建筑物。各种形式的亭状建筑物均用此符号表示。依比例尺表示时，以实线表示底座轮廓，或以虚线表示亭顶的轮廓，其内配置不依比例尺符号。
文物碑石 *a.* 依比例尺的 *b.* 不依比例尺的		大型的、具有保护价值的各种碑石及其他类似物体。依比例尺表示时，以实线表示轮廓，其内配置不依比例尺符号。
旗杆	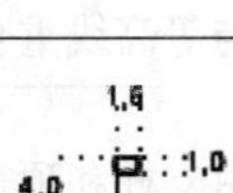	有固定基座的高大旗杆。
塑像、雕塑 *a.* 依比例尺的 *b.* 不依比例尺的	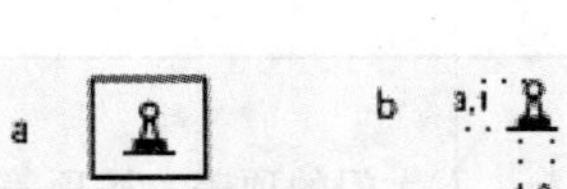	具有纪念意义的或为美化环境而修建的大型艺术性的雕塑或造形及古代遗留下来的石雕等类似物体。依比例尺表示时，以实线表示轮廓，其内配置不依比例尺符号。

续表 6-2-3　居民地及设施

符号名称	符号式样	备注
围墙 *a.* 依比例尺的 *b.* 不依比例尺的	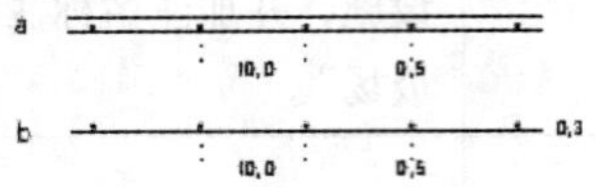	用土或砖、石砌成的起封闭阻隔作用的墙体。土墙、砖石墙、土围、垒石围等不分结构性质均用此符号表示。在图上宽度大于0.6mm时，用依比例尺符号表示；小于0.6mm时，用不依比例尺符号表示，其符号的黑快一般朝向院内。如墙上有电网的加注"电"字。
栅栏、栏杆	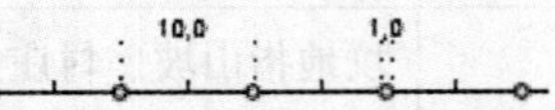	有支柱或基座的，用铁、木、砖、石、混凝土等材料制成的起封闭阻隔作用的障碍物。符号上的短线一般向里表示。
篱笆	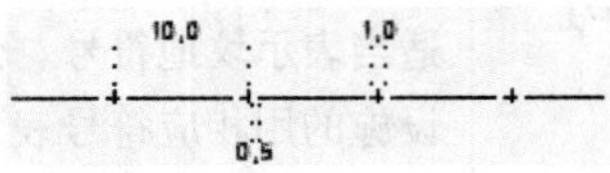	用竹、木等材料编织成的较长时间保留的起封闭阻隔作用的障碍物。
活树篱笆	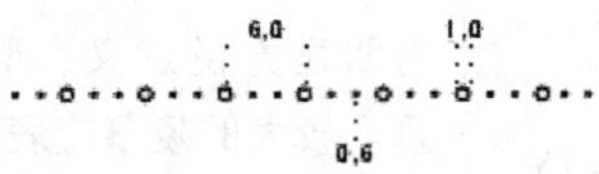	由灌木、荆棘等活树形成规整的起封闭阻隔作用的障碍物。
铁丝网、电网	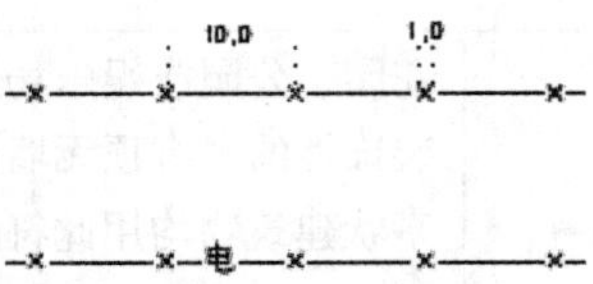	由铁丝组成的起封闭阻隔作用的障碍物。临时性的不表示。通电的铁丝网加注"电"字。铁丝网与街道边线重合时，只表示铁丝网符号。
地类界	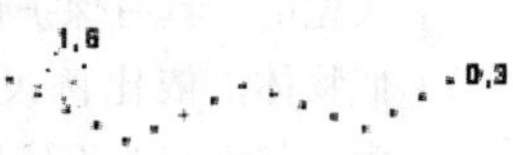	各类用地界线和各种地物分布的范围界线。当地类界与地面上有形的线状符号（如道路、陡崖、河流等）重合时，可省略不表示，但与地面无形的线状符号（如境界、通讯线、电力线等）重合时，地类界需移位；与等高线重合，可压盖等高线。
柱廊 *a.* 无墙壁的 *b.* 一边有墙壁的	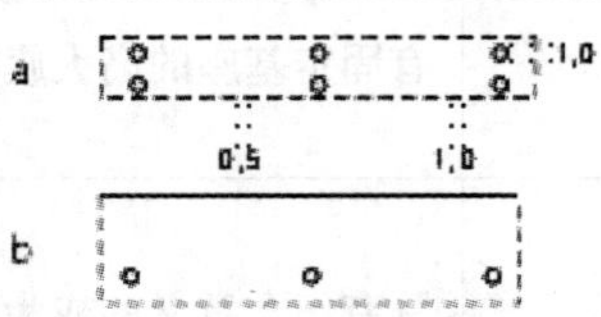	由支柱和顶盖组成，供人通行的走廊，如长廊、回廊等。按顶盖在地面的投影表示，支柱按实地位置表示。
门顶、雨罩 *a.* 门顶 *b.* 雨罩	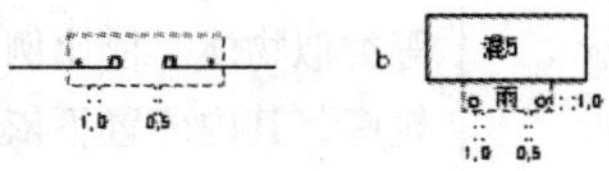	大门的顶盖。按顶盖投影线表示。支柱实测表示。雨罩加注"雨"字。

续表 6-2-3　居民地及设施

符号名称	符号式样	备注
阳台	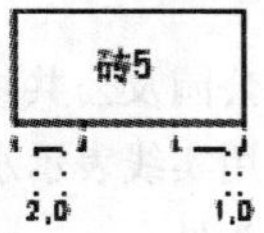	伸出楼房墙外的悬挂部分。按外轮廓投影表示。1：2000 地形图上可不表示阳台。
檐廊、挑廊 *a*. 檐廊 *b*. 挑廊	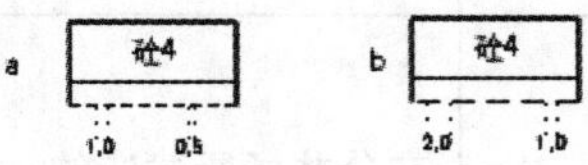	檐廊指有顶盖而无支柱，下面可供人通行的通道部位。挑廊指挑出房屋墙体外、有外围护物、无支柱的架空通道。
台阶	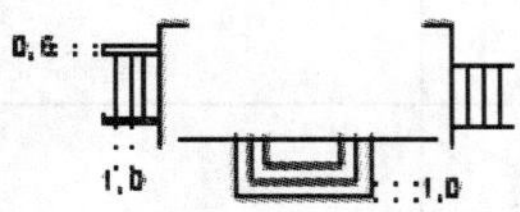	砖、石、水泥砌成的阶梯式构筑物。房屋、河岸边、码头及大型桥梁等地的台阶均用此符号表示，图上不足三级台阶的不表示。
院门 *a*. 有墙门 *b*. 有门房的	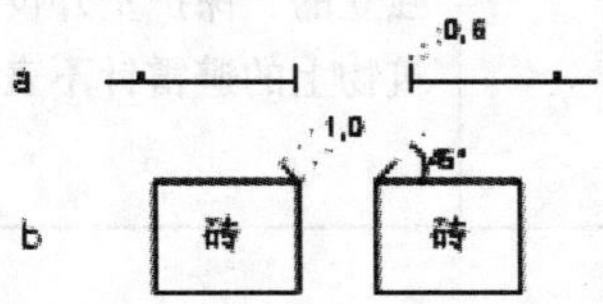	单位和居民院落没有门墩的大门。按实地位置表示。
门墩 *a*. 依比例尺的 *b*. 不依比例尺的	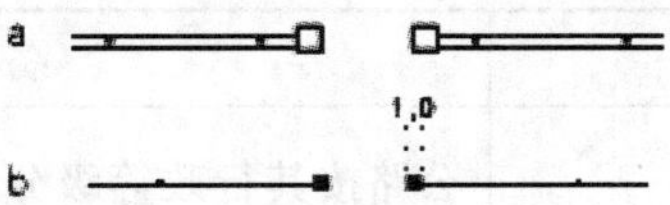	各种供铁门、木门竖立的墩柱。图上边长大于 1.0mm 的依比例尺表示，小于 1.0mm 的按 1.00mm 表示。
支柱、墩、钢架 *a*. 依比例尺的 *b*. 不依比例尺的	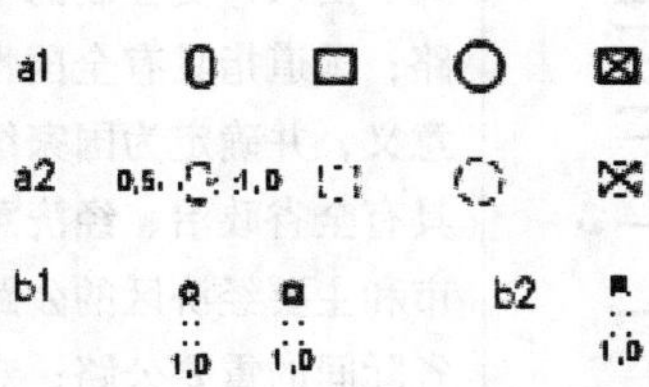	支撑各种建筑物、构筑物的水泥柱、钢架、石墩等支撑体。各种建筑物、构筑物的支柱、墩、钢架不分建筑材料均按其外形表示。当被支撑物的轮廓用虚线表示时，支柱、墩、钢架用实线表示，如符号 *a*1；如被支撑物的轮廓用实线表示时，支柱、墩、钢架用虚线表示，如符号 *a*2。图上不能依比例尺表示的按其外形选择相似的符号表示；如被支撑物的轮廓用实线表示时，各种形状的支柱、墩、钢架用黑方块符号 *b*2 表示。
路灯		安装在道路或广场等处提供照明的柱式灯具。
宣传橱窗、广告牌 *a*. 双柱或多柱的 *b*. 单柱的	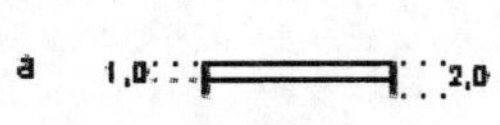	独立、固定的宣传橱窗与广告牌。图上按真实方向表示。砖墙银幕亦用此符号表示。

续表 6－2－3　居民地及设施

符号名称	符号式样	备注
喷水池		公园及公共场所设置的专门供喷水的地方。用实线表示水池轮廓，其符号表示在主要喷头处。
假石山		在公共场所建造的一种山状装饰性设施。用地类界表示实际范围，其内配置符号。
避雷针		独立的、保护室外设备免受雷击的装置。建筑物上的避雷针不表示。

表 6－2－4　交　通

符号名称	符号式样	备注
高速公路 *a*. 临时停车点 *b*. 隔离带 *c*. 建筑中的	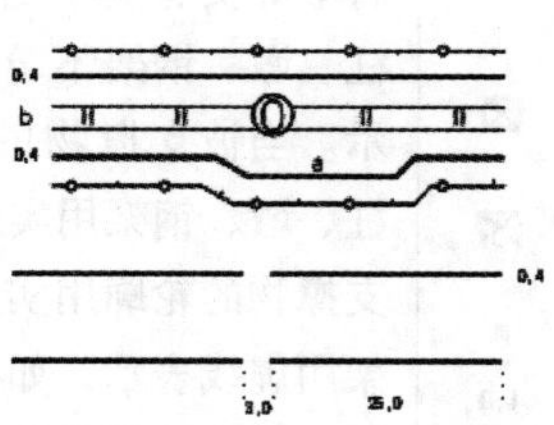	公路按其行政等级分别用相应的国道、省道、县道、乡道及其他公路，专用公路符号表示。高速公路作为特殊公路单独列出。高速公路指具有中央分隔带、多车道、立体交叉、出入口受控制的专供汽车高速度行驶公路；国道指具有全国性的政治、经济、国防意义，并确定为国家级干线的公路；省道指具有全省政治、经济意义，连接省内中心城市和主要经济区的公路，以及不属于国道的省际间的重要公路；专用公路指专供特定用途服务的公路；县道、乡道及其他公路指连接县城和县内乡镇的，或国道、省道以外的县际、乡镇际的，由县、乡财政投资、管理的公路。

续表6-2-4　交　通

<table>
<tr><th>符号名称</th><th>符号式样</th><th>备注</th></tr>
<tr><td>国道
a. 一级公路
a1. 隔离设施
a2. 隔离带
b. 二至四级公路
c. 建筑中的
①、②——技术等级代码
(G305)、(G301)——国道代码及编号</td><td>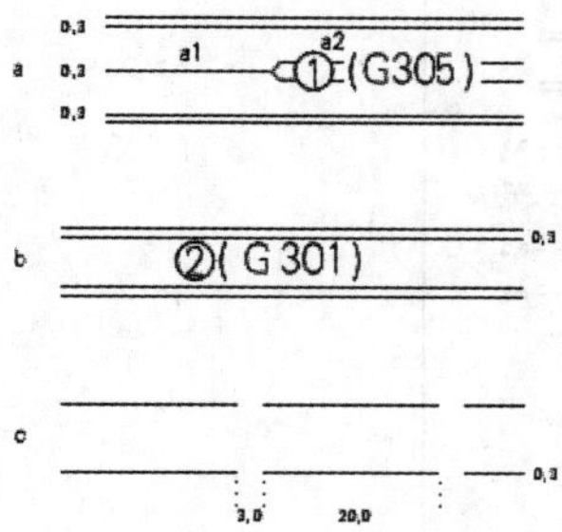</td><td rowspan="3">图上应每隔15~20cm注出公路技术等级代码及其行政等级代码及编号，有名称的加注名称。公路技术等级代码及行政等级代码见下面两表：
<table><tr><th>公路技术等级</th><th>代　码</th></tr><tr><td>高速公路</td><td>0</td></tr><tr><td>一级公路</td><td>1</td></tr><tr><td>二级公路</td><td>2</td></tr><tr><td>三级公路</td><td>3</td></tr><tr><td>四级公路</td><td>4</td></tr><tr><td>等外公路</td><td>9</td></tr></table><table><tr><th>公路行政等级</th><th>代　码</th></tr><tr><td>国道、国道主干线</td><td>G、GZ</td></tr><tr><td>省道</td><td>S</td></tr><tr><td>县道</td><td>X</td></tr><tr><td>乡道</td><td>Y</td></tr><tr><td>专用公路</td><td>Z</td></tr><tr><td>其他公路</td><td>Q</td></tr></table>高速公路、一级公路的隔离设施（如隔离墩）根据需要表示，隔离带图上宽度小于1.0mm时用0.3mm实线表示，栅栏、排水沟、绿化带、铁丝网等以相应符号表示。
各级公路应表示行车道（图上两粗线之间）宽度、路肩（图上相邻细线与粗线之间）宽度。路肩宽度图上大于1mm时依比例尺表示，小于1mm时用1mm表示。
建筑中的各级公路指已定型正在施工的公路。</td></tr>
<tr><td>省道
a. 一级公路
a1. 隔离设施
a2. 隔离带
b. 二至四级公路
c. 建筑中的
①、②——技术等级代码
(S305)、(S301)——省道代码及编号</td><td>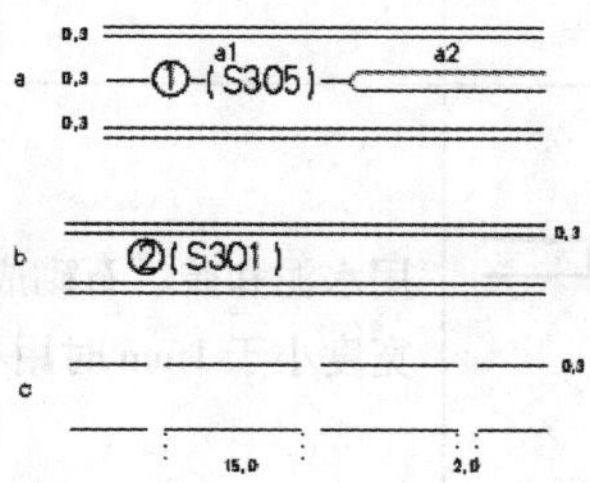</td></tr>
<tr><td>专用公路
a. 有路肩的
b. 无路肩的
c. 建筑中的
②——技术等级代码
(Z301)——专用公路代码及编号
c. 建筑中的</td><td>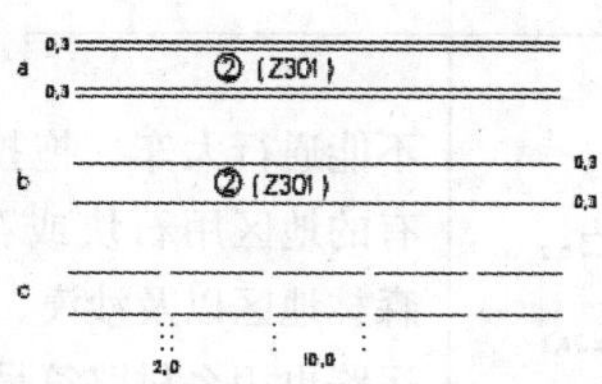</td></tr>
</table>

续表 6-2-4 交 通

符号名称	符号式样	备注
县道、乡道及其他公路 *a.* 有路肩的 *b.* 无路肩的 ⑨——技术等级代码 （*X*301）——县道代码及编号 *c.* 建筑中的	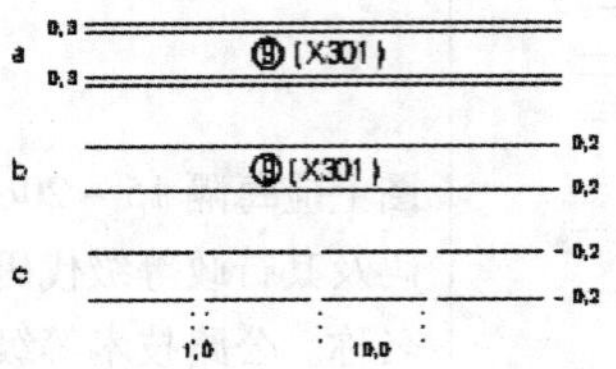	
内部道路	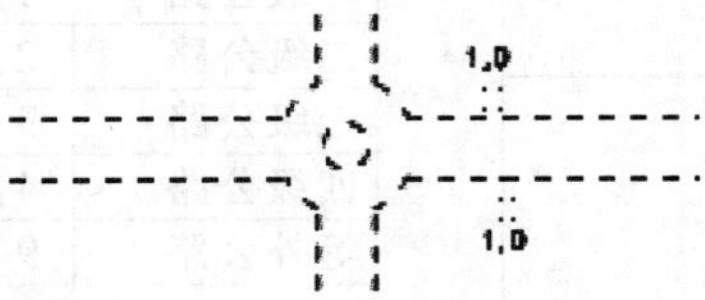	公园、工矿、机关、学校、居民小区等内部有铺装材料的道路。宽度在图上大于 1mm 的，依比例尺表示，小于 1mm 的择要表示。
阶梯路	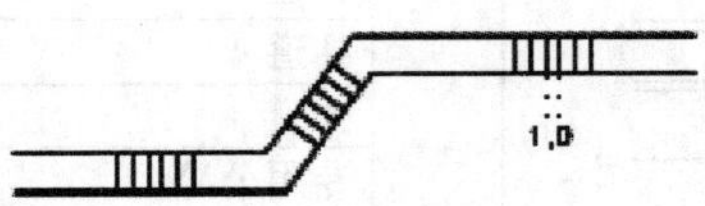	用水泥和砖、石砌成阶梯式的人行路。图上宽度小于 1mm 时用小路符号表示。
机耕路（大路）	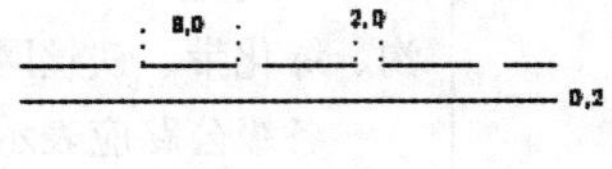	路面经过简易铺修，但没有路基，一般能通行拖拉机、大车等的道路，某些地区也可通行汽车。机耕路的宽度依比例尺表示。一般虚线绘在光辉部，实线绘在阴影部。
乡村路 *a.* 依比例尺的 *b.* 不依比例尺的	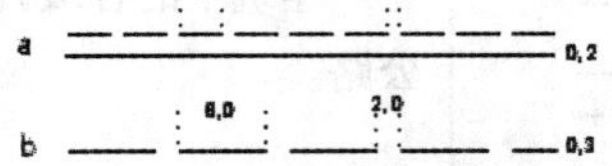	不能通行大车、拖拉机的道路。路面不宽，有的地区用石块或石板铺成。山地、谷地、森林地区以及沙漠、半沙漠等荒僻地区的驮运路也用乡村路符号表示。
小路、栈道	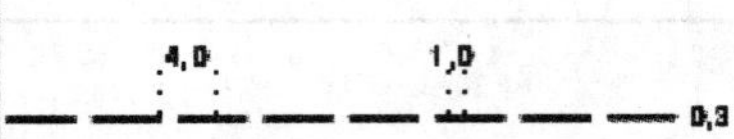	供单人单骑行走的道路。人行栈道指开凿于悬崖绝壁，用固定支架而架设的悬空小道，也用此符号表示，并加注“栈道”。

续表 6-2-4　交　通

符号名称	符号式样	备注
加油站、加气站 油——加油站	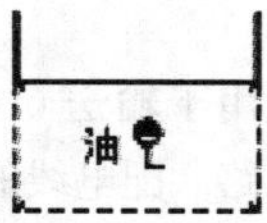	机动车辆添加动力能源的场所。用房屋（或棚房）符号表示，并配置加油（气）站符号；符号配置在数个加油（气）柜分布范围的中心上。加气站应加注“气”字，既是加油站又是加气站的应加注“油气”。
停车场		有人值守的，用来停放各种机动车辆的场所。
收费站、服务区 *a.* 依比例尺的收费站 *b.* 服务区 *c.* 半依比例尺收费站	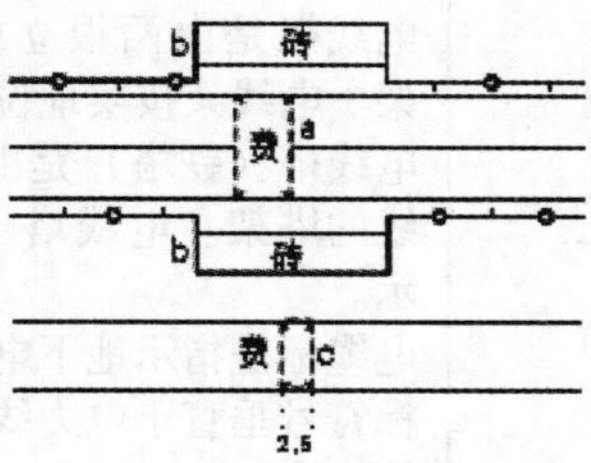	设置在公路上或桥头，向过往车辆收取通行费用的场所。收费站的房屋建筑、雨棚等地物用相应符号表示，有专名的加注名称，无专名的加简注“费”字。
路标	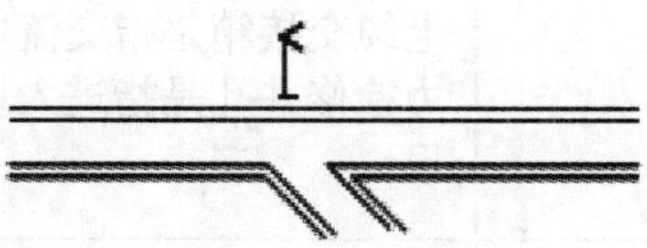	设置在道路边的指示道路通达情况的柱式标志。有方位意义的才表示。
里程碑、坡度标 *a.* 里程碑 25——公里数 *b.* 坡度标	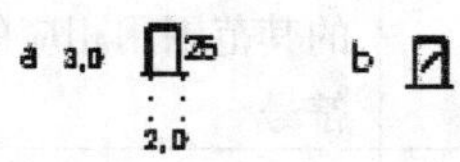	里程碑指设置在道路边的表示距线路起点距离的里程标志；坡度标指设置在路旁或堤上表示坡度的标志。1∶2000 地形图上不表示坡度标。

表 6-2-5　管　线

符号名称	符号式样	备注
高压输电线 架空的 *a.* 电杆 35——电压（*KV*） 地面下的 *a.* 电缆标 输电线入地口 *a.* 依比例尺的 *b.* 不依比例尺的	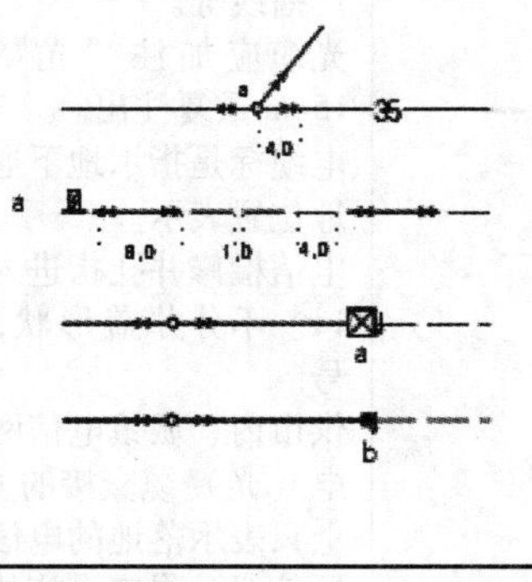	用于输送 6.6*KV* 以上且固定的高压输电线路。多种电线在一个杆柱上时只表示主要的。

续表 6-2-5　管　线

符号名称	符号式样	备注
配电线 架空的 *a.* 电杆 地面下的 *a.* 电缆标 配电线入地口	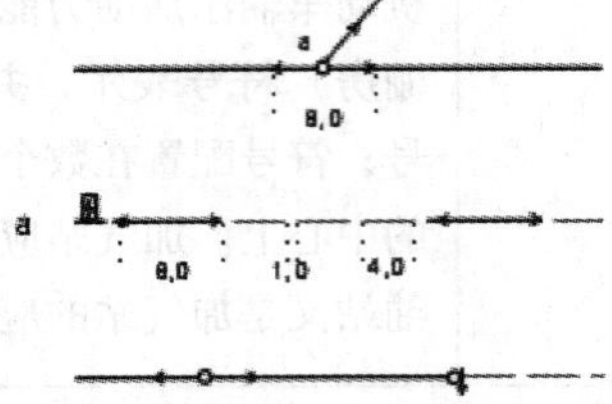	用于输送 6.6*KV* 以下且固定的低压配电线路。配电线的表示方法同输电线。
电力线附属设施 电杆 电线架 电线塔（铁塔） *a.* 依比例尺的 *b.* 不依比例尺的 电缆标 电缆交接箱 电力检修井孔	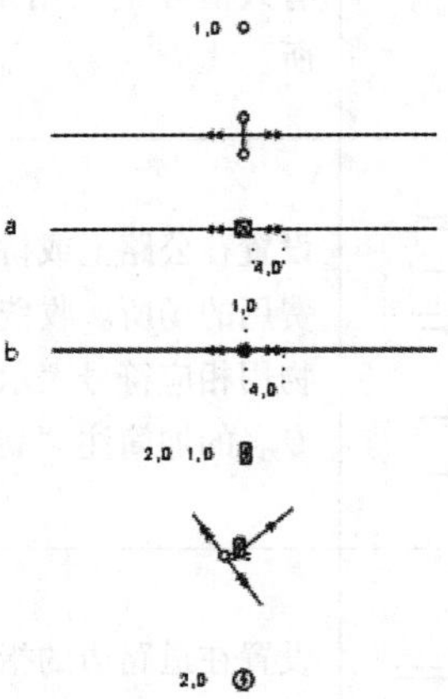	电杆就是支撑电线的立杆。电杆不区分建筑材料、断面形状，均用同一个符号表示。电杆按实地位置表示。 电线架是由两根立杆组成，支撑电线的支架。电线架按实地位置表示。 电线塔（铁塔）是由钢架结构组成，支撑电线的塔架。电线塔（铁塔）按实地位置表示。 电缆标是指示地下电力线的地面标志。电缆标符号垂直于电力线表示。电缆标位置按实地表示。 电缆交接箱是指交流电电缆的分接设备。电力检修井孔是指进入地下检修电力线的出入口。
变电室（所） *a.* 室内的 *b.* 露天的	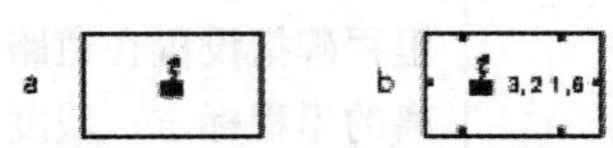	改变电压和控制电能输送与分配的场所。设在房屋内的，其房屋轮廓内配置符号；露天的其范围用相应的地物符号表示，范围配置符号。
变压器 *a.* 电线杆上的变压器		露天的、安装在电线杆、架上的小型变压器。按实地位置表示，变压器大于符号尺寸的，用轮廓线表示，其内配置符号。
陆地通信线 地面上的 *a.* 电杆 地面下的 *a.* 电缆标 通信线入地口 电信交接箱 电信检修井孔 *a.* 电信人孔 *b.* 电信手孔	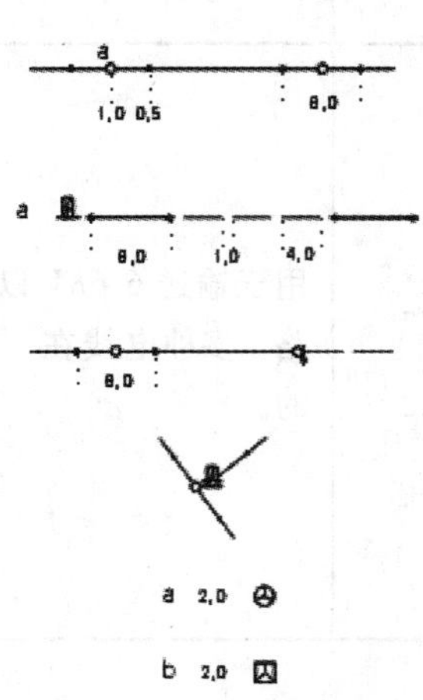	供通信的陆地电缆、光缆线路，如电话线、广播线等。 光缆应加注"光"字，较长时图上每隔 15cm 重复注出。 电缆标是指示地下通信线的地面标志，按实地位置表示。 电信检修井孔指进入地下检修通信线的出入口。不分井盖形状，只区分人孔和手孔符号。 供市内、城镇电信网主干电（光）缆与配线电（光）缆交接的大容量交接分线设备，图上只表示落地的电信交接箱。 通信线及附属设施的表示方法同输电线。

续表6-2-5　管　线

符号名称	符号式样	备注
管道 架空的 *a.* 依比例尺的墩架 *b.* 不依比例尺的墩架 地面上的 地面下的及入地口 有管堤的 热、水、污——输送物名称	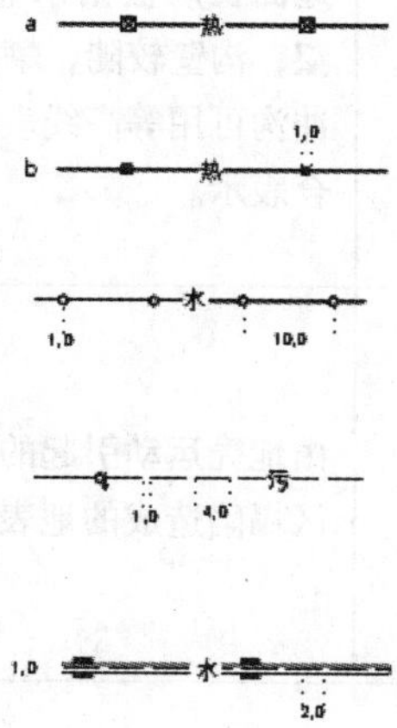	输送油、汽、气、水等液体和气态物质的管状设施。管道分为架空的、地面上的、地面下的、有管堤的四种。 架空管道的支架按实际位置表示，当支架密集时，直线部分可取舍。 地下管道在能判别走向的情况下可选择表式。地面下的管道在地面上的标志用过江管线标符号表示。 有管堤的管道是指管道敷设于地面，上面修筑土堤保护管道。图上大于符号尺寸的依比例尺表示。 各种管道通过河流、沟渠时，在水上通过的以“架空的”符号表示，在水下通过的以“地面下的”符号表示。
管道检修井孔 *a.* 给水检修井孔 *b.* 排水（污水）检修井孔 *c.* 排水暗井 *d.* 煤气、天然气、液化气检修井孔 *e.* 热力检修井孔 *f.* 工业、石油检修井孔 *g.* 不明用途的井孔	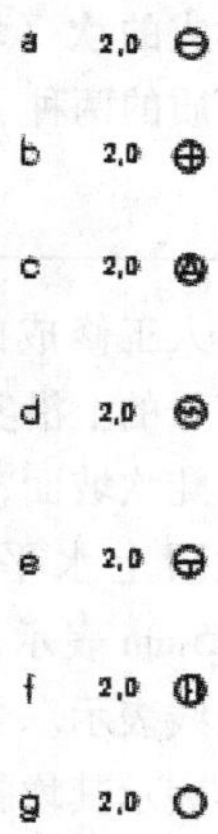	管道检修井孔按实际位置表示，不区分井盖形状，只按检修类别用相应符号表示。 重点表示主管和铺装路上的检修井。 *a.* 进入地下检修给水管道的出入口。 *b.* 进入地下检修排水管道的出入口。 *c.* 进行清污、疏通地下排水管道的出入口。 *d.* 进入地下检修煤气、天然气、液化气管道的出入口。 *e.* 进入地下检修热力管道的出入口。 *f.* 进入地下检修工业管道的出入口。 *g.* 不明用途的或综合管道的检修井孔。
管道其他附属设施 *a.* 水龙头 *b.* 消火栓 *c.* 阀门 *d.* 污水、雨水箅子	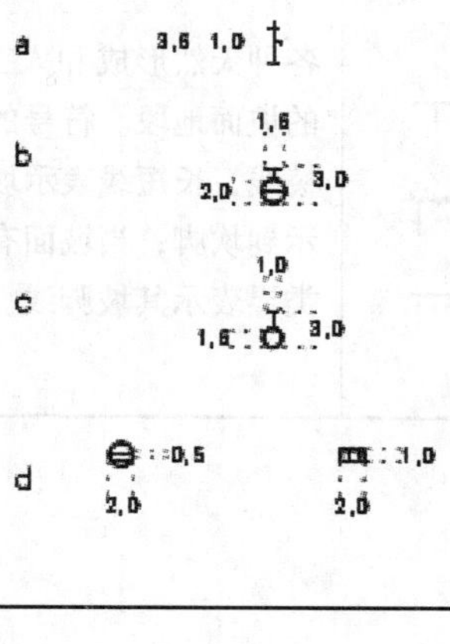	管道其他附属设施 *a.* 室外饮水、供水的出水口控制开关。 供水站依比例尺表示，其内配置水龙头符号 *b.* 消防用水接口。 室外地上和地下的消火栓均用此符号表示。 *c.* 工业、热力、液化气、天然气、煤气、给水、排水等各种管道的控制开关。 *d.* 城市街道及内部道路旁污水雨水管道口起箅滤作用的过滤网。符号按实际情况沿道路边线表示。

表6-2-6　地　貌

符号名称	符号式样	备注
冲沟 3.4，4.5——比高		地面长期被雨水急流冲蚀而形成的大小沟壑，沟壁较陡，攀登困难。沟坡较缓的宽大冲沟可用等高线表示，或用符合与等高线配合表示。
地裂缝 *a.* 依比例尺的 2.1——裂缝宽 5.3——裂缝深 *b.* 不依比例尺的	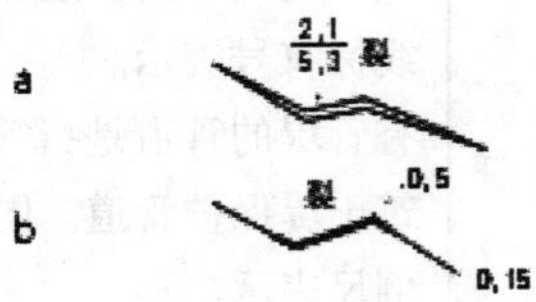	由地壳运动引起的地裂或采掘矿物后的采空区塌陷造成的地表裂缝。
陡崖、陡坎 *a.* 土质的 *b.* 石质的 18.6， 22.5——比高	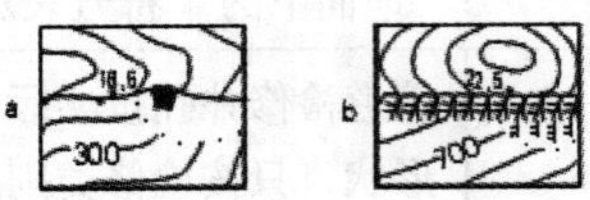	形态壁立、难以攀登的陡峭崖壁或各种天然形成的坎（坡度在70°以上），分为土质和石质的两种。
人工陡坎 *a.* 未加固的 *b.* 已加固的	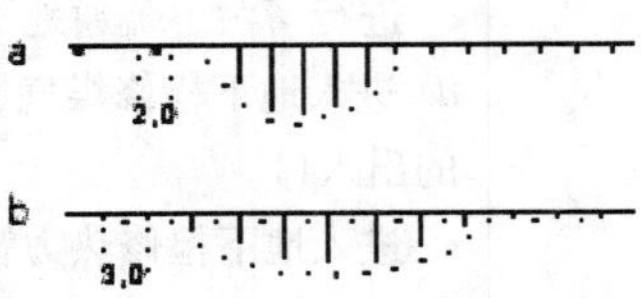	由人工修成的坡度在70°以上的陡峻地段。符号的上沿实线表示陡坎的上棱线，齿线表示陡坎坡面，符号齿线一般表示到坎脚；陡坎图上水平投影宽带小于0.5mm时，以0.5mm表示；大于0.5mm时，依比例尺用长线表示。当坡面有明显坎脚时，可用地类界表示其坎脚。
斜坡 *a.* 未加固的 *b.* 已加固的	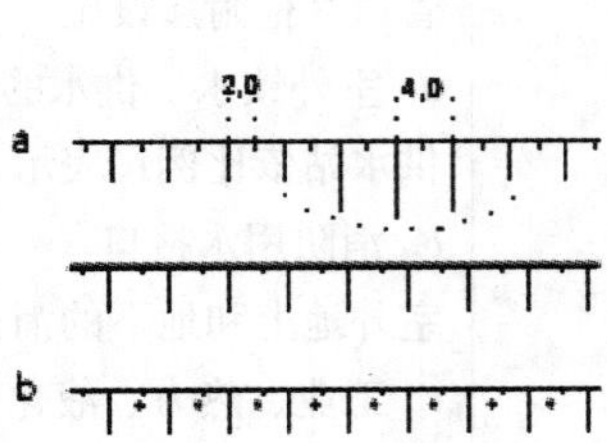	各种天然形成和人工修筑的坡度在70°以下的坡面地段。符号的上沿实线表示斜坡的上棱线，长短线表示坡面，符号的长线一般表示到坎脚，当坡面有明显坡脚线时，可用地类界表示其坡脚线。

表 6－2－7　植被与土质

符号名称	符号式样	备注
稻田 *a.* 田埂	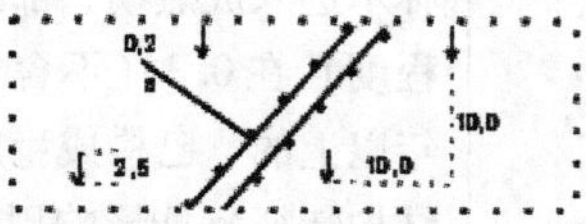	种植水稻的耕地。不分常年有水和季节性有水，均用此符号表示。水旱轮作地也按稻田符号表示。符号按整列式配置；田埂图上宽度大于 1mm 的以双线表示。
旱地	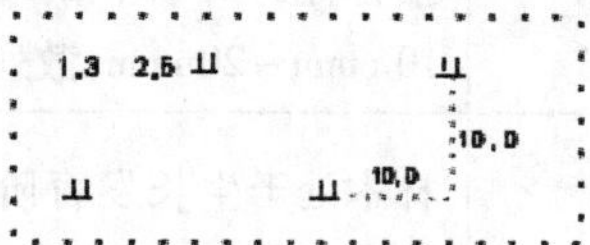	稻田以外的农作物耕种地，包括撂荒未满三年的轮歇地。符号按整列式配置。大面积的旱地可不用符号表示，在其范围内加注“旱地”注记。
菜地	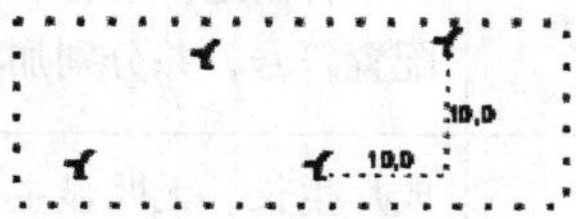	以种植蔬菜为主的耕地。符号按整列式配置。有喷灌设备的菜地需加注“喷灌”二字。粮菜轮种的耕地按旱地表示。
水生作物地 *a.* 非常年积水的 菱——品种名称	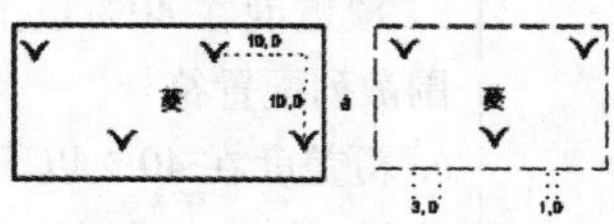	比较固定的以种植水生作物为主的用地，如菱角、莲藕、茭白地等。符号按整列式配置。图上面积大于 $2cm^2$ 的除表示符号外，还应加注品种名称。非常年积水的水生作物地（如藕田），在图上用不固定水涯线加符号表示。
园地 经济林 *a.* 果园 *b.* 桑园 *c.* 茶园 *d.* 橡胶园 *e.* 其他经济林	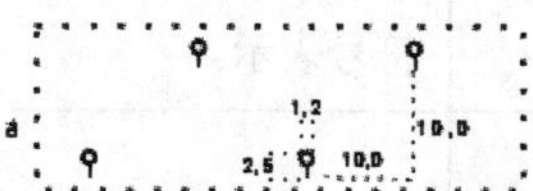 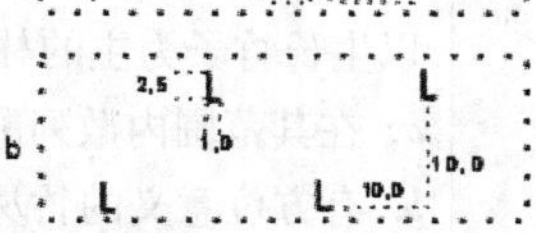 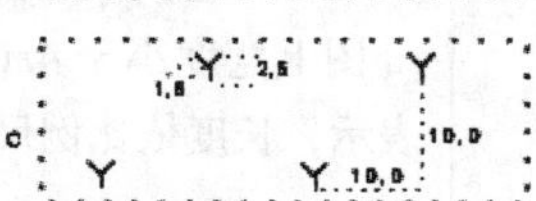 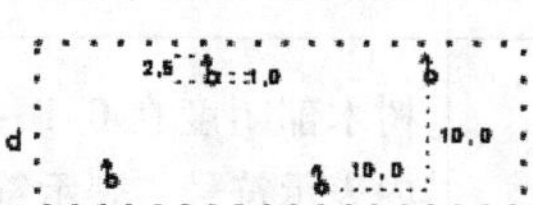 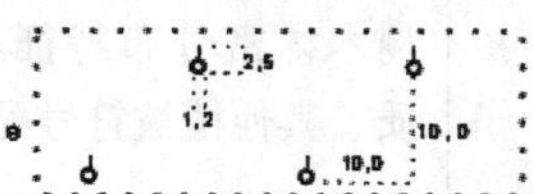	园地：以种植果树为主，集约经营的多年生木本和草本作物，覆盖度大于 50% 或每亩株数大于合理株数 70% 的土地。 经济林：指以生产果品、食用油料、饮料、调料、工业原料和药材为主要目的的树木。 *a.* 种植各种果树的园地。在其范围内整列式配置符号，并加注果树树种名称，如“苹”、“梨”等。 *b.* 以种植桑树为主的园地。在其范围内整列式配置符号。 *c.* 以种植茶树为主的园地。在其范围内整列式配置符号。 *d.* 以种植橡胶树为主的园地。在其范围内整列式配置符号。 *e.* 除果园、茶园、桑园、橡胶园以外的木本作物。在其范围内整列式配置符号，并加注树种名称，如“漆”等字。
经济作物地		经济作物地：指由人工栽培、种植比较固定的多年生长植物，如甘蔗、麻类、香蕉、药材、香茅草、啤酒花、可可、咖啡、胡椒、油棕等。经济作物与其他作物轮种的，不按经济作物表示。在其范围内整列式配置符号，并加相应作物名称，如“蔗”、“麻”、“药”等。

续表表 6-2-7　植被与土质

符号名称	符号式样	备注
成林	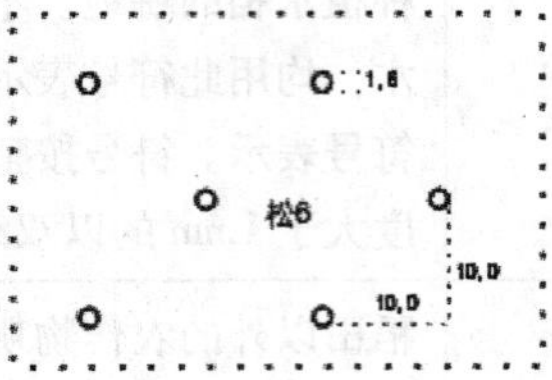	林木进入成熟期、郁闭度（树冠覆盖地面的程度）在 0.3（不含 0.3）以上，林龄在 20 年以上的、已构成稳定的林分（林木的内部结构特征）能影响周围环境的生物群落，包括各种针叶林、阔叶林。在其范围内每隔 10mmm～20mmm 散列配置符号。
幼林、苗圃	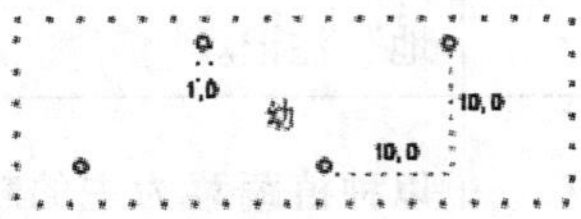	林木处于生长发育阶段，通常树龄在 20 年以下，尚未达到成熟的林分。苗圃指固定的林木育苗地。幼林、苗圃在其范围内整列式配置符号，并分别加注“幼”、“苗”字。
灌木林 *a.* 大面积的 *b.* 独立灌木丛 *c.* 狭长灌木林	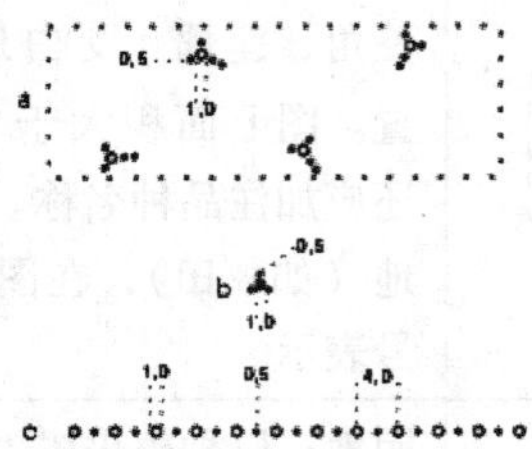	成片生长、无明显主干、枝叉丛生的木本植物地。攀援崖边的藤类和矮小的竹类植物亦用灌木林符合表示。 *a.* 覆盖度在 40% 以上的灌木林地。在其范围散列配置符号。 *b.* 覆盖度在 40% 以下的灌木林地和杂生在疏林、竹林、草地、盐碱地、沼泽地、沙地内的零星灌木，按实地位置用此符号表示。 *c.* 沿道路、沟渠分布较长的狭长灌木林用此符号表示，图上长度小于 10mm 的用灌木丛符号表示。
竹林 *a.* 大面积竹林 *b.* 小面积竹林、竹丛 *c.* 狭长竹丛	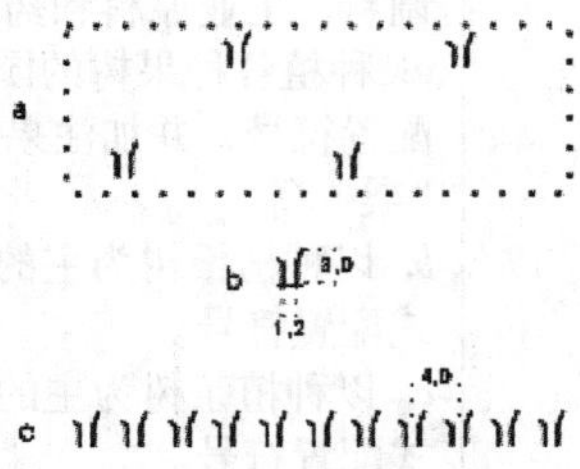	以生长竹子为主的林地。 *a.* 在其范围内散列配置符号。 *b.* 有方位意义的竹丛用此符号。 *c.* 图上宽度小于 4*mm* 的狭长竹林用此符号表示，长度依比例尺表示。
疏林	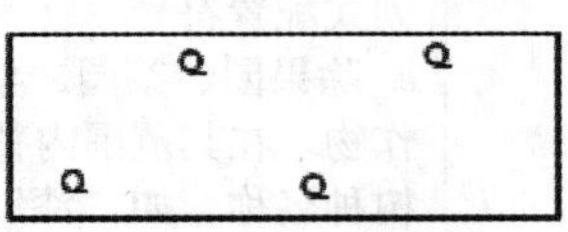	树木郁闭度在 0.1～0.3 的林地。在其范围内表示符号，表示符号时应注意显示其实地树木稀密分布特征。疏林可与其底层的土质、其他植被符号配合表示。
迹地	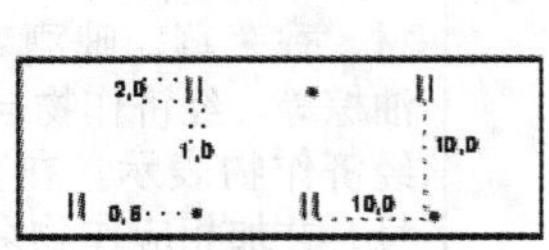	林地采伐后或火烧后 5 年内未变化的土地。在其范围内整列式配置符号。

续表表 6－2－7　植被与土质

符号名称	符号式样	备注
防火带		林区、草原中为防止火灾灾情蔓延而开辟的空道。宽度依比例尺表示，加注“防火”。若防火带较长，每隔 5cm～8cm 注记一次。防火带在图上的宽度大于 5mm 时，还应表示等高线。
零星树木	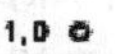	杂生在灌木林、草地中或散生在田间、水边、村落附近等处的树木。按实地位置表示。
行树 *a.* 乔木行树 *b.* 灌木行树	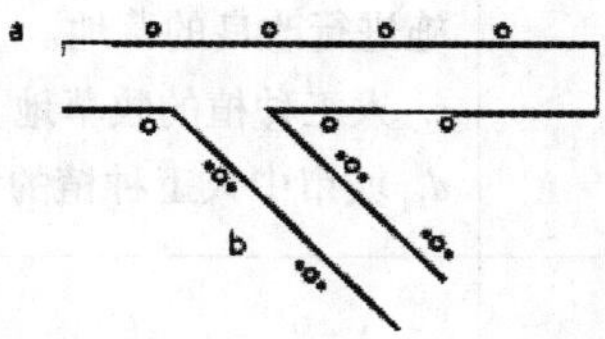	沿道路、沟渠和其他现状地物一侧或两侧成行树种植的树木或灌木。行树两端的树木实测表示，中间配置符号，符号间距可视具体情况略为放大或缩小。
独立树 *a.* 阔叶 *b.* 针叶 *c.* 棕榈、椰子、槟榔 *d.* 果树 *e.* 特殊树	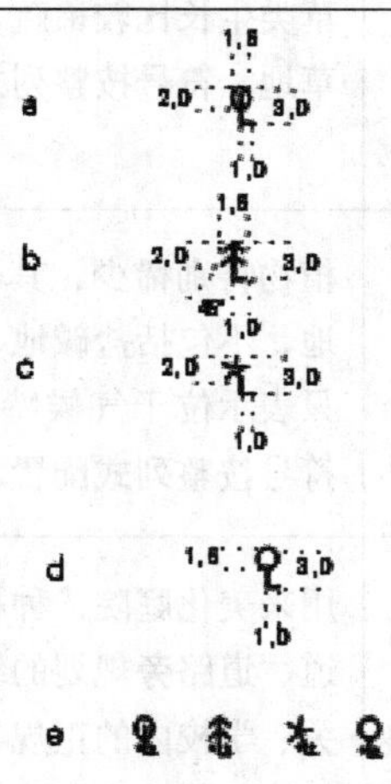	有良好方位意义的或著名的单棵树。针叶、阔叶、棕榈、果树等用相应的符号表示。著名的应加注名称。由管理部门确定的有特殊保护意义的树木用特殊树符合表示。
高草地 芦苇——植物名称	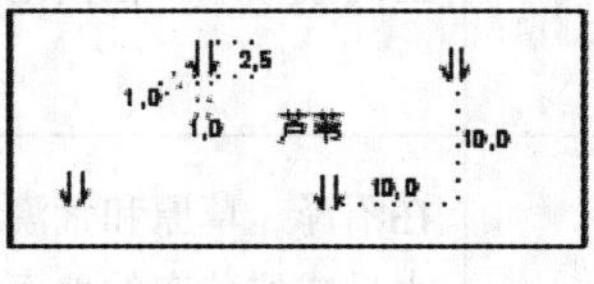	以生长芦苇、席草、芒草、芨芨草和其他高秆草本植物的草地。在图上按其分布范围整列式配置符号，并分别加注植物名称，如“芦苇”、“席草”、“芒草”等。

续表表 6－2－7　植被与土质

符号名称	符号式样	备注
草地 *a.* 天然草地 *b.* 改良草地 *c.* 人工牧草地 *d.* 人工绿地	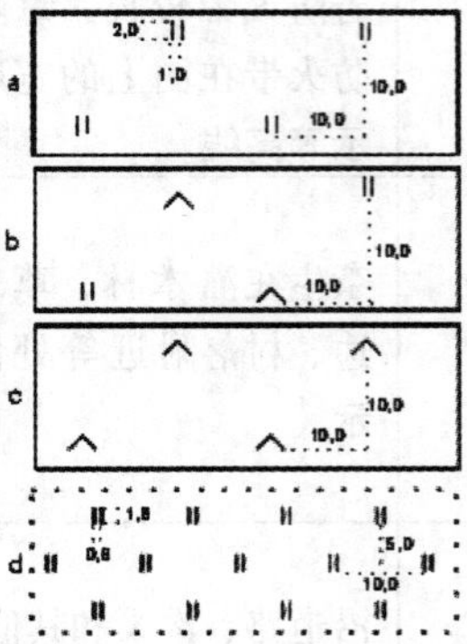	以生长草本植物为主的、覆盖度在50%以上的地区。如干旱地区的草原、山地、丘陵地区的草地，沼泽、湖滨地区的草甸等。不分草的高矮（包括夹杂与草类同高的灌木、疏林），均以草地符号表示。 *a.* 以天然草本植物为主，未经改良的草地，包括草甸草地、草丛草地、疏林草地、灌木草地和沼泽草地。在其范围内整列式配置符号。 *b.* 采用灌溉、排水、施肥、松耙、补植等措施进行改良的草地。 *c.* 人工种植的牧草地。 *d.* 城市中人工种植的绿地。
半荒草地		草类生长比较稀疏，覆盖度在20%～50%的草地。符号按整列式配置。
荒草地	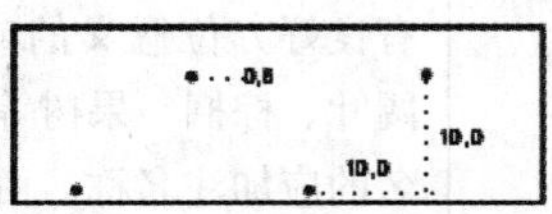	植物特别稀少，其覆盖度在5%～20%的土地，不包括盐碱地、沼泽地和裸土地。一般只表示位于气候特别干旱和土壤贫瘠地区，符号按整列式配置。
花圃、花坛	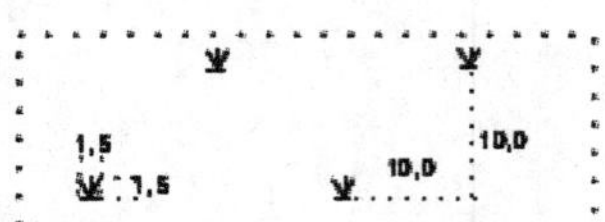	用来美化庭院，种植花卉的土台、花园。街道、道路旁规划的绿化岛、花坛及工厂、机关、学校内的正规花坛均用此符号表示。符号按整列式配置。
盐碱地	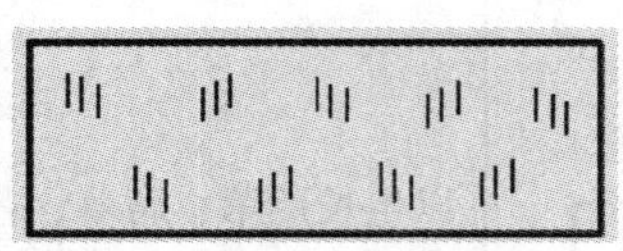	有盐碱聚积的地面。图上只表示不能种植作物的盐碱地，在其范围内散列配置符号。
小草丘地 *a.* 独立的 *b.* 大面积的	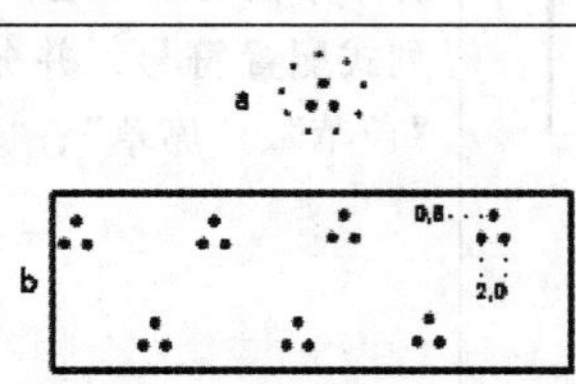	在沼泽、草原和荒漠地区长有草类或灌木的小丘成群分布的地面。独立的可依比例尺表示时，需表示范围线；大面积的在其范围内散列配置符号。

续表表 6－2－7　植被与土质

符号名称	符号式样	备注
沙砾地、戈壁滩	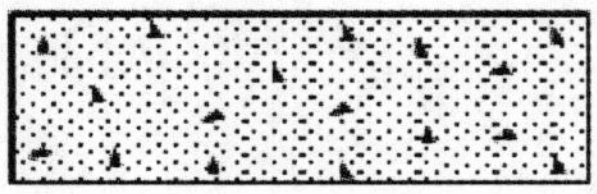	沙和砾石混合分布的沙砾地和地表几乎全为砾石覆盖的地段。在其范围内散列配置符号。
沙泥地	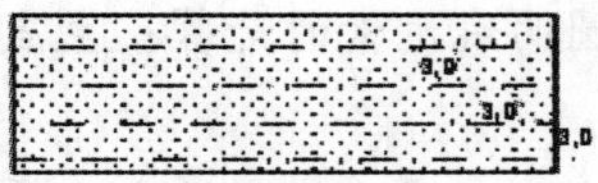	沙和泥混合分布的地面。在其范围内整列式配置符号。
石块地	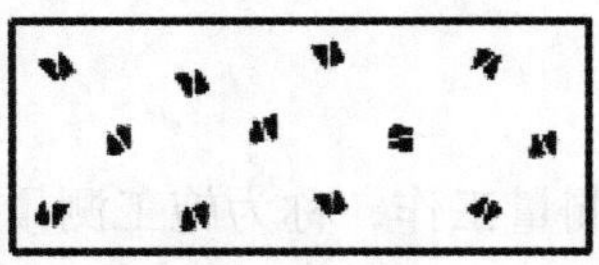	岩石受风化作用而形成的石块堆积地。在其范围内散列配置符号。

需要说明的是：当比例尺变化时，前述符号的样式或大小（尺寸）要相应变化。如 1:5000，1:10000 的地形图又有对应的图式。

6.2.2 习　题

1. 《1:500　1:1000　1:2000 地形图图式》中，地形图符号分为几类？
2. 如何记住《1:500　1:1000　1:2000 地形图图式》中的地形图符号？

第七篇　测量学的应用

7.1　施工测量

本章基本概念：施工测量；施工测量的基本工作；圆曲线的测设等。

本章基本公式：放样元素的计算；圆曲线元素的计算；主点桩号里程的计算等。

本章难点内容：点的平面位置测设方法；圆曲线测设方法等。

7.1.1　概　述

（一）施工测量的任务和内容

各种工程在施工过程中所进行的一系列测量工作，称为施工测量。

1. 施工测量的任务

施工测量的任务是把图纸上设计的建筑物或构筑物的平面位置和高程，按设计和施工的要求，以一定的精度放样到地面上，作为施工的依据。

2. 施工测量的内容

施工测量贯穿于整个施工过程，其主要内容有：

（1）建立施工控制网。

（2）建筑物或构筑物的定位、放线以及在施工作业面上投测轴线。

（3）竣工验收测量以及竣工平面图的编制。

（4）建（构）筑物的变形观测。

（二）施工测量的原则

为了保证施工放样的精度，使放样的建（构）筑物能满足设计要求。施工测量也要遵循“从整体到局部，先控制后碎部”的原则。

建筑工程测量是测量学的一个重要组成部分。建筑工程测量的内容包括测定和测设两个部分，它包括建筑工程在勘测设计、施工建设和运营管理阶段所进行的各种测量工作。建筑工程测量的主要任务有：

（1）测绘大比例尺地形图。把工程建设区域内的各种地物、地貌通过外业测量，按照规定的符号和比例尺缩小编绘成各种地形图，或用数字表示出来，为工程规划设计和工程建设提供图纸和资料。

（2）施工放样和竣工测量。将图纸上所规划设计的建（构）筑物，按照设计与施工的要求在现场标定出来，作为施工的依据；为配合施工，保证施工质量，在施工过程中也要进行各种测量工作；为工程验收、日后改扩建和维护管理，工程竣工后，开展竣工测量，绘制竣工总平面图。

(3) 建筑物的沉降和变形观测。对于一些重要建筑物，在施工和运营期间，为了解建（构）筑物的形变规律，监测其基础和结构的安全和稳定，需要定期进行变形观测。

测绘大比例尺地形图在前面章节已经做了详细的讲述，本章主要讲述平面和高程位置的测设原理和方法、建（构）筑物的施工测量、放样测量、变形观测等内容。

（三）施工测量的特点

(1) 施工测量是直接为工程建设服务，它必须与整个施工计划相协调。测量人员在工作中要与设计、施工人员紧密联系，熟悉设计与施工图纸，掌握施工对测量精度的要求，及时掌握施工进度，以及了解现场条件和控制点分布情况，使测设精度和速度满足工程进度的需要。

(2) 施工测量的精度主要取决于建（筑）物的大小、性质、用途、材料、施工方法。因而，在进行施工测量设计时，要顾及工程对施工放样测量、工程检查的要求，结合实际，制订合理的测量方案，确保施工对测量精度的要求。避免施工测量精度过低，造成工程质量事故；施工测量精度过高，则导致人力、物力和时间的浪费。

(3) 测量环境差。施工现场由于各工序交叉作业、材料堆放、场地变动等，使测量标志容易被破坏，因此，测量标志的埋设应便于使用、保护和检查。如有破坏，应及时恢复，并进行相应的检查。

(4) 在施工测量前，应做好一系列准备工作，认真计算和核对各项数据；检校好测量仪器；在测量过程中注意人身和仪器安全。确保测量工作准确无误，确保工程施工的顺利进行。

7.1.2　施工测量的基本工作

施工测量的基本工作包括水平距离测设、水平角测设和高程测设等三项。

（一）测设已知数值的水平角

测设已知数值的水平角实际上是从一个已知方向出发放样出另外一个水平方向，使得它与已知方向的夹角等于已知的水平角。如图 7-1-1 所示，A 和 B 点为实地上的两个已知点，AB 方向为已知方向。现在欲放样出水平角 $\angle BAP$，使它等于设计角 β。具体操作如下：

(1) 将经纬仪安置在 A 点上，用盘左位置照准 B 点，使水平度盘读数为零。

(2) 顺时针转动照准部，使水平度盘读数恰好等于 β，在视线方向标定出 P_1 点。

(3) 用盘右位置照准 B 点，用同样的方法标定出 P_2 点。取 P_1 和 P_2 点的中点 P'，则 $\angle BAP'$ 就是要测设的角 β。

当要测设角度的精度较高时，可将上述方法测设的 P' 点作为过渡点，见图 7-1-2 所示，然后用适当的仪器和测回数精确测量 $\angle BAP$ 的大小，测得其角值为 β'，则设计角 β 与精测角 β' 之差为 $\Delta\beta=\beta-\beta'$（$\Delta\beta$ 以秒为单位），并概量 AP' 距离 S，则过渡点 P' 的改正数为：

$$K=\frac{\Delta\beta}{\rho}\cdot S \tag{7-1-1}$$

式中，$\rho=206265''$。由过渡点 P'，按 K 的改正方向作垂线，量 $P'P=K$ 即为所求角度 $\angle BAP$。

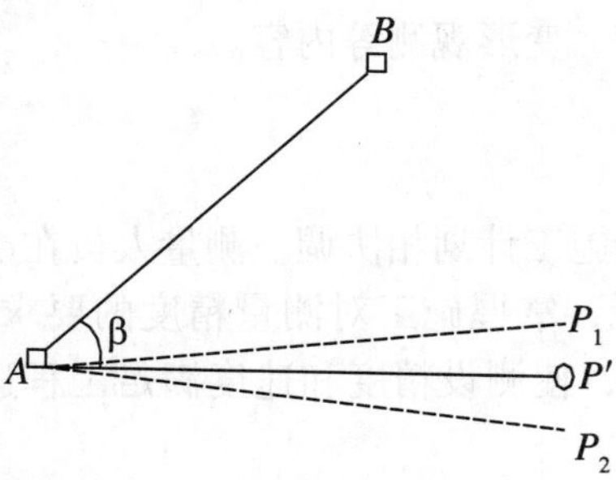

图 7－1－1　已知水平角的测设

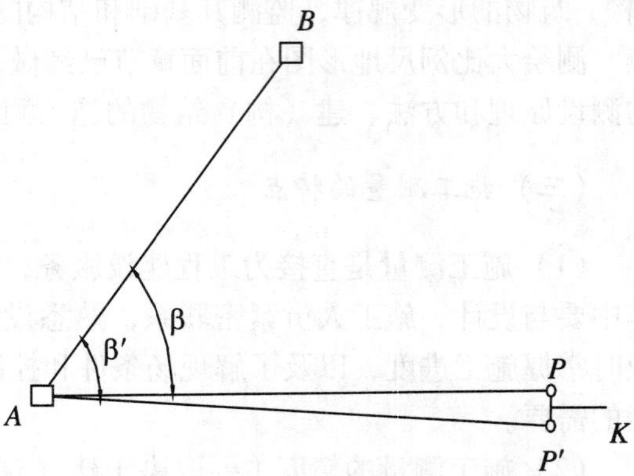

图 7－1－2　归化法测设已知水平角

（二）测设已知数值的水平距离

测设已知数值的水平距离是从一个已知点出发，沿已知方向，在实地丈量出给定的水平距离，在已知方向上标定出该端点。

1. 钢尺测设法

从起始点开始，沿给定的方向和长度值，用钢尺量距，定出水平距离的终点。为了校核，再用上述方法测设一次，若两次的差值在限差范围内，取其平均位置作为最后的终点。

2. 光电测距仪测设法

由于测距仪和全站仪的普及，目前水平距离的测设，特别是长距离的测设绝大部份采用光电测距仪进行测设。测设时，在已知点上安置全站仪，反射棱镜在已知方向上移动，测出反射棱镜所在位置至已知点的水平距离，计算出与已知水平距离的差值，在已知方向线上前后移动棱镜，直到测设出的距离与已知距离的差值在限差范围内。此时，反射棱镜所在的位置即为所测设水平距离的位置。

（三）测设已知数值的高程

根据已知的水准点，将设计的高程在实地标定出来，称之为测设已知数值的高程。在建筑工程的设计和施工中，通常把建筑物的室内地坪用 ±0 表示，基础和门窗等的标高都是以 ±0 为依据确定的。

1. 地面点的高程测设

如图 7－1－3 所示，假设在设计图纸上查得建筑物的室内地坪高程为 $H_{设}$，而附近有一水准点 BM 的高程为 H_{BM}。欲将设计高程 $H_{设}$ 测设到点 B 上。施测时，可在 B 点打一木桩，在 BM 点和 B 点间安置水准仪，读出立在 BM 点上的水准尺的读数 a，则水准仪视线高程 $H_i=H_{BM}+a$。根据视线高程和地坪设计高程可算出 B 点水准尺上应有读数为 b，应为：

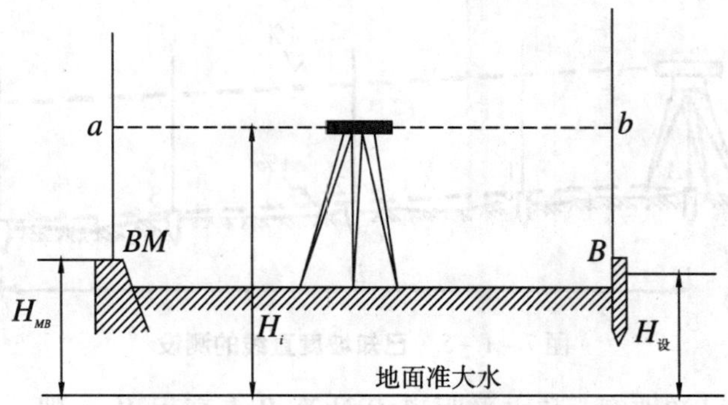

图 7-1-3　地面点的高程测设

$$b_{应} = H_i - H_{设} \tag{7-1-2}$$

将 $H_i = H_{BM} + a$ 代入上式则有：

$$b_{应} = (H_{BM} + a) - H_{设} \tag{7-1-3}$$

2. 空间点的高程测设与传递。

如图 7-1-4 所示，为了测量高层建筑物楼面上 B 点的高程，在地面已知水准点 BM 和待测高程点 B 上分别竖立水准尺，在地面和相应的楼面上分别安置水准仪，同时用木杆悬挂一根检定过的钢尺（钢尺零点在下，且下端挂有重量等于钢尺检定时所用拉力的重锤，重锤置于油桶中，以防尺身摆动），读出 a、b、c、d 四个读数，即可算出每一楼层面上 B 点的高程：

$$H_B = H_{BM} + a + (c - d) - b \tag{7-1-4}$$

当精度要求较高时，在式（7-1-4）的（$c - d$）中，应加入尺长和温度改正。为了校核，还应改变钢尺的悬挂位置重测一次，所测得的同一点两次高程互差不超过 ±3mm 时，取其平均值作为结果。

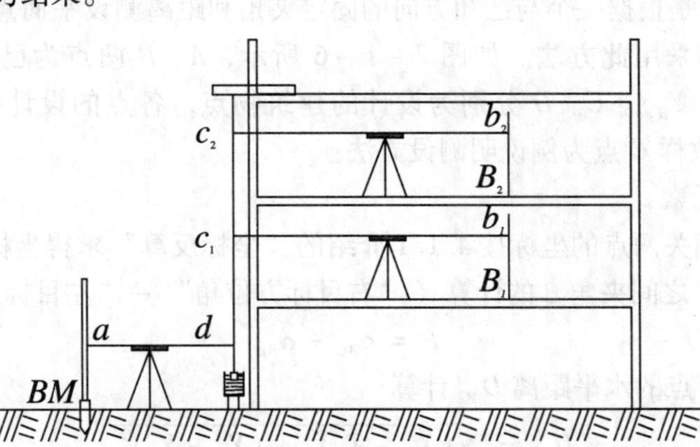

图 7-1-4　空间点的高程测设

（四）已知坡度直线的测设

已知坡度直线测设就是在地面上测设出等于某设计坡度的直线。在道路工程、排水管道和敷设地下工程等施工过程中常遇到。

图 7-1-5 中，设 A 点高程为 H_A，A、B 间的水平距离为 D，从 A 点沿 AB 方向测设坡度为 i 的直线，其方法如下：

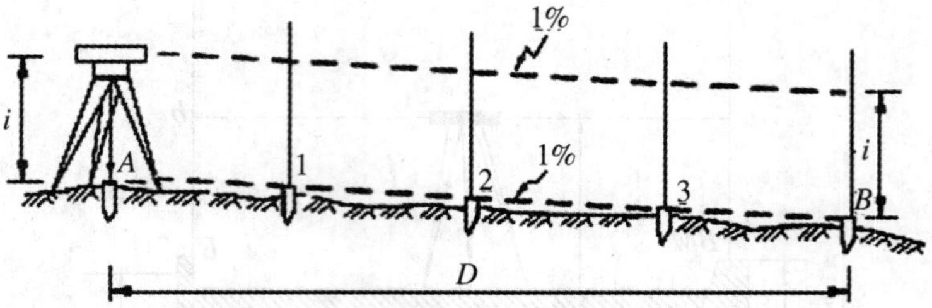

图 7－1－5　已知坡度直线的测设

（1）根据 H_A、已知坡度 i 和水平距离 D 计算 B 点高程 H_B，即：（注意：若为下坡，则 i 为“－”值）

$$H_B = H_A + i \cdot D$$

（2）用高程测设法将 H_B 测设到 B 点木桩上。再在 AB 直线上按一定的间隔打入木桩。

（3）在 A 点上安置水准仪，使一个脚螺旋在 AB 方向线上，另两个脚螺旋与 AB 直线垂直，并量取仪器高 $i_{仪}$。

（4）望远镜照准 B 点标尺，旋转 AB 连线上的脚螺旋，使 B 点标尺读数为 $i_{仪}$，此时仪器视线即为已知坡度线。

（5）标尺分别竖立在 AB 中间各木桩上，并使读数皆为 $i_{仪}$，并过尺底在木桩上画横线，这些横线相连就是测设的坡度线。

7.1.3　点的平面位置测设

建筑物平面位置的测设方法很多，应根据施工现场的条件、点位分布和现有仪器设备选定相应的方法。较为常用的是极坐标法（坐标法）放样。

极坐标法放样是根据一个与已知方向的固定夹角和距离测设平面点。现在，全站仪提供的放样功能大都采用此方法。如图 7－1－6 所示，A、B 两点为已知点，坐标分别为（X_A，Y_A）、（X_B，Y_B）。C、D 分别为设计的建筑物点，各点的设计坐标为（X_C，Y_C）、（X_D，Y_D）。现以放样 C 点为例说明测设方法：

1. 计算放样元素

（1）可根据相关两点的坐标按 4.1.1 介绍的“坐标反算”求得坐标方位角 α_{AB}、α_{AC}。

（2）AC 与 AB 之间夹角 β 的计算（“右目标方位角” － “左目标方位角”）

$$\beta = \alpha_{AC} - \alpha_{AB}$$

（3）A 点至 C 点的水平距离 D_{AC} 计算

$$D_{AC} = \sqrt{(X_C - X_A)^2 + (Y_C - Y_A)^2}$$

2. 使用经纬仪测设点位的方法

（1）将经纬仪精确地安置在 A 点上，盘左位置精确照准 B 点，水平度盘读数配为 α_{AB}。

（2）顺时针旋转照准部，使水平度盘读数为 α_{AC}，此时所转角度为 β，经纬仪所指方向即为 AC 方向。

（3）沿 AC 方向自 A 点测设水平距离 D_{AC}，定出 C 点的位置。

（4）用上述方法测设出 D 点，其余点依此类推。

待各点测设完成后，通过实测各点的距离和角度来检验测设的正确性。

3. 使用全站仪测设点位的方法

现在的全站仪大都具有“坐标放样”程序。在工程施工现场大多采用全站仪进行施测。

（1）将全站仪精确安置在 A 点上，并进行测站设置和定向；

（2）将需要测设点的点号和坐标输入全站仪内存，按照全站仪的提示，旋转照准部，直到旋转的角度等于 β 角，该方向即为 AC 方向；

（3）沿 AC 方向前后利用反射棱镜测设出水平距离 D_{AC}，该点即为 C 点。

（4）用上述方法测设出 D 点，其余点依此类推。

待各点测设完成后，通过利用全站仪实测各点的坐标，来检查放样的正确性。

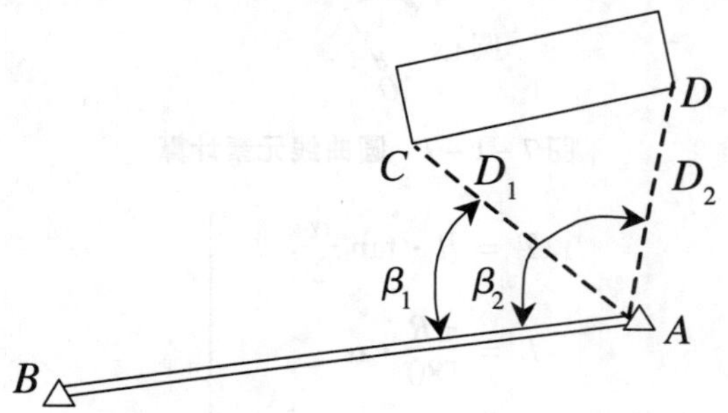

图 7－1－6　极坐标法测设点位

7.1.4　圆曲线的测设

（一）圆曲线测设

圆曲线是指具有一定半径的圆弧线，是路线转弯最常用的曲线形式。圆曲线的测设一般分两步进行：先测设曲线的主点，即曲线的起点、中点和终点，然后在主点之间进行加密。按规定桩距并结合实际地形测设曲线的其他各点，即为曲线的详细测设。

1. 圆曲线主点测设

（1）主点测设元素计算

如图 7－1－7 所示，圆曲线元素有：交点 JD 的转角为 α，圆曲线半径为 R，切线长 T，曲线长 L，外矢距 E，切曲差 D。其中 α 和 R 是已知的，其余元素可以 α 和 R 为参数按公式（7－1－5）进行计算：

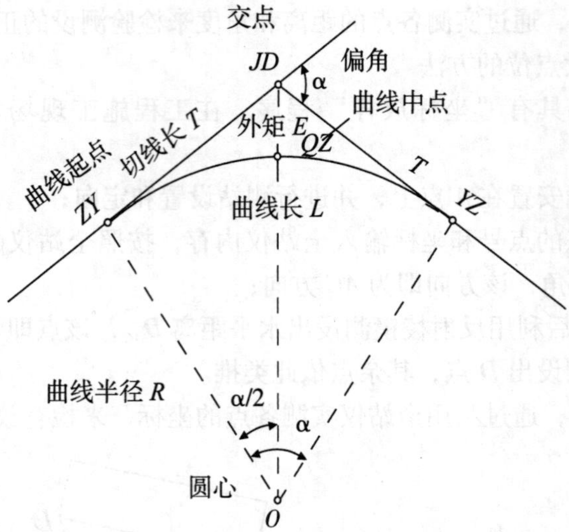

图 7-1-7　圆曲线元素计算

$$\left.\begin{aligned} T &= R\cdot\tan\frac{\alpha}{2} \\ L &= \frac{\pi R}{180}\cdot\alpha \\ E &= R\left(\sec\frac{\alpha}{2}-1\right) \\ D &= 2T-L \end{aligned}\right\} \qquad (7-1-5)$$

（2）主点桩号里程的计算

圆曲线起点 ZY 点、圆曲线终点 YZ 点、圆曲线中点 QZ 点，这三点称为圆曲线的主点。主点里程可根据交点里程和切线长度计算得到，计算公式为：

$$\left.\begin{aligned} ZY\text{ 里程} &= JD\text{ 里程} - T \\ YZ\text{ 里程} &= ZY\text{ 里程} + L \\ QZ\text{ 里程} &= YZ\text{ 里程} - \frac{L}{2} \\ JD\text{ 里程} &= QZ\text{ 里程} + \frac{D}{2} \end{aligned}\right\} \qquad (7-1-6)$$

例［7-1-1］已知交点里程为 K5+182.76，测得转角 $\alpha=25°48'$，圆曲线半径 $R=300$m，求圆曲线元素及主点里程。

（1）由公式（7-1-5）计算曲线元素

$$T=68.71\text{m}$$
$$L=135.09\text{m}$$
$$E=7.77\text{m}$$
$$D=2.33\text{m}$$

（2）由（7－1－6）式计算主点里程

JD	K5＋182.76
－）T	68.71
ZY	K5＋114.05
＋）L	135.09
YZ	K5＋249.14
－）$L/2$	67.54
QZ	K5＋181.60
＋）$D/2$	1.16
JD	K5＋182.76　（计算检核）

（3）主点测设

① 将经纬仪设置在交点 JD_n上，分别以后交点 JD_{n-1}（或此方向上的转点）和前交点 JD_{n+1}（或此方向上的转点）定向，自交点开始分别沿视线方向量出切线长 T，即得曲线的起点（ZY）和曲线的终点（YZ）。

② 在 JD_n上后视点 JD_{n+1}，拨（180°－α）/2 角，得分角线方向，沿此方向量外矢距 E，得曲线中点（QZ）。

主点放样以后，按里程桩钉设要求在现场钉木桩标定点位。有条件时应采用全站仪放样，可以提高放样精度。

（二）圆曲线的详细测设——直角坐标法（也称为切线支距法）

直角坐标法是以曲线的起点 ZY 或终点 YZ 为坐标原点，以切线为 x 轴，过原点的半径为 y 轴，根据曲线上各点的坐标 x，y 放样曲线。

如图 7－1－8 所示，D_i为曲线上待测设的点位，与其对应到 ZY 或 YZ 点的弧长为 l_i，φ_i 为 l_i 所对的圆心角，R 为曲线半径。D_i的坐标计算公式为：

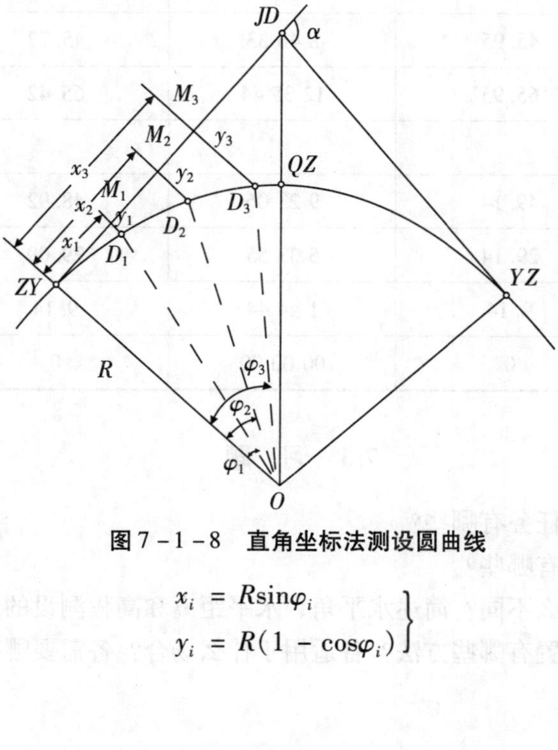

图 7－1－8　直角坐标法测设圆曲线

$$\left.\begin{aligned} x_i &= R\sin\varphi_i \\ y_i &= R(1-\cos\varphi_i) \end{aligned}\right\} \qquad (7-1-7)$$

式中：$\varphi_i = \dfrac{180l_i}{\pi R}$

直角坐标法测设曲线，为了避免支距过长，一般由 ZY、YZ 点分别向 QZ 点施测。测设步骤为：

（1）从 ZY（或 YZ）点开始用钢尺或皮尺沿切线方向量取 D_i 的横坐标 x_i，得到垂足 M_i 点；

（2）在垂足 M_i 点上用经纬仪（或方向架）定出垂直方向，量取纵坐标 y_i 定出 D_i 点并用木桩标定；

（3）曲线上各点设置完毕后，应量取相邻各桩之间的距离，与相邻桩号里程之差进行比较，若较差在限差之内，则曲线测设合格，否则应进行重测。

直角坐标法测设曲线的优点是测点误差不积累。缺点是测设受现场条件的限制，只适应地势较为平坦开阔的地方。

例［7－1－2］在例［7－1－1］已计算出主点里程的基础上，采用直角坐标法测设桩位，试计算各桩坐标。

按照 20 米间距设定里程桩，将里程凑整成整数的整桩号进行计算，结果见表 7－1－1。

表 7－1－1　直角坐标法测设桩位坐标计算

桩号	各桩号 ZY 或 YZ 的曲线长度（l_i）	圆心角（φ_i）° ′ ″	x_i（m）	y_i（m）
ZY K5＋114.05	0	00 00 00	0	0
＋120	5.95	1 08 11	5.95	0.06
＋140	25.95	4 57 22	25.92	1.12
＋160	45.95	8 46 33	45.77	3.51
＋180	65.95	12 35 44	65.42	7.22
QZ K5＋181.60				
＋200	49.14	9 23 06	48.92	4.02
＋220	29.14	5 33 55	29.09	1.41
＋240	9.14	1 44 44	9.14	0.14
YZ K5＋249.14	0	00 00 00	0	0

7.1　习　题

1. 施工测量的主要任务有哪些？
2. 施工测量的特点有哪些？
3. 测定和测设有什么不同？简述水平角、水平距离和高程测设的步骤和方法。
4. 测设点的平面位置有哪些方法？各适用于什么场合？各需要哪些测设数据？

5. 设 A、B 点为地面上的已知控制点，其坐标分别为 A（156.32，576.49）、B（208.78，482.27），P 点的设计坐标为 P（180.00，500.00），欲根据 A、B 两点测设 P 点的实地位置。试分别计算用极坐标法、角度交会法、距离交会法测设 P 点的放样元素，并绘出测设略图。

6. 设利用高程为 1938.895m 的水准点，测设高程为 1939.000m 的 ±0.000 标高线。设一木杆立在水准点上，按水准仪的水平视线在木杆上画一条线，问在同一木杆上什么位置再画另一条线，才能使水平视线对准此线时，杆底位于要测设的 ±0.000 标高线上？

7. 试述已知坡度直线的测设方法。

8. 已知某圆曲线交点的里程为 K5 + 400.08，转角为 $\alpha_{右} = 15°30'$，半径为 R = 450m，若采用切线支距法并按整桩号法设桩，试计算主点里程和各桩号坐标，并说明测设步骤。

9. 直角坐标法测设曲线的优缺点是什么？

7.2　建筑工程施工测量

本节基本概念：施工控制网；建筑基线；建筑方格网；基础施工测量；建筑物墙体施工测量；建筑物变形观测等。

本节基本公式：坐标系统转换；沉降量的计算等。

本节难点内容：坐标系统转换；时间—沉降曲线；竣工总平面图的编绘等。

7.2.1　建筑工程施工测量概述

（一）建筑工程施工测量概述

建筑工程进入施工阶段时需要将图纸上的建（构）筑物的平面和高程位置，按设计和施工的要求在实地标定出来，作为施工的依据。这一测量工作过程称之为施工放样，或简称为放样（亦称为测设）。在整个工程的施工过程中，施工测量与放样工作是一项经常而又重要的工作。建立施工控制网、场地平整、建（筑）物的放样、构件与设备的安装等，都要进行一系列的测量工作，以确保施工质量符合设计要求。施工中，每一道工序完成后，都要通过测量检查工程各部位的平面位置和标高是否符合设计要求。因而，在工程的施工测量过程中，测量工作人员必须具有高度的责任心，确保施工的正常进行。

进行测设工作前，首先要确定需测设点位（特征点）与控制点或与已有建（构）筑物之间的相对关系，即角度、距离和高差关系，这些位置关系统称为测设（放样）数据，然后使用测量仪器，按照一定的方法，依据放样数据将特征点测设到实地上。因此，角度、距离和高程的测设是施工测量最基本的工作。

（二）建筑工程施工控制测量

1. 建筑施工控制测量概述

勘测时期的控制网主要是为地形测图服务，控制点的点位布置是根据地形条件及测图要求来确定的，并未考虑待建建筑物的总体布置。因而，控制点的点位密度和精度不一定满足施工放样的要求。并且，在建筑物的总平面图设计中，设计人员往往根据现场条件选定独立的坐标系统，使得该坐标系统的纵横坐标与待建建筑物的主要轴线方向一致。为了保证施工的顺利进行，满足施工放样测量的需要，必须以测图控制点作为起算条件建立施工控制网。

施工控制网分为平面控制网和高程控制网。施工控制网的布设应密切结合工程总平面图及建筑物场地的地形条件来选择控制网的形式，确定合理的布设方法。施工平面控制网一般采用三角网、导线网、建筑基线或建筑方格网等形式。施工高程控制网主要采用水准网的形式。施工控制网的布设形式应与总平面图的布局相一致。

工程施工控制网的主要目的是：

（1）在工程施工期间为建（构）筑物的放样提供测量控制基础；

（2）在工程建成后的运营管理阶段为工程的维护、扩建、改建提供依据。

2. 工程施工控制网的特点

工程施工控制网与测图控制网相比，其主要特点如下：

（1）控制的范围小、控制点密度大、精度要求高。

与测图时相比，施工地区较小，但在施工区域内建（构）筑物的分布较为密集，因而必须有一定数量的控制点才能满足施工放样测量的要求。施工控制网主要用于建筑物轴线的放样测量。在建筑工程中，对轴线的偏差都有一定的要求，例如，工业厂房主轴线的定位精度为2cm。因此，施工控制网的精度比测图控制网的精度要求高。

（2）受施工干扰大，点位容易被损坏。

在施工现场，由于各项工程交叉作业，通视等观测条件受到一定的限制，因而，施工控制网的点位布置应分布恰当，易于保存。

（3）施工（建筑）控制网的坐标系通常采用与测图控制网有联系的独立坐标系。

工业建筑的总平面图设计是根据生产工艺流程和建筑场地地形情况进行的。民用建筑总平面图设计也要考虑建筑物的朝向和地形条件。因此，主要建筑物的轴线往往不能平行或垂直于勘测时期的坐标轴。为了计算方便，设计人员常以总图的西南角为原点，以主要建筑物的轴线方向作为坐标轴方向建立坐标系。

如图7－2－1（a）所示，该独立坐标系称为施工坐标系或建筑坐标系，其纵、横轴分别用A、B表示。设计人员给定建筑物的定位坐标时，均给定施工坐标，用A、B坐标标定各建筑物的位置。

如图7－2－1（b）所示，施工坐标系中任意一点P的施工坐标与测量坐标之间有如下关系：

$$\left.\begin{aligned} X_P &= X_{o'} + AP\cos\alpha - BP\sin\alpha \\ Y_P &= Y_{o'} + AP\sin\alpha + BP\cos\alpha \end{aligned}\right\} \qquad (7-2-1)$$

式中：X_P, Y_P 为测量坐标

A_P, B_P 为施工坐标

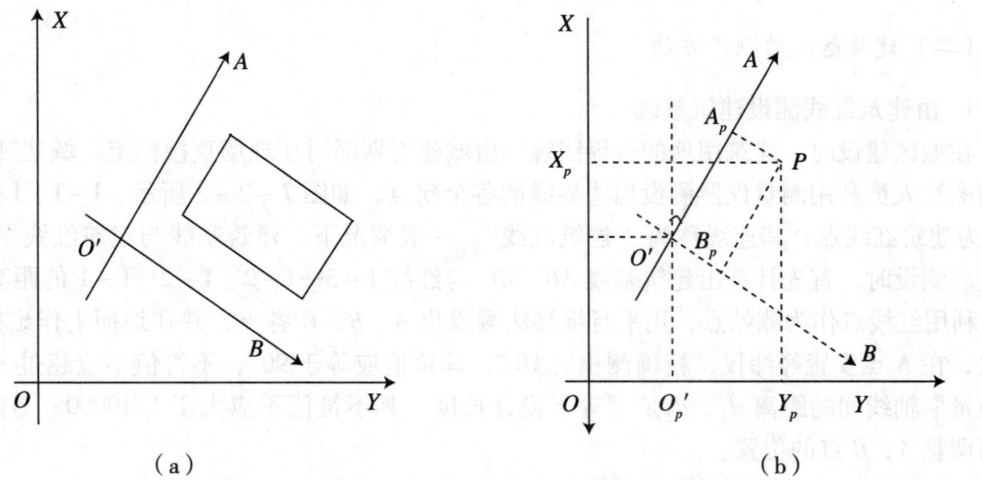

图 7-2-1 坐标系统转换

如将测量坐标转换为施工坐标，其转换公式如下：

$$\left.\begin{aligned} A_P &= (X_P - X_{o'})\cos\alpha + (Y_P - Y_{o'})\sin\alpha \\ B_P &= -(X_P - X_{o'})\sin\alpha + (Y_P - Y_{o'})\cos\alpha \end{aligned}\right\} \quad (7-2-2)$$

7.2.2 建筑基线的布设与测设

建筑工程建设场地上施工控制网的坐标系统应与建筑设计所用的坐标系统一致。施工平面控制网的布网形式应视建筑场地的地形条件和建筑物的布置情况而定。对于地势起伏较大、建筑物布置不甚规则的场地，可布设成三角网或导线网的形式。

（一）建筑基线的布设

如图 7-2-2 所示，对施工场地范围不大、地势平坦、建筑物布置规则而稀少的场地，宜布设成建筑基线的形式。建筑基线的布设常采用“一”字形、“L”字形和“十”字形等形式。建筑基线尽可能地靠近待建的主要建筑物，并与它们的主要轴线平行；尽可能与施工场地的建筑红线相联系。基线点应布设在通视良好和不易被破坏的地方，且基线点的个数不应少于 3 个。

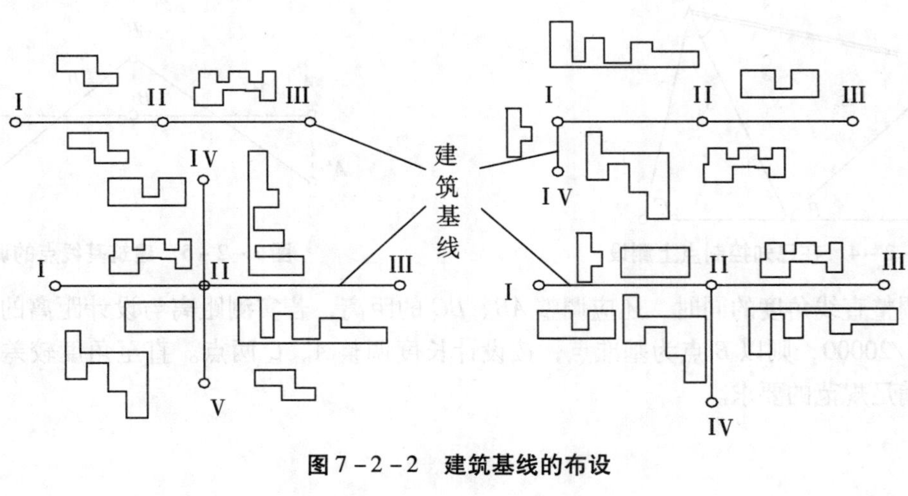

图 7-2-2 建筑基线的布设

(二) 建筑基线的测设方法

1. 由建筑红线测设建筑基线

在城区建设时，建筑用地的边界线统一由城建规划部门在现场直接标定。城建规划部门的测绘人员利用测量仪器测设出边界线的各个拐点，如图 7－2－3 所示，I－1、I－2、I－3 为建筑红线点，其连线称为“建筑红线”。一般情况下，建筑基线与建筑红线平行或垂直。测设时，首先计算出建筑基线 AB、BC 与红线 I－3—I－2、I－2—I－1 的距离 d_1、d_2，利用红线点作为测站点，用平行推移法测设出 A、B、C 各点，并在地面上作出标志。其次，在 A 点安置经纬仪，精确测出 $\angle ABC$，其角值应等于 90°，不符值不应超过 ±20″。实地量取轴线间的距离 d_1、d_2 是否等于设计长度，其不符值不应大于 1/10000。若超限，适当调整 A、B 点的位置。

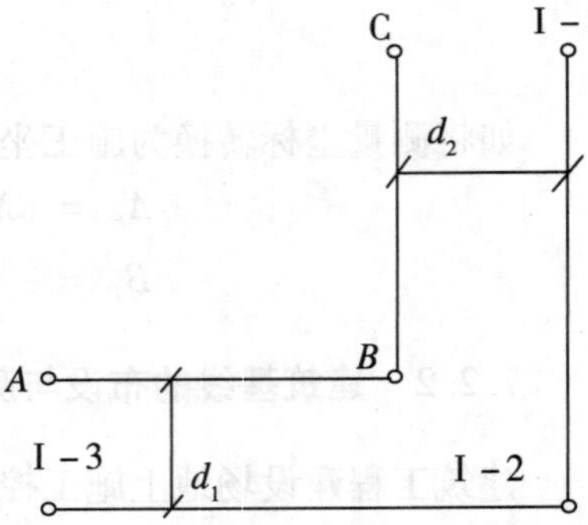

图 7－2－3　建筑红线的测设法

2. 用已知控制点测设建筑基线

如图 7－2－4 所示，在建筑场地中没有建筑红线和其他可以依据的基准线时，可采用附近已有的控制点 I－1、I－2 测设建筑基线。测设前，依据建筑基线点的设计坐标，计算出基线点的放样元素，利用前面所讲述的平面点位的放样方法测设出基线点 A、B、C。由于在进行测设时有误差存在，A、B、C 三点往往不在同一直线上，如图 7－2－5 中的 A'、B'、C'。因而须在 B' 点安置经纬仪，精确测出 $\angle a'B'C'$。

若 $\angle a'B'C'$ 与 180°之差超过 ±15″，应对刚测设出来的基线点位进行调整。调整时，将 A'、B'、C' 各点沿与基线垂直的方向移动相同的调整值 ε。其值按下式计算：

$$\varepsilon = \frac{ab}{a+b}\left(90^{\circ} - \frac{\angle a'B'C'}{2}\right)'' \frac{1}{\rho} \qquad (7-2-3)$$

式中：ε—— 各点的调整值，图中：$\varepsilon = AA' = BB' = CC'$

a,b—— 分别为 AB、BC 的长度。

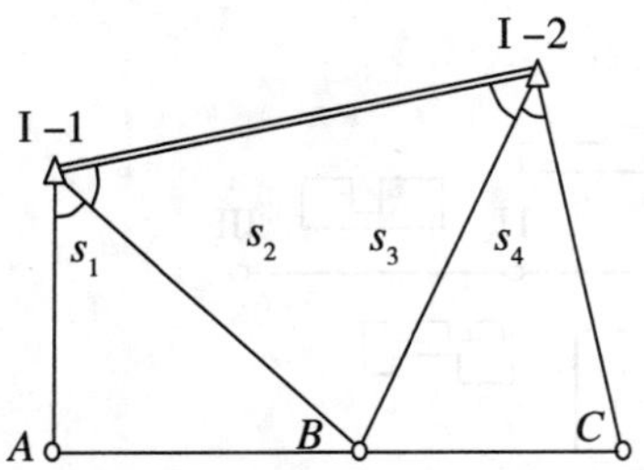

图 7－2－4　在已知控制点上测设

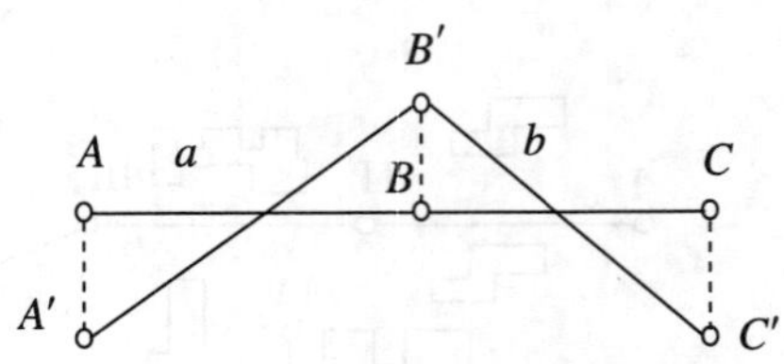

图 7－2－5　建筑基线点的调整

在调整直线角度的同时，还应调整 AB、BC 的距离，若实测距离与设计距离的相对较差大于 1/20000，则以 B 点为基准点，按设计长度调整 A、C 两点。直至角度较差和距离较差均满足规范的要求。

（三）建筑方格网的布设与测设

在大中型施工区域，如大型厂、矿区的建设，通常将施工控制网布设成正方形或矩形的形式，称为“建筑方格网”。

1. 建筑方格网的设计与布设

建筑方格网的设计是由测量人员在总平面图上进行的。在设计时，应先设计主轴线，再设计方格网。主轴线分为横向主轴线和纵向主轴线。横向主轴线是贯通施工区域的主要轴线，是建筑方格网布设的基础。纵向主轴线是与横向主轴线相垂直的控制轴线。主轴线上的点称为主轴点。在进行设计与布设时应考虑以下几个方面：

（1）根据设计总平面图，主轴线应布设在建筑场地的中央且靠近重要建筑物的地方，且平行或垂直于主要建筑物的轴线，以便与施工坐标轴方向一致，使控制点接近于测设对象。长主轴上至少有三个主点，主点要选在便于永久保存、相互通视、施工坐标值又尽量为整数的地方。

（2）方格网可布设成正方形或矩形。方格网的边长一般为100~500m，也可以根据测设的对象或具体情况而定，但尽量布成整米数。方格网各交角应严格成90°。

（3）当场地面积在$1km^2$以上时，可分成两级网。首级网布设成“十”字形、“口”字形或“田”字形，再根据实际建设需要加密方格网。当场地面积小于$1km^2$时，则尽量布设成全面方格网。

（4）高程控制点与平面控制点应尽量埋设在同一个标石上。

（5）利用一个主点的图解施工坐标和建筑方格网中每格的设计长度及方位，推算出所有方格点的施工坐标。

2. 建筑方格网的测设

（1）主轴线放样

如图7-2-6所示，*EF*、*MN*为建筑方格网的主轴线，是整个方格网扩展的基础。

当场区很大时，可先测设其中的一段，如图7-2-6中的*ABC*段，利用建筑基线的测设方法，可使用全站仪，采用极坐标法放样功能测设出*A*、*B*、*C*等主轴点。测设完成后，分别对$\angle ABC$和各段方格网的长度进行检验，各项差值应在限差范围内。然后将经纬仪（或全站仪）安置在*B*点，瞄准*A*点，分别向左、向右转90°，测设另一主轴线*MBN*，在地面上标定出其概略位置M'和N'点。再精确测出$\angle ABN'$和$\angle ABM'$以及BM′和BN′的边长，分别计算出所测角度值与90°的差值β_1和β_2，并按下式计算出调整值ε_1和ε_2。

$$\varepsilon = L\frac{\beta''}{\rho''}$$

式中：L —— BM'或BN'的长度。

将M'点沿BM方向移动ε_1得到M点，同样N'点沿BN方向移动ε_2得到N点。点位经过调整后，检查两轴线的交角及主点间的距离，均应在规定的限差之内。

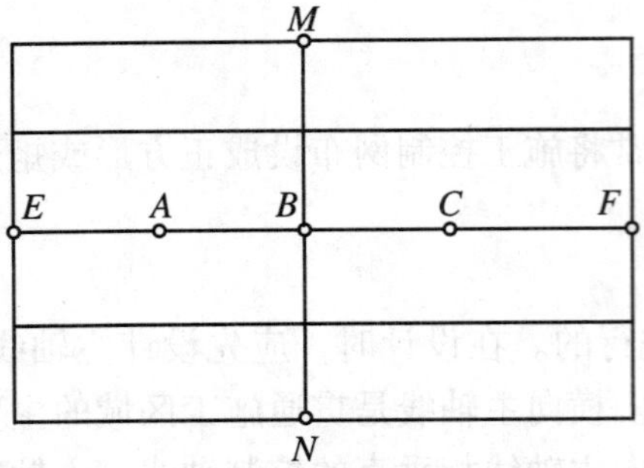

图 7－2－6　主轴线的测设

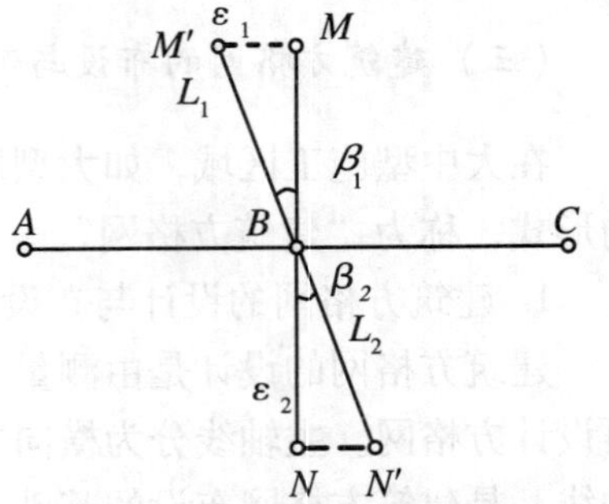

图 7－2－7　主轴线测设与调整

（2）方格网点的放样

主轴线放样完成后，分别在主轴线端点安置经纬仪（或全站仪），均以主轴线方向为起始方向，分别向左、向右精密测设出 90°方向线，按照设计的距离在方向线上放样出各方格网点，并以大木桩和小钉固定点位。各点放样完毕，应检测方格网边长和角度，其中误差分别不应超过 1/20000 和 ±10″。

建筑方格网的放样，精度要求高、作业复杂，应由专业的测绘队伍来完成。

（四）施工场地的高程控制测量

建筑场地的高程控制测量应采用国家高程基准，或所在城市的高程基准，以便于建立统一的高程系统。因而，在布设高程控制网时，必须考虑与国家高程控制点（或城市高程控制点）联测。

对于大型建筑场地，施工高程控制网应分两级布设。首级采用三等水准，然后用四等水准加密。对于小型场地，可一次布设四等水准网。水准点可与平面控制点同时布设在同标石上（或同一个点上）。由于光电测距仪或全站仪的普及，目前大多数建筑控制网的测设采用测距仪导线施测。在施测中，同时进行三角高程的测量，因而，四等水准测量大多采用三角高程代替。

在进行施工场地的高程控制测量时，无论是采用水准测量、还是三角高程测量均应按照国家等级的相关规范要求进行。

为了便于施工放样，对每幢较大的建筑物，还要将其 ±0.000 线测设在场地附近的建筑物外墙或电杆等坚固地物上，并用红油漆绘制“▼”符号，“▼”的水平边位于测设的 ±0.000 线上。

7.2.3　建筑工程施工测量

（一）概　述

建筑工程一般可分为民用建筑工程和工业建筑工程，如住宅、办公楼、食堂、学校、仓库、医院、剧院都属于民用建筑工程；工业建筑工程包括各种厂房和工业设施。工业与民用建筑施工测量的主要任务是根据设计的要求，将建筑物的位置测设到实地位置，这一过程就是施工放线。在进行施工测量之前，应对测量仪器设备和工具进行检校，还应进行充分的准备工作。

1. 熟悉设计图纸

在施工前要取得控制测量成果和设计图纸等资料，并对取得的资料进行检查、核对，确认资料准确无误后方可使用。主要收集的资料有：控制测量成果、总平面图、建筑平面图、基础平面图、基础剖面图、建筑物剖面图等。

2. 现场踏勘

了解现场的地物、地貌和原有控制点的分布及原有建筑物的布置情况。对建筑场地上的平面控制点、水准点要进行检核，以获得正确测量起始数据和点位。

3. 制订合理的测设方案

根据设计要求、定位条件、现场地形和施工等因素制订合理的施工放样方案。在方案制订时，一定要切合实际，所制订的方案既满足设计的要求，又经济、又实惠地保证施工的顺利进行。

4. 准备测设数据

除计算必要的放样数据外，还必须从设计图纸上查找建筑物内部的尺寸和高程数据。这些主数据资料有：

（1）根据总平面图查取或计算设计建筑物与原有建筑物或测量控制点之间的平面尺寸、夹角和高差，作为测设建筑物总体位置的基础。

（2）从建筑平面图中查取各定位轴线间的尺寸关系，这是建筑物施工放样的基本数据。

（3）从基础平面图上查取基础边线与定位轴线的平面尺寸，以及基础布置与基础剖面位置的关系。

（4）从基础详图中查取基础立面尺寸、设计标高、以及基础边线与定位轴线的尺寸等数据，这是基础施工中标高放样的依据。

（5）在建筑立面图和剖面图中，可以查出室外地坪、出入口、门窗、楼板、屋架和屋面等处的标高，是标高放样的主要依据。

（二）建筑物的定位与放线

1. 建筑物的定位

如图7－2－8所示，建筑物的墙基础或柱基础在平面上投影的中心线或边线称为建筑物轴线，将其中能控制建筑物整体形状或起定位作用的轴线称为定位轴线。定位轴线上的点称为定位点。只要定位轴线一经确定，建筑物的位置也即确定下来。因而，建筑物的定位就是根据设计总图和平面图将定位点测设在地面上，然后再根据这些点进行细部放样。

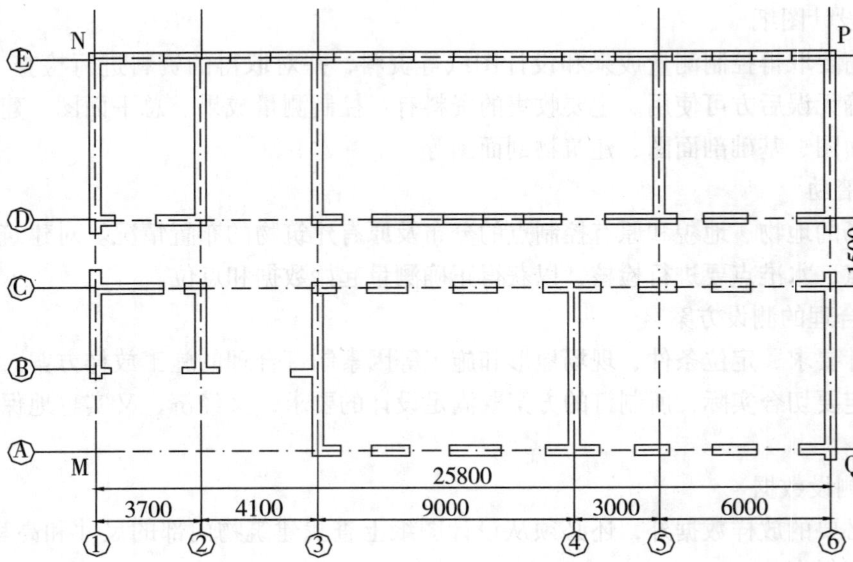

图 7－2－8　建筑物轴线示意图

综上所述，建筑物的定位根据建筑总平面图上给定的定位条件不同，应采用不同的方法，这些方法有：直角坐标法、极坐标法、角度交会法和距离交会法。

如图 7－2－9 所示，下面介绍依据原有建筑物测设拟建建筑物的方法。

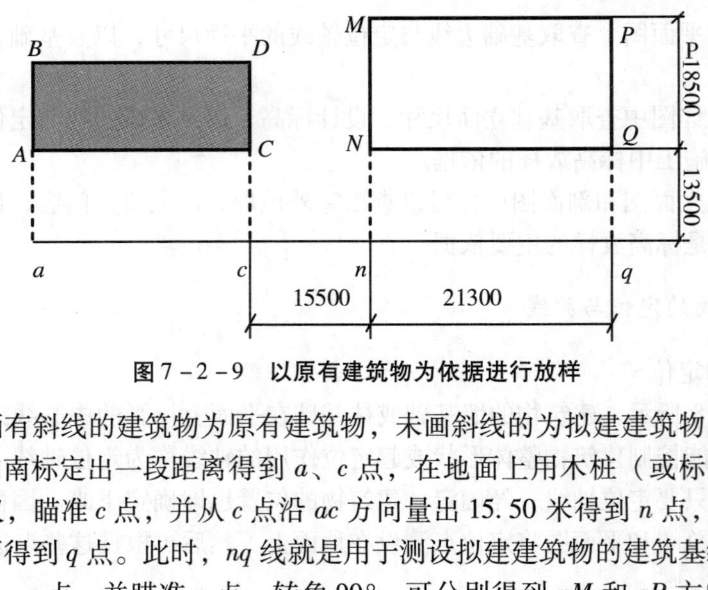

图 7－2－9　以原有建筑物为依据进行放样

在图中，画有斜线的建筑物为原有建筑物，未画斜线的为拟建建筑物。沿原有建筑物的 *BA*、*DC* 线向南标定出一段距离得到 *a*、*c* 点，在地面上用木桩（或标志）固定。在 *a* 点上安置经纬仪，瞄准 *c* 点，并从 *c* 点沿 *ac* 方向量出 15. 50 米得到 *n* 点，再沿 *an* 方向量出 21. 30 米，可得到 *q* 点。此时，*nq* 线就是用于测设拟建建筑物的建筑基线。然后将经纬仪分别安置在 *n*、*q* 点，并瞄准 *a* 点，转角 90°，可分别得到 *nM* 和 *qP* 方向。沿得到的方向线 *nM* 和 *qP*，分别从 *n*、*q* 点量出 13. 50m，得到 *N*、*Q* 点，量出 32. 00 米（13. 50m + 18. 50m）得到 *M*、*P* 点。*N*、*M*、*P*、*Q* 四点即为拟建建筑物的定位轴线点。最后检查 *MP* 的距离是否等于 21. 30m，∠*M* 和∠*P* 是否等于 90°。如果这些误差在规定的范围内，即满足要求，否则，重新进行测设，直到满足要求为止。

2. 建筑物的放线

建筑物定位轴线测设出来后，即可根据定位轴线放样建筑物的各细部轴线，这项工作称为建筑物放线。在放线时，根据定位轴线与各轴线间的尺寸关系将各轴线的交点放样于地面上，并钉上木桩，称为中心桩。然后根据中心桩用白灰撒出基槽开挖边界线。若为桩基工程，则应钉出钻孔中心位置。

由于施工挖槽时，中心桩要被挖掉，因此，在挖槽前要把各轴线延长到挖槽范围以外，做好标志，作为挖槽后各阶段施工中恢复轴线的依据。延长轴线常用的方法有：放样龙门板、放样轴线控制桩及放样距离指标桩。

（1）放样龙门板

如图7－2－10所示，在建筑物的基槽外，于各轴线两端钉以木桩，并在上面钉设水平木板，分别称为龙门桩和龙门板。龙门板放样的步骤如下：

① 在建筑物各轴线两端基槽外1.5～2.0m处钉设龙门桩，桩要竖直、牢固，桩外侧面与基槽平行。

② 根据建筑场地附近的水准点，用水准仪将±0.000高程测设在龙门桩上，并将龙门板的上边缘对准桩上的±0.000线，把龙门板钉在龙门桩上。若因施工条件限制，可放样比±0.000标高线低或高某一整数的标高线，并在龙门板上写明。

③ 根据±0.000标高线，在龙门桩上钉设龙门板。龙门板顶面应与±0.000标高线同在一水平面上，以控制挖槽深度。

④ 分别在M、P点安置经纬仪，将各轴线投测到龙门板上，并以小钉作标志（俗称中心钉）。用钢尺沿龙门板顶面实测各中心钉间距是否正确，作为放样检核，其精度应达到1/2000～1/5000。若检核无误，相应中心钉的连线即为轴线的位置。

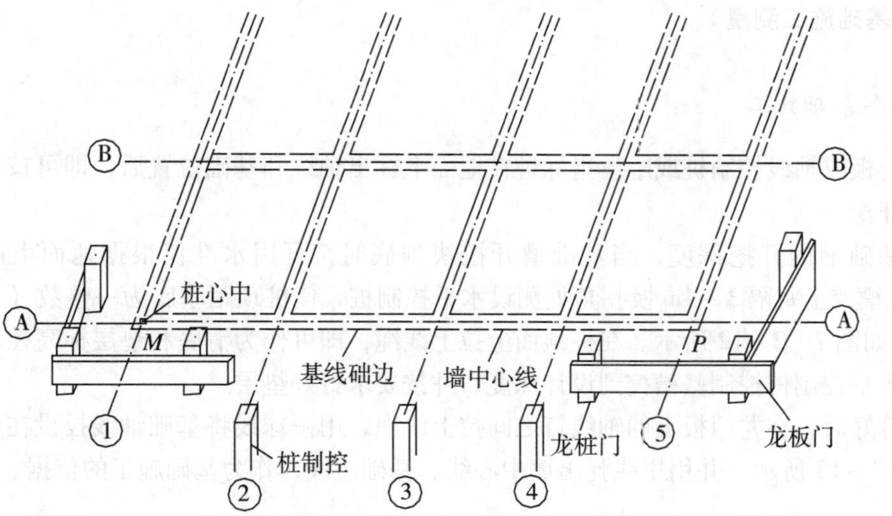

图7－2－10　测设龙门板

（2）设置轴线控制桩

在轴线放样时，轴线控制桩设置在基槽外基础轴线的延长线上，作为开槽后各施工阶段确立轴线位置的依据，轴线控制桩放样好后，可用混凝土固定，如图7－2－11所示。轴线控制桩离基槽外边线的距离根据施工场地的条件而定。如果场地附近有已建的建筑物，可将轴线投测到建筑物的墙上。为了保证控制桩的精度，施工中将控制与定位桩一起测设，有时先测设控制桩，再测设定位桩。

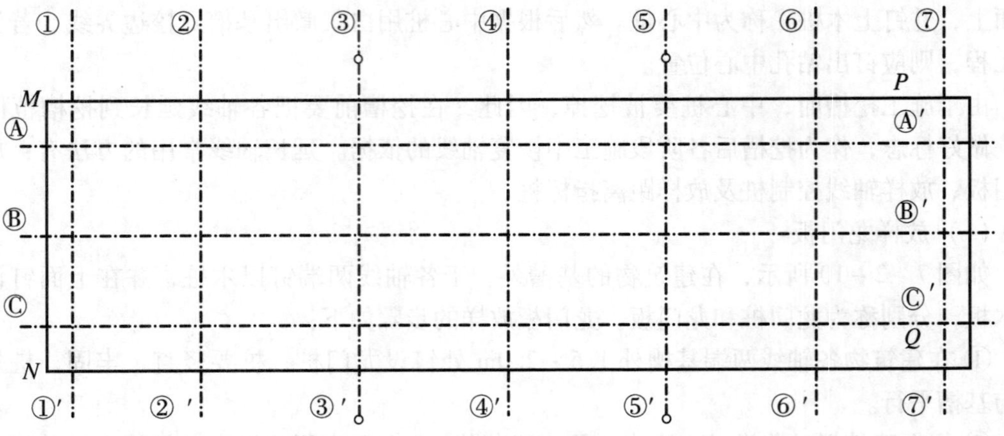

图 7－2－11　**轴线控制桩的设置**

（3）放样距离指标桩

在工业建筑工程施工中，由于其规模较大，设备复杂，多为柱基础和预制构件的安装。为了保证施工设计的要求，对测量工作要求较为严格。因此，对于大型或设备基础复杂的建筑工程，一般是在建筑方格网的基础上，建立厂房控制网，作为施工的基本控制，用来放样基础位置和内部构件的详细位置。厂房控制网一般由主轴点、四角控制点和距离指标桩组成，其中距离指标桩是确定各轴线的基础。

7.2.4　基础施工测量

（一）一般基础施工

根据龙门板或轴线控制桩或距离指标桩在地面上标出轴线和基础位置后，即可按灰线的位置进行开挖。

为控制基础槽的开挖深度，当基础槽开挖快到底时，可用水准仪根据地面上的 ±0.000 点，在槽壁上每隔 3～4m 及拐角处测设水平控制桩，使桩顶距基底为一整数（一般为 0.500m）如图 7－2－12 所示。在桩顶面上拉上线绳，即可作为清底和垫层标高控制的依据。根据水平控制桩控制基槽挖到设计深度，并按要求打好垫层。

当垫层打好后，在龙门板上的轴线钉之间拉上线绳，用锤球线将基础轴线投设在垫层上，如图 7－2－13 所示。并用墨线弹出墙中心线、基础边线，作为基础施工的依据。

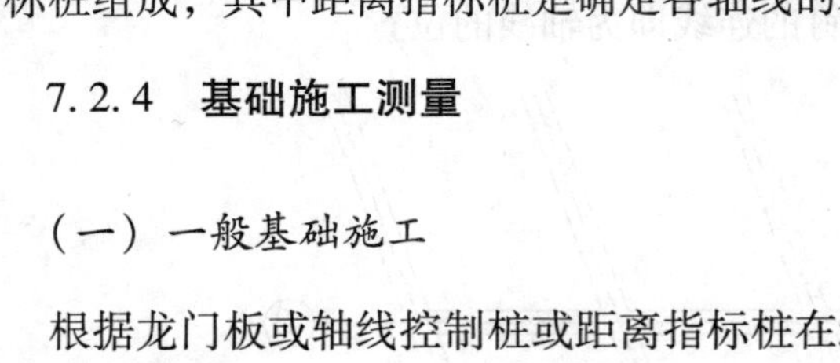

图 7－2－12　**水平控制桩的测设**

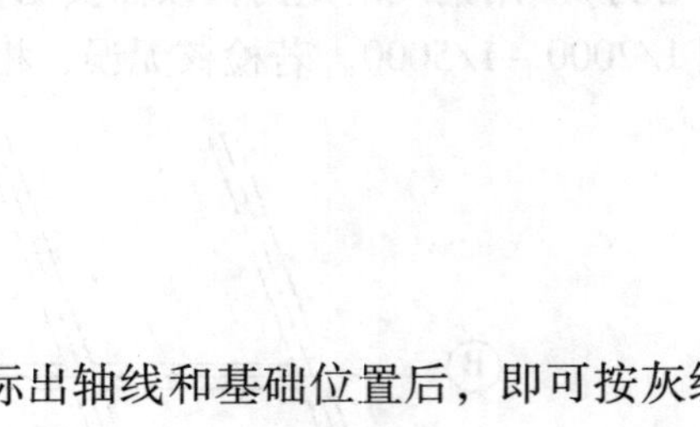

图 7－2－13　**轴线点的投设**

（二）杯形基础施工

杯形基础是装配式柱子基础的一种形式。装配式柱子一般由柱身和基础两部分构成，常分别制作，现场装配。因此，对基础部分的施工要求较为严格。

在柱基施工时，首先进行柱基定位，即根据轴线延长线标志，如图7－2－14所示，在距离柱基开口处0.5～1.0m的地方，沿柱子中线打入四个定位木桩a、b、c、d，并在木桩顶面钉小钉作为中线标志。各基础有了定位桩后，即可破土开挖。当柱子基础将挖到设计深度时，用水准仪在基坑四壁上放出距坑底设计标高为某一常数的标高，并用水平木桩标出（见图7－2－15），以控制坑底修整，达到设计深度。在基础浇灌好后，对杯口进行抄平，在杯口内壁测设一条高程线，从高程线起向下量取一个分米数即到杯底的设计高程。最后，将轴线精确投到埋设在杯口顶面的中心标板上，并刻以“十”字线。所有中心标板投点均需独立作两次，其投点误差不得大于2mm。

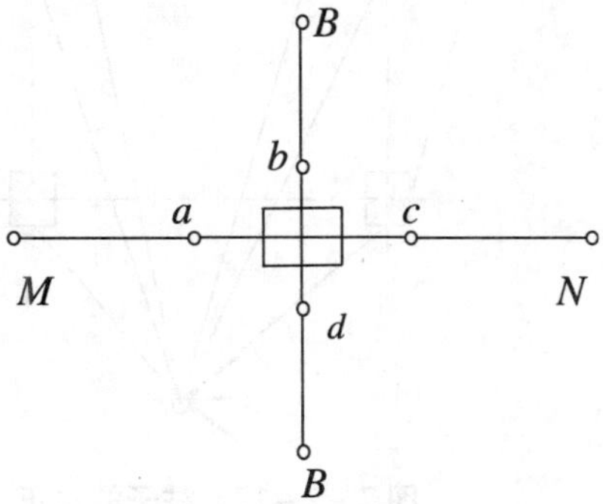

图7－2－14　柱基础的测设

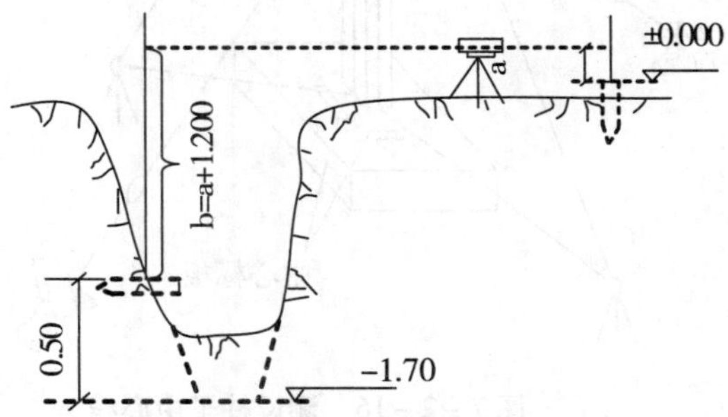

图7－2－15　柱基础高程测设

（三）安装测量

在工业厂房的施工中，多采用预制构件。安装时，由于构件或设备都是按尺寸设计或制作，施工时必须按设计要求的位置和相互关系进行安装。因此，测量人员应保证各构件的位置和相互间的几何关系符合设计要求，使安装工作顺利进行。

安装工作是在基础浇灌好以后进行的。在安装之前，要进行平面控制及高程控制的检查验收、各种中心线的检查验收。

1. 柱子安装测量

安装柱子的测量工作是使柱子位置正确、柱身竖直、各柱子的牛腿面位于同一设计高程面上。因此，安装之前，如图7－2－16所示，在柱子的三个面上用墨线分别弹出三面的中心线，由牛腿面按牛腿面的设计高程沿柱身向下量出“±0”标高位置。根据“±0”的位置沿四边量至柱底，得到的长度与设计值进行比较，其差值作为修整杯底的依据。

在上述工作完成后，可将柱子吊起，插入基础杯口中，使柱身中心线与杯口中心线对齐，四周用钢丝缆绳拉紧，并在四周塞上木（铁）楔子，使柱子竖直。如有偏差可锤打木（铁）楔子直至各面中心线与杯口中心线吻合，其偏差值不超过±5mm。同时还应使柱身“±0”标志与现场实地测设出的“±0”标高标志对齐，其偏差不应超过±3mm。为了使柱身严格竖直，将两台经纬仪分别安置在相互垂直的两条轴线上，离开柱子的距离约为柱高的1.5倍。如图7－2－17所示，照准柱身底部的中心线，然后逐渐抬高望远镜，观测柱身中心线是否偏离望远镜中的十字线。如果偏离，则说明柱子不垂直，可调节缆绳或用千斤顶进行调整，直到两个方向都符合要求为止。此项工作应正、倒镜进行观测，直到满足要求。

在实际工作中，当柱身中心线均在同一竖直面上时，即把成排的柱子都竖起来，然后进行校正。此时，可把两台经纬仪分别安置在纵横轴线的一侧，如图7－2－17所示，同时校正几根柱子。

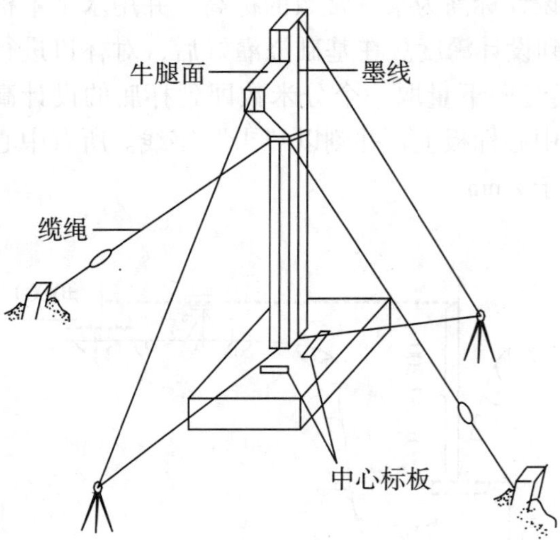

图7－2－16　测设柱子中心线

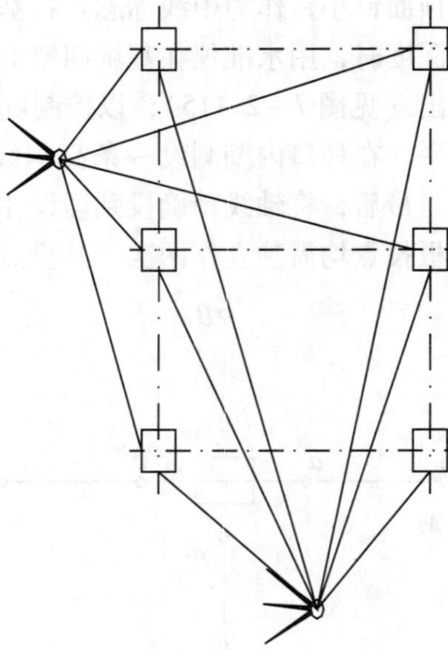

图7－2－17　柱子的校正

2. 吊车梁及吊车轨道的安装测量

吊车梁及吊车轨道安装测量的主要任务是使吊车梁及吊车轨道安装在设计的空间位置上，即把吊车梁及吊车轨道按设计的平面位置和高程位置准确地安装在牛腿上。

如图7－2－18所示，在吊车梁安装前，先弹出吊车梁顶面中心线和吊车梁两端中心线。同时，要将吊车轨中心线投到牛腿面上。具体方法如下：根据厂房定位时的控制桩点，如图7－2－19（a）中的厂房中心线A_1A_2，根据设计轨距在地面上测设出吊车轨道中心线$A'A'$和$B'B'$。然后，分别安置经纬仪于吊车轨中线的一个端点A'，瞄准另一个端点A'，仰起望远镜，即可将吊车轨中心线投测到每根柱子的牛腿面上并弹出墨线。安装时，根据牛腿面上的中心线和梁端中心线，使梁端中心线与牛腿面上的中心线相重合，将吊车梁安装在牛腿上。吊车梁安装完后，应检查吊车梁的高程，可将水准仪安置在地面上，在柱子的侧面上测设一个整分米数的标高线，再用钢尺从该标高线沿柱子面向上量出至梁面的高度，以检查梁面标高是否正确，如有不符，可在梁下用铁垫板调整梁的高度，直到符合设计要求。

安装吊车轨道前，必须重新恢复吊车梁中心线。如图7－2－19（b）所示，在地面上标定出和吊车轨中心线间距为1m的平行轴线$A''A''$和$B''B''$，分别在$A''A''$和$B''B''$上安置经纬仪，在梁面上垂直于轴线的方向放一根木尺，使尺上1m处的刻度位于望远镜的视准面内，在尺的零端划线，则此线即为吊车轨中心线，如不重合，可用撬杠移动吊车轨道，使吊车轨中心线至$A''A''$和$B''B''$的距离等于1m为止。

吊车轨按中心线安装到位后，可将水准仪安置在吊车梁上，水位尺直接放在轨顶上进行检测，每隔3m 测一点标高，与设计标高相比，误差应在 ±3mm。同时用钢尺悬空丈量吊车轨间跨距，与设计跨距相比，其误差不得超过 ±10mm。

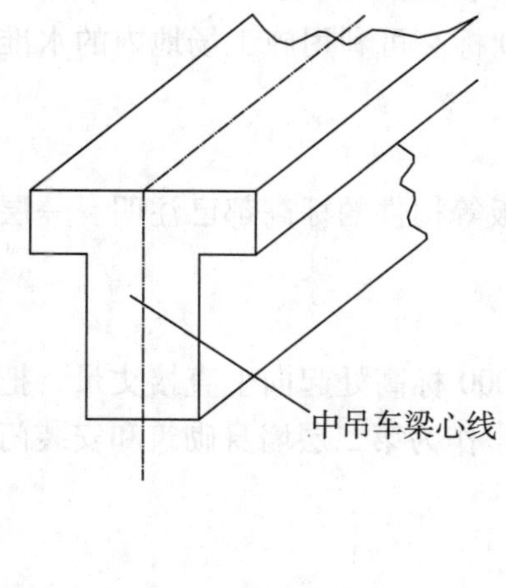

图 7－2－18　测设吊车梁中心线

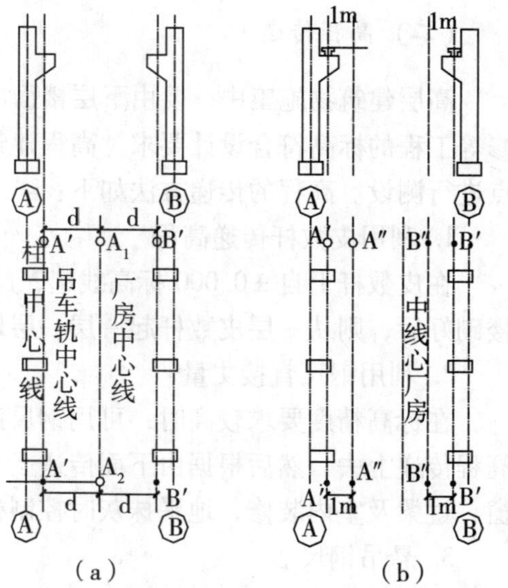

图 7－2－19　吊车梁的安装测设

7.2.5　建筑物墙体施工测量

建筑物墙体施工测量包括多层建筑物轴线投测和高程传递

（一）轴线投测

在高层建筑物的墙身砌筑过程中，为了保证各层建筑物轴线位置的正确，一般采用经纬仪引桩投测法或激光铅垂仪投测法将建筑物主轴线精确地投测到各层楼板的边缘或柱顶上，并测设出每层楼板中的中心线。在本节中主要讲述经纬仪引桩投测方法的应用。

经纬仪引桩投测法是在高层建筑物定位之后，用经纬仪（或全站仪）将建筑物的主轴线精确定投测到地面上，作为以后各层施工投测的轴线控制桩。投测时，将经纬仪（或全站仪）安置在远离建筑物的轴线控制桩上，分别以正、倒镜两个盘位照准建筑物底部所设的轴线标志，向上投测到每层楼面上，取正、倒镜两投测点的中点，即可得到投测在该层上的轴线点，投点容许误差为 ±5mm，并量取所投测轴线间的距离，其相对误差不得大于1/2000。按此方法分别在建筑物纵、横主轴线的四个轴线控制桩上架设经纬仪，可在同一层楼面上投测出四个轴线点。楼面上纵、横轴线点连线的交点即为该层楼面的投测中心。

当建筑物逐渐增高至相当高度时，而轴线控制桩距建筑物又较近时，经纬仪（或全站仪）向上投测的仰角增大，投点误差也随着增大，投点精度降低，而且观测操作不方便。因此，必须将主轴线控制桩引测到更远的稳固地点或附近大楼的屋顶面上，以减小仰角。

为了保证投测轴线的精度，满足施工的要求，经纬仪（或全站仪）一定要经过严格的检验校正，尤其是照准部水准管轴应严格垂直仪器轴并严格整平。为了减小外界条件的影响，如避免日照和大风等不利影响，宜在阴天和无风时进行投测。

激光投测法是将激光铅垂仪或有激光准直功能的全站仪安置在轴线控制点上，并进行严格整平和对中，为了激光束能进行投射，应在施工层预留孔洞，开机后，仪器所发射的垂直激光束所形成的光斑即为轴线控制点的投测点。激光准直仪器具有轴线的投测精度高，工作效率高等特点。

（二）高程传递

高层建筑物施工中，要由下层楼面向上层传递高程，以使上层楼板、门窗口、室内装修等工程的标高符合设计要求。高程建筑物底层的 ±0.000 标高可利用施工场地内的水准点进行测设。高程的传递方法如下：

1. 利用皮数杆传递高程

在皮数杆上自 ±0.000 标高线起，门窗口、过梁、楼板等构件的标高都已注明。一层楼砌好后，则从一层皮数杆起一层一层地往上接。

2. 利用钢尺直接丈量

在标高精度要求较高时，可用钢尺沿某一墙角自 ±0.000 标高处起向上直接丈量，把高程传递上去。然后根据由下面传递上来的高程立皮数杆，作为第二层墙身砌筑和安装门窗、过梁及室内装修，地平抹灰时控制标高的依据。

3. 悬吊钢尺法

在楼梯间悬吊钢尺，钢尺下端挂悬一重锤，在观测时为了使钢尺比较稳定，可将重锤浸于一盛满油的容器中，用水准仪在下面与上面楼层分别读数，按几何水准测量的方法一站一站地把下层标高传递到上层。

7.2.6 建筑物变形观测及竣工总平面图编绘

（一）建筑物变形观测概述

由于受各种条件和因素的影响，例如建筑物自身的重荷载、地下水位的升降、风力的影响、施工质量差等因素，在工程建筑物的施工和营运期间都会发生几何变形，其中包括沉降、位移、倾斜等。如果这些变形在允许范围内，则认为是正常现象，如果超过一定的范围，就会危及建筑物的安全或影响建筑物的正常使用。因此，在工程建筑物的施工和营运期间，必须对建筑物进行变形观测，以监测建筑物的变形量，保障施工的顺利进行或保证建筑物的安全使用。

变形观测的主要任务是对建筑物上的一些点位进行周期性的重复观测，以求得这些点位的一维、二维或三维坐标（X，Y，H）等量的变化值，从变化量中分析建筑物变形的空间分布和随时间及荷载变化的情况，对建筑物的变形过程作出科学的判断。

对于大型或重要建筑物，在工程设计时，应对变形观测统筹安排，施工开始即应进行变形测量。变形测量点通常分为基准点、工作基点和变形观测点。基准点和工作基点应选在比较稳定的位置，变形观测点应设立在变形体上能反映变形特征的位置。变形观测的精度要求，取决于该建筑物预计的允许变形值的大小和进行观测的目的。如观测的目的是为了确保建筑物的安全，使变形值不超过某一允许的数值，则观测的中误差应小于允许变形值的 1/10 ~ 1/20。观测的周期取决于变形值的大小和变形速度，以及观测目的。一般在施工过程中观测频率应大些，周期可以是三天、七天、半月等，到了竣工投产以后，频率可小一些，一般有一个月、两个月、三个月、半年及一年等周期，直到稳定为止。在遇到特殊情况时，可临时增加观测频率。

（二）建筑物沉降观测

建筑物沉降观测是用水准测量的方法，周期性地观测建筑物上的沉降点在相邻周期间的高程变化值。

1. 水准基点和沉降观测点的布设

（1）水准基点的布设

水准基点是进行沉降观测时的基准，因此水准基点应埋设在建筑物沉降影响范围以外，距沉降观测点 20～100m，观测方便，且不受施工影响，易于长久保存，地质条件较稳定的地方。在一个沉降观测工程中，水准基点最少应布设 3 个。水准基点的标石应埋设在基岩层或原状地层中。在建筑区内，点位与邻近建筑物的距离应大于建筑物基础最大宽度的 2 倍，其标石埋深应大于邻近建筑物基础的深度。水准基点的标石可根据点位所在处的不同地质条件选埋水准基点标石、深埋双金属管水准基点标石、深埋钢管水准基点标石或混凝土基本水准标石。

（2）沉降观测点的布设

沉降观测点的布置，应以能全面反映建筑物地基沉降变形最有代表性的地方。对于民用建筑，通常在它的四角、中点、大转角处布设沉降观测点；沿建筑物的周边每隔 10～20m 布置一个观测点；设有沉降缝的建筑物，在其两侧布设观测点；对于宽度大于 15m 的建筑物，在其内部有承重墙和支柱时，应尽可能布设观测点。对于一般的工业建筑物，除了在转角、承重墙及柱子上布设观测点外，在主要设备基础、基础形式改变处、地质条件改变处也应布设观测点；电视塔、烟囱、水塔等高耸建筑物沿周边在与基础轴线相交的对称位置布点，点数不少于 4 个。

观测点的标志形式，如图 7－2－20 和 7－2－21 所示。图 7－2－20（a）、（b）分别为承重墙上观测点和混凝土柱子上观测点，图 7－2－21 为基础上观测点。

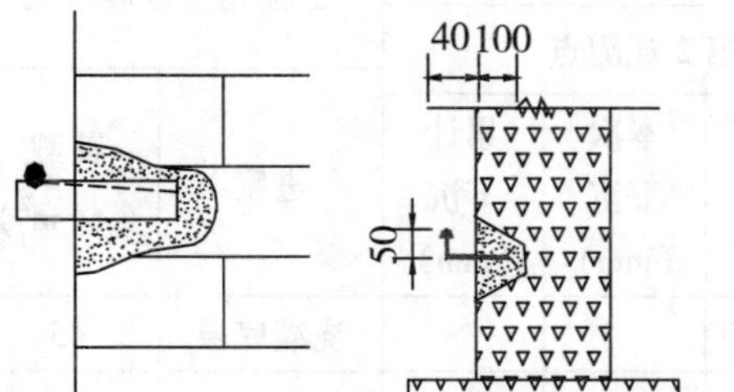

图 7－2－20　承重墙和混凝土柱子上的观测点

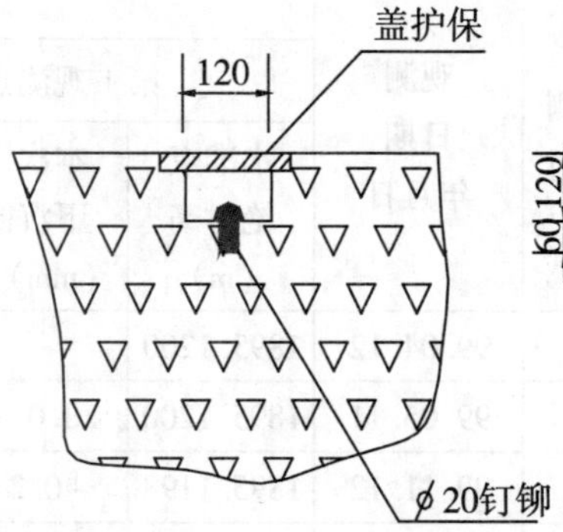

图 7－2－21　基础上的观测点

2. 沉降观测

大多数建筑物采用几何水准的方法进行沉降观测。在观测时应采用 S_1 级以上的精密水准仪往返观测，观测的水准路线应形成闭合线路。与一般水准测量相比，不同的是视线长度较短，一般不大于 50m，一次安置仪器可以观测几个沉降点（前视点）。为了提高观测精度和成果的可靠性，观测应在成像清晰、稳定的时间内进行，通常采用固定的观测路线、固定的观测人员和同一台仪器。对于高层及地基土质不均匀区的重要建筑物，往返观测的高差较差不应超过 $\pm 1\sqrt{n}$mm（n 为测站数）。对一般厂房的基础和构筑物，往返观测的高差较差不应超过 $\pm 2\sqrt{n}$mm，同一后视点先后两次后视读数之差不应超过 ±2mm。

建筑物施工的观测，应随施工进度及时进行。一般建筑物，可在基础完工后或地下室砌完后开始观测，大型、高层建筑物，可在基础垫层或基础底部完成后开始观测。施工过程中如暂时停工，在停工时及重新开工时应各观测一次。停工期间，可每隔 2~3 月观测一次。沉降是否进入稳定阶段，应由沉降量与时间关系曲线判定。一般观测工程，若沉降速度小于 0.01~0.04mm/d，可认为已进入稳定阶段。

3. 成果整理

每次观测应记录施工进行度、增加荷载量等各种影响沉降变化和异常的情况。每次观测后，及时对观测资料进行整理，主要检查记录的数据和计算是否正确，各项限差是否合格，然后进行平差计算，推算各沉降观测点的高程。计算观测点的沉降量、沉降差以及本周期平均沉降量和沉降速度。

沉降点观测计算成果见表 7-2-1。其中，沉降点的本次沉降量是用各观测点本次观测所得的高程减去上次观测点高程。累计下沉是各次沉降量相加的和。沉降速度是本次沉降量与本周期时间间隔值的比值。

为了预估下一次观测点沉降的大约数值和沉降过程是否渐趋稳定或已经稳定，对一般工程，可绘制时间和沉降量关系曲线，时间与沉降量的关系曲线是以沉降量 s 为纵轴，时间 t 为横轴。根据每次观测日期和每次下沉量按一定比例画出各点位置，然后将各点连接起来，并在曲线的一端注明观测点号码，构成 $s-t$ 曲线图，见图 7-2-22 所示。

表 7-2-1　沉降观测成果表

建筑物名称：××大厦　　　　　　　　　　　　2004 年 3 月 30 日

观　测：×××　　　记　录：×××　　　司　尺：×××　　　仪　器：NA3 水准仪

观测次数	观测日期 年月日	各观测点的沉降情况						工程施工进展情况	
		第 1 观测点			第 2 观测点				
		水准点绝对高（m）	本次下沉（mm）	累计下沉（mm）	水准点绝对高（m）	本次下沉（mm）	累计下沉（mm）	进度	荷载（t/m^2）
1	99.04.12	1895.1200			1895.1480			浇灌底层	45
2	99.05.11	1895.1200	0.0	0.0	1895.1485	+0.5	+0.5	浇灌 2 层	65
3	99.11.12	1895.1198	-0.2	-0.2	1895.1483	-0.2	+0.3	浇灌 8 层	115
4	00.04.30	1895.1216	+1.8	+1.6	1895.1497	+1.4	+1.7	浇灌 12 层	165
5	00.08.05	1895.1223	+0.7	+2.3	1895.1503	+0.6	+2.3	浇灌 16 层	215
6	00.09.28	1895.1222	-0.1	+2.2	1895.1503	0.0	+2.3	浇灌 17 层	235
7	00.12.09	1895.1210	-1.2	+1.0	1895.1497	-0.6	+1.7	浇灌 20 层	245
8	01.03.30	1895.1178	-3.2	-2.2	1895.1486	-1.1	+0.6	竣工	256
备注									

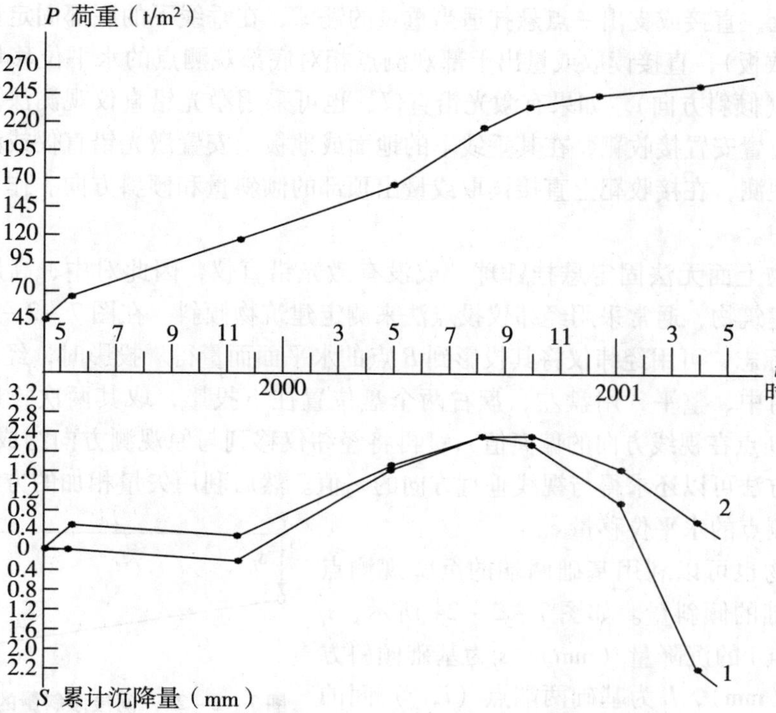

图 7－2－22　时间——沉降曲线

（三）建筑物倾斜观测

测定建筑物的倾斜度随时间而变化的工作称为倾斜观测。观测的方法有两类：一类是直接测定建筑物的倾斜；另一类是通过测量建筑物基础相对沉陷的方法来确定建筑物的倾斜。

如图 7－2－23 所示，根据建筑物的设计，A 点与 B 点位于建筑物的同一竖直线上，当建筑物发生倾斜时，则 A 点对 B 点移动了某一数值，则该建筑物的倾斜为：

$$i = \tan\alpha = \frac{e}{h} \qquad (7-2-4)$$

为了确定建筑物的倾斜，必须量取 e 和 h 的数值。其中，h 为建筑物的高度，通常为已知值。

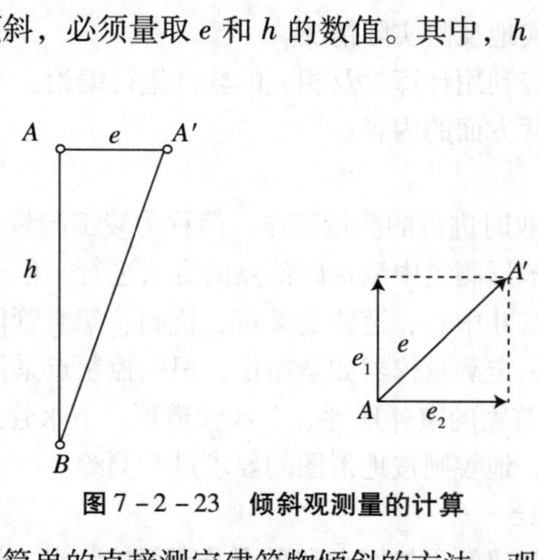

图 7－2－23　倾斜观测量的计算

吊锤球法是一种较为简单的直接测定建筑物倾斜的方法。观测时，应在顶部或需要的高度处观测点位置上，直接或支出一点悬挂适当重量的锤球，在垂线下的底部固定读数设备（如毫米格网读数板），直接读取或量出上部观测点相对底部观测点的水平位移量（倾斜量）和位移方向（倾斜方向）。如果有激光铅直仪，也可采用激光铅直仪观测法。具体作法是在顶部适当位置安置接收靶，在其垂线下的地面或地板上安置激光铅直仪或激光经纬仪，按一定周期观测，在接收靶上直接读取或量出顶部的倾斜量和倾斜方向。作业中仪器应严格置平、对中。

由于有些建筑物上面无法固定悬挂锤球，或没有激光铅直仪，因此对中、高层建筑物、水塔、烟囱等建筑物，通常采用经纬仪投点法来测定建筑物倾斜。在图 7－2－23 中，如果 A' 是屋角上的标志，可用经纬仪将其投影到 B 点的水平面而量得。投影时，经纬仪要在固定测站上进行对中、整平，用盘左、盘右两个盘位置往下投影，取其两次投影的中点，并量取中点与 B 点在视线方向的偏离值 e_1；再将经纬仪移到与原观测方向约成 90°的方向上。用同样的方法可以还求得与视线垂直方向的 e_2 值。然后利用矢量相加的方法，即可求得该建筑物观测点的水平位移量 e。

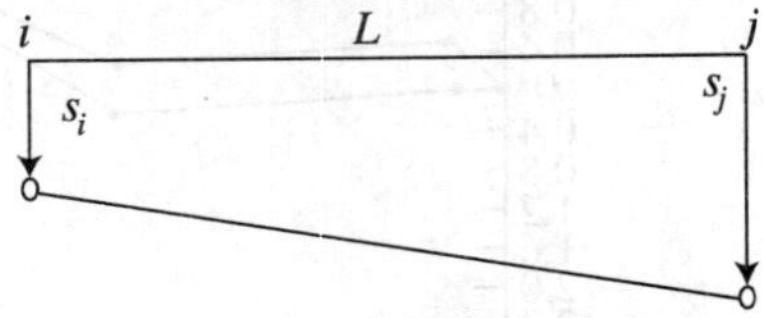

图 7－2－24　间接倾斜量的计算

对于一些建筑物也可以利用基础两端的沉降观测点的沉降量来计算基础的倾斜量。如图 7－2－24 所示，s_i 为基础倾斜方向端点 i 的沉降量（mm），s_j 为基础倾斜方向端点 j 的沉降量（mm），L 为基础两端点（i，j）间的距离（mm）。则基础倾斜 e 为：

$$e = (s_i - s_j)/L \tag{7-2-5}$$

（四）竣工总平面图的编绘

工业企业和民用建筑工程是按照设计总平面图施工的。但在施工过程中，由于设计变更、施工误差等因素的影响，建（构）筑物、管道和道路等竣工后的平面位置和高程位置与原总平面图的位置会不相符合。此外，为了给工程竣工投产后运营中的管理、维修、改建或扩建等提供可靠的图纸资料，一般应编绘竣工总平面图。

新建的企业竣工总平面图最好是随着工程的陆续竣工相继进行编绘，即一面竣工、一面利用竣工测量成果进行编绘。如发现问题，特别是地下管线的问题，应及时到现场查对，使竣工总平面图能真实地反映实际情况。

竣工总平面图的编绘应利用计算机及相应的软件进行编绘。竣工总平面图的编绘包括室外实测和室内资料编绘两方面的内容。

1. 竣工测量

建（构）筑物竣工验收时进行的测量工作，简称为竣工测量。竣工测量可以利用施工期间使用的控制点，按照地形测量中测量碎部点的方法进行。但是，对于主要建筑物的墙角、地下管线的转折点、窑井中心、道路交叉点、桥涵、架空管网转折点、结点等重要地物点的竣工位置，应使用一定测量仪器如全站仪，根据控制点采用极坐标法实测其坐标和高程；对于主要建（构）筑物的室外地坪、上水管道顶、下水管道底、道路变坡点等，主要测定其高程；一般地物、地貌则按地形图的要求进行测绘。

2. 竣工总平面图的编绘

竣工总平面图上应包括建筑方格网点和平面及高程控制点、厂房、辅助设施、生活福利设施、架空与地下管线、道路与铁路等建筑物的坐标和高程，以及建设区（或厂区）空地和未建区的地形。有关建筑物、构筑物的符号应与设计图例相同，有关地形图的图例应使用国家地形图图式的符号。

在我国的许多城市要求竣工总平面图必须是数字化图。在进行数字化图编绘时，应选择一定的计算机绘图软件，要求软件能够对数字化图进行分层管理，能提供多种形式的图形格式，有些城市的主管部门要求提交 AutoCAD 能够交换的图形格式。建设区（或厂区）地上和地下所有的建（构）物绘在同一张总平面图时，如果线条过于密集而不易分辩时，则可采用分类编图，如综合竣工总平面图、交通运输竣工总面图和管线竣工总平面图等。比例尺一般采用 1:500 的比例尺。

对于直接在现场指定位置进行施工的工程，以固定地物定位施工的工程，多次变便设计而无法查对的工程，图面不完整或与现场不符时，都应根据施工控制网进行实测，加以补充。外业实测时，如果不能现场成图，必须现场绘制草图，最后根据实测成果和草图，在室内进行补充展绘，成为实测竣工总平面图。

7.2 习　题

1. 建筑物施工测量的任务是什么?
2. 为什么要建立施工控制网?施工控制网有何特点?
3. 建立施工控制网的主要目的是什么?
4. 建筑场地平面控制网的形式有哪些？它们适用于哪些场所?
5. 建筑基线、建筑方格网如何设计？如何测设?
6. 简述施工高程控制测量的形式，可以采用哪些布网形式?
7. 建筑物的定位方法有哪些?
8. 建筑物施工测量包括哪些主要工作?
9. 轴线桩和龙门板作用是什么?简述其设置方法。
10. 在高层建筑物中如何进行轴线的引测和高程的传递?
11. 简述工业厂房施工测量中，建筑方格网的建立方法。
12. 如何进行一般基础施工?
13. 如何进行安装测量?
14. 简述基础施工测量的测量方法。如何控制基础的开挖深度?
15. 简述柱子的安装测量方法?简述吊车梁及吊车轨道的安装测量方法?
16. 变形观测的目的和意义是什么？建筑物的变形表现形式如何?
17. 如何进行建筑场沉降观测?，试述建筑物倾斜观测的方法?
18. 为什么要编绘竣工总平面图？在编绘过程中要注意什么问题?
19. 高度为 30m 的某建筑物的一个顶点在两个相垂直方向上各偏离 35mm 及 26mm，试求该建筑的倾斜度及其倾斜方向，并作图说明。

7.3　线路工程测量

本章基本概念：线路工程；基平测量；中平测量；纵断面测量；线路纵断面

图；横断面测量；线路横断面图；线路工程施工测量等。

本章基本公式：基平测量、中平测量中高程的计算等。

本章难点内容：线路纵断面图；线路横断面图；路基土方量计算；路基边桩放样等。

7.3.1 线路工程测量概述

线路工程是指长宽比很大的工程，包括公路、铁路、运河、供水明渠、输电线路、各种用途的管道工程等。这些工程的主体一般是在地表，但也有在地下或在空中的，如地铁、地下管道、架空索道和架空输电线路等，工程可能延伸十几千米以至几百千米，它们在勘测设计及施工测量方面有不少共性。相比之下，铁路的工程测量工作较为细致。因此线路工程建设过程中需要进行的测量工作，称为线路工程测量，简称线路测量。

渠道测量、公路、管道测量，在勘察设计阶段的主要测量内容有踏勘、选线、中线测量、纵横断面测量以及相关的工程调查工作等。施工阶段的测量师按照设计图纸和施工要求，测设中线和高程，作为细部放样的依据。渠道纵横断面测量也称路线水准测量，在渠道、公路中经常要用到此类测量。所以本讲结合水利和公路的中线测量来讲解。根据测量成果绘制渠道、道路中线纵断面图，为路线设计，计算中桩处的填、挖高度提供依据。

对于采用一阶段设计的线路，其对应的勘测工作采用一次定测。即根据批准的《工程项目可行性研究报告》及审批意见所确定的修建原则和路线基本走向方案，进行现场勘察落实，并通过定线、测角、中桩、高程、横断面、地形、桥涵、隧道、路线交叉口和其他勘测资料的测量、调查及内业工作，提供一阶段施工图设计所需资料。对于采用二阶段或三阶段设计的线路，与之相配合的勘测工作包括线路调查、初测、定测。

线路调查工作，主要是根据测设任务的要求，通过对线路所经地区的自然条件和经济条件进行调查，为线路选线和内业设计搜集有关技术和经济的原始资料。

初测工作，根据拟定的线路修建原则和设计方案，进行现场勘测，在路线可能范围内，测绘带状地形图、纵断面图，收集地质、水文等资料，为初步设计提供依据。定测工作，根据批准的初步设计文件及确定的修建原则和工程方案，结合自然条件与环境，通过优化设计后，在选定设计方案的路线上进行中线测量；纵、横断面测量，为施工图设计提供资料。

根据线路施工设计图和施工区域内的控制点，结合施工现场的实际情况采用适宜的方法进行路基放样。路基放样定位及高程测设精度应符合国家有关线路工程施工测量规程规定的要求。

7.3.2　线路工程测量的内容

（一）线路工程踏勘选线

确定采用的路线，搜集编制初步设计文件的资料。我国地大物博，各种地形、地物情况复杂，线路等级之间技术标准相差很大，同一等级线路存在技术复杂程度、方案难易之差别。因此初测不可能采用一种方法和模式进行，而要根据情况采用多种形式，但又能满足测量精度与要求的方法进行。通常采用的方法可概括为“纸上定线”与“现场定线”两种初测方法。

“纸上定线法”：指经过平面控制测量、水准测量、地形测量之后，在地形图上进行纸上定线，然后根据纸上定线的线位，进行调查与勘测的方法。

“现场定线法”：指在现场直接选定路线中线或导线，钉设加桩，测量水准和横断面；然后根据所测资料，绘制地形图和纸上移线进行初步设计；定测时再根据纸上移线进行实地放线的方法。如有的线路工程简单、方案不复杂；密灌、原始森林无法进行平面控制和地形测量的地段等；在采用纸上定线法进行初测有困难时，可采用“现场定线法”。

（二）线路工程中线测量

线路工程的中心线由直线和曲线构成，中线测量就是通过线路的测设，将线路工程中心线标定在实地上。中线测量主要包括测设中心线起点、终点，各交点（JD）和转点（ZD），量距和钉桩，测量线路各偏角（α），测设圆曲线等。内容包括：中线定线测量；测定转向角；中桩测设。

1. 交点的测设

线路的转折点称为交点，它是布设线路、详细测设直线和曲线的控制点。对于低等级的线路，常采用一次定测的方法直接在现场测设出交点的位置。对于等级高的线路或地形复杂的地段，一般先在初测的带状地形图上进行纸上定线，然后实地标定交点位置。

由于定位条件和现场情况的不同，交点测设的方法也需灵活多样，工作中应根据实际情况合理选择测量方法。

（1）根据地物测设交点。

（2）根据导线点和交点的设计坐标测设交点。

（3）穿线交点法测设交点。

2. 全站仪进行线路中线测量

在用全站仪进行线路中线测量时，通常是按中桩的坐标测设。中桩坐标一般是在测设时现场用计算机程序计算，并将其打印出来。

如图 7－3－1 所示，测设时将全站仪置于导线点 D_i上，按中桩坐标进行测设，在中桩位置定出后，随即测出该桩的地面高程。这样纵断面测量中的中平测量就无须单独进行，大大简化了测量工作。

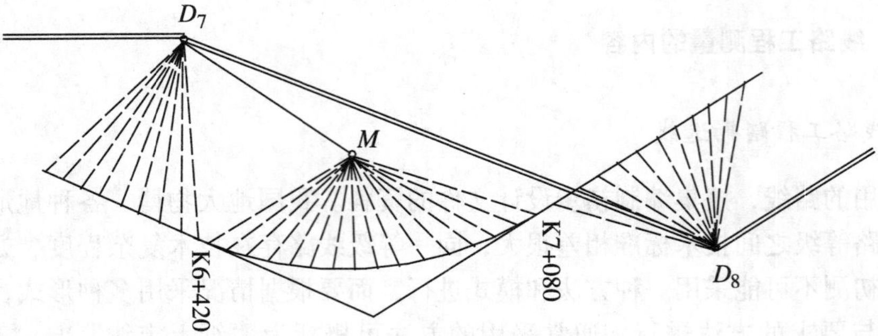

图 7－3－1　全站仪测设线路中线

在测设过程中往往需要在导线的基础上加密一些测站点，以便把中桩逐个定出。

如图 7－3－1 所示，K6＋420 至 K6＋080 之间的中桩，在导线点 D_7 和 D_8 上均难以测设，可在 D_7 测设结束后，于适当位置选一 M 点，钉桩后，测出 M 点的三维坐标。仪器迁至 M 点上即可测设。

7.3.3　线路纵横断面测绘

（一）纵断面图的测绘

1. 纵断面图的基本概念

沿线路中线方向的竖向剖面图称为线路的纵断面图。它是表示路线中线上地面起伏变化及设计路线的坡度情况，是线路设计的重要技术文件之一。在绘制纵断面图之前必须进行路线的纵断面测量，即中线水准测量。

（1）线路高程测量的要求

① 线路高程系统，宜采用 1985 年国家高程基准。同一条线路应采用同一个高程系统，不能采用同一系统时，应给定高程系统的转换关系。独立工程或三级以下线路联测有困难时，可采用假定高程。

② 线路高程测量采用水准测量。在进行水准测量确有困难的山岭地带以及沼泽、水网地区，四、五等水准测量可用光电测距三角高程测量。

③ 对线路原有的水准点应逐一检测。对路线上设置的平面控制桩、中线桩和设计需要的高程控制点（如干渠、水坝、河堤、管路、铁路等），都应测量其高程。

（2）水准测量

线路测量阶段的水准测量分为基平测量和中平测量。

① 基平测量：基平测量的任务是沿线路附近建立水准点并测定其高程。

水准点的布设应沿线路路线进行，水准点间距宜为 1～1.5km；山岭重丘区可根据需要适当加密；大桥、隧道口及其他大型构造物两端，应增设水准点。水准点宜设于线路中心线两侧 50～300m 范围以内坚实的建筑物或岩石上，并以红油漆标绘清楚。若无建筑物或岩石可资利用时，可埋设混凝土标桩、条石。

② 中平测量：中平测量的任务是测定初测导线点、百米桩和加桩的高程。图 7－3－2 为中平水准测量示意图。

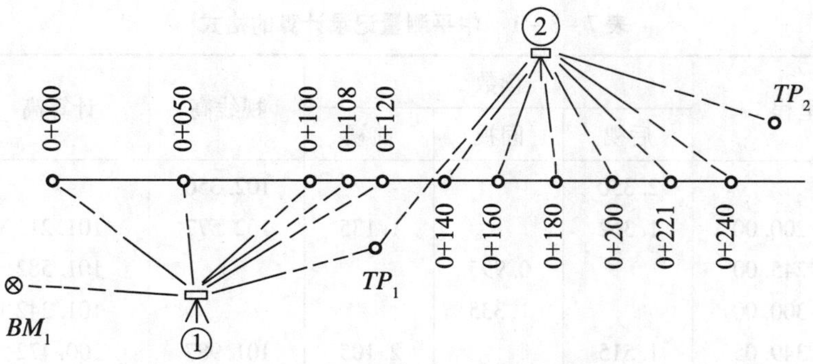

图 7－3－2　中平水准测量示意图

在进行中平测量时，由于标桩较密，常采用工程水准测量方法。如图 7－3－3 为工程水准测量略图。Z1、Z2、Z3 分别为水准测量的转点，观测时标尺应立于桩顶。两导线点间长度超过允许的视距长度时，应设立临时转点。相邻两转点之间的百米桩，加桩为间视观测点，观测时标尺立于桩前地面。

由于各站观测点数较多，故计算高程时均采用视线高程推算。任意一站的视线高程的计算公式为：

$$H_{视} = H_{后} + a$$

式中：$H_{后}$为后视点调整后的高程；a 为后视读数。

各站的间视点和前视点的高程计算公式为：

$$H = H_{视} - b$$

式中：H 为计算点高程；b 为计算点标尺读数。

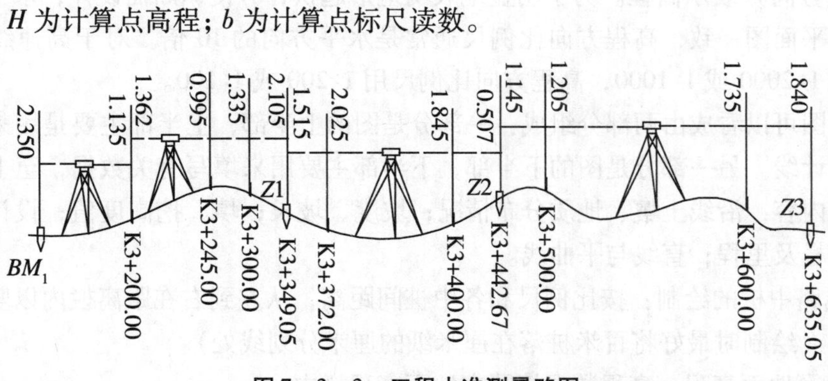

图 7－3－3　工程水准测量略图

以图 7－3－3 中第 2 站为例，K3 ＋200.00 标桩与 Z1 点之间的仪器视线高程为：

$$H_{视} = H_{后} + a = 101.215 + 1.362 = 102.577$$

间视点 K3 ＋245.00 标桩的高程为：

$$H = H_{视} - b = 102.577 - 0.995 = 101.582$$

若是符合水准线路，在计算高程前首先算出闭合差。当闭合差满足要求后，则按普通水准测量平差法求各转点高程，然后根据各转点高程，推求视线高，从而计算出各间视点的高程。表 7－3－1 为线路中平测量的一部分，故未计算调整后的高程。

表7-3-1　中平测量记录计算的格式

桩号	里程	读数			视线高	计算高	调整高程
		后视	间视	前视			
*BM*1		2.350			102.350		100.000
	K3+200.00	1.362		1.135	102.577	101.215	
	K3+245.00		0.995			101.582	
	K3+300.00		1.335			101.242	
*Z*1	K3+349.05	1.515		2.105	101.987	100.472	
	K3+372.00		2.025			99.962	
	K3+400.00		1.845			100.142	
*Z*2	K3+442.67	1.145		0.507	102.625	101.480	
	K3+500.00		1.205			101.42	
	K3+600.00		1.735			100.89	
*Z*3	K3+635.05			1.840		100.785	
$\Sigma a = 6.372$　$\Sigma b = 5.587$　$h = +0.785$ 检核：6.372－5.587＝100.785－100.000＝＋0.785							

2. 纵断面图绘制

纵断面图采用直角坐标，横坐标（即水平方向）表示沿路线的中心线水平距离，纵坐标（即竖直方向）表示高程。为了明显地表明地形起伏，方便纵断面设计，水平方向的比例尺通常与平面图一致，高程方向比例尺通常是水平方向的10倍。对于高速线路水平方向比例尺用1∶2000或1∶1000，高程方向比例尺用1∶200或1∶100。

纵断面图可以看成由两部分组成：一部分是图的上半部，上半部主要是用来绘制地面线和纵坡设计线。另一部分是图的下半部，下半部主要用来填写有关数据，至上而下分别有这样一些内容：沿线土壤、地质分布情况；坡度、坡长；填、挖高度值；设计标高；地面标高；桩号及里程；直线与平曲线。

（1）线路中桩的绘制：按比例尺和各中桩间距离，从左到右在距离栏内以竖直线表示中桩的位置（绘制时最好将百米桩落在厘米纸的厘米分划线处）。

（2）填写地面高程：高程数据填写在地面高程栏内。

（3）绘制纵断面线：为了使图面布置合理，应将断面图上、下两部分的分界线作为初始高程线，初始高程值可根据纵断面的高程情况确定。然后在纵断面上按比例尺展绘出地面高程点，再将各相邻的地面点以直线连接，即得路线中心线地面线。

（4）有关纵断面的设计均由路线设计人员根据设计要求，结合现场实际情况，在纵断面图上将下列内容在相关位置绘制出来。

① 竖曲线及其要素；

② 设计排水沟的布置及长度、坡度、流水方向；

③ 沿线桥涵及人工构造物的位置、结构类型、孔径；

④ 与线路、铁路交叉的桩号及路名；

⑤ 沿线跨越的河流名称、位置，现有水位和设计洪水位；

⑥ 水准点的位置、编号和高程；

⑦ 断链桩位置、桩号及长短链关系。

绘制填写完后，就形成了一份完整的线路纵断面图，如图 7－3－4 所示。

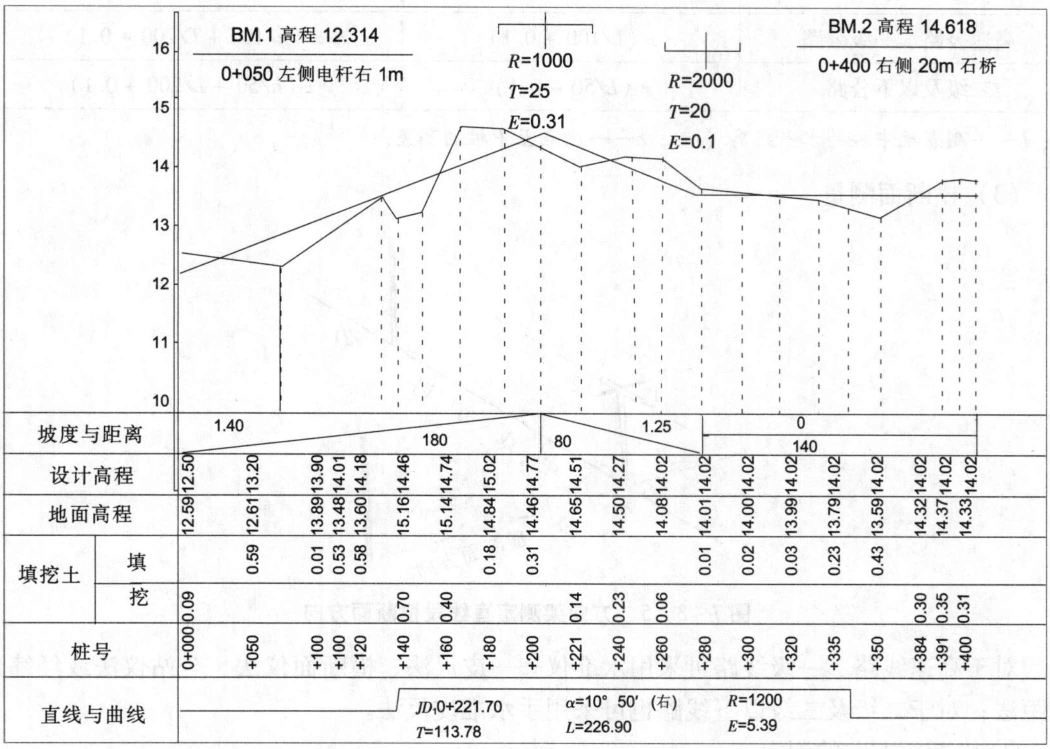

图 7－3－4　线路纵断面图

（二）横断面图的测绘

1. 线路的横断面的基本概念

线路中线上各点的法向切面称为线路的横断面，由横断面设计线与地面线构成。它是表示垂直于路线中心线方向地面起伏变化情况的断面图。主要供路基设计和计算土石方及路基施工放样使用。

2. 横断面测量的内容、要求和方法

（1）横断面测量内容

应反映地形、地物、地质的变化，并标注相关水位、建筑物、土石方界等位置。高速线路、一级线路的分离式路基和二、三、四级线路的回头弯路段，应测出连通上、下路线横断面，并标注相关关系。

（2）横断面测量要求

施测时应逐桩进行，直线段上其方向与路线中线垂直，曲线路段与测点的切线垂直；施测宽度应根据设计，满足路幅及排水沟设计需要 5m 以上；当为路侧取土时，还应包括路侧取土坑以外 5m 以上。横断面中的高程、距离的读数取至 0.1m，检测限差应符合表 7－3－2 的规定。同时，横断面应在现场点绘成图即时核对；采用测记法室内点绘时，必须进行现场核对。

表 7-3-2 横断面检测限差（m）

路线	距离	高程
高速公路、一级公路	±（L/100 + 0.1）	±（h/100 + L/200 + 0.1）
二级及以下公路	±（L/50 + 0.1）	±（h/50 + L/200 + 0.1）

注：L——测点至中桩的水平距离（m）；h——测点至中桩的高差。

（3）横断面测量

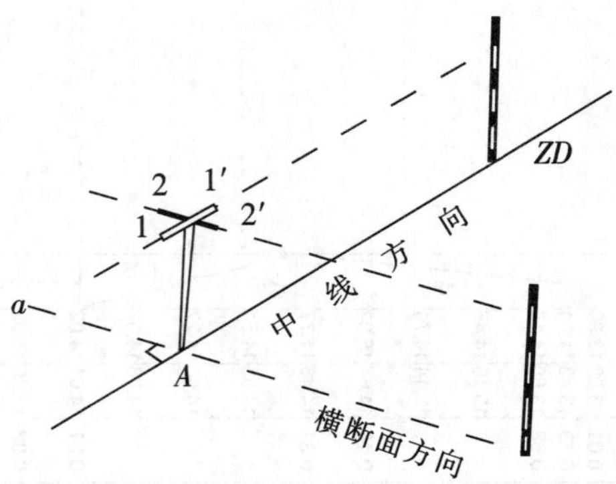

图 7-3-5 方向架测定直线段横断面方向

对于高速线路、一级线路可采用水准仪——皮尺法、横断面仪法、全站仪法或经纬仪视距法；对于二级及二级以下线路也可采用手水准皮尺法。

① 横断面方向的测定

要进行横断面测量，必须首先确定横断面方向。在直线段，横断面的方向与路线中线垂直，而在曲线段，横断面的方向则与该点处的曲线的切线相垂直，即法线方向。

直线段横断面方向的测定：

直线段横断面方向与路线中线垂直，一般采用方向架测定。如图 7-3-5 将方向架置于桩点 A 上，方向架上有两个相互垂直的固点片，用其中一个（1-1′）瞄准该直线上任一中桩 ZD，另一个（2-2′）所指方向即为该点的横断面方向。

② 横断面的测量方法

A. 花杆皮尺法

如图 7-3-6，A、B、C、…和 1、2、3、…分别为横断面左侧和右侧方向上所选定的变坡点。横断面左侧方向上，将花杆立于 A 点，从中桩处地面将尺拉平量出至 A 点的距离，并测出皮尺截于花杆位置的高度，即 A 相对于中桩地面的高差。同法可测得 A 至 B、B 至 C、…的距离和高差，直至所需要的宽度为止。同理可测出右侧中桩至 1、1 至 2、2 至 3、…的距离和高差。

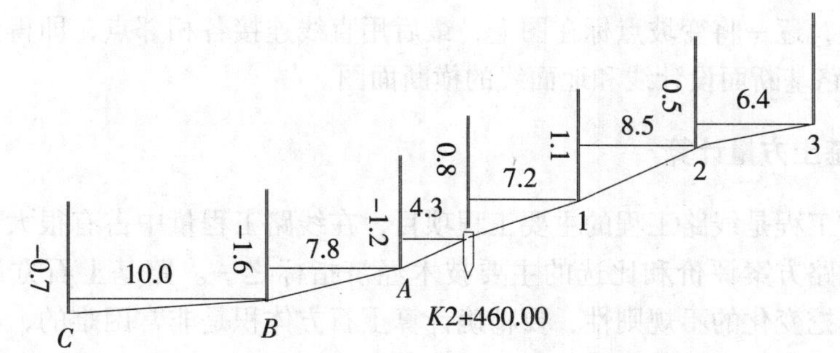

图 7－3－6　花杆皮尺法测量横断面

横断面测量记录表格见表 7－3－3，表中按路线前进方向分左侧、右侧。分数的分子表示测段两端的高差，分母表示其水平距离。高差为正表示上坡，为负表示下坡。

表 7－3－3　横断面测量记录

左侧	桩号	右侧
…	…	…
$\frac{-0.7}{10.0}$　$\frac{-1.6}{7.8}$　$\frac{-1.2}{4.3}$	K2＋460.00	$\frac{+0.8}{7.2}$　$\frac{+1.1}{8.5}$　$\frac{+0.5}{6.4}$
$\frac{-0.9}{12.5}$　$\frac{-1.4}{7.0}$　$\frac{-1.5}{5.4}$	K2＋480.00	$\frac{+0.1}{5.0}$　$\frac{+0.8}{10.2}$　$\frac{+0.7}{8.0}$
…	…	…

B. 水准仪法

在平坦地区可使用水准仪测量横断面。施测时选一适当位置安置水准仪，后视中桩水准尺读取后视读数，求得视线高程后，前视横断面方向上各变坡点上水准得各前视读数，视线高程分别减去各前视读数即得各变坡点高程。用钢尺或皮尺分别量取各变坡点至中桩的水平距离。根据变坡点的高程和至中桩的距离即可绘制横断面。

C. 经纬仪法

将经纬仪安置在中桩上，用视距法测出横断面方向各变坡点至中桩的水平距离和高差。

D. 全站仪法

在有已知三维坐标（x、y、H）的控制点上安置全站仪，以另一控制点为定向点，前视横断面方向上各变坡点上的观测点，利用全站仪的功能可直接测出各变坡点的平面坐标和高程。根据变坡点的高程，利用变坡点的坐标计算出变坡点至中桩的距离即可绘制横断面。

3. 横断面图的绘制

横断面图的绘制一般有以下两种作业方法：一是在现场边测边绘，及时对横断面进行核对；二是在现场记录，回到室内展绘。绘图比例尺一般采用比例尺 1∶200 或 1∶100 绘制在毫米方格纸上。绘图时，先将中桩位置标出，然后分左、右两侧，按相

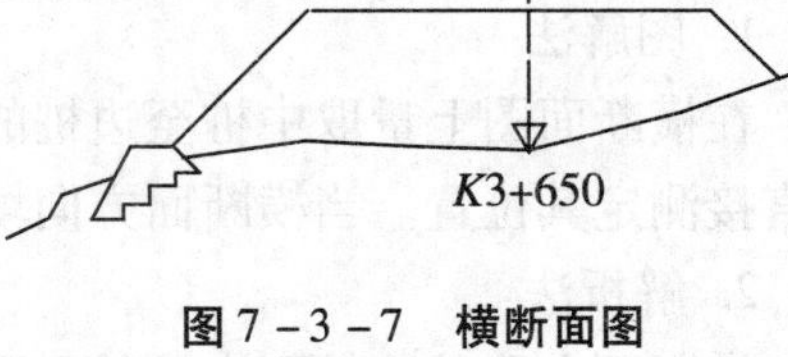

图 7－3－7　横断面图

应的间距和高差，逐一将变坡点标在图上，最后用直线连接各相邻点，即得到横断面。图7－3－7为绘有路基断面设计线和地面线的横断面图。

7.3.4 路基土方量计算

路基土石方工程是线路工程的主要工程项目，在线路工程量中占有很大比重。土石方工程数量又是线路方案评价和比选的主要技术经济指标之一。路基土石方计算工作量很大，加之路基填挖变化的不规则性，要精确计算土石方体积是非常困难的，在工程上通常多采用近似计算。目前，线路上常采用的方法有：平均断面法。

如图7－3－8所示，A_1、A_2分别为两相邻断面的横断面面积（m^2）；L为两相邻断面的间距（m），即两相邻断面的桩号里程之差；V为两相邻断面间的土石方量（m^3）。

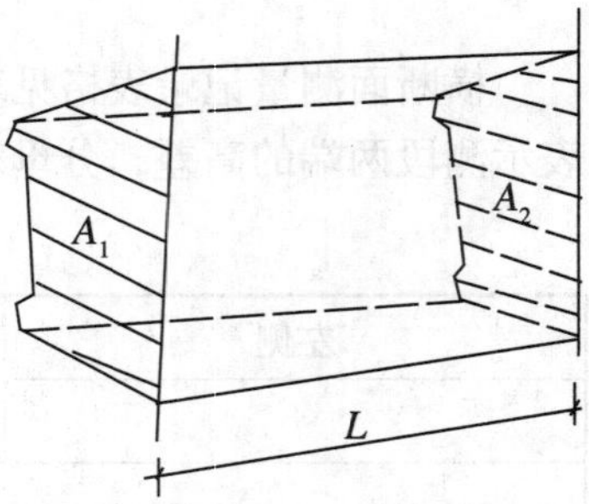

图7－3－8 平均断面法

土石方量计算公式为：

$$V = \frac{1}{2}(A_1 + A_2)L \qquad (7-3-1)$$

上述土石方量的计算方法称为平均断面法。

该法计算简便、实用、是线路上目前常采用的方法。但其精度较差，该法只有当两相邻断面面积A_1、A_2相差不大时才较准确。

7.3.5 线路工程施工测量

线路工程施工测量主要包含路线施工复测、路基边桩测设、竖曲线测设等工作。

（一）线路施工复测

线路从勘测设计到开始施工通常有一段间隙，在这段时间内，往往会有一些中桩丢失。因此，在施工之前，应根据设计文件进行中桩恢复和横断面补测工作，同时对原来的中线和横断面进行复核，以保证路线设计位置准确可靠。施工复测的目的是检验原有桩号的准确性，而不是重新测设。所以，经过复测后，凡与原来的成果或点位的差异在容许的范围内时，一律以原有成果为准，不作改动。对经过多次复测，证明原有成果有误或点位有较大变动时，应及时报有关单位，经审批后才能改动。施工复测所采用的测量方法与定测阶段的路线中线测量方法基本相同。此外，对路线导线点、水准点也应进行复核，根据施工现场的具体情况还应增设一些控制点和水准点以满足施工需要。

（二）路基边桩测设

路基边桩测设就是在地面上将每一个横断面的路基边坡线与地面的交点用木桩标定出来。边桩的位置由两侧边桩至中桩的距离来确定。常用的边桩测设方法有图解法和解析法。

1. 图解法

在横断面图上量取中桩至边桩的距离，然后在实地沿该中桩的横断面方向用钢尺或皮尺直接测定其位置。当横断面方向填挖方不很大时，采用此法较简便。

2. 解析法

横断面上路基边桩至中桩的平距通过计算求得。

（1）平坦地形路基边坡测设

填方路基称为路堤，如图7－3－9，路堤边桩至中桩的距离为：

$$L = \frac{B}{2} + mh \tag{7-3-2}$$

挖方路基称为路堑，如图7－3－10，路堑边桩至中桩的距离为：

$$L = \frac{B}{2} + S + mh \tag{7-3-3}$$

（7－3－2）、（7－3－3）两式中，B 为路基设计宽度；$1:m$ 为路基边坡坡度；h 为填土高度或挖土深度；S 为路堑边沟顶宽。

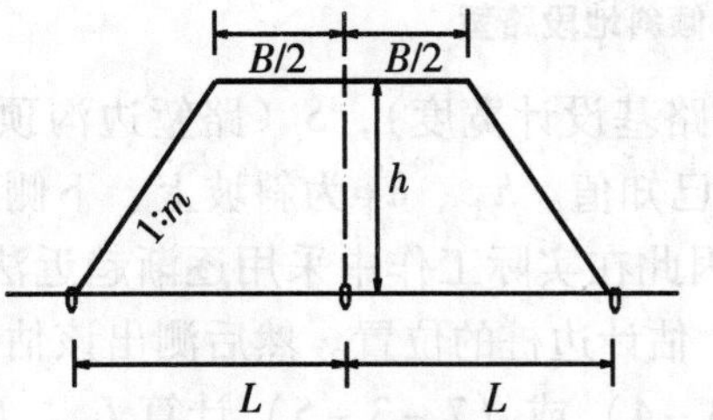

图7－3－9　填方路堤

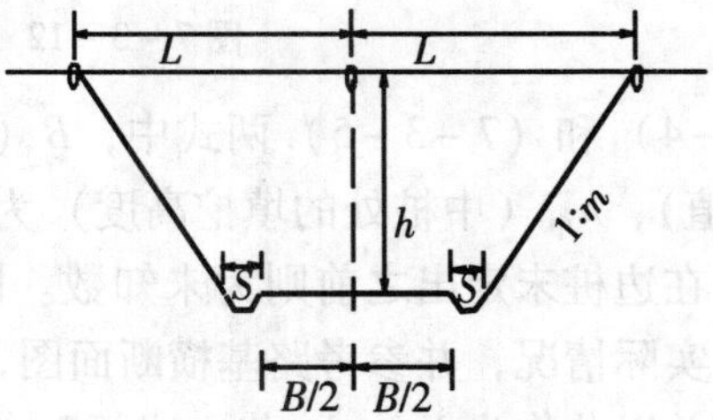

图7－3－10　挖方路堑

以上是断面位于直线段时求算 L 值的方法。若断面位于曲线上有加宽时，先以上述方法求出 L 值后，还应于曲线内侧的 L 值中加上加宽值。

（2）倾斜地段路基边桩的测设

在倾斜地段，边桩至中桩的距离随着地面坡度的变化而变化。

如图7－3－11所示，路堤边桩至中桩的距离为：

$$\left.\begin{aligned} \text{斜坡上侧}\quad L_{上} &= \frac{B}{2} + m(h_{中} - h_{上}) \\ \text{斜坡下侧}\quad L_{下} &= \frac{B}{2} + m(h_{中} + h_{上}) \end{aligned}\right\} \tag{7-3-4}$$

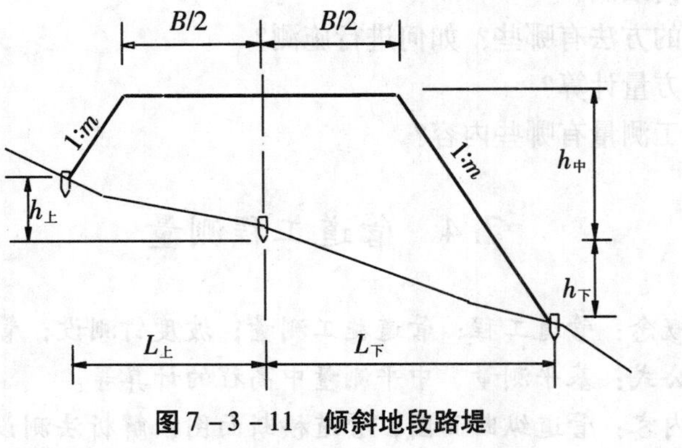

图7－3－11　倾斜地段路堤

如图7－3－12，路堑边桩至中桩的距离为：

$$\left.\begin{aligned} \text{斜坡上侧}\quad L_{上} &= \frac{B}{2} + S + m(h_{中} + h_{上}) \\ \text{斜坡下侧}\quad L_{下} &= \frac{B}{2} + S + m(h_{中} - h_{上}) \end{aligned}\right\} \tag{7-3-5}$$

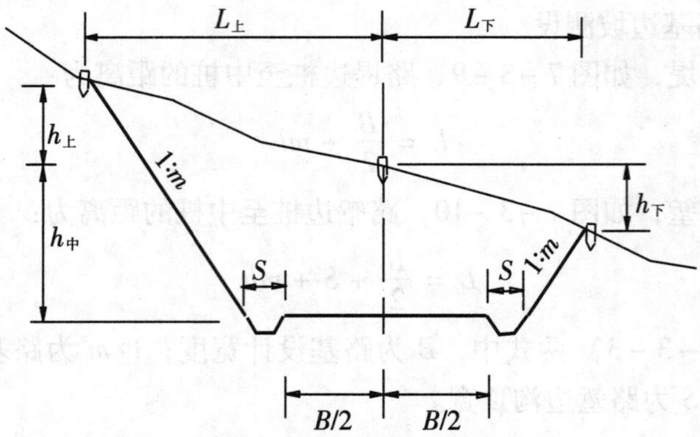

图 7-3-12　倾斜地段路堑

(7-3-4)和(7-3-5)两式中，B(路基设计宽度)，S(路堑边沟顶宽)，1：m(边坡坡度值)，$h_{中}$(中桩处的填挖高度)为已知值。$h_{上}$、$h_{下}$为斜坡上、下侧边桩与中桩的高程差，在边桩未定出之前则为未知数。因此在实际工作中采用逐渐趋近法测设边桩。先根据地面实际情况，并参考路基横断面图，估计边桩的位置。然后测出该估计位置与中桩的高差，并以此作为$h_{上}$、$h_{下}$代入式(7-3-4)或(7-3-5)计算$L_{上}$、$L_{下}$，并据此在实地定出其位置。若估计位置与其相符，即得边桩位置。否则应按实测资料重新估计边桩位置，重复上述工作，直至相符为止。

7.3　习　题

1. 线路工程包括哪些？
2. 什么是基平测量和中平测量？其任务和目的是什么？
3. 纵断面测量的任务是什么？
4. 纵断面图如何绘制？
5. 横断面测量的任务是什么？
6. 横断面图如何绘制？
7. 横断面测量的方法有哪些？如何进行施测？
8. 如何进行土方量计算？
9. 线路工程施工测量有哪些内容？

7.4　管道工程测量

本章基本概念：管道工程；管道施工测量；坡度钉测设；管道竣工测量等。

本章基本公式：基平测量、中平测量中高程的计算等。

本章难点内容：管道纵断面图；管道横断面图；解析法测设主点方法；图解法测设主点方法；管道施工测量方法等。

7.4.1　管道中线测量

（一）管道工程概述

管道工程包括给水、排水、沟管、热力、煤气、输油、电力、通讯、电缆等工程。分地下管道和架空管道。管道工程测量是为各种管道的设计和施工服务的，其任务：一是为管道工程和设计提供资料、地形图和断面图；二是按设计要求将管道位置测设到地面上。

工作内容：

（1）收集测区内大比例尺地形图以及原有管道的平面图和断面图等资料。

（2）利用已有地形图，结合现场勘测，进行规划和纸上定线。

（3）补测或修测带状地形图。

（4）管道中线测量：根据设计图纸在实地定出管道的中心位置。

（5）管道纵横断面的测量。

（6）管道施工测量。

（7）管道竣工测量。

管道工程测量一定要采用城市统一的平面和高程系统，并加强检核。

（二）管道中线测量的任务

1. 图上确定的主点（主点包括起点、转折点和终点）测设于地面。

2. 沿管道中线方向进行中线测设。

（三）主点的测设

主点的测设包括两方面的工作：主点测设数据的准备和现场测设。主点的测设数据可根据现场的实际情况（如控制点的分布等）、管道的类型和精度要求的不同而采用解析法或图解法求得。

1. 解析法

当管道附近布设有控制点，且规划设计图上已给出了管道主点的坐标时，可用解析法来求测设数据。见图 7－4－1。

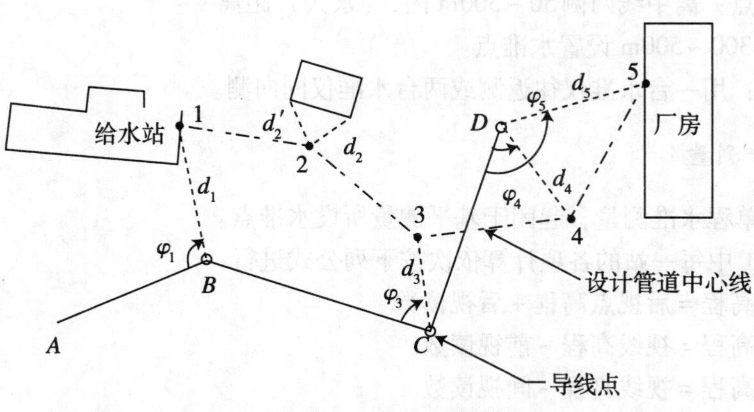

图 7－4－1　解析法测设

2. 图解法

当管道规划设计图的比例尺较大，且管道主点附近有可靠的地物时，则可用图解法计算测设数据。

（四）中线测量方法

以图 7 - 4 - 2 为例：

（1）标注中心桩，从管道的起点开始，每隔某一整数（如 50m）距离在管道的中心线上打一个标明里程的柱，称为里程桩。当管道穿越铁路、公路、原有管道等重要地物或管道转折处、或遇地形坡度变化处，需增设加桩。

（2）测量转折角：管道在转折点处要改变方向，改变后的方向与管道原方向之间的夹角称为转角。

（3）绘制地物和地貌：沿管线量距的同时，还要在现场绘出管线两侧的地物和地貌，以供断面图的绘制和设计管道之用，这种图称为里程桩手簿。

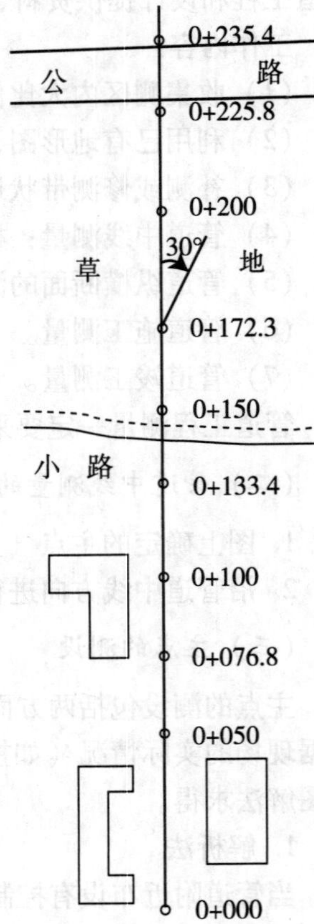

图 7 - 4 - 2　中线测量示意图

7.4.2　管道纵横断面测量

测出各个里程桩、加桩处的地面高程从而绘制表示沿线起伏情况的纵断面图，这个过程称为纵断面测量。其最终目的是便于进行线路纵向坡度、管道埋深等的设计及计算土方量。

按从整体到局部的原则分基平（水准点）测量和中平（断面水准）测量。

沿线设置水准点，进行高程控制测量，即为基平测量；根据基平水准测量测定的水准点高程，分段测各里程桩地面高程，称中平测量。

（一）基平测量

（1）水准点：离中线两侧 50 ~ 300m 内，（永久）距离 1 ~ 2km，（临时）300 ~ 500m 设置水准点。

（2）施测：用一台水准仪往返测或两台水准仪同向测。

（二）中平测量

一般采用单程水准测量，起闭于基平测量所设水准点。

表 7 - 4 - 1 中每一站的各项计算依次按下列公式进行：

（1）视线高程 = 后视点高程 + 后视读数

（2）转点高程 = 视线高程 - 前视读数

（3）中桩高程 = 视线高程 - 间视读数

管道纵断面水准测量记录表见表 7 - 4 - 1。

表 7－4－1　管道纵断面水准测量记录表

测站	桩号	水准尺读数（m）			视线高程（m）	高程（m）	备注
		后视	前视	插前视			
1	BM_1	1.753			35.312	33.559	
	0＋000		1.303			34.009	
2	0＋000	1.435			35.444	34.009	
	0＋50			1.55		33.89	
	0＋100			1.62		33.82	
	0＋150		1.678			33.766	0＋195 号桩是转折点已知 BM_2 高程为 33.072m，测得 33.060：$\triangle h = 0.012m$ $\triangle h_{容} = \pm 12m\sqrt{n} = \pm 22mm$
3	0＋150	1.543			35.309	33.766	
	0＋172			1.22		34.09	
	0＋195			1.44		33.87	
	0＋200		1.843			33.466	
4	0＋200	1.782			35.248	33.466	
	＋0250			1.42		33.83	
	0＋285			1.89		33.36	
	0＋300		1.642			33.606	
5	0＋300	1.223			34.829	33.606	
	BM_2		1.769			33.060	
校核	$\sum$后视 － $\sum$前视 ＝ 7.736 － 8.235 ＝ － 0.499 33.060 － 33.559 ＝ 0.499 计算无误						

记录计算：　　　　　　　　　　　　校核：

绘制的纵断面图见图 7－4－3。

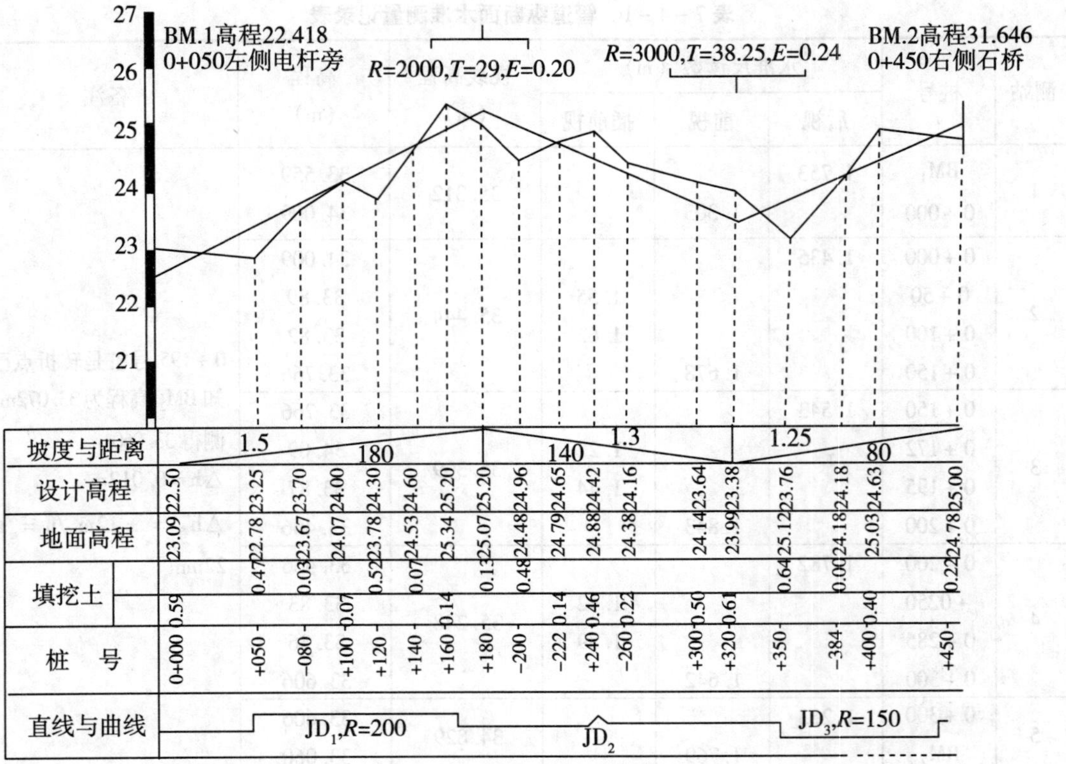

图7－4－3　管线纵断面图

（三）横断面测量

对垂直线路方向两侧地形起伏情况进行的测量工作称为横断面测量，以便绘制出横断面图，为管道基坑开挖等专业设计和土方计算服务。

在线路的整桩、加桩处都应进行横断面测量。横断面的与线路直线或与线路曲线点的切线垂直（方向架）。幅宽与管径有关，一般取自中线两侧各10～30m。

（1）横断面测量常用的方法有：经纬仪测量横断面、水准仪测量横断面、断面仪测量横断面和比高法测量横断面。

特征点距中点距离用皮尺量，高程用水准仪或花干目估（与中桩高差）。

（2）横断面测量记录格式见表7－4－2。

表7－4－2　标杆皮尺法测横断面记录

左侧/m	桩号	右侧/m
$\frac{+1.80}{6.1}$　$\frac{+0.65}{5.2}$　$\frac{-0.50}{3.3}$　$\frac{-1.95}{6.9}$	3＋400	$\frac{+1.05}{4.2}$　$\frac{+2.15}{6.7}$　$\frac{+0.95}{7.3}$　$\frac{+0.50}{2.1}$
$\frac{+1.65}{9.2}$　$\frac{-0.20}{6.2}$　$\frac{-0.90}{4.9}$	3＋200	$\frac{+0.60}{8.1}$　$\frac{+1.05}{5.5}$　$\frac{+0.30}{7.4}$

（3）绘制的横断面图见图7-4-4。

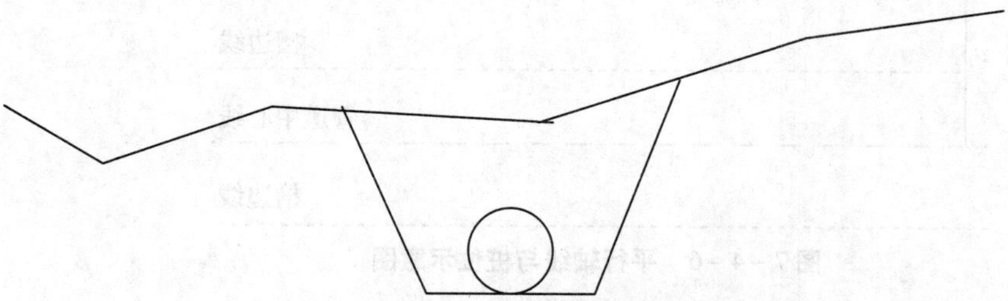

图7-4-4　管线横断面图

7.4.3　管道施工测量

先检查管道中线上各种桩位的保存情况，如有破坏，应根据设计和测量数据恢复并进行检核。

（1）测设施工控制桩：管线开槽后，中线上的各桩位将被挖掉，因此，在开槽前，应在不受施工干扰、引测方便和易于保存的位置测设施工控制桩。施工控制桩分中线控制桩和位置控制桩，如图7-4-5所示。中线控制桩设置在管道中线的延长线上，位置控制桩设置在与中线垂直的方向上以控制里程桩和井位等。

（2）设置中线控制桩：在中线垂直方向设置，不受施工破坏，引测方便，易于保存，离中线距离最好为一整数。

（3）计算开槽宽度，并在地面上定出开挖边线。

开挖边线的宽度是根据管径大小、埋设深度和土质情况等而定。如图7-4-7所示，横断面较平坦时，开挖管槽的宽度可由下式计算：

$$B = b + 2mh \qquad (7-4-1)$$

式中：b——管底宽度；h——挖土深度；$1/m$——边坡坡度。

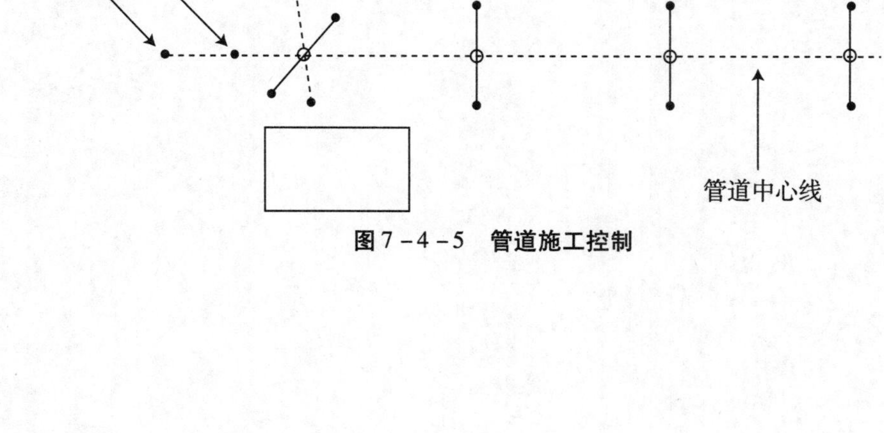

图7-4-5　管道施工控制

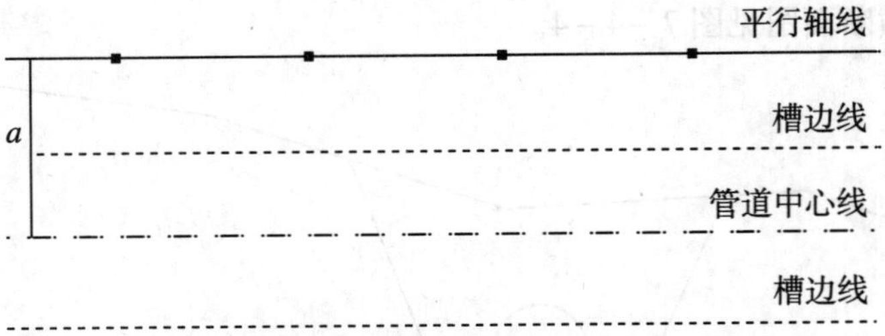

图 7－4－6　平行轴线与桩位示意图

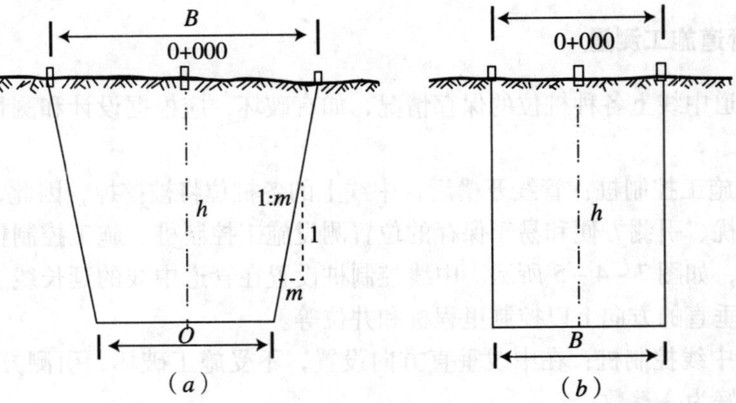

图 7－4－7　平坦地面管道边桩测设

（4）加密水准点：为了便于在施工期间测设高程，应在原有水准点的基础上，沿线每隔 150m 左右增设一个临时水准点。

（5）确定开槽口边线：按照管道的设计埋深和管径，再根据沿线土质情况，决定开槽宽度，在地面上定出槽边线位置，撒上白灰线标明。

（6）设置坡度横板并测设中线钉：如图 7－4－8 所示，开槽后，应设置坡度横板，以控制管道沟槽按照设计中线位置进行开挖。一般每隔 10～20m 设置一块坡度横板，并编以桩号。在中线控制桩上安置经纬仪，将管道中线投测到坡度横板上，订上小铁钉（称中线钉）作标志。

（7）测设坡度钉：坡度钉的作用是控制管道沟槽按照设计深度和坡度开挖，坡度钉设置在坡度立板上，见图 7－4－8 所示，相关计算见表 7－4－3。

表7－4－3　坡度钉测设记录表

桩号	距离	坡度	管底高程 $H_{管底}$	板顶高程 $H_{板顶}$	$H_{板顶}-H_{管底}$	选定下返数 C	调整数 δ	坡度钉高程
1	2	3	4	5	6	7	8	9
0+000			42.800	45.437	2.637		−0.137	45.300
0+010	10		42.770	45.383	2.613		−0.113	45.270
0+020	10		42.740	45.364	2.624		−0.124	45.240
0+030	10	−0.3%	42.710	45.315	2.605	2.500	−0.105	45.210
0+040	10		42.680	45.310	2.630		−0.130	45.180
0+050	10		42.650	45.246	2.596		−0/096	45.150
…	…		…	…	…		…	…

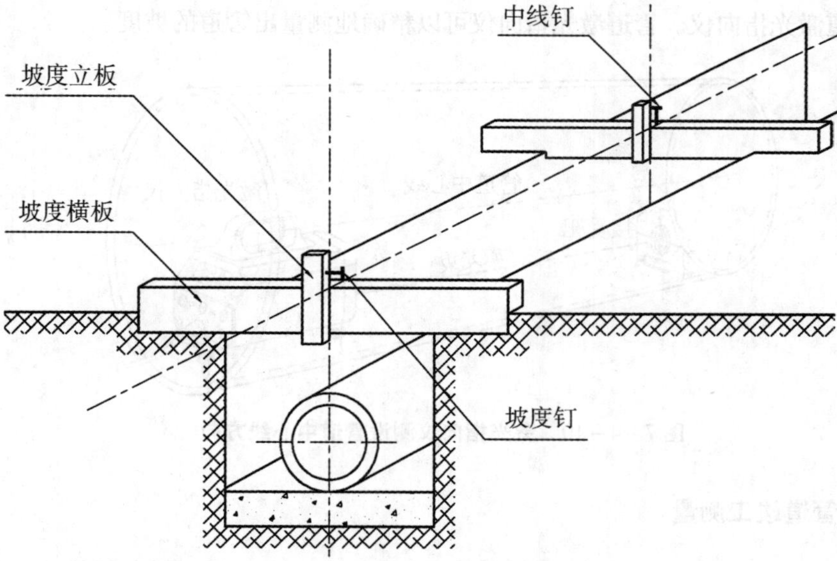

图7－4－8　坡度板的设置

（8）中线测量：如图7－4－9（a）所示，先挖好顶管工作坑，然后根据地面的中线桩或中线控制桩，用经纬仪将管道中线引测到坑壁上。在两个顶管中线桩上拉一条细线，紧贴细线挂两根垂球线，两垂球的连线方向即为管道中线方向，见图7－4－9（b）。制作一把木尺，使其长度等于或略小于管径，分划以尺的中央为零向两端增加。将木尺水平放置在管内，如果两垂球的方向线与木尺上的零分划线重合，见图7－4－9（c），则说明管道中心在设计管线方向上，否则，管道有偏差。可以在木尺上读出偏差值，偏差值超过1.5cm时，需要校正。

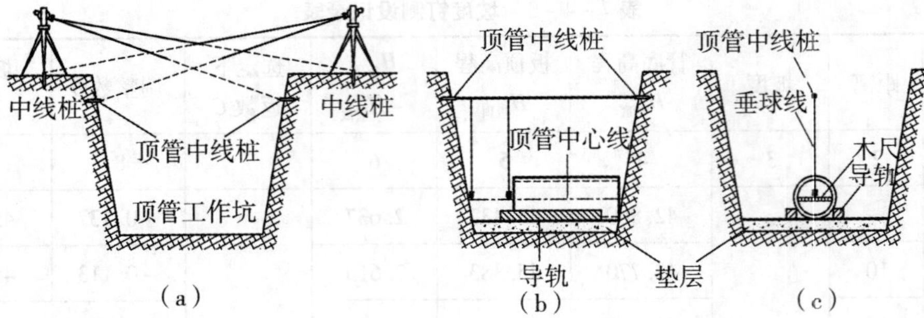

图 7－4－9　顶管中心线方向测设

9. 高程测量：先在工作坑内布设好临时水准点，再在工作坑内安置水准仪，以在临时水准点上竖立的水准尺为后视，以在顶管内待测点上竖立的标尺为前视（使用一把小于管径的标尺），测量出管底高程，将实测高程值与设计高程值比较，其差超过 ±1cm 时，需要校正。在管道顶进过程中，每顶进 0.5m 应进行一次中线测量和高程测量。当顶管距离较长时，应每隔 100m 开挖一个工作坑，采用对向顶管施工方法，其贯通误差应不超过 3cm。当顶管距离太长，直径较大时，可以使用激光水准仪或激光经纬仪进行导向，也可以使用图 7－4－10 所示的管道激光指向仪。管道激光指向仪可以精确地测量出管道的坡度。

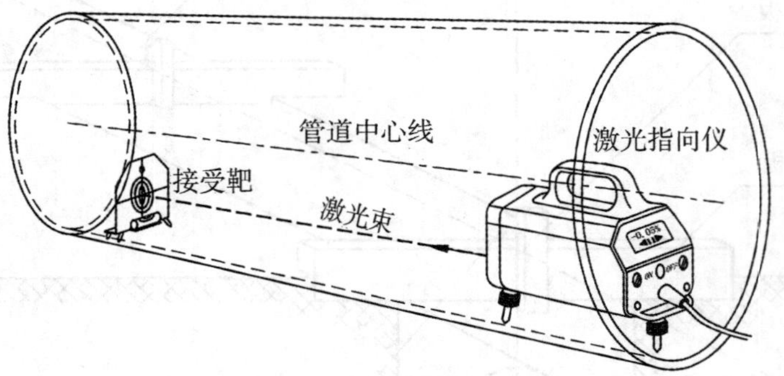

图 7－4－10　激光指向仪测设管道中心线方向

7.4.4　管道竣工测量

管道竣工测量的内容是测绘竣工平面图和纵断面图。竣工平面图主要是测绘管道的起点、转折点、终点、检查井、附属构筑物的平面位置和高程、管道与附近重要地物（如永久性房屋、道路、高压电线杆等）的位置关系等。竣工纵断面图是用水准测量方法测定管顶的高程和检查井内管底的高程，用钢尺丈量距离。纵断面图的测绘应在回填土之前进行。

管道竣工图的测量主要包括以下工作：

（1）管道主点、检查井以及附属构筑物施工后的平面位置。

（2）管道主点处管底高程，检查井井顶与井底高程以及检查井井间的距离和管径。

（3）对于给水管道，还应测量阀门、消火栓以及排气装置等的平面位置和高程，并用规定的符号标明之。

管道竣工图内容：管道竣工平面图、管道竣工断面图。

管道竣工平面图测绘内容包括：管道的起点、终点、检查井以及附属结构的平面位置。测绘宽度根据需要确定，比例尺一般为1∶500～1∶2000，也根据具体情况而定。

断面图主要反映管道及附属结构的高程和坡度，如管底高和坡度、井盖及井底高程、管道所在地段的地形起伏情况等。断面图应在回填土前进行，用水准测量测定检查井口顶面和管顶高程，管底高程由管顶高程和管径、管壁厚度算得管道工程属于地下工程，包括给水、排水、暖气、煤气、电缆和输油管等。管道工程首先进行踏勘选线和中线测量，测设的主点主要方法有解析法和图解法，中线测量包括标注中心桩、测量转折角和绘制沿线地物和地貌。在施工测量中应进行管道中线测量和高程测设，使之达到设计要求。

7.4 习 题

1. 管道中线测量的内容包括哪些？

2. 管道纵断面图如何绘制？

3. 管道横断面图如何绘制？

4. 如图，已知设计管线的主点 A、B、C 的坐标，在该管线附近有导线点1、2、3….等，其坐标也已知，试求出由导线点1、2两点用极坐标法测设 A、B 两点所需要的数据，并提出较核方法和计算所需要的较核数据。

点名	x（m）	y（m）
1	481.11	322.0
2	562.2	401.9
A	574.3	328.2
B	586.3	400.1

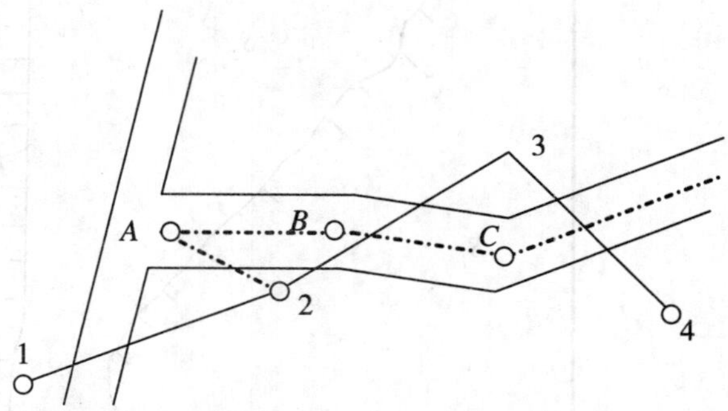

5. 如下表，已知起点K0+000的管底高程为541.72米，管线坡道为下坡，在表中计算各坡度板处的管底设计高程，并按实测的高程顶板高程选“下返数”，再根据选定的“下返数”计算处各坡度板顶高程的调整数和坡钉高程。

桩号	距离	坡度	管道设计高程 $H_{管底}$（m）	返顶高程 $H_{板顶}$（m）	$H_{板顶}-H_{管底}$	预定下返数 C（m）	调整数 δ（m）	坡度钉高程（m）
0+000			541.72	544.310				
0+020				544.100				
0+040				543.825				
0+060				543.734				
0+080				543.392				
0+100				543.283				

7.5　土地平整测量

本章基本概念：场地设计高；挖方高度；填方高度；零点；零线等。

本章基本公式：设计高程的计算；土方量的计算；施工零线位置的计算等。

本章难点内容：方格网法土地平整测量方法；北斗定位土地平整法方法等。

土地平整是农田基本建设重要内容，也是土地开发，复垦和整理的重要措施，因为它有利于农田保持水份、土壤和肥力，方便机械化耕作、轮作，充分利用灌排系统，节约水资源，是增产粮食加速农业发展的重要措施。另外，现代化农场、广场，建筑用地也需平整土地。

7.5.1　合并地块的场地平整测量

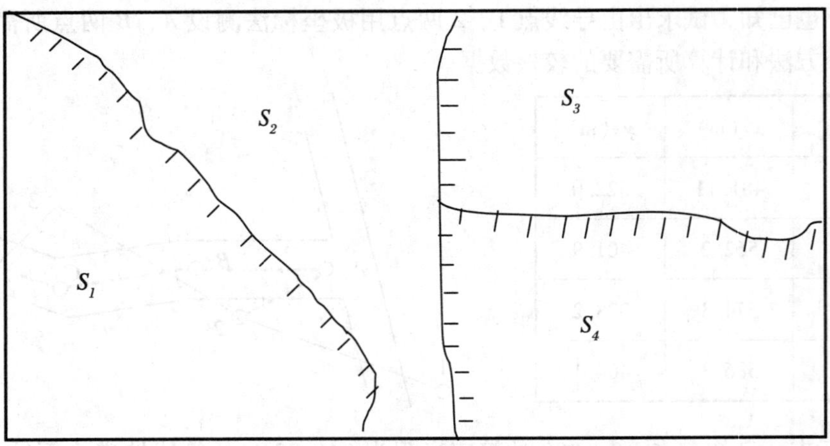

图 7－5－1　合并地块

如图 7－5－1，实施步骤如下：

（1）测平面图并测算各块地的面积 S_1、S_2、S_3、S_4。

（2）测定各块地的平均高程 H_1、H_2、H_3、H_4。

（3）计算平整后的田面高程（为满足土方平衡，以带权平均值公式计算）：

$$H_m = \frac{S_1 \times H_1 + S_2 \times H_2 + S_3 \times H_3 + S_4 \times H_4}{S_1 + S_2 + S_3 + S_4} \tag{7-5-1}$$

（4）计算各块地的填挖深度。

$$h_i = H_i - H_m \tag{7-5-2}$$

（5）计算各块地的填挖土方量

$$V_i = S_i \times h_i \tag{7-5-3}$$

7.5.2　方格网法水准测量平整土地

方格网法通常用于大面积的区域土方估算。其方法如下：

（1）在地面上拟平整场地范围内以 10m × 10m 或 20m × 20m 的规格确定方格网。

（2）用水准仪测出各方格点的地面高程（见图 7-5-2），并注记在格点的右上方。

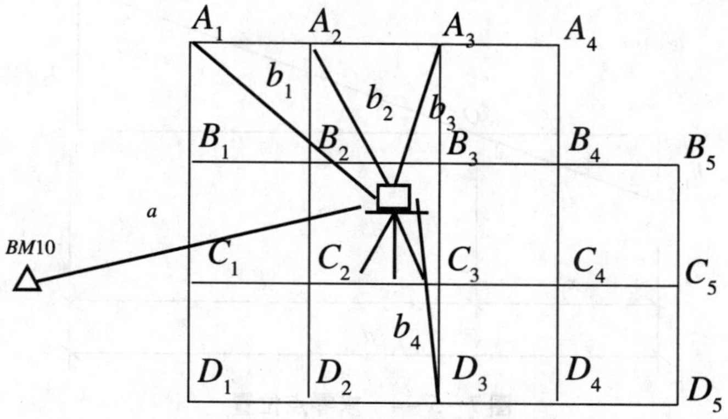

图 7-5-2　方格网水准测量

（3）用带权平均值公式求挖、填土方平衡的场地设计高 $H_{设}$，即：

$$H_{设}=\frac{1}{4n}(\sum H_{角}+2\sum H_{边}+3\sum H_{拐}+4\sum H_{中}) \tag{7-5-4}$$

式中：$\sum H_{角}$、$\sum H_{边}$、$\sum H_{拐}$、$\sum H_{中}$分别表示角点、边点、拐点、中点高程总和；n 为方格总数。

各点含义可用图 7-5-3 说明：桩号（1）、（10）、（11）、（9）、（3）各点为角点（仅涉及 1 个方格）；（4）、（7）、（6）、（2）为边点（涉及 2 个方格）；（8）为拐点（涉及 3 个方格）；（5）为中点（涉及 4 个方格）。

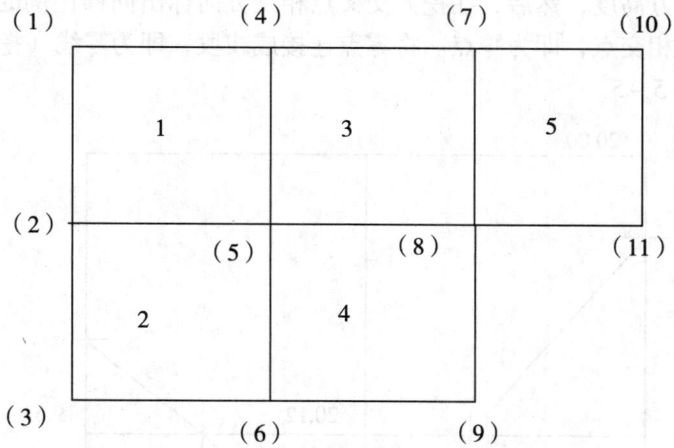

图 7-5-3　桩点位置及名称

（4）计算挖、填施工高度 h_i：

$$h_i = H_i - H_{设} \tag{7-5-5}$$

若计算结果为正号，则 h_i 为挖方高度；若为负号，则 h_i 为填方高度。求出后用红色笔注记在各点的右下方。

（5）确定施工零线。高程等于设计高的等高线是填、挖的分界线，称之为施工零线或开挖线（见图 7-5-5）。

确定"零点"位置方法：若方格边线一端施工高程为"+"，另一端为"-"，则沿其边线必然有一不挖不填的点，即“零点”（如图 7－5－4 的 O 点）。

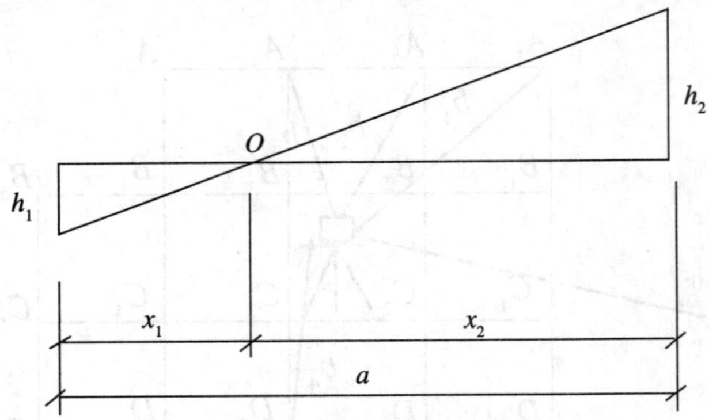

图 7－5－4　求零点位置

在一个方格之内相邻两交叉点，如果一点为填方而另一点为挖方时，在这两点之间必有一个不填不挖之点，此处设计地面标高与自然地面标高相等，即施工高度为零，故称为零点。“零点”具体位置按下式计算：

$$X_1 = \frac{ah_1}{h_1 + h_2} \quad X_2 = \frac{ah_2}{h_1 + h_2} \tag{7-5-6}$$

式中：X_1、X_2 为角点至零点的距离（m）；

h_1、h_2 为相邻两角点的施工高度（均用绝对值）（m）；

a 为格网的边长（m）。

零点的位置也可用图解法求出，用直尺在填方交叉点沿着与零点所在边垂直的边上，标出一定比例的填方高度，然后，在挖方交叉点相反方向标出同样比例的挖方高度，两高度点连线与方格边相交点，即为零点。将零点连接成线段，即为零线（挖方区和填方区的分界线），见图 7－5－5。

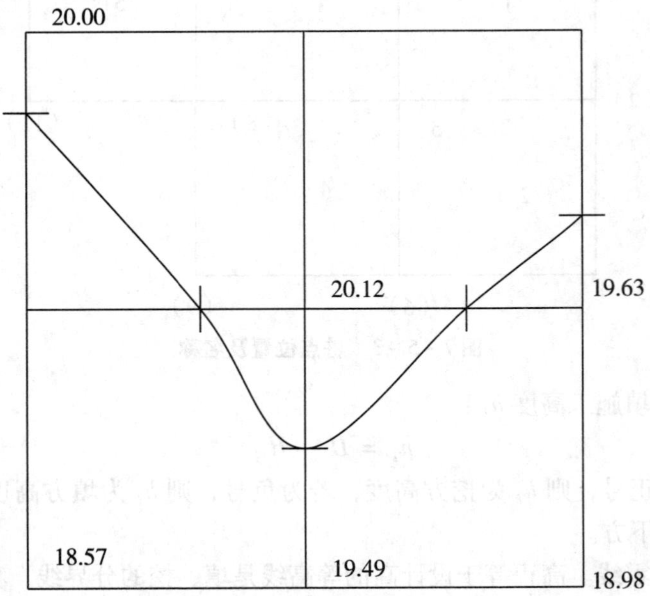

图 7－5－5　求施工零线

(6) 计算填挖土方量:

填挖分界线确定后，就可按下式计算各方格的填挖土方量:

$$V_i = A_i \times h_i \tag{7-5-7}$$

式中: V_i 为某方格土方量 (m^3);

A_i 为该方格填高（或挖深）底面积（m^2）;

h_i 为该方格各点的平均高度（m）。

7.5.3 北斗定位土地平整法

采用北斗导航系统进行土地平整，完全摒弃了测量、打桩、放样等传统工序，推土机将接收到的北斗信号，通过蓝牙传输到驾驶室内的平板电脑上。驾驶员根据电脑指示，可准确判断田地的水平落差。水准仪、激光平地机等传统测量仪器只能保证小面积农田平整的精确度，面积大了误差就多，影响机械化生产和农作物生长。通过北斗精准定位来确定铲刀的位置，再按照事先确定好的平整高度，用电脑实时指导工人作业，平整后的误差现在已经能控制在5cm，可一次性解决高程控制、平整度控制、坡度控制等问题。北斗定位土地平整，实现了全天候、高精度、实时的土地平整作业方式，解决了传统土地平整作业中效率与精度无法兼顾的情况。通过运用北斗高精度定位导航技术作业，整体高程中误差不超过5cm（同等精度指标下，效率远远高于传统土地平整方式），平整效果达到了精度要求。

7.5 习 题

1. 平整土地测量方法步骤有哪些?
2. 叙述方格网法水准测量平整土地步骤?
3. 场地设计高如何计算?

7.6 建园放样测量

本章基本概念：平原地区建园放样；山区建园放样等。

本章基本公示：基线上相邻基点间的斜距计算等。

本章难点内容：主要界线放样；果树定植点测设等。

7.6.1 平原地区建园放样

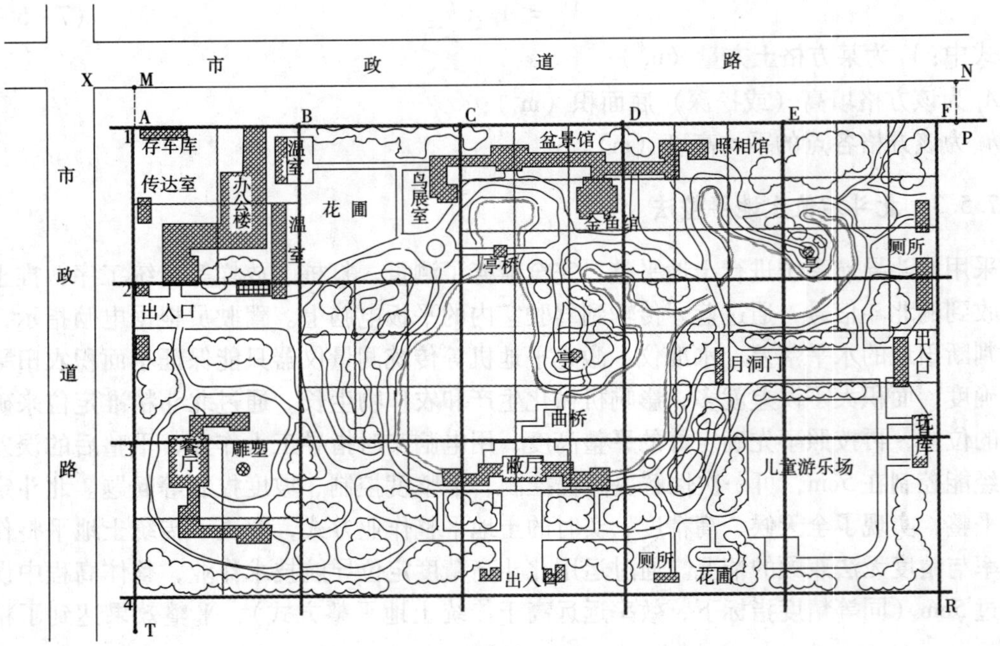

图7-6-1 平原地区建园放样示例

平原地区建园放样的建筑是指广场或公园内的亭、台、廊、办公楼、和住宅楼、道路、花坛和池塘等。庭园建筑施工测量的主要任务是将图上设计的各种园林建筑物或构筑物测设到实地上，作为施工的依据。其主要工作有：

（一）测设前的准备工作

（1）熟悉设计图纸，了解设计意图，校核图内的设计和放样数据。

（2）实地踏勘，了解施工场地的地形以及控制点分布情况。

（3）拟订测设方案，准备测设数据，绘制测设略图。

（二）建园施工测量

园林施工测量应与施工过程密切配合，主要内容是园林建筑物的定位测量及细部放线。施工测量实施首先要做好下列三点：

（1）了解设计意图、熟悉设计图纸，核对设计图纸。

（2）现场踏查校核控制点，踏查的目的是了解施工地区地物地貌情况以及原有测量控制分布和保存情况。

（3）制订施工测设方案，根据设计要求与现场地形情况制订施工测量方案，计算测设数据，绘制测设略图。

（三）园林工程施工控制测量

园林工程施工放线是各项园林工程的第一道工序，而在施工放线中，控制测量又是测量工作的第一道工序。尤其是在大中型的园林工程中，遵守“从整体到局部、先控制后碎部”的原则尤为重要。

施工控制网包括平面控制网和高程控制网，它为园林工程提供统一的坐标系统。平面控制网的布设形式，应根据设计总平面图、施工场地的大小和地形情况、已有测量控制点的分布情况而定。对于地形起伏较大的山岭地区，可采用三角网或边角网；对于地势平坦，但通视较困难或定位目标分布较散杂的地区，可采用导线网。

对于通视良好、定位目标密集且分布较规则的平坦地区，可采用方格网或矩形格网，该法在园林工程施工测量中普遍采用；对于较小范围的地区，可采用施工基线。高程控制网的布设，一般都采用水准控制网。

（四）庭园建（构）筑物的定位

庭园建（构）筑物定位就是把建筑物外廓轴线交点、圆形构筑物的中心点、园林景区边线的转折点等，测设到实地上，作为细部测设的依据。

定位的方法根据施工场地的条件以及使用的仪器不同有极坐标法、直角坐标法、角度交会法、距离交会法以及全站仪定位等。

7.6.2　山区建园放样

山区果园建园放样的主要任务是将图上规划设计的各作业区、防护林带、道路、排灌渠道等测设到实地上，并在各小区内测定果树定植点位。

（一）主要界线放样

1. 准备放样数据

果园放样精度要求不高，因此，放样数据通常是按图解法获得。即在设计图纸上直接量出测设角 β 和测设边 D。

2. 作业区放样方法

放样方法可根据仪器设备及场地情况选用下列方法：

（1）卷尺直接量距或距离交会定位法。

如图7－6－2所示在图上根据比例量出 $G-1$，$1-2$，$2-3$，$3-4$，$4-K$ 各点距离，接着在实地找出 G，K 点，逐个量出实际距离，就能定出1，2，3，4点。由距离交会定位法放出1′，2′，3′，4′，如图上量出1－1′距离，图上量出 $G-1'$ 距离就可交会定出1′位置，其他点同样如此。

（2）经纬仪或全站仪极坐标法。

经纬仪安置在1点，转动图上所量角度，得到1－1′方向线，沿此方向量出1－1′距离，定出1′点位置，其他点同样如此。用全站仪安置在 G 点，瞄 K 点定向，输入1，2，3，4，1′，2′，3′，4′坐标，就可实地定出1，2，3，4，1′，2′，3′，4′位置从而完成作业区放样工作。

3. 平板仪图解放样法。

平板仪图安置在1点，瞄准1′位置，得到1－1′方向线，沿此方向量出1－1′距离，定出1′点位置，其他点同样如此。

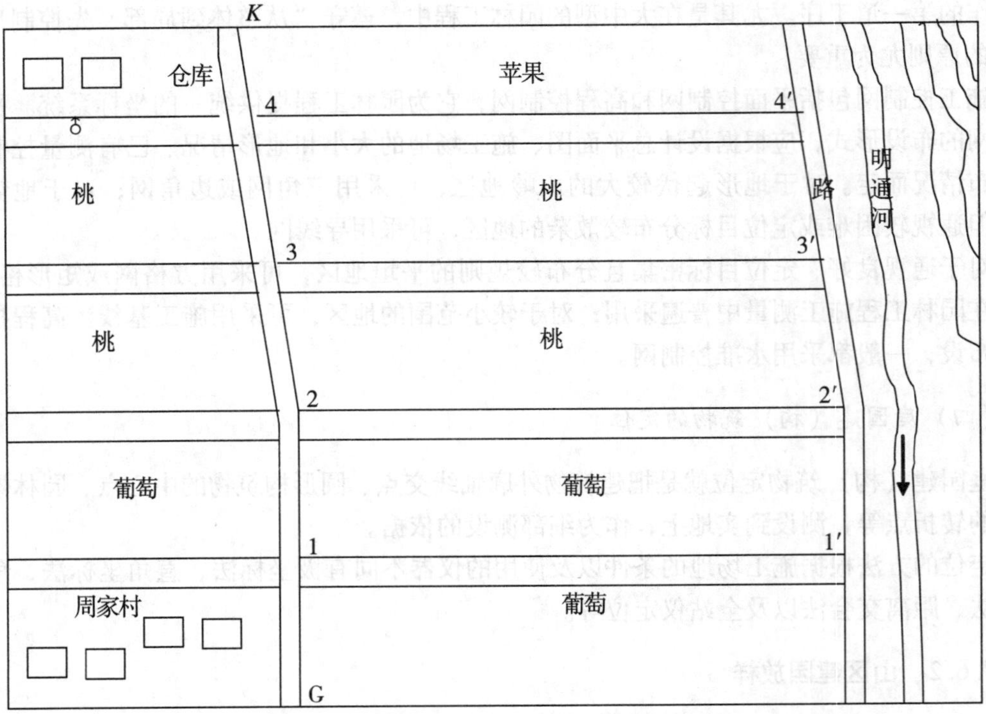

图 7－6－2　山区地区建园放样示意图

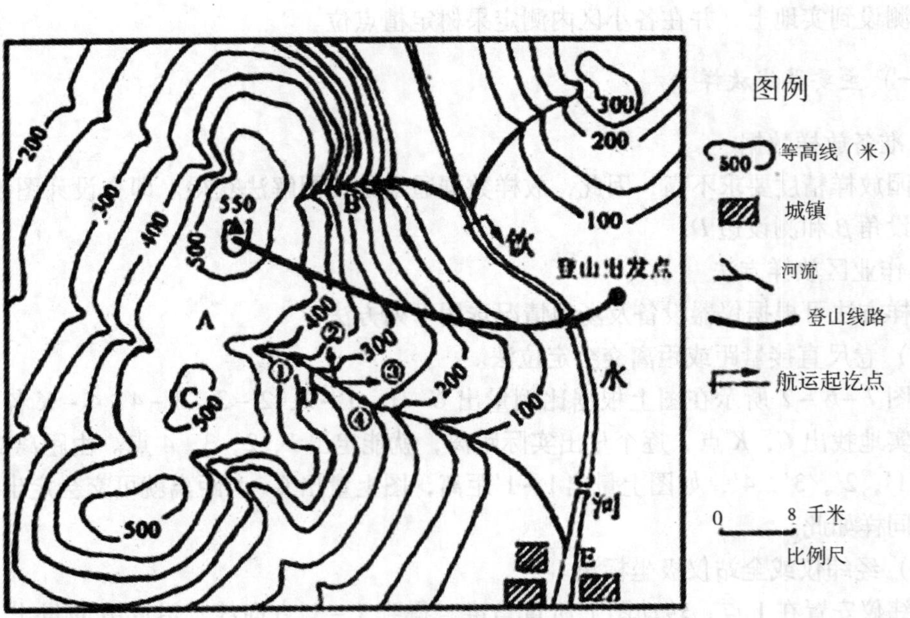

图 7－6－3　山区地形图示例

（二）果树定植点测设

果树定植点测设，就是在各作业区内，按设计的株行距，在实地将定植点位置测设出来。

1. 定植点为矩形的测设

如图 7－6－4 所示，A、B、C、D 为一个作业区的边线，其定植点放样步骤如下：

（1）以 AB 为基准线，分别从 A、B 点起沿 AB 和 BA、方向量半株距得 a'、b'两点，再过这两点作 AB 的垂线，在垂线方向量半个行距即得 a、b 点。

（2）经纬仪安置于 a 点，测设出垂线于 ab 的方向线，在此方向上按行距的倍数为尺段（尺段长以接近百米的测绳长度为宜），定出 e、g、d 等点。

（3）经纬仪安置于 b 点，测设出垂线于 ba 的方向线，在此方向上按行距的倍数为尺段（尺段长以接近百米的测绳长度为宜），定出 f、h、c 等点。

（4）在 ab、ef、……、dc 等线上按设计的株距量出 1、2、3、……和 1′、2′、3′……等各点。

（5）在 1—1′、2—2′、3—3′、……上依次拉测绳，按行距定出各栽植点，并撒上白灰记号。

2. 定植点为菱形图形的测设

如图 7－6－4 所示，定植点为菱形图形的测设方法如下：

（1）按上述前三步骤测设出 ab、ef、……、dc 等线。

（2）在 ab、ef、……、dc 等线上按设计的 1/2 主株距定出 1、2、3、4、……和 1′、2′、3′、4′、……等点。

（3）逐次连接 11′、22′、……等点。奇数列头一个定植点以 1/2 主行距定出，然后按设计的主行距定出奇数列上各个定植点。偶数列第头一个定植点在 a 点起，并按设计的主行距定出偶数列上各个定植点。

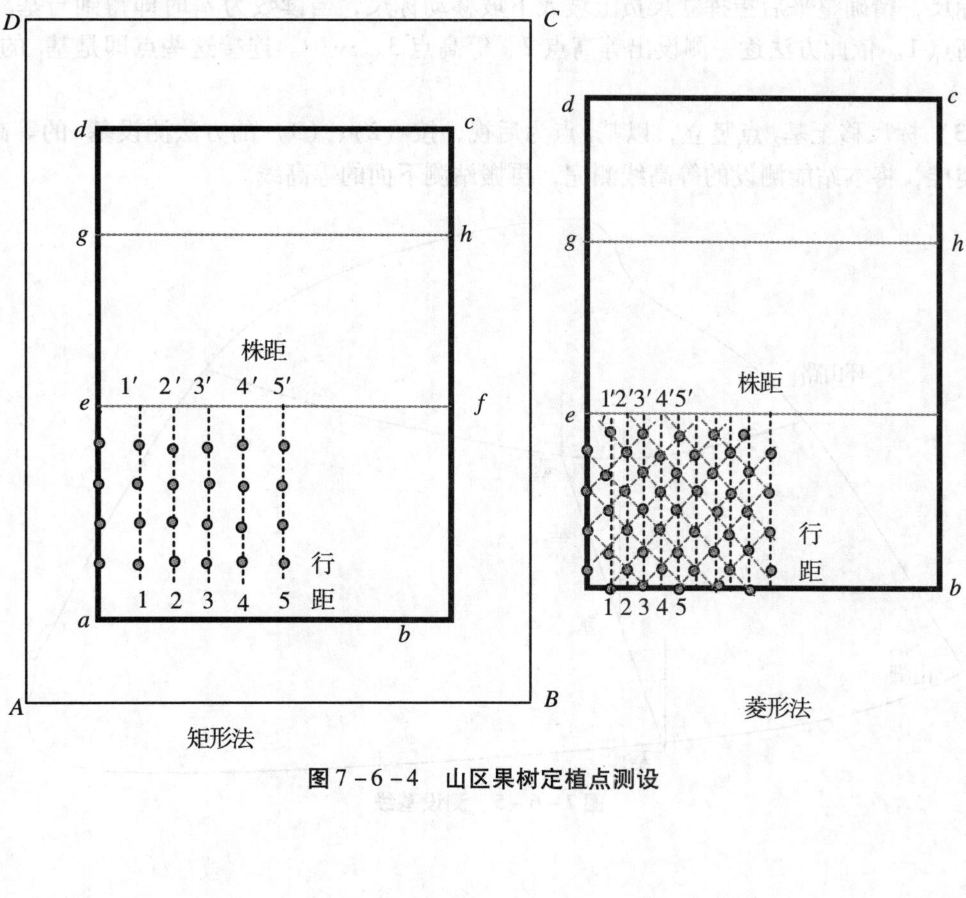

图 7－6－4　山区果树定植点测设

（三）山丘地区建园样方法步骤

果园坡改梯是保持水土的一项农业工程措施，既可减少水土流失，又能改善果园生态环境，提高种植效益，增加农民收入。山丘地区果园规划中，一般要求将果树种植在等高线上。因此在实地上测设等高线是山丘地区果树定植点测设的主要工作。其测设方法如下：

1. 测设基线

（1）如图 7－6－5 所示，在作业区内地面坡度较均匀的地方选定一条基线，并测量基线的坡度角 α。

（2）根据设计的行距 D 求出基线上相邻基点间的斜距 L，即：

$$L = \frac{D}{\cos\alpha}$$

（3）将皮尺敷平地面，由基$_0$点起沿基线方向逐一测设 L，即得基$_1$、基$_2$、基$_3$、……等基点，并打入木桩标志。

2. 测设等高线

（1）在基$_1$、基$_2$、基$_3$、……等点适当位置安置水准仪，瞄准后视点基$_1$，精平后读取后视读数 a_1。

（2）立尺员携带标尺，在距离基$_1$ 点 10m～15m 并且与基$_1$ 点大致等高处竖立，仪器瞄准标尺，精确整平后指挥立尺员上坡或下坡移动标尺，当读数为 a_1 时即得到与基$_1$ 同高的等高点 1。依此方法逐一测设出等高点 2、等高点 3、……。连接这些点即是基$_1$ 的等高线。

（3）标尺移至基$_2$ 点竖立，以基$_2$ 点为后视，按（2）、（3）的方法测设基$_2$ 的等高线。余此类推，将本站能测设的等高线测完，再搬站测下面的等高线。

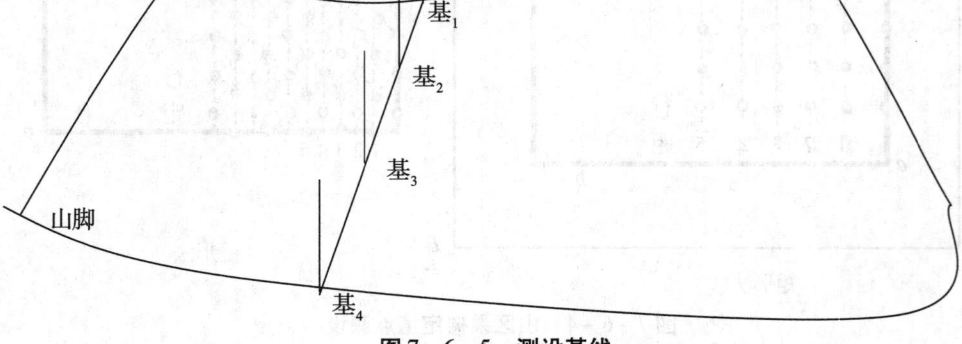

图 7－6－5　测设基线

3. 调整和取舍等高线

等高线测设后，由于个别等高点选择不合理，不具代表性，使等高线形成一条折线，而不是光滑曲线，为使田面等宽，减少土方量开挖，使梯田边沿接近自然形状，保持圆滑，应对等高线调整和取舍，其原则是田面沿等高线布设，大弯就势，小弯取直.

4. 标定梯田开挖线

调整后的等高线就是梯田开挖线，而标定梯田开挖线方法是用细绳沿梯田开挖线摆成光滑曲线，然后沿线撒上石灰就是梯田开挖线，如图 7－6－6 中 0 点为填方和挖方分界点，由 0 点（中心桩）就可也标定梯田各边桩位置，就可进行梯田作业了。

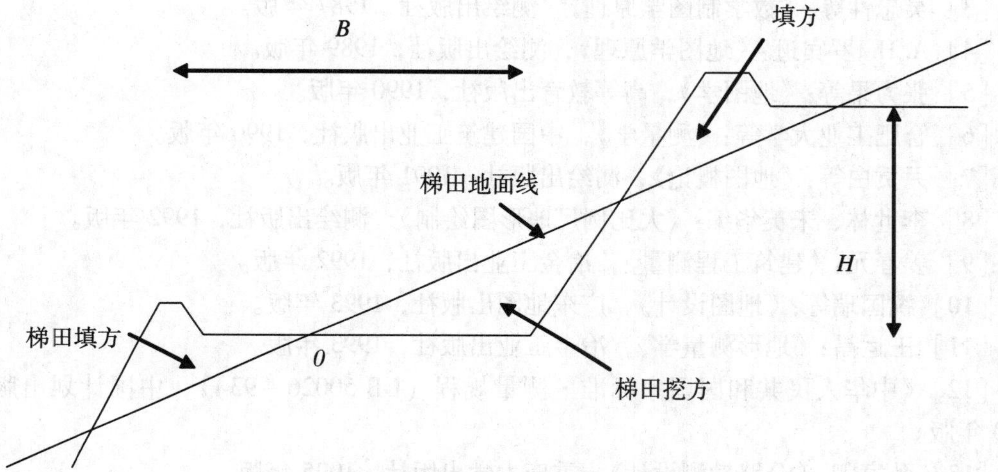

图 7－6－6　标定梯田开挖线

5. 放样种植点

在测设好的等高线上按设计的株距逐一量距，加上行距量距即可放样出定植点位。

7.6　习　题

1. 平原地区建园放样测量的任务是什么？
2. 山区建园放样测量的内容有哪些？
3. 山区建园作业区主要界线放样方法有哪些？
4. 简述山区地区测设等高线的方法。

参考文献

[1]《中华人民共和国城乡建设环境保护部标准·城市测量规范（CJJ 8－85）》，中国建筑工业出版社，1985年版。

[2] 陆漱芬：《地图学基础》，高等教育出版社，1986年版。

[3] 吴忠性等：《数学制图学原理》，测绘出版社，1987年版。

[4] A. H. 罗宾逊：《地图学原理》，测绘出版社，1989年版。

[5] 张力果等：《地图学》，高等教育出版社，1990年版。

[6] 合肥工业大学等：《测量学》，中国建筑工业出版社，1990年版。

[7] 尹贡白等：《地图概论》，测绘出版社，1991年版。

[8] 李世林、宋英华编：《大比例尺地形图绘制》，测绘出版社，1992年版。

[9] 姜春元：《建筑工程测量》，冶金工业出版社，1992年版。

[10] 祝国瑞等：《地图设计》，广东地图出版社，1993年版。

[11] 王运昌：《地形测量学》，冶金工业出版社，1993年版。

[12]《中华人民共和国国家标准·测量规程（GB 50026－93）》，中国计划出版社，1993年版。

[13] 孙家驷：《公路勘测设计》，重庆大学出版社，1995年版。

[14] 欧竹斌等：《专题地图编制》，哈尔滨地图出版社，1995年版。

[15] 武汉测绘科技大学：《测量学》（第三版），测绘出版社，1995年版。

[16]《中华人民共和国行业标准·公路路线设计规范（JTJ 011－94）》，人民交通出版社，1995年版。

[17] 合肥工业大学等：《测量学》（第四版），中国建筑工业出版社，1996年版。

[18] 武汉测绘科技大学：《测量学》（第三版），测绘出版社，1996年版。

[19] 杨文渊、钱绍武：《道路施工工程师手册》，人民交通出版社，1997年版。

[20] 钟孝顺、聂让：《测量学》（公路与城市道路、桥梁、隧道工程专业用），人民交通出版社，1997年版。

[21] 邵自修：《工程测量》，冶金工业出版社，1997年版。

[22] 李生平等：《建筑工程测量》，武汉工业大学出版社，1997年版。

[23] 杨德麟等编著：《大比例尺数字测图的原理方法与应用》，清华大学出版社，1998年版。

[24] 许耿：《地图学》，东北师范大学出版社，1998年版。

[25]《中华人民共和国行业标准·公路勘测规范（JTJ 061－99）》，人民交通出版社，1999年版。

[26] 顾孝烈、鲍峰、程效军编著：《测量学》（第二版），同济大学出版社，1999年版。

[27] 蔡孟裔等：《新编地图学教程》，高等教育出版社，2000年版。

［28］同济大学测量系等:《测量学》，测绘出版社，2000 年版。

［29］靳祥升等:《测量学》，黄河水利出版社，2001 年版。

［30］刘玉珠:《土木工程测量》，华南理工大学出版社，2001 年版。

［31］盛骤、谢式千、潘承毅编:《概率论与数理统计》（第三版），高等教育出版社，2002 年版。

［32］高锦祥等:《数字测图原理与方法》，中国矿业大学出版社，2002 年版。

［33］冯仲科等:《测量学原理》，中国林业出版社，2002 年版。

［34］Raymond E. Davis，Francis S. Foote James M. Anderson，Edward M. Mikhail SURVEYING，Theory and Practice（SIXTH EDITION）MoGraw－Hill Book Company New York，1981.

［35］中华人民共和国国家质量监督检验检疫总局，中国国家标准化管理委员会发布：《国家基本比例尺地图图式第 1 部分：1:500　1:1000　1:2000地形图图式》（GB/T 20257.1－2007），2007 年 12 月 01 日实施。

［36］国家技术监督局发布：《国家三、四等水准测量规范》，（GB 12898－91），1992 年 01 月 01 日实施。

［37］中华人民共和国建设部发布:《城市测量规范》，（CJJ 8－99），1992 年 01 月 01 日实施。

［38］孔祥元、郭际明主编:《控制测量学》（上册），武汉大学出版社，2008 年版。

［39］孔祥元、郭际明主编:《控制测量学》（下册），武汉大学出版社，2007 年版。

［40］云南省启用2000 国家大地坐标系培训，2009 年 7 月。